보안컨설팅과 보안실무

보안 컨설팅과 보안 실무

SECURITY CONSULTING AND
SECURITY PRACTICE

차세대 보안 컨설팅 및
실무 필독서

박종철, 윤석진,
김재수 지음

Jinhan M&B

| 머리말 |

　COVID19는 우리의 모든 일상을 비대면 전환으로 강제하고 있으며, 재택근무, 원격근무, 원격교육, 원격의료 등 새로운 국면에 진입하게 하였다. 또한 4차산업혁명은 인공지능(AI), 사물인터넷(IOT), 블록체인(Blockchain)활용, 데이터 활용 산업 촉진, 스마트 팩토리와 시티 등을 가능하게 해주고 있다.

　마이크로소프트 CEO는 "우리는 데이터가 미래의 전기라고 생각합니다. 전기가 2차 산업혁명을 촉발했듯이, 방대하고 축적되고 있는 데이터가 미래의 세상을 완전히 바꿀 것입니다"라고 말한다.

　비대면 사회, 사물인터넷 등으로 인하여 그 동안 하나의 문(Gate)만 담당하던 보안활동은 이제 수억 개의 문을 담당해야 하는 역할로 변모했다. 더 이상 과거의 방식으로는 급변하는 경영환경과 보안환경에 대처할 수 없고, 전문화된 소수 인력에 의존하던 보안체계도 이제 첨단 기술의 힘을 빌리지 않으면 대응을 할 수 없는 수준이다. 이런 시기에 보안과 관련된 외부 컨설팅 방법론과 내부 보안 실무방안에 대해서 체계적인 학습이 필요하다.

　오래 전부터 외부 전문 컨설팅기관과 전문 컨설턴트에 의해 수행되고 있지만 보안 컨설팅에 대해서 체계적으로 정리한 책은 없는 실정이다. 산업 전반에 대한 내부적인 보안

실무에 관한 책 또한 동일한 상황이다. 보안업무에 종사하고 있는 실무 전문가뿐만 아니라 보안컨설팅을 담당하고 있는 전문 보안컨설턴트마저 도제식으로 교육을 받고 본인들의 실무경험을 토대로 업무를 수행하기 때문에 체계적으로 정리하지 못한 것이다. 그런 점에서 이러한 보안 컨설팅과 산업 전반에 걸친 보안 실무를 정리한 책에 대한 답답함을 해소하고자 현장 경험을 토대로 보안컨설팅과 보안실무라는 책을 발간하게 되었다.

저자들은 보안컨설팅에 컨설턴트로 참여하거나 현장에서 보안 실무를 한 경험을 가지고 있다. 모든 조직은 내부적으로 정보보호 등 보안에 대해서 상시적으로 점검하는 체계를 구축하고 활용하고 있지만, 내부적인 점검 및 확인 절차의 미흡함을 보완하고자 외부 전문 보안컨설팅기관을 통하여 외부적인 시각에서 점검을 받는다.

보안컨설팅은 컨설팅의 한 영역이지만, 컴퓨터를 둘러싸고 공격과 방어가 연계된 공학과 경영학의 융합인 융합학문이라고 정의하고 싶다. 디지털 트랜스포메이션 또는 제4차 산업혁명의 물결 속에 COVID-19로 인한 Un-tact 사회의 가속화로 인하여 기업이 직면하고 있는 보안문제는 이제 조직의 지속가능성과 생존을 좌우하게 되는 가장 중요한 상수로 작용하고 있다. 아차 하는 실수 또는 단순한 판단 실수로 인하여 수 십년간 쌓아 놓은 기업의 평판을 한 순간에 망가뜨릴 수 있다. "기업의 평판을 쌓기는 힘들어도 망가지는 것은 한 순간"이라는 말이 있듯이 이제 보안은 기업 경영에 있어서 가장 중요한 요소로 자리매김하고 있다.

보안이라는 화두는 모든 조직원들에게 일견 부정적인 느낌을 가지게 하지만 무엇보다도 변화된 경영환경 속에서 가장 편안하고 최적화된 보안 솔루션을 제공해 주는 것이 보안 실무에 종사하고 있는 사람들의 근본적인 책무라고 생각한다. 4차 산업혁명과 코로나19로 인하여 재택근무와 원격근무가 당연시 되고 미래 보안환경의 변화는 가늠하기가 어렵다. 이런 환경으로 인하여 모든 조직은 보안 실무자와 보안업계에게 언제 어디서 어떻게 공격을 해 오는 지 알 수 없는 상황에서도 기업경영목표에 가장 도움을 줄 수 있는 보안 방어 전략과 솔루션을 도출하여 제공하기를 요구하고 있다.

저자들은 현장 보안 실무와 컨설팅 경험을 토대로 보안종사자들과 보안 컨설턴트들이 대안을 제시할 수 있는 방법론을 제공하고자 하며, 본서를 보안 컨설팅 및 실무 현장에서 많이 활용하기를 바란다. 본서는 먼저 보안과 관련된 프라이버시, 마이데이터, 현행 보안 관련 법률 및 인증 제도, 학문 및 현업에서 사용하고 있는 보안컨설팅 방법론 등을 광범위하게 소개한다. 또한, 독자들이 이 책을 통하여 보안체계 구축방안, 보안사고 대응방법, Home-IOT 보안, 핵심기술유출방지보안, 스마팩토리 보안 관련 운영기술(OT) 및 산업제어시스템(ICS) 및 미래 금융보안 관련 Reg-Tech 등을 망라한 산업 전반에 걸친 보안 실무 사례를 습득할 수 있을 것이다.

본서는 학술 용어보다는 현장에서 사용하는 실물 언어를 그대로 사용하여 현실감을 높였으며 본서가 나오기까지 물심 양면으로 도와주신 모든 분들께 감사 인사드리며, 이창무 중앙대학교 보안대학원장님과 이기혁 교수님께 특별히 감사의 말씀을 전한다.

2021년 3월 저자 일동

Contents

머리말 • 04

1장 보안과 컨설팅　11
1. 보안 컨설팅 필요성　12
2. 보안과 프라이버시　16
3. 보안과 마이데이터　24
4. 보안 법률 및 인증제도　46
〈참고문헌〉　103

2장 보안컨설팅의 이해　105
1. 보안컨설팅 정의　106
2. 보안컨설팅 방법론　112
3. 보안 컨설팅 종류　146
〈참고문헌〉　178

3장 보안 체계 구축　179
1. 급변하는 보안 위협　180
2. 기술유출 및 대응방안　194
3. 기업의 정보보안 구현　205
4. COVID-19와 보안　212
〈참고문헌〉　227

4장 보안 사고 대응　229
1. 보안사고 조사 및 수사 대응　230
2. 분쟁조정, 소송 및 판례　244
3. 카드 3사 유출사건　273
〈참고문헌〉　277

5장 Home IOT — 279
1. 개관 — 280
2. 보안성 향상 연구 — 285
3. SDL 방법론 — 299
4. 보안요구사항 설계 — 305
5. 프로세스 설계 및 적용 — 315
〈참고문헌〉 — 344

6장 핵심기술유출방지 보안 — 347
1. 개관 — 348
2. 기술유출 — 354
3. 사고 사례 및 판례 — 359
4. 기술유출 행위 유형 — 364
5. 내부정보 유출방지 기술 — 377
6. 기술유출 방지 시나리오 — 389
〈참고문헌〉 — 395

7장 제조업 보안 — 397
1. 개관 — 398
2. OT·ICS 보안 — 407
3. 제조업 OT 환경 — 419
4. 제조업 OT 분석 — 429
5. OT·ICS 보안 전략 — 440
6. 실무 적용 방안 — 449
〈참고문헌〉 — 453

8장 금융 보안 — 455
1. 개관 — 456
2. 금융 보안 현황 — 464
3. Reg-Tech 보안 — 486
〈참고문헌〉 — 508

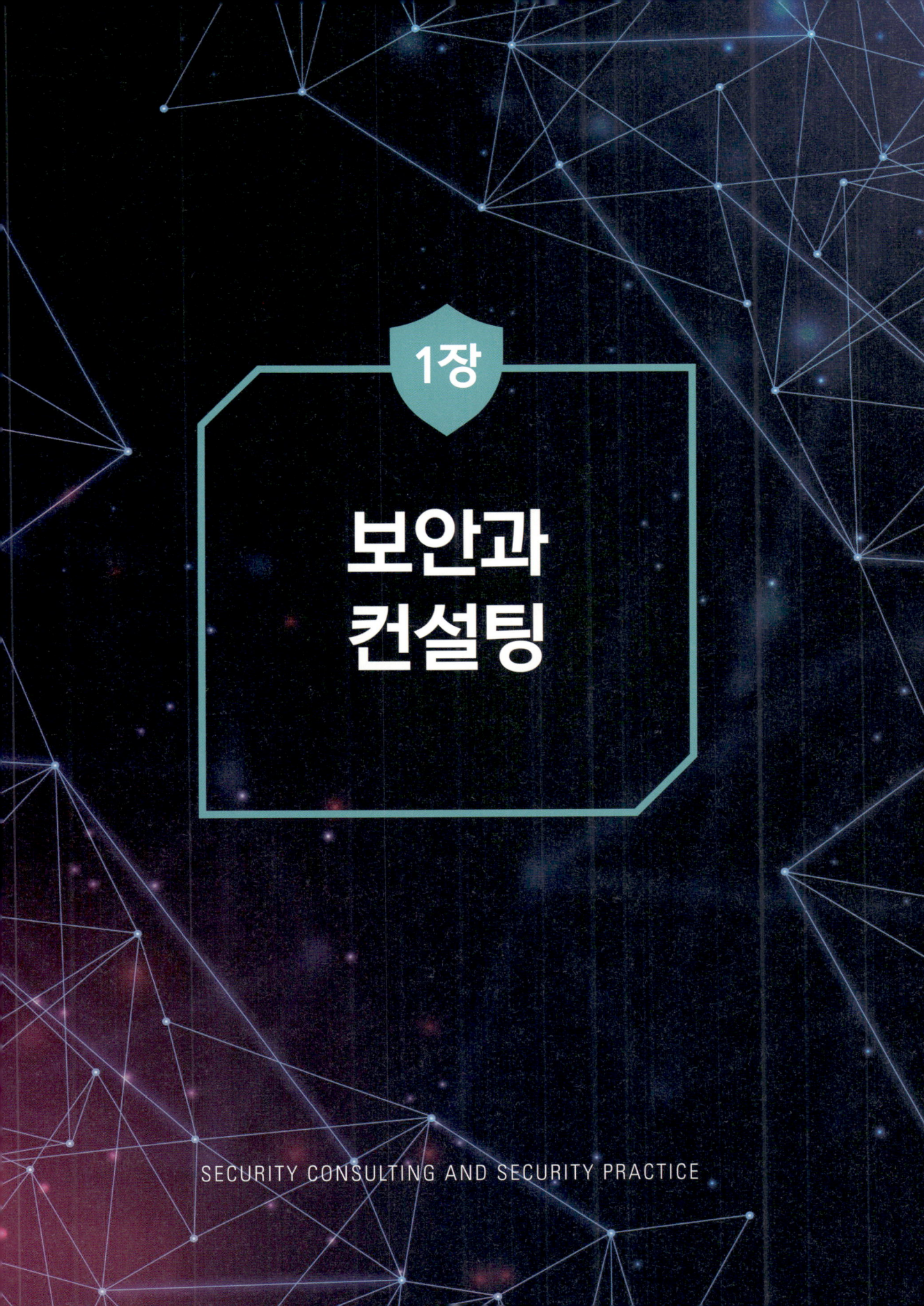

제1장. 보안과 컨설팅

1. 보안 컨설팅 필요성

(1) 보안과 기업비즈니스 연속성

　보안은 기업비즈니스 영속성에 가장 영향을 주는 요소로 인식되고 있다. 2018년 세계경제포럼(WEF, 다보스 포럼) 글로벌 리스크 Landscape에서도 사이버 공격, 중요 정보 인프라 중단, 내부데이터 유출 및 부정을 중요하게 여겨 자원위기, 자연재해, 대량살상무기 관련 리스크와 같이 매우 큰 영향력을 미치는 리스크중의 하나로 보안 리스크를 인지하였으며 토론 어젠다로 다루었다. 전 세계적으로 매년 사이버 공격 건수는 지속적으로 증가하고 있으며 사이버 공격 당 피해금액도 커지는 추세 속에서 보안리스크는 기업 생존 차원의 이슈로 부각되고 있다.

　서비스, 금융, 제조, 방산, 정유 또는 석유화학 등 모든 산업군에서 여러 유형의 보안 사고가 발생하고 있으며 이로 인하여 회사 및 비즈니스 지속성에 큰 피해 사례가 발생하고 있다. 정보 유출로 인하여 인터파크의 경우 실적 부진과 정보유출로 인해 주가가 50% 하락한 적이 있으며, Target은 벌금 180억, 피해보상 2,000억 이상 지불하고 CEO 및

CTO가 사임하였다. 에퀴픽스의 경우 시가총액 약 40억 달러 손실이 발생하였으며 CEO, CIO, CISO가 사임하였다. LG전자의 경우 로봇청소기 정보 유출로 인하여 중국과의 기술격차가 6년 단축되었으며 7,500억 피해가 발생하기도 하였다. 따라서 지능화에 대한 예방 및 대응체계를 마련하는 것이 필요하고, 내부 정보 유출 경로를 지속적으로 통제 및 관리하여야 한다. 또한, 보안인식 제고로 사회공학적 공격에 대한 예방도 요구되고 있다.

보안사고의 증가에 따라 기업내 보안의 중요성이 대두되어 최고 경영진은 보안을 회사 및 비즈니스 연속성 관점에서 중요한 요소로 정의하고 의지를 표명하고 있다. 구글 창업자는 "보안없이는 Privacy에 대해서 이야기할 수는 없다"고 말하고, 애플 CEO는 "고객 보안을 위해서는 기업 내부 보안이 핵심"이라고 주장하며, 마이크로소프트 CEO는 "회사의 모든 서비스의 핵심가치는 보안이 될 것이다"라고 표명하였으며, 지멘스 CEO는 "보안은 우리회사의 신뢰성을 보여주는 가장 중요한 척도"라고 밝혔다.

국내의 경우 보안과 관련하여 보호대상, 관련법률, 보안대응 및 대상기업은 다음과 같다. 내용을 살펴보면 모든 기업들이 보안관련 법률 및 컴플라이언스 적용을 받는다고 볼 수 있다.

구분	금융	통신	정보통신서비스	제조	보건/의료
보호 대상	개인정보 금융거래정보 계좌정보	통신기반시설 IDC 고객정보	고객(개인) 정보	지적재산권 핵심인력/기술 산업기반시설	개인정보 바이오정보 (의료)
관련 법률	전자금융거래법 전자금융 감독규정 신용정보 보호법	정보통신망법	정보통신망법	산업기술의 유출방지 및 보호에 관한 법률 영업비밀보호 및 부정경쟁 방지에 관한 법률 정보통신망법	의료법 국민건강보험법 산업안전보건법
	정보통신기반보호법, 개인정보보호법				

보안 대응	개인(신용) 정보유출 외부해킹대응 망분리	새로운 서비스 선제적 보안대응	개인정보유출 외부해킹 대응	제어정보 시스템 보호망분리	개인정보 (진료정보, 바이오정보) 유출 외부해킹 대응
대상 기업	은행, 증권, 보험, 카드 등	유무선 사업자 IDC사업자	포털, 게임사, 쇼핑몰, 여행, 의료, 교육 등	에너지, 화학, 반도체, 건설	의료기관 (의원, 조산원, 병원)

[표 1-1] 산업별 정보보호 기본 법령
출처: SK인포섹, 보안 SI를 통한 IT 정보보호 구축 가이드

(2) 보안 성숙도 평가

보안을 기업 및 비즈니스의 연속성으로 고려함에 따라 내부적인 점검은 상시적으로 하여야 하지만, 제 3자적인 시각에서 보안체계를 점검하고 모의해킹을 통하여 기업의 보안 현황 및 문제점을 파악하는 것이 무엇보다도 중요하다. 물론 상시적인 점검이 보안관련 부서에서 이루어지고 조직 임직원에 대한 계도와 징계가 이루어지고 있지만, 지속적으로 변화하는 다양한 보안 공격에 대응하는 것은 현실적으로 어려운 실정이다. 그러므로 외부 전문가의 도움을 통한 상시적인 컨설팅 및 보안 시스템 점검을 통하여 외부의 공격을 효과적으로 대응할 수 있을 것이다.

한 조직의 보안 성숙도는 다음과 같은 내용으로 현 주소를 점검할 수 있을 것이다. 성숙도 수준을 평가하면 기초인 1단계, 단기인 2단계, 중기인 3단계 및 장기인 4단계로 평가할 수 있다.

구분	1단계	2단계	3단계	4단계
IT자산 보안관리	IT 자산 현황 개별 및 수기관리 제한적 보안통제	중요도 기반 IT자산관리 IT자산 보안통제 기준/절차 표준화 및 준수	IT 자산시스템화 자동화 도구 기반 보안 통제 효율화	IT자산관리 – IT자산 보안통제 업무 통합 운영 필수에서 기본업무로 내재화
외부해킹 방어	보안관제 및 조치활동 수행 보안장비/솔루션 차단 Rule관리	최신 알려진 보안위협 예방/탐지/대응 체계 운영 해킹 대응관리 기준/절차 표준화/명문화	통합 보안관제센터 운영 및 핵심역량 내재화 침해사고 분석체계 운영: 동일 사고 재발 Zero화	광범위한 로그 통합관리 기반으로 unknown 위협 선제 분석/대응 회사에 최적화된 보안기술/솔루션 R&D 및 적용
내부정보 유출통제	기본적인 유출통제 솔루션 운영 – 방화벽, PC보안 등	주요 내부정보 유출 경로 차단/통제 정기 점검활동 수행	내부정보유출 모니터링 시스템화 사후분석/조사체계 운영	융합보안(IT보안–물리보안, 모바일 등) 기반 정보자산 통제 중요 정보 흐름 추적 및 통제
보안 거버넌스	CISO 일부 미지정, 일부 보안인력 보유 비공식/비정기 정보보호 협의체 운영	CISO지정, 전담 보안인력 보유 보안실무자 보안협의체 운영	CISO지정, 표준화된 보안조직 구성 보안 임원/실무자 보안협의체 운영	전담 CISO 산하에 독립성이 보장된 보안조직 구성 최고경영진/보안임원/위원회/협의체 운영

[표 1-2] 보안 성숙도 | 출처 : OO컨설팅

2. 보안과 프라이버시

(1) 개요

프라이버시는 미국의 사생활 보호를 중심으로 하는 프라이버시권과 유럽의 인격권 중심의 개인정보자기결정권을 중심으로 시작되었고 발전하고 있다.

1) 미국 프라이버시권

미국의 경우 연방대법원 판결을 통해 프라이버시권이 인정되고 인권운동과 함께 확대되면서 발전하고 있다. 프라이버시 권리는 혼자 있을 권리(right to be alone), 의사결정의 자유(decision privacy) 및 자기정보 결정권(Information Privacy) 등을 포괄하는 권리이다.

① 혼자 있을 권리(right to be alone)

1890년 워렌(Samual Warren)과 브랜다이스(Louis Brandeis)의 프라이버시에 대한 권리(The Right to Privacy)가 하버드 법률잡지에 게재되면서 프라이버시에 대한 권리가 사회의 주목을 받게 되었고, 그들이 주장한 혼자 있을 권리는 집과 같은 사적공간에서의 보호를 의미하였다.

1969년 미 연방대법원 판례(Stanley v. Georgia, 394 U.S. 557(1969)에서 음란물의 사적 소유를 형사처벌하는 조지아주의 법률을 연방 헌법에 위반되는 위헌으로 선고하면서 "자기 집에 혼자 앉아 있는 사람이 어떤 책을 읽든, 어떤 영화를 보든 국가가 상관할 일이 아니다"라고 판시하여 프라이버시가 권리로서 인정되기 시작하였다.

② 의사결정의 자유(decision privacy)

의사결정의 자유는 미국에서 유행한 인권운동의 확산과 영향이 있다. 1965년 연방대법원이 Griswold v. Connecticut, 381 U.S. 479(1965) 판결에서 프라이버시 침해를 이유로 여성의 피임약의 사용을 금지한 콘네티컷 주 법률을 위헌이라고 판시하였다. 그 후 인권운동의 확산으로 인하여 1973년 Roe v. Wade, 410 U.S. 113(1973)판결에서 연방대법원은 여성의 프라이버시권을 헌법상 중대한 권리로 인정하고 여성의 낙태를 일률적으로 금지하는 법률이 위헌이라고 판시하여 프라이버시권을 확대하였다.

③ 자기정보 결정권(Information Privacy)

개인에 대한 정보가 그의 동의없이 수집, 보관, 사용되면서 정보와 관련된 프라이버시 문제가 발생하였다. 콜럼비아 대학 웨스턴(Alan Westin)은 1967년 프라이버시를 "개인, 집단 또는 기관이 자신에 관한 정보를 언제, 어떻게, 또 어느 범위에서 다른 사람에게 전달할 것인지 결정할 수 있는 요구"라고 주장하였다. 이로 인하여 자기정보에 대한 관리, 편집 및 삭제의 권리를 프라이버시권로 확장되었고, 미국과 유럽의 프라이버시권 입법에 영향을 미쳤다.

2) 유럽 인격권

유럽은 미국과는 달리 인격권에서 프라이버시권을 근거를 두고 있으며 독일 헌법재판소의 심판을 통하여 프라이버시권이 발전하고 있다.

① 인격권의 근거 및 내용

미국의 프라이버시권에 해당하는 독일의 법적 개념은 인격권이며, 1949년 독일 헌법상 인간존엄성 조항(제1조 제1항)과 자유로운 인격발현조항(제2조 제1항) 등에 근거를 두고 있다.

예로부터 법적으로 보호되어 오던 것은 물론 최근 새롭게 보호받게 된 것 등 다양한 인격가치를 포괄하게 되었으며, 고독에 관한 인간의 권리, 자기 고유의 생활을 할 권리라는 소극적 권리에서 오늘날에는 자유로운 자주결정권, 개인정보에 관한 자주결정권으로서 적극적 성격의 권리를 포함하고 있다.

② 인격권의 효력 및 한계

개인의 주관적 권리로서 국가권력에 대해서 뿐만 아니라 사인 간에도 통용될 수 있다고 독일 판례와 학설이 인정하고 있으며, 인격권 침해는 민사상 불법행위가 성립하며, 피해자에게 손해배상청구권은 물론 방해예방청구권과 방해배제청구권이 인정된다.

정상적으로 사고하는 품위있는 일반인의 인식을 기준으로 사회적 구속성을 수인할 수 있는 범위내의 것인지 판단하는 것이 독일 판례와 학설이다. 독일연방헌법재판소는 사생활의 모든 영역이 절대적으로 보호받는 것이 아니며, 시민은 공공의 우월적 이익을 위해 엄격한 비례원칙의 준수 하에 내려진 국가의 조치가 사적 생활형성의 불가침영역을 침해하지 않는 한 이를 감내해야 한다고 심판하였다.

(2) 국내 프라이버시권

국내 학자들의 다수설은 미국의 프라이버시권에 대응하는 국내의 헌법조항은 17조 사생활의 비밀과 자유이고, 소수설은 헌법 10조에서 일반적 인격권이 도출된다고 보고 있다. 헌법 17조는 혼자 있을 권리(right to be let alone), 사생활에 관한 의사결정의 자유(decisional privacy)를 도출하고, 자기정보결정권은 일반적 인격권으로 이해하고 있다.

> (제10조) 모든 국민은 인간으로서의 존엄과 가치를 가지며, 행복을 추구할 권리를 가진다. 국가는 개인이 가지는 불가침의 기본적 인권을 확인하고 보장할 의무를 진다.
> (제17조) 모든 국민은 사생활의 비밀과 자유를 침해 받지 아니한다.

1) 개인정보자기결정권

개인정보 자기결정권의 법적 성격은 유럽/국내 판례 학설은 인격권으로 헌법상 권리로 본다. 미국의 경우 재산권으로 법률상의 권리로 본다. 미국과 같이 개인정보를 재산권의 객체로 인정하게 되면 개인정보를 거래하는 시장에 의하여 투명하게 개인정보가 관리되고, 개인정보 주체들은 개인정보를 이용하고자 하는 기업들과 협상을 통하여 공개범위를 결정함으로써 자신의 개인정보를 완전히 통제할 수 있다고 본다.

개인정보자기결정권과 관련하여 헌법재판소(헌재2005.5.26, 99헌마513)의 판결은 "개인정보자기결정권의 헌법적 근거를 굳이 어느 한 두 개에 국한시키는 것은 바람직하지 않고, 개인정보자기결정권은 이들을 이념적 기초로 하는 독자적 기본권으로서 헌법에 명시되지 아니한 기본권"이라고 보아야 한다고 하였다.

국내 학설은 헌법상의 권리인 인격권으로 보는데, 그 근거를 ① 헌법 10조의 인간의 존엄성과 행복추구권이라는 견해, ② 헌법 17조의 사생활의 비밀과 자유라는 견해, ③ 헌법 10조와 17조를 모두 근거로 보는 견해 및 ④ 민주주의 원리에서 근거를 보는 견해 등이다.

2) 개인정보자기결정권상의 개인정보

대법원 판결[대법원 2016. 3. 10., 선고, 2012다105482, 판결]에 의하면 개인정보자기결정권의 보호대상이 되는 개인정보에 대하여 "헌법 제10조의 인간의 존엄과 가치, 행복추구권과 헌법 제17조의 사생활의 비밀과 자유에서 도출되는 개인정보자기결정권의 보호대상이 되는 개인정보는 개인의 신체, 신념, 사회적 지위, 신분 등과 같이 개인의 인격 주체성을 특징짓는 사항으로서 그 개인의 동일성을 식별할 수 있게 하는 일체의 정보이며, 반드시 개인의 내밀한 영역이나 사적 영역에 속하는 정보에 국한되지 않고 공적 생활에서 형성되었거나 이미 공개된 개인정보까지 포함한다."라고 판시하였다.

개인정보자기결정권에 대한 제한과 관련하여 대법원은 부당이득금반환금(공개된 개인정보를 수집하여 제3자에게 제공한 행위에 대하여 개인정보자기결정권의 침해를 이유로 위자료를 구하는 사건)의 판결[대법원 2016. 8. 17., 선고, 2014다235080, 판결]에서 "개인정보를 대상으로 한 조사 수집 보관 처리 이용 등의 행위는 모두 원칙적으로 개인정보자기결정권에 대한 제한에 해당한다."라고 판결하였다.

3) 헌법재판소 판결

2005년 5월 주민등록법 제17조의8 등 위헌확인(주민등록법시행령 제33조 제2항)과 관련하여 헌법재판소는 판시하였다.[전원재판부 99헌마513, 2005. 5. 26.]

【판시사항】

이 사건 심판대상(개인의 지문정보, 수집, 보관, 전산화 및 범죄수사 목적 이용)과 개인정보자기결정권의 관련 여부(적극)

위 심판대상이 법률유보의 원칙에 위배되는지 여부(소극)

위 심판대상이 개인정보자기결정권을 과잉제한하는 것인지 여부(소극)

【결정요지】

1. 이 사건 심판대상조항과 행위 중 본안판단의 대상이 되는 것은 주민등록법시행령 제33조 제2항에 의한 별지 제30호서식 중 열 손가락의 회전지문과 평면지문을 날인하도록 한

부분(이하 '이 사건 시행령조항'이라 한다)과 경찰청장이 청구인들의 주민등록증발급신청서에 날인되어 있는 지문정보를 보관·전산화하고 이를 범죄수사목적에 이용하는 행위(이하 '경찰청장의 보관 등 행위'라 한다)의 각 위헌 여부인데, 결국 이 사건 심판청구는 개인정보의 하나인 지문정보의 수집·보관·전산화·이용이라는 일련의 과정에서 적용되고 행해진 규범 및 행위가 헌법에 위반되는지 여부를 그 대상으로 하는 것이다.

개인정보자기결정권은 자신에 관한 정보가 언제 누구에게 어느 범위까지 알려지고 또 이용되도록 할 것인지를 그 정보주체가 스스로 결정할 수 있는 권리, 즉 정보주체가 개인정보의 공개와 이용에 관하여 스스로 결정할 권리를 말하는바, 개인의 고유성, 동일성을 나타내는 지문은 그 정보주체를 타인으로부터 식별가능하게 하는 개인정보이므로, 시장·군수 또는 구청장이 개인의 지문정보를 수집하고, 경찰청장이 이를 보관·전산화하여 범죄수사목적에 이용하는 것은 모두 개인정보자기결정권을 제한하는 것이다.

2. 가. 주민등록법 제17조의8 제2항 본문은 주민등록증의 수록사항의 하나로 지문을 규정하고 있을 뿐 "오른손 엄지손가락 지문"이라고 특정한 바가 없으며, 이 사건 시행령조항에서는 주민등록법 제17조의8 제5항의 위임규정에 근거하여 주민등록증발급신청서의 서식을 정하면서 보다 정확한 신원확인이 가능하도록 하기 위하여 열 손가락의 지문을 날인하도록 하고 있는 것이므로, 이를 두고 법률에 근거가 없는 것으로서 법률유보의 원칙에 위배되는 것으로 볼 수는 없다.

나. 공공기관의개인정보보호에관한법률 제10조 제2항 제6호는 컴퓨터에 의하여 이미 처리된 개인정보뿐만 아니라 컴퓨터에 의하여 처리되기 이전의 원 정보자료 자체도 경찰청장이 범죄수사목적을 위하여 다른 기관에서 제공받는 것을 허용하는 것으로 해석되어야 하고, 경찰청장은 같은 법 제5조에 의하여 소관업무를 수행하기 위하여 필요한 범위 안에

서 이를 보유할 권한도 갖고 있으며, 여기에는 물론 지문정보를 보유하는 것도 포함된다. 따라서 경찰청장이 지문정보를 보관하는 행위는 공공기관의개인정보보호에관한법률 제5조, 제10조 제2항 제6호에 근거한 것으로 볼 수 있고, 그 밖에 주민등록법 제17조의8 제2항 본문, 제17조의10 제1항, 경찰법 제3조 및 경찰관직무집행법 제2조에도 근거하고 있다.

다. 경찰청장이 보관하고 있는 지문정보를 전산화하고 이를 범죄수사목적에 이용하는 행위가 법률의 근거가 있는 것인지 여부에 관하여 보건대, 경찰청장은 개인정보화일의 보유를 허용하고 있는 공공기관의개인정보보호에관한법률 제5조에 의하여 자신이 업무수행상의 필요에 의하여 적법하게 보유하고 있는 지문정보를 전산화할 수 있고, 지문정보의 보관은 범죄수사 등의 경우에 신원확인을 위하여 이용하기 위한 것이므로, 경찰청장이 지문정보를 보관하는 행위의 법률적 근거로서 거론되는 법률조항들은 모두 경찰청장이 지문정보를 범죄수사목적에 이용하는 행위의 법률적 근거로서 원용될 수 있다.

라. 따라서 이 사건 시행령조항 및 경찰청장의 보관 등 행위는 모두 그 법률의 근거가 있다.

3. 가. 이 사건 시행령조항 및 경찰청장의 보관 등 행위는 불가분의 일체를 이루어 지문정보의 수집·보관·전산화·이용이라는 넓은 의미의 지문날인제도를 구성하고 있다고 할 수 있으므로, 지문정보의 수집·보관·전산화·이용을 포괄하는 의미의 지문날인제도(이하 '이 사건 지문날인제도'라 한다)가 과잉금지의 원칙을 위반하여 개인 정보자기결정권을 침해하는지 여부가 문제된다.

나. 이 사건 지문날인제도가 범죄자 등 특정인만이 아닌 17세 이상 모든 국민의 열 손가락 지문정보를 수집하여 보관하도록 한 것은 신원확인기능의 효율적인 수행을 도모하고, 신

원확인의 정확성 내지 완벽성을 제고하기 위한 것으로서, 그 목적의 정당성이 인정되고, 또한 이 사건 지문날인제도가 위와 같은 목적을 달성하기 위한 효과적이고 적절한 방법의 하나가 될 수 있다.

다. 범죄자 등 특정인의 지문정보만 보관해서는 17세 이상 모든 국민의 지문정보를 보관하는 경우와 같은 수준의 신원확인기능을 도저히 수행할 수 없는 점, 개인별로 한 손가락만의 지문정보를 수집하는 경우 그 손가락 자체 또는 지문의 손상 등으로 인하여 신원확인이 불가능하게 되는 경우가 발생할 수 있고, 그 정확성 면에 있어서도 열 손가락 모두의 지문을 대조하는 것과 비교하기 어려운 점, 다른 여러 신원확인수단 중에서 정확성·간편성·효율성 등의 종합적인 측면에서 현재까지 지문정보와 비견할만한 것은 찾아보기 어려운 점 등을 고려해 볼 때, 이 사건 지문날인제도는 피해 최소성의 원칙에 어긋나지 않는다.

라. 이 사건 지문날인제도로 인하여 정보주체가 현실적으로 입게 되는 불이익에 비하여 경찰청장이 보관·전산화하고 있는 지문정보를 범죄수사활동, 대형사건사고나 변사자가 발생한 경우의 신원확인, 타인의 인적사항 도용 방지 등 각종 신원확인의 목적을 위하여 이용함으로써 달성할 수 있게 되는 공익이 더 크다고 보아야 할 것이므로, 이 사건 지문날인제도는 법익의 균형성의 원칙에 위배되지 아니한다.

마. 결국 이 사건 지문날인제도가 과잉금지의 원칙에 위배하여 청구인들의 개인정보자기결정권을 침해하였다고 볼 수 없다.

3. 보안과 마이데이터

(1) 개념

마이데이터(MyData)는 정보주체인 개인이 본인의 정보를 적극적으로 관리, 통제하고, 이를 신용관리, 자산관리, 나아가 건강관리까지 개인생활에 능동적으로 활용하는 일련의 과정을 말한다. 마이데이터 산업은 개인의 효율적인 본인정보 관리, 활용을 전문적으로 지원하는 산업을 의미한다.[1]

4차 산업혁명의 핵심자원으로서 데이터의 중요성이 부각되는 가운데, 정보주체인 개인이 소외되는 정보보호 문제가 대두되어, 개인이 자기정보를 관리·통제하기 어려워지면서, 소극적 정보보호만으로는 개인정보 자기결정권의 보장에 한계가 있고, 데이터 활용에 대한 논의도 기업을 중심으로 이루어지면서, 데이터 기반 혁신의 혜택에서 정보주체가 배제될 우려도 제기되었다.

특히, 금융 분야의 경우 구조가 복잡하고 표준화가 어려운 상품 특성상, 정보 열위에 있는 금융소비자의 보호 문제가 지속되어 금융소비자는 금융상품을 제조·판매하면서 정보 우위에 있는 금융회사로부터 최적의 정보를 제공받지 못하는 상황이다. 금융상품이 다양화되면서 합리적 선택을 위해 필요한 정보도 함께 증대되나 그 정보가 적절히 제공·공시되지 못하는 실정이며, 정보주체의 데이터 관리·활용을 지원하고, 금융소비자의 구조적인 정보 열위를 완화해 주는 산업적 기반도 미흡하다.

그리고 미국, EU 등에서는 다양한 핀테크기업이 출현하여 개인을 대상으로 한 정보관

---

[1] 출처: 금융위원회 보도자료, 소비자 중심의 금융혁신을 위한 금융분야 마이데이터 산업 도입방안(2018.7), 금융위원회 보도자료, 마이데이터(MyData) 산업 허가 관련 사전 수요조사 및 예비 컨설팅을 실시합니다.(2020.5.13.)

리 지원서비스를 경쟁적으로 제공 중이다. EU에서는 「제2차 지급결제산업지침」(PSD2: Payment Services Directive 2)를 통해, '본인 계좌정보 관리업(Account Information Service)'을 도입했다. 국내에서도 관련 핀테크 기업이 등장하고 있으나, 서비스의 수준이 제한적이며 정보보호·보안 측면의 우려도 제기되고 있다

본인 신용정보의 체계적 관리를 지원함과 동시에 소비패턴 등의 분석을 통해 개인의 신용관리·자산관리 서비스를 제공한다. 그리고 본인정보의 일괄수집·조회 서비스를 기초로 금융상품 자문·자산관리 서비스 등 다양한 부수적인 서비스를 제공한다. 신용관리 등 본인정보 관리·활용에 대한 수요가 증대되면서 핀테크 기업 등을 중심으로 자생적으로 시장이 형성되고 있다.

(2) 현황 및 문제점

1) 현황

2010년 이래로 신용조회사(Credit Bureau), 핀테크업체 등을 중심으로 제한적 수준의 정보 통합조회 서비스가 제공되고 있다. 최근 금융소비자들의 신용관리에 대한 인식 제고 등으로 관련 서비스에 대한 수요가 증대되고 있는 상황이다.

신용조회사(CB사)는 유료 고객에 대해 개인신용평점 및 이와 관련된 신용정보를 조회할 수 있는 서비스를 제공 중이다. 본인 신용평점 및 변동내역, 평점 산정의 기초가 된 신용정보 상세내역(예: 금융연체, 카드사용 실적) 등의 정보를 제공한다. CB사 본인정보 조회서비스 영업수익은 ('11년) 243억원 → ('17년) 1,399억원이다.

일부 핀테크 업체의 경우, 고객을 대신하여 계좌에 접속하는 방식을 통해 금융정보 일

괄조회 등의 서비스를 제공한다. 나아가, CB사·금융회사 등과 제휴하여 신용평점 등을 조회할 수 있도록 하면서 금융상품을 추천하는 업체도 등장하였다.

공공부문 등에서도 기초적 수준의 계좌정보 통합조회서비스를 제공한다.

기관	업무	서비스 정보
금융감독원	연금포털	- 연금 계약정보 (납입액, 적립액, 예상연금액 등)
금융결제원	계좌통합관리 (어카운트인포)	- 은행 계좌정보 (은행명, 계좌종류, 개설일, 잔고 등)
생명/손해보험협회	내보험찾아줌	- 보험 가입내역 (종류, 금액, 가입시기 등)
신용정보원	내보험다보여	
여신금융협회	카드포인트통합조회	- 포인트 정보 (잔여 포인트, 소멸예정 포인트 등)

2) 유형

현재 국내에서 제공되는 주요 서비스는 본인신용정보 통합조회, 재무·신용관리 지원, 금융상품 비교·추천 서비스 등의 유형이 있다.

① 본인신용정보 통합조회

분산되어 있는 개인의 금융거래 등의 정보를 일괄 수집하여, 정보주체가 알기 쉽게 통합 제공하여 본인 신용정보 통합 조회를 한다.

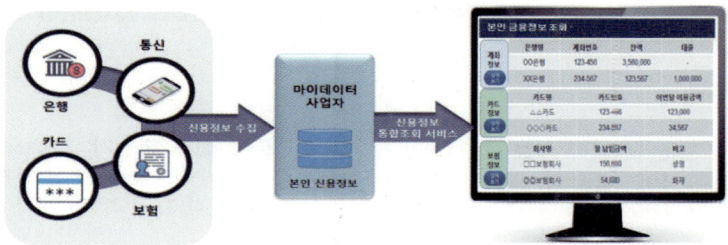

② 재무관리 지원

일괄 수집된 개인 금융정보 등을 기초로 신용도, 재무위험, 소비패턴 등 개별 소비자의 재무현황을 분석한다.

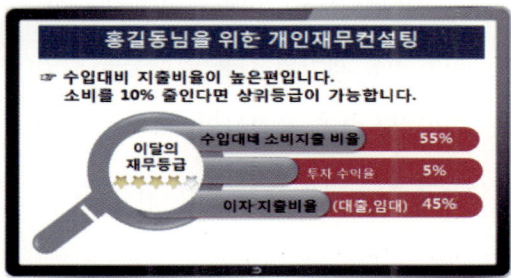

③ 신용관리 지원

금융소비자의 재무현황을 기초로 신용상태의 개선을 위한 맞춤형 재무 컨설팅(예를 들어 부채비율·지출비중 등 재무행태 조정뿐 아니라, 개인신용평가 기초자료 등을 분석하여 신용평점 개선에 필요한 정보 제출, 잘못 등록된 정보 삭제 등을 권고한다.)을 제공하여 신용관리·정보관리 지원을 한다.

필요시 신용조회(CB사)·금융회사 등에 긍정적 정보를 제출하그, 부정적 정보 삭제정정 요청 등 본인정보 관리업무도 수행한다.

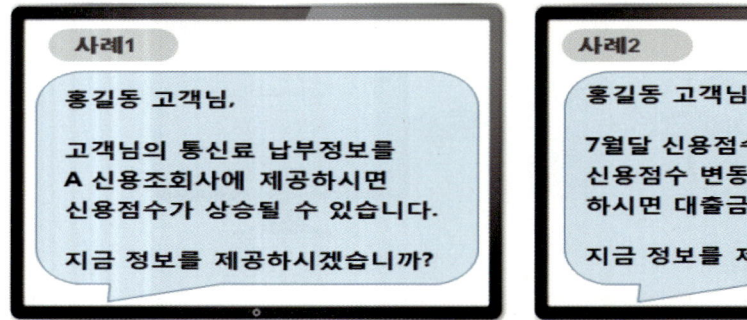

④ **금융상품 비교·추천 서비스**

개별 소비자별로 현재 신용상태·재무현황 하에서 이용 가능한 금융상품 목록을 제시하고, 상품별 가격·혜택을 상세 비교하여, 개인에게 최적화된 금융상품을 추천한다. 예를 들어 특정 개인의 신용상태 등을 감안하여 최저 금리 대출상품을 추천하고 특정 개인의 소비패턴 등을 분석하여 최고 혜택 카드상품을 추천한다. 거래 중인 상품에 대해서도 유사상품과의 비교 등을 통해 더욱 유리한 조건의 상품을 추천한다.

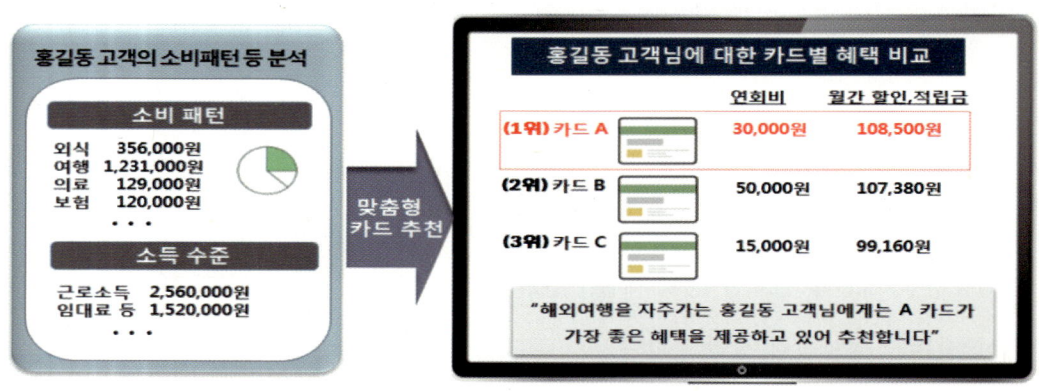

3) 문제점

시장발달 초기단계로 충분한 수준의 서비스가 제공되지 못하였다. 증대되는 금융소비자의 신용관리 수요에 비해 아직까지 관련 서비스 이용 규모는 양적으로 미미한 수준이다. 미국에서는 상당수의 금융소비자가 금융거래에 앞서 정보통합조회에 기반한 신용·정보관리 서비스를 이용 중이다.

다양한 업체가 경쟁하고 있는 주요국에 비해 국내의 마이데이터 서비스의 수준은 질적으로도 미흡한 상황이다. 미국 등의 경우 다수의 핀테크업체가 다양한 특화 서비스를 개발하면서 서비스 품질을 고도화하고 있다.

우리의 경우 아직까지 정보조회의 범위도 제한적이고 여타 서비스도 신용카드 상품 추천 등에 한해 제공되는 실정이다. 고부가가치 데이터 서비스 제공보다는 공공부문의 통합조회시스템에 대리 접속하여 수익을 내는데 주력하는 업체도 등장하고 있다.

서비스의 안정적 제공을 위한 법적·제도적 기반이 취약하다. 마이데이터 서비스 관련 사항이 법령에 명시적으로 규정되어 있지 않아 법적 불확실성이 큰 상황이다. 특히「신용정보법」상 '신용조회업무'가 매우 포괄적으로 규정되어, CB업과 마이데이터 서비스와의 구분이 불명확하다.

또한 금융투자상품 외 금융상품 자문업에 대한 규율체계(주식·펀드 등 금융투자상품 자문 →「자본시장법」상 투자자문업 대출·신용카드 등 자문 →「금융소비자보호법」상 금융상품자문업)가 확립되지 않은 점 등도 산업의 건전한 발전 저해 요인이다.

한편, 신규 핀테크업체들은 서비스 제공에 필수적인 고객 데이터의 안정적인 확보도 어려운 상황이다. 현재 핀테크업체는 개별 금융회사와 자율적인 정보제공 계약을 통해 고객의 금융거래 정보를 확보하고 있다. 다만, 기존 금융사들의 소극적 태도로 본인정보 일괄조회 서비스에 필요한 충분한 수준의 고객데이터 확보에 애로사항이 있다. 특히, 서비스 제공에 핵심 기반이 되는 정보 확보가 불안정한 계약관계에 의존함에 따라 서비스의 안정적 제공에도 한계가 있다. 고객정보를 보유한 금융회사가 핀테크업체에 정보제공을 거부할 경우 서비스가 중단될 가능성이 있다.

고객정보 수집·처리과정에서 개인정보보호·보안 위험에 노출되어 있다. 대부분의 핀테크 업체들은 고객의 로그인정보, 공인인증서 등으로 고객계좌에 대리 접속하는 방식으로 정보를 수집한다. 고객계좌에 직접 접속한 후, 스크린에 나타나는 데이터 중 필요한 데이터만을 추출하는 스크린 스크레이핑(Screen Scraping) 방식을 이용하여 정보를 취득한다.

〈 스크레이핑 방식의 정보 수집·처리 과정 〉

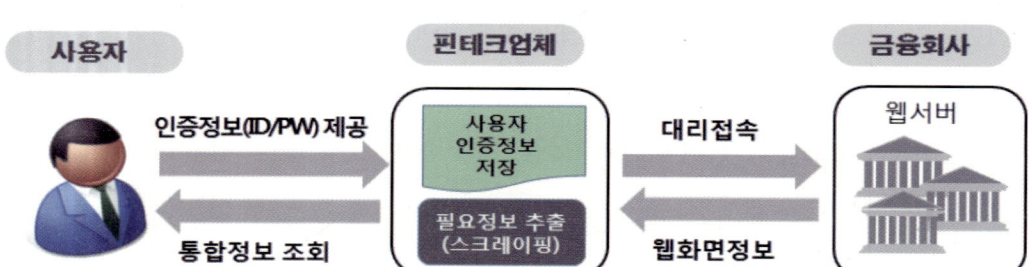

이러한 방식은 핀테크업체가 고객의 인증정보를 저장·활용한다는 측면에서 정보보호·보안상 많은 문제를 내포하고 있다. 고객 인증정보가 핀테크업체에 노출되어, 불건전 업체에 의한 정보유출 우려가 있고, 해킹 등의 표적이 될 가능성이 있다. 특히, 저장된 인증정보가 삭제·파기되지 않고 장기간 저장될 가능성이 있어 피해가 크게 확산될 가능성이 있다.

정보주체인 개인이 아닌 핀테크업체가 정보수집 범위를 결정하면 필요 이상의 과도한 정보수집의 우려가 있다. 그리고 형식적으로는 고객이 본인의 인증정보를 자발적으로 제공하면 정보유출 사고 발생시 책임소재가 불분명하다.

(3) 마이데이터 산업 도입

1) 신용정보법 등 개정

신용정보법에서 정보주체의 권리행사에 따라 본인정보 통합조회, 신용·자산관리 등 서비스를 제공 하는 금융분야 마이 데이터(My Data) 산업을 도입하고. 서비스의 안전한 정보 보호·보안체계를 마련하였다.

신용정보법 시행령에서 요건으로 안전한 데이터 처리를 위한 시스템·설비 요건을 규정한다. 고시를 통해 암호화시스템, 백업 및 복구시스템 구비, 방화벽 및 침입탐지 시스템 구비, 시스템 및 프로그램 운용·개발능력 등의 세부요건 규정이 예정이다. 겸영·부수업무로 마이데이터와 시너지 창출이 가능한 전자금융업, 대출 중개·주선, 로보어드바이저 이용 자문·일임업 등을 관련 법령에 따른 인허가·등록을 거쳐 겸업할 수 있도록 허용했다.

또한 행위규칙으로 개인의 정당한 정보주권을 보장하지 않는 행위를 금지한다. 예를 들어 정보주체의 요구 이상의 개인신용정보 수집, 정보주체의 요구에도 불구하고 해당 개인의 신용정보를 삭제하지 않는 행위 등이 있다.

2) 기대효과

① 정보보호 및 데이터 활용

기존 정보보호 법제는 동의제도를 비롯하여 정보주체의 개인정보 자기결정권 행사를 보장하기 위한 다양한 제도를 마련하고 있었다.

> ※「신용정보법」및「개인정보보호법」상 개인정보 자기결정권 관련 사항
>
> ① 사전적 선택·결정권 : 정보활용에 관한 동의권
> ② 보조적 권리 : 정보 열람청구권, 제공·이용사실 조회권
> ③ 사후적 통제권 : 정정·삭제·처리정지 요구권, 동의 철회권
> ④ 소송상 권리구제 : 징벌적·법정 손해배상, 침해금지 단체소송 등

그러나 지능정보사회의 도래로 데이터 활용의 양태가 복잡해지면서 개인 스스로 정보 보호·관리하기는 갈수록 어려워졌다. 특히, 정보주체 스스로 복잡한 금융·IT 기술을 이해하고 이에 대응하여 본인의 자기정보결정권을 주장하기에는 한계가 있었다.

마이데이터 서비스는 정보주체가 보다 능동적·적극적으로 정보 자기결정권을 행사할 수 있는 기반을 제공하고 있다. 현행 법제상 자기정보 통제권을 충분히 인지하도록 돕고, 필요시 해당 권리를 대리 행사하여 정보관리도 지원한다. 금융회사 등 기업뿐 아니라 정보주체 개인도 데이터 활용의 편익(신용관리·재무분석 등)을 적극 향유할 수 있는 여건을 마련한다.

② 금융소비자 보호

그간의 정책적 노력에도 불구, 금융상품 자체의 특성 등으로 금융소비자가 필요한 정보를 바탕으로 선택을 하기 어려웠다. 정보제공·비교공시가 부족하여 금융상품의 비용·혜택 등에 대해 제대로 이해하지 못하고 선택하는 경우가 많았다. 현재 금융상품 제조·판매자인 금융회사에게 소비자에 대한 완전한 정보제공·공시(Full disclosure)를 하도록 하고 있으나, 금융투자상품·보험상품 판매시 적합성원칙·설명의무, 펀드상품 투자설명서 교부 등, 인지(認知)에 필요한 시간·비용 등을 고려 시, 과도한 정보제공으로 오히려 소비자의 판단을 저해한다는 지적도 제기된다.

더욱이 표준화가 어렵고 구조가 복잡한 금융상품의 속성 등으로 다양한 금융상품을 한눈에 비교·평가하기 어렵다. 맞춤형 정보제공 서비스가 부족하여, 개별 소비자로서는 유의미한 정보를 효율적으로 얻기가 더욱 어려운 상황이다. 금융상품은 개별 소비자의 신용도, 소비패턴 등에 따라 상품구조·가격 등이 차등화되어 맞춤형 정보제공이 필요하나, 현재의 정보제공·공시제도 등은 금융상품 자체의 속성에 대한 정보(Product attribute information) 위주로 설계되었다. 합리적 금융상품 선택을 위해서는 개별 소비자의 금융상품 이용패턴, 행태 등에 대한 정보(Product use information)가 함께 제공될 필요가 있다.

일반 금융소비자에 대한 자문서비스의 공급이 크게 부족하다. 독립 금융상품 자문업이 미도입된 가운데, 금융기관에서 제공되는 자문서비스는 고액 자산가를 중심으로 운영된다. 대부분의 금융소비자는 각각의 판매채널을 직접 접촉하여 정보를 수집·비교 하여 제한적인 정보만으로 상품 선택한다.

마이데이터 서비스가 산업적으로 활성화되면 정보제공·공시의 질이 개선되고 자문서비스 확대 등으로 소비자 보호도 강화된다.

첫째, 간편한 정보제공·비교공시(Smart disclosure)를 제공한다.
그간 공공 부문, 협회 등에서 이를 위한 노력이 있었으나(예: 금융상품 통합비교공시), 상품종류별 평균 혜택·비용 등을 공시하는 수준에 그치는 상황이다.
마이데이터 서비스는 다양한 금융상품 중 개별소비자에게 유의미한 상품과 정보를 추려내어 알기 쉽게 표준화하여 제공한다. 간편한 정보제공·비교공시를 통해 제한된 시간·비용 하에 있는 금융소비자의 합리적 선택을 지원한다.
둘째, 소비행태·재무현황 등 분석에 기반한 맞춤형 금융상품을 추천한다.

개인의 소비행태·위험성향 등 소비자 본인 정보에 대한 분석을 바탕으로 맞춤형 금융상품 추천이 가능하다. 또한 상품의 비용·혜택 등이 소비자의 행태 등에 따라 계약 이후 변동되는 특성(예를 들어 중도상환 여부에 따른 상환수수료, 변동금리대출의 금리변동 가능성 등이 있다.) 등을 감안한 실시간 맞춤형 정보 제공도 가능하다.

셋째, 데이터에 기반한 합리적 가격대의 금융상품 자문서비스를 제공한다.

대량의 데이터 처리·분석 업무와 연계함에 따라 기존 고비용 구조를 탈피하여 낮은 비용의 자문서비스 제공이 가능하다.

일반 소비자에게도 금융상품 종합 자문서비스가 제공되어 구조적인 소비자의 정보열위(knowledge disadvantage)를 완화한다.

소비자가 자신의 신용정보, 금융상품을 손 안에서 언제나 관리 할 수 있도록 하는 '포켓 금융(Pocket Finance)' 환경이 조성된다.

소비자는 금융회사 등에 흩어져 있는 자신의 신용정보(금융 상품 가입 내역, 자산 내역 등)를 한 눈에 파악하여 쉽게 관리할 수 있다. 은행, 보험회사, 카드회사 등 개별 금융회사에 각각 접근하여 정보를 수집할 필요가 없어 금융 정보에 접근이 편리해지고, 자신에게 특화된 정보관리·자산관리·신용관리 등의 서비스를 합리적인 비용으로 언제 어디서나 누릴 수 있게 된다. MyData 사업자가 카드 거래내역, 보험정보, 투자정보 등을 분석하여 유리한 금융상품을 추천하는 등 소비자 금융주권의 보호자 역할을 수행한다. 자신의 신용도, 자산, 대출 등이 유사한 소비자들이 가입한 금융상품의 조건을 비교하여 금융회사에 금리인하 요구 등의 대리행사를 통해 소비자 권익 향상시킨다. 금융정보 뿐만 아니라 유용한 공공정보(국세·지방세, 4대보험료 납부내역 등)도 손쉽게 수집·관리가 가능하다.

〈 신용정보법 개정에 따른 소비자의 기대효과 〉

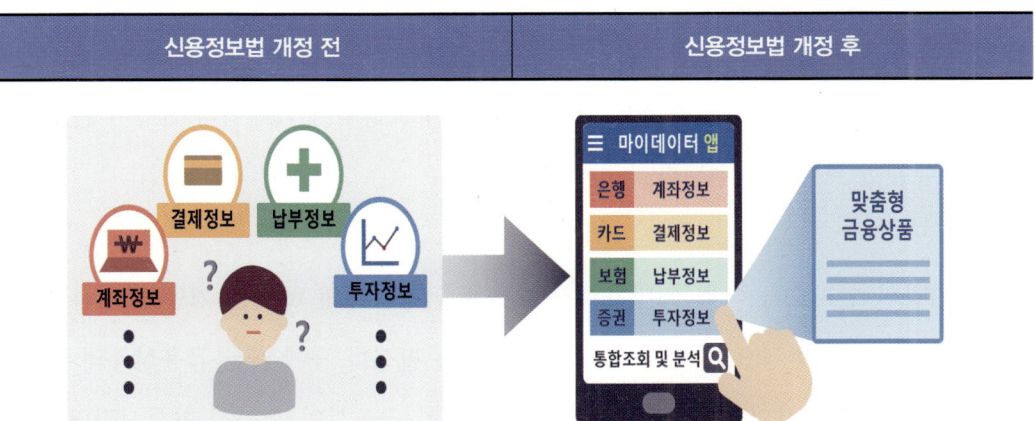

신용정보법 개정 전	신용정보법 개정 후
은행(계좌정보), 카드회사(결제정보), 보험회사(납부정보) 등에 흩어져 있는 정보를 한 눈에 파악하기 어렵다.	마이데이터 서비스를 통해 흩어져 있는 개인신용정보를 한 번에 확인하고 통합 분석이 가능하다.

③ 산업내 경쟁 촉진

금융산업 전반에서는 금융상품간 비교·공시가 강화되어 금융산업 내에 경쟁과 혁신이 촉진된다. 정보 우위에 기반하여 이익을 추구해온 금융회사들의 영업행태가 시정되고 소비자 만족을 위한 경쟁이 확산될 가능성이 있다.

금융회사에 집중된 고객 데이터의 공유가 확산되면서 대형금융사의 정보독점 및 이를 통한 시장영향력 집중이 완화된다.

핀테크·데이터산업은 금융소비자에게 맞춤형 정보를 수집·유통하는 정보중개업자(Financial Infomediary)로 산업적 역할을 수행한다. 데이터 기반의 핀테크 혁신을 주도하면서, 전통적인 금융산업·데이터산업의 잠재적 경쟁자로서 자리매김할 것이다. 미국의 경우 상위 5개 마이데이터 관련 업체의 연간 매출액 약 65.9억달러, 고용인원은 약 1.3만명으로 추정한다.('17년 기준). 국민경제 전반에서는 고객 데이터에 대한 수집·분석이 활성화될 경우, 창업 활성화를 위한 빅데이터 수요 등에도 대응할 것이다. 전후방 연관효과로 고부가가치의 금융분야 데이터 산업이 형성되어, 임금·만족도 측면에서 좋은 일자리의 창출이 가능하다.

　데이터가 안전하고 자유롭게 흐를 수 있는 환경이 조성되어 빅데이터 산업이 활성화될 수 있는 튼튼한 토대가 마련된다.

　금융기관의 인지도가 아닌 소비자가 선호하는 금융상품의 혜택을 기준으로 시장경쟁력을 가질 수 있는 환경으로 변화한다. 데이터 이동 활성화 등에 따른 금융상품의 비교·공시 강화는 금융회사의 상품 제조 방식을 변화시켜 금융산업 생산성 향상시킨다. 금융회사 간의 데이터 이동은 금융회사가 개인의 특성을 반영한 맞춤형 금융상품 개발을 위한 인센티브 제공한다.

　데이터 산업이 안정적으로 운영될 수 있는 기초 인프라가 구축된다. 데이터 전송이력, 활용내역 등이 투명하게 관리되고 정보보호·보안 측면이 향상되어 안전한 데이터 이용 환경이 조성된다. API 도입, 데이터 표준화 등으로 데이터 산업 진입장벽이 완화되어 인공지능 등 신기술을 활용한 신사업 추진에 용이하다.

〈신용정보법 개정에 따른 금융산업의 변화〉

(4) 금융분야 마이데이터 산업 도입

1) 업 신설

금융분야 마이데이터 산업에 관한 법률상 규율체계를 도입하여 개인의 정코·소비자 주권 실현을 지원하는 독자적 산업으로 육성한다. 현행 신용조회업(Credit Bureau)과 명확한 구분 등을 통해, 금융분야 데이터산업에서의 경쟁과 혁신을 촉진한다.

소비자의 신용관리·자산관리 및 자기정보통제권 행사 등을 적극 지원할 수 있도록 다양한 부수·겸영업무를 허용한다.

자본금 요건, 금융권 출자의무 등 진입장벽은 최소화하여 금융분야에 창의적인 Player들의 진입을 다양하게 유도한다. 다만, 초기 단계부터 건전한 산업생태계가 조성될 수 있도록(데이터 기반 핀테크 생태계의 조성, 금융상품의 제조·판매와 자문·추천 간의 이해상충, 대형사 정보독점 가능성 등을 종합적으로 고려한다.) '허가제'를 도입·운영한다.

정보주체의 주도 하에 정보보호·보안 등의 측면에서 안정적으로 서비스가 제공될 수 있도록 제도적·기술적 여건을 마련한다. 정보주체가 본인정보를 능동적·적극적으로 활용할 수 있도록 '개인신용정보 이동권' 도입(금융회사 → 마이데이터 사업자)한다. 유럽연합 일반개인정보보호법(GDPR)에서 새로이 도입된 정보주권인 'Right to Data Portability'를 신용정보법 체계에 맞추어 국내에 수용한다. 금융회사-사업자 간 안전하고 신뢰할 수 있는 방식(표준API)의 정보제공을 통해 개인정보의 오·남용 가능성을 차단한다. 강력한 본인인증 절차, 사업자의 정보활용·관리실태에 대한 상시감독체계 구축 등을 통해 정보보호·보안에 만전을 기한다.

> ※ **통합조회 대상 신용정보**
> (i) 은행·상호금융·저축은행 등의 예금계좌 입출금 내역
> (ii) 신용카드·직불카드 거래 내역
> (iii) 은행·상호금융·저축은행·보험사 등의 대출금 계좌정보
> (iv) 보험회사의 보험계약 정보 (단, 보험금 지급정보는 제외)
> (v) 증권회사의 투자자예탁금·CMA 등 계좌 입출금 내역 및 금융투자상품(주식·펀드·ELS 등)의 종류별 총액 정보
> (vi) 전기통신사업자의 통신료 납부내역 등의 신용정보

「신용정보법」상에 신용조회업과 구분되는 신용정보산업으로 마이데이터 산업('본인 신용정보 관리업')을 별도로 신설하였다. 본인 신용정보 통합조회서비스를 고유업무로 하되, 신용관리·자산관리·정보관리를 위한 다양한 겸영·부수업무를 허용한다.

① 고유업무

마이데이터 산업(본인 신용정보 관리업)의 고유업무는 본인 신용정보 통합조회서비스 제공이다. 마이데이터 산업은 ⓐ 정보주체의 권리 행사에 기반하여 ⓑ 본인 정보를 보유한 금융회사 등으로부터 신용정보를 전산상으로 제공받아 ⓒ 본인에게 통합조회 서비스를 제공하는 업(業)으로 정의된다.

신용조회업(CB)은 개인의 신용상태를 평가하여 제3자(금융회사 등)에게 제공하는 업무로 규정하여 마이데이터 산업과 구분한다. 마이데이터 산업은 본인의 자산·부채 현황을 전체적으로 파악하고 신용관리에 활용할 수 있도록 이에 필요한 신용정보를 망라한다.

② 부수업무

마이데이터 산업의 부수업무는 정보관리 및 데이터산업 관련 업무이다. 정보계좌(Personal data account) 업무로서 통합조회 대상 신용정보 외에도 본인이 직접 수집한 개인신용정보(예를 들어 전기·가스·수도료 납부 정보, 세금·사회보험료 납부내역 등이 있다.)를 관리·활용할 수 있는 계좌제공 업무도 허용한다. 개인정보 자기결정권의 대

리행사("정보관리") 업무로서 개인의 신용평점 개선, 금리인하 요구 등을 위한 프로파일링 대응권의 대리행사 등 정보관리 업무를 부수업무로 허용한다. 예를 들어, 신용평가·금리산정 등에 활용된 기초정보의 확인 요구, 오등록 정보 정정을 청구한다. 이를 통해, 금융소비자가 금융회사·CB사 등에 대해 적극적인 설명요구, 이의 제기 등을 쉽게 할 수 있는 여건을 마련한다.

데이터 분석·컨설팅 및 제3자 제공 업무는 통합조회에 제공된 개인신용정보를 기초로 재무현황, 소비패턴 등의 데이터 분석정보를 본인에게 제공하는 업무와, 보유 데이터를 활용(다만, 명시적인 동의를 한 고객 데이터에 한하여 제3자 제공을 허용한다.)한 빅데이터 분석 결과를 금융회사, 창업기업 등 제3자에 제공하는 업무도 부수업무로 허용한다.

③ 겸영업무

마이데이터산업의 겸영업무는 자산관리 등 부가서비스 제공을 위한 금융업무이다. 「자본시장법」 상의 투자자문·일임업을 통해, 고객 본인에 대한 데이터 분석결과를 바탕으로 로보어드바이저 방식의 금융투자상품 자문 등이 가능하다.

「금융소비자보호법」 상의 금융상품자문업에서, 금융상품 추천·비교공시를 부수업무(추후 자문업의 법적 규율체계가 정비된 이후 겸영업무로 전환한다.)로 허용한다.

2) 진입규제

자본금 요건 등은 최소화하여 다양한 업체의 진입을 유도하되, 정보보호·보안, 산업생태계 측면을 감안, 진입규제를 설계한다.

① 허가제 도입

정보보호·보안, 겸영·지배주주 규제의 필요성 등을 고려하여 사업계획의 타당성 심사가 필요한 점을 감안한다.

② 자본금 요건 및 배상책임보험 가입 의무 부과

다양한 마이데이터 사업자의 진입을 유도하고 유휴자금을 최소화하기 위해 최소자본금을 5억원으로 설정하되, 대량의 개인정보 수집·관리 등에 따라 발생할 수 있는 정보유출 등에 대응하기 위하여 배상책임보험 가입을 의무화한다.

③ 인적·물적 허가요건

인적요건으로 CB업과 달리, 창의적인 Player에 의한 데이터산업 생태계가 조성될 수 있도록 전문인력 요건은 별도로 두지 않되, CB·금융회사 등과 마찬가지로, '신용정보 관리·보호인'은 반드시 두도록 하여 개인신용정보 유출 등에 철저히 대비한다. 물적요건 등으로, 체계적인 신용정보 관리를 위한 정보처리시설 및 정보유출 방지를 위한 기술적·물리적 보안시설 등 구비해야 한다. 데이터산업에 창의적인 Player가 다양하게 진입할 수 있도록, 개인 CB업과 달리 금융기관 50% 출자의무 등은 두지 않는다.

3) 고객정보 제공 의무화

정보주체의 개인신용정보 이동권을 보장하고, 그 권리 행사에 기반하여 금융회사에게 고객정보의 제공을 의무화한다.

① 개인신용정보이동권 보장

금융기관 등에게 본인의 개인신용정보 이동을 요구할 수 있는 권리('개인신용정보이동권')은 정보주체가 본인 정보를 보유한 기관(금융회사 등)에게 본인정보(사본)를 본인 또는 본인이 지정한 제3자에게 이동시키도록 할 수 있는 권리이다. '정보주체'가 능동적으로 정보이동을 '요구'한다는 측면에서 기업의 정보활용 요청에 대한 수동적인 '동의'와는 구분된다.

② 정보제공 의무 부여 및 고객 정보 접근 가능

의무 제공정보 범위로서 통합조회·재무분석 등 원활한 마이데이터 서비스 제공을 위해 필요한 수준의 정보를 충분히 제공한다(예를 들어 소비패턴 분석 등을 위해서는 일정 기간 시계열 데이터도 제공할 필요하다.). 다만, 민감정보(예를 들어 보험금 지급정보 : 피보험자의 병력 및 사고이력 등을 포함한다.), 개인정보를 기초로 금융기관 등이 추가적으로 생성·가공한 2차 정보[예를 들어 CB사의 개인신용평점, 금융회사가 산정한 자체 개인신용평가(CSS) 결과가 있다.] 등은 제외한다.

또한 정보 제공방식으로 금융회사 등과 마이데이터 사업자 간 협의를 통해 사전에 표준화된 전산상 정보 제공방식(표준 API)을 이용한다. API(Application Programming Interface)는 표준화 작업을 위해 금융회사·마이데이터사업자 및 금융보안원 등으로 협의체를 구성할 계획이다. 원칙적으로 은행·카드사 등 개별 금융사 등에 API 구축 의무를 부여하되, 규모·거래빈도 등을 감안하여 중계기관(예를 들어, 신용협동조합 등의 경우, 해당 중앙회 등이나 신용정보원 등이 있다.)도 활용한다.

4) 정보보호 및 보안 책임 강화

정보주체의 명확한 의사에 기반하여 정보보호·보안상 신뢰할 수 있는 방식으로 서비스가 제공되도록 규제·감독을 강화한다.

① 강력한 본인인증 절차 마련

마이데이터 사업자에 대해서는 안전하고 신뢰할 수 있는 방식을 통한 본인확인을 의무화한다. 다만, 마이데이터의 비대면업무 특성을 고려하여 서면 외에도 다양한 비대면 실명확인(전자문서, 유무선통신 등) 방식을 허용한다.

금융회사 등은 고객 데이터의 제공에 앞서 해당 고객의 정보이동권 행사의 명시적 의사를 일정한 방식으로 확인할 의무가 있다. 정보활용 범위·영향 등이 광범위한 만큼, 정보주체의 실수나 의도치 않은 이동권의 행사가 이루어지지 않도록 강력한 본인인증이 필요하다.

② 정보수집 과정의 안전성·보안성 강화

현재 활용 중인 스크린 스크레이핑 방식의 취약성을 보완할 수 있도록 정보수집 과정을 전반적으로 정비해야한다. 개인신용정보 이동권 행사에 기반하여 금융회사 등이 마이데이터 사업자에게 직접 정보를 전달하는 방식으로 개선해야 한다.

〈 고객데이터 수집·처리 개선 방안 (API방식) 〉

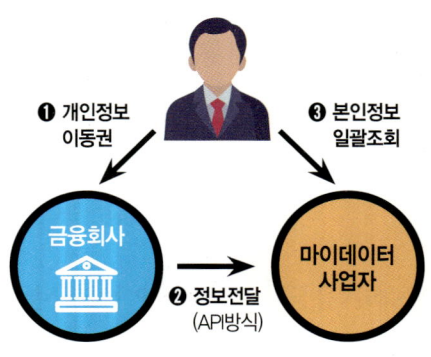

❶ 정보주체(A씨)가 '개인신용정보이동권'을 행사
· 필요한 정보 항목을 선택하여 금융회사로 하여금 해당정보를 마이데이터 사업자에 제공할 것을 요구

❷ 금융회사는 A씨의 정보를 마이데이터 사업자로 전달
· 표준화된 전산처리방식(API)를 통해 정보전달
· 정보주체의 인증정보는 암호화하여 전달
 (ID, PW → Token으로 전환)

❸ A씨는 마이데이터 사업자를 통해 본인정보를 일괄조회

③ 정보사고 발생시 사후구제수단 마련

정보유출 사태에 대비한 배상책임 보험가입을 의무화한다. 구체적 보험가입 규모는 국내외 사례, 마이데이터 산업의 생태계 조성 가능성 등을 종합적으로 감안하여 결정한다.

*EU에서도 본인계좌정보관리업자에 대해 배상책임보험 가입 의무화(PSD2)

체계적인 검사·감독체계를 구축한다. 마이데이터 사업자의 개인신용정보 활용·관리 실태에 대한 상시적 평가체계를 구축한다. 그리고, 자체적인 내부관리체계를 마련·시행토록 하고 금융보안원 등 자율규제기구의 점검, 금감원 검사 등 중첩적 평가체계 구축한다. '19년 도입 예정인 금융권 정보활용·관리 상시평가제를 확대·적용한다.

④ 기대효과

인증정보 노출 차단을 위해서 마이데이터 사업자는 고객의 인증정보를 직접 저장·활용하지 않고 암호화한 대체정보(예를 들어, ID, PW 등 인증정보를 Token으로 전환하고 Token은 주기적으로 변경·삭제한다.)를 활용한다.

정보주체의 통제·관리 강화를 위해 정보주체 스스로 필요정보를 요구하여 필요 이상으로 정보 수집하는 것을 사전적으로 방지한다.

전산처리 표준화의 경우 정보보안기술을 적용(예를 들어 해킹 발생시 개인정보 자동폐기 및 접근통제, 개인정보 사용기간 한정 등이 있다.)한 표준API 방식을 이용하여 보안성이 강화되고, 신생업체도 손쉽게 이용가능하게 한다.

해외사례 등을 감안, 현행처럼 고객의 인증정보를 직접 활용하는 스크린 스크레이핑 방식의 정보제공은 일정 유예기간 이후 금지 한다. EU에서도 고객데이터 제공 관련 규제 기술표준(RTS)을 마련하고 일정 유예기간(18개월) 경과 후 기존의 스크린 스크레이핑 활용을 제한(PSD2)한다.

(5) 금융위원회 마이데이터 허가

1) 허가 대상

'2020.8.5.부터 개정 신용정보법에 따라 본인신용정보관리업(이하 '마이데이터')이 신설된다. 신용정보주체의 권리행사에 따라 ① 개인신용정보 등을 수집하고, ② 수집된 정보를 신용정보주체가 조회·열람 등 제공하는 행위를 영업으로 하는 산업이다. 이에 금융분야 마이데이터 산업을 하고자 하는 모든 회사는 금융위원회로부터 마이데이터 허가를 받아야 한다.

> **〈마이데이터 허가가 불필요한 경우〉**
> 개인신용정보를 처리하지 않는 경우 : (ㄱ)개인신용정보가 아닌 개인정보만을 처리하는 경우, (ㄴ)기업신용정보만을 처리하는 경우, 신용정보제공·이용자(금융회사 등) 또는 공공기관으로부터 개인신용정보를 제공받지 않는 경우, 개인신용정보를 수집하나, 수집된 정보를 신용정보주체에게 조회·열람 등의 방식으로 제공하지 않는 경우, 개인신용정보를 저장·접근하지 못하는 단순 가계부 어플 개발, Account-info(「실명법」 제4조) 등 다른 법령에 따라 허용된 경우가 있다.

2) 심사요건

마이데이터 허가를 받기 위해서는 법령상 최소 자본금 요건(5억원), 물적설비, 주요 출자자 요건, 사업계획의 타당성 등의 요건을 갖추어야 한다. 허가 심사 과정에서는 해당 신청업체의 안전한 데이터 활용능력 보유 여부를 판단하여 허가를 결정하게 된다. 해당 사업자가 안전한 데이터 활용능력을 갖추었는지 여부는 다음 각 호의 요건들을 종합적으로 고려하여 판단할 예정이다.

〈마이데이터 허가 심사시 주요 고려요소〉
– 개인신용정보의 안전한 보호가 가능한 체계를 충분히 갖추었는지?
– 신용정보주체의 편익기여도가 얼마나 되는지?
– 이해상충행위 방지 체계구축 등 금융소비자 보호 체계가 충분한지?
– 사업계획의 혁신성 · 적절성 · 현실가능성
– 마이데이터 산업 발전에 기여할 수 있는지?

4. 보안 법률 및 인증제도

(1) 개요

4차 산업혁명에 따른 경영환경의 변화는 5G 서비스 개통 등 정보통신기술의 발전과 서비스의 혁신으로 인하여 4차산업에서의 정보(information)의 힘은 정부기관뿐만 아니라 사회 전반을 비롯한 일반인에게도 중요한 자산(Asset)이 되어가고 있다. 미래사회에는 정보가 함유하고 있는 가치(Value)가 자본이 가진 가치를 넘어서서 정보 그 자체만으로 부가가치를 창출할 수 있는 생태계를 만들어 낼 수 있을 정도로 그 중요성이 커지고 있다. 아울러 최근 직면하고 있는 Covid 19로 인한 비대면(Un-tact) 경제의 부상은 이제 일반인들도 보안의 사각지대가 될 수 없다는 것을 보여준다.

정보의 가치가 자산 그 이상의 의미로 발전하게 된다는 의미는 ICT 사회로 정보화 사회가 고도화되면 될수록 정보보안의 중요성은 한 층 더 강조되어야 함을 내포하고 있다. 따라서 융합보안의 시대에는 보다 효율적으로 대응하고, 고도화되고 지능화된 초연결(Hyper connectivity)과 초지능(Super intelligence) 사회 속에서 국가의 유지·발전과 국민의 자유와 권리를 보호·보장하기 위한 효율적인 법·정책 마련이 요구된다.

정보보호관련 법령으로는 정보통신망 이용촉진 및 정보보호 등에 관한 법률(이하 정보통신망법이라 한다), 정보통신기반 보호법, 국가정보화 기본법, 전자정부법 등이 있고, 개인정보보호관련 법령으로는 개인정보보호법, 정보통신망법, 위치정보의 보호 및 이용 등에 관한 법률 등이 있다. 금융관련 법령으로는 전자금융거래법, 신용정보의 이용 및 영업비밀보호에 관한 법률(이하 '신용정보법'이라 한다.) 등이 있고, 정보유출관련 법령으로는 부정경쟁방지 및 영업비밀보호에 관한 법률과 산업기술의 유출방지 및 보호에 관한 법률(이하 '산업기술보호법'이라 한다.) 등이 있다. 기타의 법률로는 전자문서 및 전자거래 기본법, 전자서명법 및 통신비밀보호법 등이 있다.

구분	법	시행령	시행규칙
ICT 산업 진흥 관계법령	인터넷주소자원에 관한 법률	인터넷주소자원에 관한 법률 시행령	-
	정보통신 진흥 및 융합 활성화 등에 관한 특별법	정보통신 진흥 및 융합 활성화 등에 관한 특별법 시행령	정보통신 진흥 및 융합 활성화 등에 관한 특별법 시행규칙
	정보통신산업 진흥법	정보통신산업 진흥법 시행령	정보통신산업 진흥법 시행규칙
	정보보호산업의 진흥에 관한 법률	정보보호산업의 진흥에 관한 법률 시행령	정보보호산업의 진흥에 관한 법률 시행규칙
	클라우드컴퓨팅 발전 및 이용자 보호에 관한 법률	클라우드컴퓨팅 발전 및 이용자 보호에 관한 법률 시행령	-
정보보호 관계법령	정보통신망 이용촉진 및 정보보호 등에 관한 법률	정보통신망 이용촉진 및 정보보호 등에 관한 법률 시행령	정보통신망 이용촉진 및 정보보호 등에 관한 법률 시행규칙
	정보통신기반 보호법	정보통신기반 보호법 시행령	정보통신기반 보호법 시행규칙
	국가정보화 기본법	국가정보화 기본법 시행령	국가정보화 기본법 시행규칙
	전자정부법	전자정부법 시행령	-
개인 정보보호 관계법령	개인정보 보호법	개인정보 보호법 시행령	-
	위치정보의 보호 및 이용 등에 관한 법률	위치정보의 보호 및 이용 등에 관한 법률 시행령	-
기타 참고 법령	전자문서 및 전자거래 기본법	전자문서 및 전자거래 기본법 시행령	전자문서 및 전자거래 기본법 시행규칙
	전자서명법	전자서명법 시행령	전자서명법 시행규칙
	전자금융거래법	전자금융거래법 시행령	-

전기통신사업법	전기통신사업법 시행령	-
전기통신기본법	전기통신기본법 시행령	-
통신비밀보호법	통신비밀보호법 시행령	통신제한조치 등 허가규칙
-	국가사이버안전관리규정	-
-	보안업무규정	보안업무규정 시행규칙
방송통신발전 기본법	방송통신발전 기본법 시행령	-
전자상거래 등에서의 소비자보호에 관한 법률	전자상거래 등에서의 소비자보호에 관한 법률 시행령	전자상거래 등에서의 소비자보호에 관한 법률 시행규칙
신용정보의 이용 및 보호에 관한 법률	신용정보의 이용 및 보호에 관한 법률 시행령	신용정보의 이용 및 보호에 관한 법률 시행규칙
스마트도시 조성 및 산업진흥 등에 관한 법률	스마트도시 조성 및 산업진흥 등에 관한 법률 시행령	-
국가공간정보 기본법	국가공간정보 기본법 시행령	-
소비자기본법	소비자기본법 시행령	-

[표 1-3] 정보관련 법률 | 출처: 인터넷진흥원, https://www.kisa.or.kr/public/laws/laws1.jsp

Data 3법은 Data 이용을 활성화하는「개인정보보호법」,「정보통신망법」,「신용정보법」등 3가지 법률을 통칭한다. 정보통신망법에 특별한 규정이 없고 개인정보 보호법과 상호 모순·충돌하지 않는 경우에는 개인정보보호법이 적용된다. 개인정보보호법과 신용정보법의 관계는 신용정보법 제3조의2는 "개인정보의 보호에 관하여 이 법에 특별한 규정이 있는 경우를 제외하고는 개인정보 보호법에서 정하는 바에 따른다"라고 규정하고 있으므로 신용정보법은 개인정보 보호법에 대해 특별법의 지위를 가진다. 따라서 개인신용정보에 대해서는 신용정보법을 우선 적용하되, 신용정보법에 규정되어 있지 않는 사항은 개인정보보호법을 적용하여야 한다.

최근 Data 3법이 대폭 개정되었다. 4차 산업혁명 시대를 맞아 핵심 자원인 데이터의 이용 활성화를 통한 신산업 육성이 국가적 과제로 대두되고 있다. 특히, 신산업 육성을 위해서는 인공지능(AI), 인터넷기반 정보통신 자원통합(클라우드), 사물인터넷(IoT) 등 신기술을 활용한 데이터 이용이 필요하다. 한편 안전한 데이터 이용을 위한 사회적 규범 정립도 시급하다. 데이터 이용에 관한 규제 혁신과 개인정보 보호 협치(거너번스) 체계 정비의 두 문제를 해결하기 위해 데이터 3법 개정안이 발의('18.11.15)됐다. 데이터 3법 개정안은 2020년 1월 9일 국회 본회의를 통과했다.

2020년8월 5일부터 시행되고 있는 데이터 3법 개정의 주요 내용은 ① 데이터 이용 활성화를 위한 가명정보 개념 도입, ② 개인정보 보호 거버넌스 체계 효율화, ③ 데이터 활용에 따른 개인정보처리자의 책임 강화 및 ④ 다소 모호했던 개인정보의 판단 기준 명확화 등이다.[2]

(2) 개인정보보호법

1) 개요

① 배경

개인정보보호는 소극적 의미에서의 사생활 보호권리인 프라이버시 권리(Privacy Right)와 적극적인 의미에서의 "자기 정보의 적극적 통제 및 결정권"을 망라한다. 프라이버시권은 미국에서 1879년 Thomas Cooley가 "홀로 있을 권리(a Right to be let alone)"로 처음 주장하였고, 1890년 Samuel Warren & Louise Brandeis에 의해 비로

---
[2] 출처: 관계부처합동 보도자료, 데이터 규제 혁신, 청사진이 나왔다.(2018.11.22.)

소 독자적인 법적권리로 인정받게 되었다. "홀로 있을 권리"는 사적 영역에서 타인으로부터 간섭을 받지 않을 권리로 정착하였고, 대체로 공권력 등에 의한 개인정보의 부정한 유용 등의 불법행위에 대항하는 개인적인 권리로서 자리매김하게 되었다. 이후 미국 연방대법원의 1965년 Griswold v. Connecticut 판결에서 피임약 사용금지와 1973년 Roe v. Wade 판결에서 낙태금지가 여성의 의사결정의 자유(decision privacy)로서 프라이버시권이 인정되었다. 또한 콜럼비아 대학의 웨스턴(Alan Westin)교수에 의해 1967년 자기정보 결정권(Information Privacy)가 프라이버시로 정의되어 미국과 유럽의 프라이버시권에 영향을 주었다.

1983년 세계 최초로 독일 헌법재판소에서 독일 인구조사와 관련된 판결에서 "개인정보 자기결정권"이 인정되면서 프라이버시 권리는 개개인이 본인의 개별적인 정보를 통제하는 적극적 권리로 변모하게 되었다. 특히 최근에는 4차 산업혁명으로 인한 Big-data 등의 정보환경이 변화되면서 정보주체인 개개인의 보호에 대한 보다 적극적이고 능동적인 권리보장의식이 필요하게 되었다.

〈개인정보자기결정권〉
자신에 관한 정보가 언제 누구에게 어느 범위까지 알려지고 또 이용되도록 할 것인지를 그 정보주체가 스스로 결정할 수 있는 권리이다. 즉, 정보주체가 개인정보의 공개와 이용에 관하여 스스로 결정할 권리를 말한다.
[헌재 2005.5.26., 99헌마513, 2004헌마190(병합)]

[표 1-4] 개인정보자기결정권 | 출처: 헌재 2005.5.26., 99헌마513, 2004헌마190(병합)

개인정보보호는 개인, 기업 및 공공기관과 국가적인 차원에서 국가 및 사회의 안정과 기업발전에 필요한 요소이다. 개인은 개인정보 유출 등 정신적 피해, 보이스 피싱 등에 의한 금전적 손해, 유괴 등 각종 범죄에 노출되는 우려가 있다. 기업 및 공공기관들 측면에서는 수집 및 생성된 개인정보는 기업 및 공공기관의 자산이 되고, 개인정보 유출시 해당 기업의 이미지 실추, 민·형사 및 행정상 책임 등으로 타격을 받는다. 또한 국가는 정부 및 공공행정의 신뢰성이 하락된다.

② 개인정보 정의 및 법적요건

가. 정의

개인정보는 살아 있는 개인에 관한 정보로서, 성명, 주민등록번호 및 영상 등을 통하여 개인을 알아볼 수 있는 정보이다. 해당 정보만으로는 특정 개인을 알아볼 수 없더라도 다른 정보와 쉽게 결합하여 알아볼 수 있는 정보도 개인정보이다. 이 경우 쉽게 결합할 수 있는지 여부는 다른 정보의 입수 가능성 등 개인을 알아보는 데 소요되는 시간, 비용, 기술 등을 합리적으로 고려하여야 한다. 다른 정보와 쉽게 결합하여 개인을 식별할 수 있는 정보는 점점 확대되는 추세를 보이고 있다.

나. 법적 요건

개인정보에 해당하기 위해서는 생존성, 관련성, 식별성 및 결합가능성의 법적요건이 요구된다. 먼저, 생존성은 '살아있는' 개인에 관한 정보를 요구하므로, 법인의 정보나 개인사업자에 관한 정보, 사망자의 정보 및 사물에 관한 정보는 개인정보가 아니다.

둘째, 관련성 측면에서 개인에 관한 정보이어야 한다. '개인에 관한 정보'란 당해 개인에 대한 사실·판단·평가 등 개인과 관련된 정보를 의미하므로, 특정 개인의 신원, 성격, 행위 등에 관한 것 또는 정보주체에 관한 평가 등에 영향을 미치는 것은 개인정보에 해당한다. '개인에 관한 정보'는 반드시 특정 1인만에 관한 정보이어야 한다는 의미가 아니며, 직·간접적으로 2인 이상에 관한 정보는 각자의 정보에 해당한다. 정보의 내용·형태 등은 특별한 제한이 없어서 개인을 알아볼 수 있는 모든 정보가 개인정보가 될 수 있다. 즉, 디지털 형태나 수기 형태, 자동처리 정보와 수동처리정보 등 그 형태 또는 처리방식과 관계없이 모두 개인정보에 해당할 수 있다. 정보주체와 관련되어 있으면 키, 나이, 몸무게 등 '객관적 사실'에 관한 정보나 그 사람에 대한 제3자의 의견 등 '주관적 평가' 정보 모두 개인정보가 될 수 있다.

셋째, 식별성은 개인을 '알아볼 수 있는' 정보를 요구한다. 해당 정보를 '처리하는 자'의 입장에서 합리적으로 활용될 가능성이 있는 수단을 고려하여 개인을 알아볼 수 있다면 개인정보에 해당한다. 처리는 개인정보의 수집, 생성, 연계, 연동, 기록, 저장, 보유, 가공, 편집, 검색, 출력, 정정(訂正), 복구, 이용, 제공, 공개, 파기(破棄), 그 밖에 이와 유사한 행위를 말한다. 성명, 전화번호, 주소는 다른 정보와 쉽게 결합하여 개인을 식별할 수 있는 정보로서 개인정보 보호법상 개인정보이다. 즉 주민등록번호, 영상정보, 문자, 음성 등은 특정 개인을 식별할 수 있는 정보이다.

마지막으로, 결합가능성 측면에서 다른 정보와 '쉽게 결합하여' 개인을 알아볼 수 있는 정보라야 개인정보에 포함된다. 결합 대상이 될 정보의 '입수 가능성'이 있어야 하고 '결합가능성'이 높아야 함을 의미한다. '입수 가능성'은 두 종 이상의 정보를 결합하기 위해서는 결합에 필요한 정보에 합법적으로 접근·입수할 수 있어야 한다.

③ 국내·외 개인정보보호 관련 법률

과거 국내 개인정보보호는 "공공기관의 개인정보보호에 관한 법률"."정보통신망 이용촉진 및 정보보호 등에 관한 법률(이하' 정보통신망법'이라고 함)", "신용정보의 이용 및 보호에 관한 법률(이하 '신용정보보호법"이라고 함)의 개별 법률에 의해 운영되고 있어 해당 법률의 적용을 받지 않는 사각지대가 존재하였다. 따라서 개인정보보호법은 개인정보의 처리 및 보호에 관한 사항을 정함으로써 개인의 자유와 권리를 보호하고, 나아가 개인의 존엄과 가치를 구현함을 목적으로 2011년 제정되었다.

제17대 국회, 제18대 국회에서 개인정보보호법안이 발의되었고, 국회 행안위 상정(09.2.20), 본회의 의결(11.3.11), 공포(11.3.29)를 통해 2011.9.30.일 시행되었다. 개인정보보호법은 공공·민간 분야를 망라하는 통합적인 개인정보보호 법률로서 정보통신망법, 신용정보보호법 등의 개별 개인정보보호 법률에 대하여 일반법적인 위치에 있다.

개인정보보호법은 개인정보 보호분야의 일반법이며 사회전반의 개인정보 보호를 규율하고 모든 사업자, 개인 등이 대상이다. 타 법률에 특별한 규정이 없는 경우 개인정보 보호법이 적용된다. 만약 타 법률에 특별한 규정이 있는 경우는 정보통신망법, 신용정보법, 전자금융거래법, 의료법, 고등교육법 등이 적용된다. 단, 다른 법률의 규정이 개인정보보호법보다 보호수준이 강하거나 약한 특별한 경우에는 해당 조문별로 개별법을 적용한다.

국내 개인정보보호 관련 법률은 개인정보보호법, 정보통신망법, 신용정보보호법, 전자금융거래법 등이 있다. 미국은 Consumer Privacy Act가 있으며, EU는 2018년 5월 25일부터 시행중인 General Data Protection Regulation(GDPR)이 있다.

구분	대상기관
개인정보 보호법	정보통신 서비스 제공자 이외에 업무 처리 목적으로 개인정보를 수집/처리하는 모든 기관
정보통신망법	정보통신 서비스 제공자(영리 목적으로 홈페이지를 운영하는 기업)
신용정보의 이용 및 보호에 관한 법률	신용정보업(신용조회, 신용조사업 등), 신용정보회사, 신용정보집중기관
GDPR	EU내 위치한 정보주체(EU 회원국민, 주재원 등)의 개인정보를 수집 처리하는 기업

[표 1-5] 국내·외 개인정보보호 관련 법률

2) 내용

① 개인정보보호 원칙

개인정보보호 원칙은 선언적 규범이어서 직접적으로 개인정보처리자를 구속하지 않지만, 개인정보처리자에게는 행동의 지침을 제공해 주고 정책담당자에게는 정책 수립 및 법 집행의 기준을 제시해 주며, 사법부에 대해서는 법 해석의 이론적 기초를 제시한다.

개인정보처리자(이하 '정보처리자'라 함)는 개인정보의 처리 목적을 명확하게 하여야 하고 그 목적에 필요한 범위에서 최소한의 개인정보만을 적법하고 정당하게 수집하여야 한다. 정보처리자는 개인정보의 처리 목적에 필요한 범위에서 적합하게 개인정보를 처리하여야 하며, 그 목적 외의 용도로 활용하여서는 아니되며, 개인정보의 처리 목적에 필요한 범위에서 개인정보의 정확성, 완전성 및 최신성이 보장되도록 하여야 한다.

개인정보보호법은 헌법재판소가 인정한 "개인정보자기결정권(헌재 2005.05.26. 99헌마 513)"의 취지 및 국제적인 "OECD 프라이버시 8원칙(1980)"과 EU개인정보 보호지침(1995)에 채택된 "APEC 프라이버시 원칙(2004)"등의 내용을 참조하여 개인정보보호 원칙을 정하고 있다. 필요한 범위에서 개인정보의 정확성, 완전성 및 최신성이 보장되도록 하여야 한다.

정보처리자는 개인정보의 처리 방법 및 종류 등에 따라 정보주체의 권리가 침해 받을 가능성과 그 위험 정도를 고려하여 개인정보를 안전하게 관리하여야 하며, 개인정보 처리방침 등 개인정보의 처리에 관한 사항을 공개하여야 하며, 열람청구권 등 정보주체의 권리를 보장하여야 한다. 정보처리자는 정보주체의 사생활 침해를 최소화하는 방법으로 개인정보를 처리하여야 하며, 개인정보의 익명처리가 가능한 경우에는 익명에 의하여 처리될 수 있도록 하여야 한다. 정보처리자는 이 법 및 관계 법령에서 규정하고 있는 책임과 의무를 준수하고 실천함으로써 정보주체의 신뢰를 얻기 위하여 노력하여야 한다.

OECD의 프라이버시의 보호와 개인 데이터의 국제적 유통에 관한 가이드라인(Guidelines on the Protection of Privacy and Transborder Flows of Personal Data, 이하 "OECD 프라이버시 가이드라인"라고 한다.)은 5부 22항목으로 구성되며, 그 가운데 제2부의 7조에서 14조에서는 개인 프라이버시와 자유를 보호하기 위한 8가지 기본원칙을 밝히고 있다. OECD 이사회의 권고안으로 채택되고 1980년 9월 23일 발효됐다. 이 8원칙은 개인정보의 수집 및 관리에 대한 국제사회의 합의를 반영한 국제기준으로, 법적인 구속력은 없지만 개인정보보호의 일반 원칙으로 인정받고 있다. OECD회원국들에 의해 만장일치로 채택된 OECD 프라이버시 가이드라인은 수집제한의 원칙, 정보정확성의 원칙, 목적의 명확화 원칙, 이용제한의 원칙, 정보의 안전한 보호에 관한 원칙, 공개의 원칙, 개인 참가의 원칙 및 책임의 원칙을 포함하고 있다.

② **구성체계**

개인정보의 처리 및 보호에 관한 사항을 정함으로써 개인의 자유와 권리를 보호하고, 나아가 개인의 존엄과 가치를 구현함을 목적으로 한다.

개인정보보호법의 적용대상은 개인정보처리자이다. 구체적으로 업무를 목적으로 개인정보파일을 운용하기 위하여 스스로 또는 다른 사람을 통하여 개인정보를 처리하는 공공기관, 법인, 단체 및 개인(종교단체, 동창회 등)과 공공·민간 부문의 모든 개인정보처리자가 대상이다. 포털, 금융기관, 병원, 학원, 제조업, 서비스업 등 72개 업종 350만 전체 사업자, 국회·법원·헌법재판소·중앙선거관리위원회 등 헌법기관, 정부부처, 지자체, 공사, 공단, 학교 등 2.8만 전체 공공기관 및 사업자 협회·동창회 등 비영리단체 등이 포함된다.

적용범위는 개인정보보호에 관해 다른 법률에 특별한 규정이 있는 경우를 제외하고 적용한다. 보호대상은 처리되는 정보에 의해 알아 볼 수 있는 사람인 정보주체이다.

이 법은 본문 10장, 76개 조문 및 부칙 등으로 구성되어 있다. 개인정보 보호 원칙 및 정책, 개인정보의 처리 단계별 의무, 개인정보의 안전한 관리 및 권리보장 및 구제 등의 내용으로 포함한다. 개인정보보호법의 구성체계는 다음과 같다.

구분		세부내용
1장	총칙	목적, 정의, 개인정보 보호 원칙, 정보주체의 권리, 국가 등의 책무, 다른 법률과의 관계
2장	개인정보 보호정책의 수립 등	개인정보 보호위원회(보호위원회의 구성 등, 위원장, 위원의 임기, 위원의 신분보장, 겸직금지 등, 결격사유, 보호위원회의 소관 사무, 보호위원회의 심의·의결 사항 등, 회의, 위원의 제척·기피·회피, 소위원회, 사무처, 운영 등), 개인정보 침해요인 평가, 기본계획, 시행계획, 자료제출 요구 등, 개인정보 보호지침, 자율규제의 촉진 및 지원, 국제협력
3장	개인정보의 처리	(1절 개인정보의 수집, 이용, 제공 등) 개인정보의 수집·이용, 개인정보의 수집 제한, 개인정보의 제공, 개인정보의 목적 외 이용·제공 제한, 개인정보를 제공받은 자의 이용·제공 제한, 정보주체 이외로부터 수집한 개인정보의 수집 출처 등 고지, 개인정보의 파기, 동의를 받는 방법
		(2절 개인정보의 처리 제한) 민감정보의 처리 제한, 고유식별정보의 처리 제한, 주민등록번호 처리의 제한, 영상정보처리기기의 설치·운영 제한, 업무위탁에 따른 개인정보의 처리 제한, 영업양도 등에 따른 개인정보의 이전 제한, 개인정보취급자에 대한 감독
		(3절 가명정보의 처리에 관한 특례 〈신설 2020. 2. 4.〉) 가명정보의 처리 등, 가명정보의 결합 제한, 가명정보에 대한 안전조치의무 등, 가명정보 처리 시 금지의무 등, 가명정보 처리에 대한 과징금 부과 등, 적용범위
4장	개인정보의 안전한 관리	안전조치의무, 개인정보 처리방침의 수립 및 공개, 개인정보 보호책임자의 지정, 개인정보파일의 등록 및 공개, 개인정보 보호 인증, 개인정보 영향평가, 개인정보 유출 통지 등, 과징금의 부과 등

5장	정보주체의 권리 보장	개인정보의 열람, 개인정보의 정정·삭제, 개인정보의 처리정지 등, 권리행사의 방법 및 절차, 손해배상책임, 법정손해배상의 청구
6장	정보통신서비스 제공자 등의 개인정보 처리 등 특례 〈신설 2020. 2. 4.〉	개인정보의 수집·이용 동의 등에 대한 특례, 개인정보 유출 등의 통지·신고에 대한 특례, 개인정보의 보호조치에 대한 특례, 개인정보의 파기에 대한 특례, 이용자의 권리 등에 대한 특례, 개인정보 이용내역의 통지, 손해배상의 보장, 노출된 개인정보의 삭제·차단, 국내대리인의 지정, 국외 이전 개인정보의 보호, 상호주의, 방송사업자등에 대한 특례, 과징금의 부과 등에 대한 특례
7장	개인정보 분쟁조정위원회 〈개정 2020. 2. 4.〉	설치 및 구성, 위원의 신분보장, 위원의 제척·기피·회피, 조정의 신청 등, 처리기간, 자료의 요청 등, 조정 전 합의 권고, 분쟁의 조정, 조정의 거부 및 중지, 집단분쟁조정, 조정절차 등
8장	개인정보 단체소송 〈개정 2020. 2. 4.〉	단체소송의 대상 등, 전속관할, 소송대리인의 선임, 소송허가신청, 소송허가요건 등, 확정판결의 효력, 「민사소송법」의 적용 등
9장	보칙 〈개정 2020. 2. 4.〉	적용의 일부 제외, 적용제외, 금지행위, 비밀유지 등, 의견제시 및 개선권고, 침해사실의 신고 등, 자료제출 요구 및 검사, 시정조치 등, 고발 및 징계권고, 결과의 공표, 연차보고, 권한의 위임·위탁, 벌칙 적용 시의 공무원 의제
10장	벌칙 〈개정 2020. 2. 4.〉	벌칙, 양벌규정, 몰수·추징 등, 과태료, 과태료에 관한 규정 적용의 특례
부칙		

[표 1-6] 개인정보 구성체계

③ 개인정보 보호 정책의 수립

■ 개인정보보호위원회

개인정보 보호에 관한 사무를 독립적으로 수행하기 위하여 국무총리 소속으로 개인정보 보호위원회(이하 "보호위원회"라 한다)를 둔다. 보호위원회는 상임위원 2명(위원장 1명, 부위원장 1명)을 포함한 9명의 위원으로 구성한다. 위원장과 부위원장은 정무직 공무원으로 임명한다. 위원장, 부위원장, 제7조의13에 따른 사무처의 장은 「정부조직법」 제10조에도 불구하고 정부위원이 된다.

보호위원회의 위원은 개인정보 보호에 관한 경력과 전문지식이 풍부한 다음 각 호의 사람 중에서 위원장과 부위원장은 국무총리의 제청으로, 그 외 위원 중 2명은 위원장의 제청으로, 2명은 대통령이 소속되거나 소속되었던 정당의 교섭단체 추천으로, 3명은 그 외의 교섭단체 추천으로 대통령이 임명 또는 위촉한다.

■ 보호위원회 소관사무

보호위원회는 다음 각 호의 소관 사무를 수행한다.

1. 개인정보의 보호와 관련된 법령의 개선에 관한 사항
2. 개인정보 보호와 관련된 정책·제도·계획 수립·집행에 관한 사항
3. 정보주체의 권리침해에 대한 조사 및 이에 따른 처분에 관한 사항
4. 개인정보의 처리와 관련한 고충처리·권리구제 및 개인정보에 관한 분쟁의 조정
5. 개인정보 보호를 위한 국제기구 및 외국의 개인정보 보호기구와의 교류·협력
6. 개인정보 보호에 관한 법령·정책·제도·실태 등의 조사·연구, 교육 및 홍보에 관한 사항
7. 개인정보 보호에 관한 기술개발의 지원·보급 및 전문인력의 양성에 관한 사항
8. 이 법 및 다른 법령에 따라 보호위원회의 사무로 규정된 사항

④ 개인정보 최소 수집, 이용 및 제공

개인정보보호법은 개인정보 수집, 이용 및 제공과 관련하여 Life Cycle 차원에서 관리하고 있다.

가. Life-Cycle 단계별 보호조치

구분	수집	이용/제공	관리(보관)	파기
내용	- 수집·이용기준 - 최소수집 - 14세 미만 법정대리인 동의 - 민감정보처리 제한 - 고유식별정보 - 주민등록번호의 사용제한	- 목적외 이용·제공제한 - 제3자 제공 - 처리위탁 - 영업양도양수 - 국외이전	- 안전조치의무 - 누설금지 - 개인정보 보호책임자 지정 - 개인정보유출 통지·신고 의무 - 이용자의 권리보장 - 이용내역 통지 - 개인정보처리방침 수립 - 개인정보파일등록 (공공기관)	- 파기 - 유효기간제

[표 1-7] 개인정보 생명주기별 업무
출처: 강은성, CEO·CPO 대상 개인정보보호 심화교육, 개인정보보호 최고책임자 (CEO·CPO)교육 심화(2016.11.22.)

나. 개인정보 수집·이용·제3자 제공

■ 개인정보 수집·이용

a. 동의를 받은 경우

정보주체의 개인정보를 수집할 때에는 그 목적에 필요한 범위내에서 최소한의 개인정보만을 수집하여야 한다. 최소한의 개인정보라는 입증책임은 정보처리자가 부담한다. 정보처리자는 정보주체의 동의를 받아 개인정보를 수집하는 경우 그 목적에 필요한 최소한의 정보 외의 개인정보 수집에는 동의하지 아니할 수 있다는 사실을 구체적으로 알리고 개인정보를 수집하여야 한다. 또한 필요 최소한의 정보 외의 개인정보 수집에 동의하지 아니한다는 이유로 정보주체에게 재화 또는 서비스 제공을 거부해서는 안 된다.

> 1. 정보주체의 동의를 받은 경우
>
>> 동의 받을 때 고지 의무 사항
>> ① 개인정보의 수집·이용 목적
>> ② 수집하려는 개인정보의 항목
>> ③ 개인정보의 보유 및 이용 기간
>> ④ 동의를 거부할 권리가 있다는 사실 및 동의 거부에 따른 불이익이 있는 경우에는 그 불이익의 내용
>
> 2. 법률에 특별한 규정이 있거나 법령상 의무를 준수하기 위하여 불가피한 경우
> 3. 공공기관이 법령 등에서 정하는 소관 업무의 수행을 위하여 불가피한 경우
> 4. 정보주체와의 계약의 체결 및 이행을 위하여 불가피하게 필요한 경우
> 5. 정보주체 또는 그 법정대리인이 의사표시를 할 수 없는 상태에 있거나 주소불명 등으로 사전 동의를 받을 수 없는 경우로서 명백히 정보주체 또는 제3자의 급박한 생명, 신체, 재산의 이익을 위하여 필요하다고 인정되는 경우
> 6. 개인정보처리자의 정당한 이익을 달성하기 위하여 필요한 경우로서 명백하게 정보주체의 권리보다 우선하는 경우. 이 경우 개인정보처리자의 정당한 이익과 상당한 관련이 있고 합리적인 범위를 초과하지 아니하는 경우에 한한다.

b. 동의가 필요 없는 경우

정보처리자는 당초 수집 목적과 합리적으로 관련된 범위에서 정보주체에게 불이익이 발생하는지 여부, 암호화 등 안전성 확보에 필요한 조치를 하였는지 여부 등을 고려하여 대통령령으로 정하는 바에 따라 정보주체의 동의 없이 개인정보를 이용할 수 있다.

■ 목적 내 제 3자 제공

a. 동의를 받은 경우

정보처리자가 제3자 제공(공유를 포함한다. 이하 같다)에 대한 동의를 받을 때에는 정보주체가 제공의 내용과 의미를 명확히 알 수 있도록 미리 알려야 할 사항을 말하고 동의를 받아야 한다.

1. 정보주체의 동의를 받은 경우

> 동의 받을 때 고지 의무 사항
> ① 개인정보를 제공받는 자
> ② 개인정보를 제공받는 자의 개인정보 이용 목적
> ③ 제공하는 개인정보의 항목
> ④ 개인정보를 제공받는 자의 개인정보 보유 및 이용 기간
> ⑤ 동의를 거부할 권리가 있다는 사실 및 동의 거부에 따른 불이익이 있는 경우에는 그 불이익의 내용

2. 법률의 특별한 규정, 법령상 의무 준수를 위해 불가피한 경우
3. 공공기관이 법령 등에서 정한 소관업무를 위해 불가피한 경우
4. 정보주체 또는 그 법정대리인이 의사표시를 할 수 없는 상태에 있거나 주소불명 등으로 사전 동의를 받을 수 없는 경우로서 명백히 정보주체 또는 제3자의 급박한 생명, 신체, 재산의 이익을 위하여 필요하다고 인정되는 경우
5. 정보통신서비스의 제공에 따른 요금정산을 위하여 필요한 경우
6. 다른 법률에 특별한 규정이 있는 경우

정보처리자가 개인정보를 국외의 제3자에게 제공할 때에는 상기의 각 호에 따른 사항을 정보주체에게 알리고 동의를 받아야 하며, 이 법을 위반하는 내용으로 개인정보의 국외 이전에 관한 계약을 체결하여서는 아니 된다.

b. 동의가 필요 없는 경우

정보처리자는 당초 수집 목적과 합리적으로 관련된 범위에서 정보주체에게 불이익이 발생하는지 여부, 암호화 등 안전성 확보에 필요한 조치를 하였는지 여부 등을 고려하여 대통령령으로 정하는 바에 따라 정보주체의 동의 없이 개인정보를 제공할 수 있다.

■ 목적 외 이용·제공

원칙적으로 정보처리자는 정보주체에게 이용·제공의 목적을 고지하고 동의를 받은 범위나 이 법 또는 다른 법령에 의하여 이용·제공이 허용된 범위를 벗어나서 개인정보

를 이용하거나 제공해서는 안 된다.

　예외적으로 이 법은 개인정보를 목적 외의 용도로 이용하거나 제3자에게 제공할 수 있는 예외적인 사유를 규정하고 있다. 이 경우에도 정보주체 또는 제3자의 이익을 부당하게 침해할 우려가 있을 때에는 개인정보를 목적 외의 용도로 이용하거나 제3자에게 제공할 수 없다. 목적 외 이용·제공에 대하여 정보주체의 동의를 받을 때에는 당초 동의와 별도로 정보주체에게 동의를 받아야 한다. 다만, 이용자(「정보통신망법」 제2조 제1항 제4호에 해당하는 자를 말한다. 이하 같다)의 개인정보를 처리하는 정보통신서비스 제공자(「정보통신망법」 제2조 제1항 제3호에 해당하는 자를 말한다. 이하 같다)의 경우 제1호·제2호의 경우로 한정하고, 제5호부터 제9호까지의 경우는 공공기관의 경우로 한정한다.

1. 정보주체의 별도 동의를 받은 경우(정보통신서비스 제공자에 해당)

　동의 받을 때 고지 의무 사항
　① 개인정보를 제공받는 자
　② 개인정보의 이용 목적(제공 시에는 제공받는 자의 이용 목적을 말한다)
　③ 이용 또는 제공하는 개인정보의 항목
　④ 개인정보의 보유 및 이용 기간(제공 시에는 제공받는 자의 보유 및 이용 기간을 말한다)
　⑤ 동의를 거부할 권리가 있다는 사실 및 동의 거부에 따른 불이익이 있는 경우에는 그 불이익의 내용

2. 다른 법률에 특별한 규정이 있는 경우(정보통신서비스 제공자에 해당)
3. 정보주체 또는 그 법정대리인이 의사표시를 할 수 없는 상태에 있거나 주소불명 등으로 사전 동의를 받을 수 없는 경우로서 명백히 정보주체 또는 제3자의 급박한 생명, 신체, 재산의 이익을 위하여 필요하다고 인정되는 경우
4. 삭제 〈2020. 2. 4.〉

〈공공기관〉
5. 개인정보를 목적 외의 용도로 이용하거나 이를 제3자에게 제공하지 아니하면 다른 법률에서 정하는 소관 업무를 수행할 수 없는 경우로서 보호위원회의 심의·의결을 거친 경우
6. 조약, 그 밖의 국제협정의 이행을 위하여 외국정부 또는 국제기구에 제공하기 위하여 필요한 경우
7. 범죄의 수사와 공소의 제기 및 유지를 위하여 필요한 경우
8. 법원의 재판업무 수행을 위하여 필요한 경우
9. 형(刑) 및 감호, 보호처분의 집행을 위하여 필요한 경우

■ 목적 외 이용·제공시 보호조치

정보처리자는 개인정보를 목적 외의 용도로 제3자에게 제공하는 경우에는 개인정보를 제공받는 자에게 이용 목적, 이용 방법, 그 밖에 필요한 사항에 대하여 제한을 하거나, 개인정보의 안전성 확보를 위하여 필요한 조치를 마련하도록 요청하여야 한다. 이 경우 요청을 받은 자는 개인정보의 안전성 확보를 위하여 필요한 조치를 하여야 한다.

공공기관은 개인정보를 목적 외의 용도로 이용하거나 이를 제3자에게 제공하는 경우에는 그 이용 또는 제공의 법적 근거, 목적 및 범위 등에 관하여 필요한 사항을 보호위원회가 고시로 정하는 바에 따라 관보 또는 인터넷 홈페이지 등에 게재하여야 한다.

제공자	제공 받는 자
개인정보를 제공받는 자에게 이용목적, 이용방법 그 외 필요사항에 대한 제한 및 개인정보 안전성 확보 조치 마련 요청	개인정보 안전성 확보조치 이행

※ 공공기관 이행사항
 - 개인정보 이용 및 제공 관련 법적 근거, 목적 및 범위 관련 사항을 관보 또는 인터넷 홈페이지 게재
 - 개인정보 목적 외 이용 및 제3자 제공 대장 기록 관리

출처: 개인정보 처리 방법에 관한 고시[시행 2020. 8. 11.]
[개인정보보호위원회고시 제2020-7호, 2020. 8. 11., 제정]

■ 개인정보를 제공받은 자의 이용·제공 제한

정보처리자로부터 개인정보를 제공받은 자는 다음 각 호의 어느 하나에 해당하는 경우를 제외하고는 개인정보를 제공받은 목적 외의 용도로 이용하거나 이를 제3자에게 제공하여서는 아니 된다.

1. 정보주체로부터 별도의 동의를 받은 경우
2. 다른 법률에 특별한 규정이 있는 경우

■ 정보주체 이외로부터 수집한 개인정보의 수집 출처 등 고지

정보처리자가 정보주체 이외로부터 수집한 개인정보를 처리할 때, 정보주체의 요구가 있으면 즉시(요구를 받은 날부터 3일 이내) 개인정보 수집 출처, 개인정보 처리 목적 및 개인정보 처리의 정지를 요구할 권리가 있다는 사실을 알려야 한다. 정보처리자가 5만명 이상의 민감정보 또는 고유식별정보를 처리하는 자이나 100만명 이상 정보주체에 대한 개인정보를 처리하는 자에 해당하는 경우 정보주체의 동의가 없더라도 수집출처, 처리목적, 처리의 정지를 요구할 권리가 있다는 사실을 개인정보를 제공받은 후 3개월 이내에 정보주체에게 알려야 한다. 이 경우, 서면·전화·문자전송·전자우편 등의 방법으로 알리고 고지하였다는 사실, 알린 시기, 알린 방법을 개인정보가 파기할 때까지 보관 관리하여야 한다.

■ 정보주체로부터 동의 받는 방법

정보주체(법정대리인 포함)의 동의를 받을 때에는 각각의 동의사항을 구분하여 정보주체가 이를 명확하게 인지할 수 있도록 알리고 동의를 받아야 한다. 동의를 서면(「전자문서 및 전자거래 기본법」 제2조제1호에 따른 전자문서를 포함한다)으로 받을 때에는 개인정보의 수집·이용 목적, 수집·이용하려는 개인정보의 항목 등 대통령령으로 정하는 중요한 내용을 보호위원회가 고시로 정하는 방법에 따라 명확히 표시하여 알아보기 쉽게 하여야 한다.

정보주체의 동의 없이 처리할 수 있는 개인정보와 정보주체의 동의가 필요한 개인정보를 구분하여야 한다. 동의 없이 처리 가능한 개인정보라는 입증책임은 정보처리자가 부담한다.

정보주체에게 재화나 서비스를 홍보하거나 판매를 권유하기 위하여 개인정보의 처리

에 대한 동의를 받으려는 때에는 정보주체가 이를 명확하게 인지할 수 있도록 알리고 동의를 받아야 한다.

선택적으로 동의할 수 있는 사항을 동의하지 않는다는 이유로 재화 또는 서비스의 제공을 거부해서는 안 된다.

만 14세 미만 아동의 개인정보를 처리하려면 법정대리인의 동의를 받아야 하며, 법정대리인의 동의를 받기 위하여 필요한 최소한의 정보는 해당 아동으로부터 직접 수집할 수 있다.

a. 동의를 받는 방법

1. 동의 내용이 적힌 서면을 정보주체에게 직접 발급하거나 우편 또는 팩스 등의 방법으로 전달하고, 정보주체가 서명하거나 날인한 동의서를 받는 방법
2. 전화를 통하여 동의 내용을 정보주체에게 알리고 동의의 의사표시를 확인하는 방법
3. 전화를 통하여 동의 내용을 정보주체에게 알리고 정보주체에게 인터넷주소 등을 통하여 동의 사항을 확인하도록 한 후 다시 전화를 통하여 그 동의 사항에 대한 동의의 의사표시를 확인하는 방법
4. 인터넷 홈페이지 등에 동의 내용을 게재하고 정보주체가 동의 여부를 표시하도록 하는 방법
5. 동의 내용이 적힌 전자우편을 발송하여 정보주체로부터 동의의 의사표시가 적힌 전자우편을 받는 방법
6. 그 밖에 제1호부터 제5호까지의 규정에 따른 방법에 준하는 방법으로 동의 내용을 알리고 동의의 의사표시를 확인하는 방법

b. 중요한 내용

1. 개인정보의 수집·이용 목적 중 재화나 서비스의 홍보 또는 판매 권유 등을 위하여 해당 개인정보를 이용하여 정보주체에게 연락할 수 있다는 사실
2. 처리하려는 개인정보의 항목 중 다음 각 목의 사항
   가. 민감정보
   나. 여권번호, 운전면허의 면허번호 및 외국인등록번호
3. 개인정보의 보유 및 이용 기간(제공 시에는 제공받는 자의 보유 및 이용 기간을 말한다)
4. 개인정보를 제공받는 자 및 개인정보를 제공받는 자의 개인정보 이용 목적

다. 개인정보의 처리 제한

■ 민감정보, 고유식별정보 처리제한

사회적 차별을 야기하거나 현저히 인권을 침해할 우려가 있는 민감한 개인정보는 보다 엄격히 보호되어야 한다.

민감정보는 사상·신념, 노동조합·정당의 가입·탈퇴, 정치적 견해, 건강, 성생활 등에 관한 정보, 유전자검사 등의 결과로 얻어진 유전정보, 범죄경력자료에 해당하는 정보, 개인의 신체적, 생리적, 행동적 특징에 관한 정보로서 특정 개인을 알아볼 목적으로 일정한 기술적 수단을 통해 생성한 정보, 인종이나 민족에 관한 정보 등 이다.

고유식별정보는 주민등록번호, 여권번호, 운전면허번호, 외국인등록번호 등이다. 민감정보 및 고유식별정보는 원칙적으로 처리가 금지된다. 다만, 정보주체에게 별도 동의를 얻거나, 법령에서 구체적으로 처리를 요구하거나 허용하는 경우에 한하여 처리가능하다. 정보처리자가 민감정보를 처리하는 경우에는 그 민감정보가 분실·도난·유출·위조·변조 또는 훼손되지 아니하도록 안전성 확보에 필요한 조치를 하여야 한다.

■ 고유식별정보 처리자에 대한 정기적 조사

보호위원회는 처리하는 개인정보의 종류·규모, 종업원 수 및 매출액 규모 등을 고려하여 대통령령으로 정하는 기준에 해당하는 정보처리자가 안전성 확보에 필요한 조치를 하였는지에 관하여 정기적으로 조사하여야 한다. 보호위원회는 대통령령으로 정하는 전문기관으로 하여금 조사를 수행하게 할 수 있다.

구분	내용
대상	공공기관, 5만명 이상 정보주체의 고유식별정보를 처리하는 자
주기	2년마다 1회 이상

방법	온라인 또는 서면을 통하여 필요한 자료 제출
전문기관	한국인터넷진흥원 또는 보호위원회가 고시하는 기관

■ 주민등록번호의 처리제한

주민등록번호는 정보주체의 동의를 받아도 처리불가하며, 법령에 구체적으로 처리근거가 있어야 처리가 가능하다. 정보처리자는 주민등록번호가 분실·도난·유출·위조·변조 또는 훼손되지 아니하도록 암호화 조치를 통하여 안전하게 보관하여야 한다.

정보처리자는 주민등록번호를 처리하는 경우에도 정보주체가 인터넷 홈페이지를 통하여 회원으로 가입하는 단계에서는 주민등록번호를 사용하지 아니하고도 회원으로 가입할 수 있는 방법을 제공하여야 한다.

보호위원회는 개인정보처리자가 관계 법령의 정비, 계획의 수립, 필요한 시설 및 시스템의 구축 등 제반 조치를 마련·지원할 수 있다. 보호위원회는 기술적·경제적 타당성 등을 고려하여 암호화 조치의 세부적인 사항을 정하여 고시할 수 있다.

주민등록번호 처리가 가능한 경우	주민등록번호 암호화 의무
법률·대통령령·국회규칙·대법원규칙·헌법재판소규칙·중앙선거관리위원회규칙 및 감사원규칙에서 구체적으로 주민등록번호의 처리를 요구하거나 허용한 경우 정보주체 또는 제3자의 급박한 생명, 신체, 재산의 보호 위의 사항에 준하는 경우로서 보호위원회가 고시로 정하는 경우	-100만명 미만의 주민등록번호 보관 '16.12.31. 까지 암호화 -100만명 이상의 주민등록번호 보관 '17.12.31. 까지 암호화

■ 영상정보처리기기 설치·운영

누구든지 공개된 장소에서는 영상정보처리기기 설치 및 운영이 원칙적 금지된다. 영상정보처리기기운영자는 영상정보처리기기 운영·관리방침을 마련하여야 한다. 영상정보처리기기운영자는 영상정보처리기기의 설치 목적과 다른 목적으로 영상정보처리기기를 임의로 조작하거나 다른 곳을 비춰서는 아니 되며, 녹음기능은 사용할 수 없다.

영상정보처리기기운영자는 개인정보가 분실·도난·유출·위조·변조 또는 훼손되지 아니하도록 안전성 확보에 필요한 조치를 하여야 하며, 영상정보처리기기 운영·관리 방침을 마련하여야 한다.

⑤ 개인정보의 파기

보유기간의 경과, 처리목적 달성시 지체 없이(5일 이내) 파기하여야 한다. 다만, 다른 법령에 규정이 있으면 보존 가능하다. 개인정보를 파기할 때에는 복구·재생되지 않도록 조치하고, 파기 대상 개인정보의 보존 시 다른 개인정보와 분리하여 저장·관리하여야 한다. 정보처리자는 개인정보의 파기에 관한 사항을 기록·관리하여야 하고, 개인정보 파기의 시행 및 확인은 개인정보 보호책임자의 책임하에 수행되어야 하며, 개인정보 보호책임자는 개인정보 파기 시행 후 파기 결과를 확인하여야 한다. 단 분야별책임자를 지정한 경우에는 분야별책임자가 개인정보 보호책임자의 승인을 득한 후 이를 수행할 수 있다.

전부 파기	일부 파기

- 완전 파괴(소각, 파쇄 등)
- 전용 소자장비를 이용하여 삭제
- 데이터가 복원되지 않도록 초기화 또는 덮어쓰기 수행
	- 전자적 파일 형태
	  개인정보 삭제 후 복구·재생되지 않도록 관리·감독
	- 기록물, 인쇄물, 서면, 기록매체
	  해당 부분을 마스킹, 천공 등으로 삭제

[표 1-8] 전부파기 vs. 일부파기 | 출처: 개인정보보호위원회 개인정보보호지침[시행 2020. 8. 5.]
[개인정보보호위원회훈령 제24호, 2020. 8. 5., 제정]

⑥ 개인정보 위·수탁 관리

정보처리자가 제3자에게 개인정보의 처리 업무를 위탁하는 경우에는 다음 각 호의 내용이 포함된 문서에 의하여야 한다.

1. 위탁업무 수행 목적 외 개인정보의 처리 금지
2. 개인정보의 기술적·관리적 보호조치
3. 위탁업무의 목적 및 범위
4. 재위탁 제한
5. 개인정보에 대한 접근 제한 등 안전성 확보조치
6. 위탁업무와 관련하여 보유하고 있는 개인정보의 관리 현황 점검 등의 감독
7. 수탁자가 준수하여야 할 의무를 위반한 경우의 손해배상 등의 책임

위탁하는 업무 내용, 수탁자를 정보주체에게 알려야 한다. 인터넷 홈페이지에 30일 이상 게재할 수 있다. 홍보, 마케팅 업무 위탁시 업무 내용과 수탁자를 정보주체에게 고지하고, 수탁자가 개인정보를 안전하게 관리할 수 있도록 수탁자를 교육, 감독하며, 수탁자의 불법행위로 인한 손해배상책임은 위탁자에게 있다. 수탁자는 업무 목적 외 개인정보 이용·제공을 금지하고 수탁자에게 정보처리자의 의무 등을 준용한다.

구분	제3자 제공	위탁
처리목적	제공받는 자의 이익/목적	제공하는 자의 이익/목적
관리감독 책임	제공받는 자의 책임	제공하는 자의 책임
예시	- 경찰에 수사자료로 제공 - 감사기관(감사 수행 목적) 등에 감사자료로 제출 - 마트 이벤트 고객정보를 보험회사 마케팅에 제공	- 민원 처리 만족도 조사를 위해 리서치 업체에 직원 정보 제공 - 직원 교육을 위해 교육 위탁업체에 직원 명단 제공 - SMS를 통한 홍보를 위해 고객의 전화번호를 문자발송 업체에 전달

[표 1-9] 제3자 제공과 위탁 비교

⑦ **가명정보의 처리에 관한 특례**

가. 가명정보의 처리

정보처리자는 통계작성, 과학적 연구, 공익적 기록보존 등을 위하여 정보주체의 동의 없이 가명정보를 처리할 수 있다. 정보처리자는 가명정보를 제3자에게 제공하는 경우에는 특정 개인을 알아보기 위하여 사용될 수 있는 정보를 포함해서는 아니 된다.

나. 가명정보의 결합 제한

통계작성, 과학적 연구, 공익적 기록보존 등을 위한 서로 다른 정보처리자 간의 가명정보의 결합은 보호위원회 또는 관계 중앙행정기관의 장이 지정하는 전문기관이 수행한다. 결합을 수행한 기관 외부로 결합된 정보를 반출하려는 정보처리자는 가명정보 또는 시간·비용·기술 등을 합리적으로 고려할 때 다른 정보를 사용하여도 더 이상 개인을 알아볼 수 없는 정보로 처리한 뒤 전문기관의 장의 승인을 받아야 한다. 결합 절차와 방법, 전문기관의 지정과 지정 취소 기준·절차, 관리·감독, 반출 및 승인 기준·절차 등 필요한 사항은 별도로 정한다.

<결합전문기관 지정기준>
1. 보호위원회가 정하여 고시하는 바에 따라 가명정보의 결합·반출 업무를 담당하는 조직을 구성하고, 개인정보 보호와 관련된 자격이나 경력을 갖춘 사람을 3명 이상 상시 고용할 것
2. 보호위원회가 정하여 고시하는 바에 따라 가명정보를 안전하게 결합하기 위하여 필요한 공간, 시설 및 장비를 구축하고 가명정보의 결합·반출 관련 정책 및 절차 등을 마련할 것
3. 보호위원회가 정하여 고시하는 기준에 따른 재정 능력을 갖출 것
4. 최근 3년 이내에 개선권고, 시정조치 명령, 고발 또는 징계권고 및 과태료 부과에 따른 공표 내용에 포함된 적이 없을 것

다. 가명정보에 대한 안전조치의무

정보처리자는 가명정보를 처리하는 경우에는 원래의 상태로 복원하기 위한 추가 정보를 별도로 분리하여 보관·관리하는 등 해당 정보가 분실·도난·유출·위조·변조 또는

훼손되지 않도록 안전성 확보에 필요한 기술적·관리적 및 물리적 조치를 하여야 한다.

정보처리자는 가명정보를 처리하고자 하는 경우에는 가명정보의 처리 목적, 제3자 제공 시 제공받는 자 등 가명정보의 처리 내용을 관리하기 위하여 관련 기록을 작성하여 보관하여야 한다.

라. 가명정보 처리 시 금지의무

누구든지 특정 개인을 알아보기 위한 목적으로 가명정보를 처리해서는 아니 된다.

정보처리자는 가명정보를 처리하는 과정에서 특정 개인을 알아볼 수 있는 정보가 생성된 경우에는 즉시 해당 정보의 처리를 중지하고, 지체 없이 회수·파기하여야 한다.

마. 가명정보 처리에 대한 과징금 부과

보호위원회는 정보처리자가 특정 개인을 알아보기 위한 목적으로 정보를 처리한 경우 전체 매출액의 100분의 3 이하에 해당하는 금액을 과징금으로 부과할 수 있다. 다만, 매출액이 없거나 매출액의 산정이 곤란한 경우는 4억원 또는 자본금의 100분의 3 중 큰 금액 이하로 과징금을 부과할 수 있다.

⑧ 개인정보 안전성 확보 조치

정보처리자는 개인정보가 분실·도난·유출·위조·변조 또는 훼손되지 아니하도록 안전성 확보에 필요한 기술적·관리적 및 물리적 안전조치를 하여야 한다.

개인정보 처리방침의 내용과 정보처리자와 정보주체 간에 체결한 계약의 내용이 다른 경우에는 정보주체에게 유리한 것을 적용한다.

보호위원회는 개인정보 처리방침의 작성지침을 정하여 정보처리자에게 그 준수를 권장할 수 있다.

가. 안전조치의무

개인정보의 분실, 도난, 유출, 변조, 훼손 방지를 위해 필요한 기술적, 관리적 및 물리적 조치를 하여야 한다.

> 1. 개인정보의 안전한 처리를 위한 내부 관리계획의 수립·시행
> 2. 개인정보에 대한 접근 통제 및 접근 권한의 제한 조치
> 3. 개인정보를 안전하게 저장·전송할 수 있는 암호화 기술의 적용 또는 이에 상응하는 조치
> 4. 개인정보 침해사고 발생에 대응하기 위한 접속기록의 보관 및 위조·변조 방지를 위한 조치
> 5. 개인정보에 대한 보안프로그램의 설치 및 갱신
> 6. 개인정보의 안전한 보관을 위한 보관시설의 마련 또는 잠금장치의 설치 등 물리적 조치

보호위원회는 정보처리자가 안전성 확보 조치를 하도록 시스템을 구축하는 등 필요한 지원을 할 수 있다. 안전성 확보 조치에 관한 세부 기준은 보호위원회가 정하여 고시한다.

나. 개인정보 처리방침 수립 및 공개

개인정보의 처리목적, 처리 및 보유기간, 제3자 제공, 개인정보의 파기절차 및 파기방법, 위탁에 관한 사항, 정보주체와 법정대리인의 권리·의무 및 그 행사방법에 관한 사항, 개인정보 보호책임자의 성명 또는 개인정보 보호업무 및 관련 고충사항을 처리하는 부서의 명칭과 전화번호 등 연락처, 인터넷 접속정보파일 등 개인정보를 자동으로 수집하는 장치의 설치·운영 및 그 거부에 관한 사항 등이 포함된 개인정보 처리방침을 수립 및 공개해야 함

다. 개인정보 보호책임자 지정

개인정보의 처리에 관한 업무를 총괄해서 책임질 개인정보 보호책임자(CPO)를 지정하여야 한다.

역할:
1. 개인정보 보호 계획의 수립 및 시행
2. 개인정보 처리 실태 및 관행의 정기적인 조사 및 개선
3. 개인정보 처리와 관련한 불만의 처리 및 피해 구제
4. 개인정보 유출 및 오용·남용 방지를 위한 내부통제시스템의 구축
5. 개인정보 보호 교육 계획의 수립 및 시행
6. 개인정보파일의 보호 및 관리·감독

라. 개인정보파일의 등록 및 공개

공공기관의 장이 개인정보파일을 운용하는 경우에는 다음 각 호의 사항을 보호위원회에 등록하여야 한다. 등록한 사항이 변경된 경우에도 또한 같다.

1. 개인정보파일의 명칭
2. 개인정보파일의 운영 근거 및 목적
3. 개인정보파일에 기록되는 개인정보의 항목
4. 개인정보의 처리방법
5. 개인정보의 보유기간
6. 개인정보를 통상적 또는 반복적으로 제공하는 경우에는 그 제공받는 자

마. 개인정보 보호 인증

보호위원회는 개인정보처리자의 개인정보 처리 및 보호와 관련한 일련의 조치가 이 법에 부합하는지 등에 관하여 인증할 수 있다. 인증의 유효기간은 3년으로 한다.

보호위원회는 개인정보 보호 인증의 실효성 유지를 위하여 연 1회 이상 사후관리를 실시하여야 한다.

바. 개인정보 영향평가

공공기관의 장은 대통령령으로 정하는 기준에 해당하는 개인정보파일의 운용으로 인하여 정보주체의 개인정보 침해가 우려되는 경우에는 그 위험요인의 분석과 개선 사항 도출을 위한 평가(이하 "영향평가"라 한다)를 하고 그 결과를 보호위원회에 제출하여야 한다. 이 경우 공공기관의 장은 영향평가를 보호위원회가 지정하는 기관(이하 "평가기관"이라 한다) 중에서 의뢰하여야 한다.

영향평가를 하는 경우에는 다음 각 호의 사항을 고려하여야 한다.

1. 처리하는 개인정보의 수
2. 개인정보의 제3자 제공 여부
3. 정보주체의 권리를 해할 가능성 및 그 위험 정도

보호위원회는 제1항에 따라 제출받은 영향평가 결과에 대하여 의견을 제시할 수 있다. 공공기관 외의 정보처리자는 개인정보파일 운용으로 인하여 정보주체의 개인정보 침해가 우려되는 경우에는 영향평가를 하기 위하여 적극 노력하여야 한다.

사. 개인정보 유출 통지

정보처리자는 개인정보가 유출되었음을 알게 되었을 때에는 지체 없이 해당 정보주체에게 다음 각 호의 사실을 알려야 한다.

1. 유출된 개인정보의 항목
2. 유출된 시점과 그 경위
3. 유출로 인하여 발생할 수 있는 피해를 최소화하기 위하여 정보주체가 할 수 있는 방법 등에 관한 정보
4. 개인정보처리자의 대응조치 및 피해 구제절차
5. 정보주체에게 피해가 발생한 경우 신고 등을 접수할 수 있는 담당부서 및 연락처

정보처리자는 개인정보가 유출된 경우 그 피해를 최소화하기 위한 대책을 마련하고 필요한 조치를 하여야 한다.

정보처리자는 1천명 이상의 정보주체에 관한 개인정보가 유출된 경우에는 통지 및 조치 결과를 지체 없이 보호위원회 또는 인터넷진흥원에 신고하여야 한다. 이 경우 보호위원회 또는 인터넷진흥원은 피해 확산방지, 피해 복구 등을 위한 기술을 지원할 수 있다.

아. 과징금의 부과

보호위원회는 정보처리자가 처리하는 주민등록번호가 분실·도난·유출·위조·변조 또는 훼손된 경우에는 5억원 이하의 과징금을 부과·징수할 수 있다. 다만, 주민등록번호가 분실·도난·유출·위조·변조 또는 훼손되지 아니하도록 정보처리자가 안전성 확보에 필요한 조치를 다한 경우에는 그러하지 아니하다.

보호위원회는 과징금을 부과하는 경우에는 다음 각 호의 사항을 고려하여야 한다.

1. 안전성 확보에 필요한 조치 이행 노력 정도
2. 분실·도난·유출·위조·변조 또는 훼손된 주민등록번호의 정도
3. 피해확산 방지를 위한 후속조치 이행 여부

⑨ 개인정보 권리보장

가. 정보주체의 권리

정보주체는 자신의 개인정보 처리와 관련하여 다음 각 호의 권리를 가진다.

1. 개인정보의 처리에 관한 정보를 제공받을 권리
2. 개인정보의 처리에 관한 동의 여부, 동의 범위 등을 선택, 결정할 권리
3. 개인정보의 처리 여부 확인, 개인정보 열람을 요구할 권리(사본의 발급 포함)
4. 개인정보의 처리 정지, 정정·삭제 및 파기를 요구할 권리
5. 개인정보의 처리 피해를 신속, 공정하게 구제받을 권리

나. 정보주체 권리보장

정보주체는 헌법재판소의 "개인정보 자기결정권"에 의거하여 자신의 개인정보에 대한 열람·정정·삭제, 처리정지를 정보처리자에게 요구할 수 있다.

정보주체가 자신의 개인정보에 대한 열람을 요구하는 경우 개인정보 열람요구서를 정보처리자에게 제출한다. 개인정보처리자가 공공기관인 경우에 보호위원회를 통해 열람요구가 가능하다. 개인정보 열람 요구 항목은 다음과 같다.

- 개인정보의 항목 및 내용
- 수집·이용 목적
- 보유 및 이용 기간
- 제3자 제공 현황
- 개인정보 처리에 동의한 사실 및 내용

열람 요구시 10일 이내에 정보주체가 해당 개인정보를 열람할 수 있도록 조치하여야 한다. 열람요청 기간 내에 열람할 수 없는 정당한 사유가 있을 때는, 정보주체에게 그 사유를 알리고 열람 연기할 수 있고, 사유 소멸 시 지체없이 열람하도록 하여야 한다.

정보처리자는 정보주체로부터 정정·삭제의 요구를 받았을 경우 지체없이 그 개인정보를 조사하여 정보주체의 요구에 따라 해당 개인정보의 정정·삭제 등의 조치를 하고 해당 정보주체에게 알려야 한다.

정보처리자는 개인정보 처리정지 요구를 받았을 때에는 지체 없이 정보주체의 요구에 다라 개인정보 처리의 전부를 정지하거나 일부를 정지하여야 한다.
- 관련고시 : 개인정보 처리 방법에 관한 고시[시행 2020. 8. 11.]
　　　　[개인정보보호위원회고시 제2020-7호, 2020. 8. 11., 제정]

다. 증명책임 전환과 손해배상책임제도

■ 증명책임전환제도

개인정보보호법을 위반한 행위로 손해를 입으면 정보주체는 손해배상을 청구할 수 있다. 이 경우 증명책임을 전환하여 정보처리자는 고의 또는 과실이 없음을 입증하지 아니하면 책임을 면할 수 없다.

■ 징벌적 손해배상제도

일반적인 실손해에 대한 손해배상청구권뿐만 아니라 정보처리자의 고의 또는 중대한 과실로 인하여 개인정보가 분실·도난·유출·위조·변조 또는 훼손된 경우로서 정보주체에게 손해가 발생한 때에는 법원은 그 손해액의 3배를 넘지 아니하는 범위에서 손해배상액을 정할 수 있도록 징벌적 손해배상청구권을 인정한다.

■ 법정손해배상제도

또한 법정손해배상금으로 정보처리자의 고의 또는 과실로 인하여 개인정보가 분실·도난·유출된 경우 300만원 이하의 범위에서 상당한 금액을 손해액으로 하여 배상을 청구할 수 있다. 손해배상책임의 성립요건은 침해행위가 존재하고 위법할 것, 손해가 발생하였을 것, 침해행위와 손해 사이에 인과관계가 있을 것 및 고의·과실 및 책임능력이 있을 것 등이다.

구분	징벌적 손해배상제도	법정 손해배상제도
적용 요건	기업의 고의·중과실로 개인정보 유출 또는 동의없이 활용하여 피해발생	기업의 고의·과실로 개인정보가 분실·도난·유출된 경우
입증 책임	기업이 고의·중과실 없음을 입증 피해액은 피해자가 입증	기업이 고의·과실 없음을 입증 피해자에 대한 피해액 입증책임면제
구제 범위	재산 및 정신적 피해 모두 포함	사실상 피해입증이 어려운 정신적 피해
배상 규모	실제 피해액의 3배 이내 배상	300만원 이하의 범위에서 상당한 금액
적용 시기	2016년 7월 25일 이후 유출사고	

[표 1-10] 징벌적 손해배상제도 vs. 법정손해배상제도

(3) 정보통신망법

1) 개요

정보통신망법은 정보통신망의 이용을 촉진하고 정보통신서비스를 이용하는 자의 개인정보를 보호함과 아울러 정보통신망을 건전하게 이용할 수 있는 환경을 조성하여 국민생활의 향상과 공공복리의 증진에 이바지함을 목적으로 한다.

정보통신서비스 제공자는 전기통신사업법 제2조 제8호에 따른 전기통신사업자(기간, 부가, 별정통신사업자)와 영리를 목적으로 전기통신사업자의 전기통신역무를 이용하여 정보를 제공하거나 정보의 제공을 매개하는 자, 인터넷 사업자, 이동통신 사업자, 전화사업자, 웹호스팅 업체, 포털 사이트, 게임사이트, 인터넷 쇼핑몰, 일반 웹사이트, P2P 사이트 등이다.

정보통신망은 전기통신사업법 제2조 제2호에 따른 전기통신설비를 이용하거나 전기통신설비와 컴퓨터 및 컴퓨터의 이용기술을 활용하여 정보를 수집·가공·저장 ·검색·송신 또는 수신하는 정보통신체제이고, 정보통신서비스는 전기통신사업법 제2조 제6호

에 따른 전기통신역무와 이를 이용하여 정보를 제공하거나 정보의 제공을 매개하는 것이다.

정보통신망법의 적용대상은 정보통신 서비스 제공자와 전기통신사업자, 영리 목적으로 홈페이지를 운영하는 모든 기관/조직 등이다. 정보통신망 이용촉진 및 정보보호 등에 관하여 다른 특별한 규정이 있는 경우를 제외하고 적용한다. 정보통신망법 보호대상은 정보통신 서비스를 이용하는 이용자이다.

구분		내용
제1장	총칙	목적, 정의, 정보통신서비스 제공자 및 이용자의 책무, 정보통신망 이용촉진 및 정보보호등에 관한 시책의 마련, 다른 법률과의 관계, 국외행위에 대한 적용
제2장	정보통신망의 이용 촉진	기술개발의 추진 등, 기술관련 정보의 관리 및 보급, 정보통신망의 표준화 및 인증, 인증기관의 지정 등, 정보내용물의 개발 지원, 정보통신망 응용서비스의 개발 촉진 등, 정보의 공동활용체제 구축, 정보통신망의 이용촉진 등에 관한 사업, 인터넷 이용의 확산, 인터넷 서비스의 품질 개선
제3장	삭제	2015년 6월 22일 삭제
제4장	정보통신서비스의 안전한 이용환경 조성 〈개정 2020. 2. 4.〉	접근권한에 대한 동의, 주민등록번호의 사용 제한, 본인확인기관의 지정 등, 본인확인업무의 정지 및 지정취소, 국내대리인의 지정
제5장	정보통신망에서의 이용자 보호 등	청소년 보호를 위한 시책의 마련 등, 청소년유해매체물의 표시, 청소년유해매체물의 광고금지, 청소년 보호 책임자의 지정 등, 영상 또는 음향정보 제공사업자의 보관의무, 정보통신망에서의 권리보호, 정보의 삭제요청 등, 임의의 임시조치, 자율규제, 게시판 이용자의 본인 확인, 이용자 정보의 제공청구, 불법정보의 유통금지 등, 대화형정보통신서비스에서의 아동 보호, 불법촬영물 등 유통방지 책임자, 명예훼손 분쟁조정부

제6장	정보통신망의 안전성 확보 등	정보통신망의 안정성 확보 등, 정보보호 사전점검, 정보보호 최고책임자의 지정 등, 집적된 정보통신시설의 보호, 집적정보통신시설 사업자의 긴급대응, 정보보호 관리체계의 인증, 정보보호 관리체계 인증기관 및 정보보호 관리체계 심사기관의 지정취소 등, 이용자의 정보보호, 정보보호 관리등급 부여, 정보통신망 침해행위 등의 금지, 침해사고의 대응 등, 침해사고의 신고 등, 침해사고의 원인 분석 등, 정보통신망연결기기등 관련 침해사고의 대응 등, 정보통신망연결기기등에 관한 인증, 비밀 등의 보호, 속이는 행위에 의한 정보의 수집금지 등, 영리목적의 광고성 정보 전송 제한, 영리목적의 광고성 정보 전송의 위탁 등 정보 전송 역무 제공 등의 제한, 영리목적의 광고성 프로그램 등의 설치, 영리목적의 광고성 정보 전송차단 소프트웨어의 보급 등, 영리목적의 광고성 정보 게시의 제한, 불법행위를 위한 광고성 정보 전송금지, 중요 정보의 국외유출 제한 등, 한국인터넷진흥원
제7장	통신과금서비스	통신과금서비스제공자의 등록 등, 등록의 결격사유, 등록의 취소명령, 약관의 신고 등, 통신과금서비스의 안전성 확보 등, 통신과금서비스이용자의 권리 등, 구매자정보 제공 요청 등, 분쟁 조정 및 해결 등, 손해배상 등, 통신과금서비스의 이용제한
제8장	국제협력	국제협력

제9장	보칙	자료의 제출 등, 자료 등의 보호 및 폐기, 청문, 투명성 보고서 제출의무 등, 권한의 위임·위탁, 비밀유지 등, 벌칙 적용 시의 공무원 의제
제10장	벌칙	벌칙, 양벌규정, 몰수·추징, 과태료
부칙		

[표 1-11] 정보통신망법 구성체계

2) 내용

① 이용자의 권리 보호

정보통신망에서의 이용자 보호를 위해 각 주체별로 다음과 같은 사항의 준수가 필요하다. 정보통신 서비스 이용자는 사생활의 침해 또는 명예훼손 등 타인의 권리를 침해하는 정보를 정보통신망에 유통시켜서는 안 된다.

정보통신서비스제공자는 자신이 운영·관리하는 정보통신망에 사생활의 침해 또는 명예훼손 등 타인의 권리를 침해하는 정보가 유통되지 아니하도록 노력하여야 한다.

정부(방송통신위원회)는 정보통신망에 유통되는 정보로 인한 사생활의 침해 또는 명예훼손 등 타인에 대한 권리침해를 방지하기 위하여 기술개발·교육·홍보 등에 대한 시책을 마련하고 이를 정보통신서비스제공자에게 권고할 수 있도록 하고 있다.

② 정보의 삭제요청 및 임시조치

정보통신망을 통하여 일반에게 공개를 목적으로 제공된 정보로 인하여 사생활의 침해 또는 명예훼손 등 타인의 권리가 침해된 경우 그 침해를 받은 자는 해당 정보를 취급한 정보통신서비스제공자에게 침해사실을 소명하여 당해 정보의 삭제 등(삭제 또는 반박내용의 게재)를 요청할 수 있다.

정보통신서비스제공자는 정보의 삭제 등의 요청을 받은 때에는 지체 없이 삭제, 임시조치 등의 필요한 조치를 취하고 이를 즉시 신청인 및 정보 게재자에게 통지하여야 한다. 이 경우 정보통신서비스제공자는 필요한 조치를 한 사실을 해당 게시판에 공시하는 등의 방법으로 이용자가 알 수 있도록 하여야 한다.

정보통신서비스제공자는 정보의 삭제요청에도 불구하고 권리의 침해 여부를 판단하기 어렵거나 이해당사자 간에 다툼이 예상되는 경우에는 해당 정보에 대한 접근을 임시적으로 차단하는 조치(임시조치)를 할 수 있다. 이 경우 임시조치의 기간은 30일 이내로 한다.

정보통신서비스제공자는 필요한 조치에 관하여 내용·절차 등을 포함하여 미리 약관에 명시하여야 한다. 정보통신서비스제공자는 자신이 운영·관리하는 정보통신망에 유통되는 정보에 대하여 필요한 조치를 한 경우에는 이로 인한 배상책임을 줄이거나 면제받을 수 있다.

정보통신서비스제공자는 자신이 운영·관리하는 정보통신망에 유통되는 정보가 사생활의 침해 또는 명예훼손 등 타인의 권리를 침해한다고 인정되는 경우에는 임의로 임시조치를 할 수 있다. 정보통신서비스제공자단체는 이용자를 보호하고 안전하며 신뢰할 수 있는 정보통신서비스의 제공을 위하여 정보통신서비스제공자 행동강령을 정하여 시행하는 등의 자율규제를 할 수 있다.

③ 게시판 이용자의 본인확인

다음 사항 중 하나에 해당하는 자가 게시판을 설치·운영하려는 경우에는 그 게시판이용자의 본인 확인을 위한 방법 및 절차의 마련 등의 "본인확인조치"를 해야 한다.

- 국가기관, 지방자치단체, 「정부투자기관 관리기본법」제2조의 규정에 따른 정부투자

기관, 「정부산하기관 관리기본법」의 적용을 받는 정부산하기관, 「지방공기업법」에 따른 지방공사 및 지방공단(이하 "공공기관 등"이라 한다)
- 정보통신서비스제공자로서 제공하는 정보통신서비스의 유형별 일일평균 이용자수 10만명 이상으로서 대통령령이 정하는 기준에 해당되는 자

정부(방송통신위원회)는 정보통신서비스제공자가 본인확인조치를 하지 않은 경우 본인확인조치를 하도록 명령할 수 있으며, 본인확인을 위하여 안전하고 신뢰할 수 있는 시스템을 개발하기 위한 시책을 마련하여야 한다.

공공기관 등 정보통신서비스제공자가 선량한 관리자의 주의로써 본인확인조치를 한 경우에는 이용자의 명의가 제3자에 의하여 부정 사용되어 발생한 손해에 대한 배상책임을 줄이거나 면제 받을 수 있다.

④ 이용자에 대한 정보제공청구

특정한 이용자에 의한 정보의 게재나 유통으로 인하여 자신의 사생활의 침해 또는 명예훼손 등 권리를 침해 당한 사람은 민·형사상의 소제기를 위하여 침해사실을 소명하여 명예훼손분쟁조정부에 해당정보통신서비스제공자가 보유하고 있는 해당이용자 정보의제공을 청구할수있다.

명예훼손분쟁조정부는 청구를 받았을 때는 해당 이용자와 연락할 수 없는 등의 특별한 사정이 있는 경우가 아니라면 해당 이용자의 의견을 들어 정보제공 여부를 결정하여야 한다.

⑤ 이용자의 정보보호

정부는 이용자의 정보보호에 필요한 기준을 정하여 이용자에게 이를 권고하고, 침해사고의 예방 및 확산방지를 위하여 취약점 점검, 기술지원 등 필요한 조치를 할 수 있다. 주

요정보통신서비스제공자는 정보통신망에 중대한 침해사고가 발생하여 자신의 서비스를 이용하는 이용자의 정보시스템 또는 정보통신망 등에 심각한 장애가 발생할 가능성이 있는 경우에는 이용약관이 정하는 바에 따라 당해 이용자에게 보호조치를 취하도록 요청하고, 이를 이행하지 아니하는 경우에는 당해 정보통신망으로의 접속을 일시적으로 제한할 수 있다. 누구든지 정보통신망에 의하여 처리·보관 또는 전송되는 타인의 정보를 훼손하거나 타인의 비밀을 침해·도용 또는 누설해서는 안된다.

⑥ 불법적인 개인정보의 수집금지

누구든지 정보통신망을 통하여 속이는 행위로 다른 사람의 정보를 수집하거나, 제공하도록 유인하여서는 안된다.

정보통신서비스제공자는 불법적인 이용자 정보 수집 사실을 발견한 경우는 즉시 방송통신위원회 또는 한국인터넷진흥원(KISA)에 신고하여야 한다. 방송통신위원회 또는 한국인터넷진흥원은 신고를 받거나 위반 사실을 알게 된 경우에는 다음과 같은 필요한 조치를 취하여야 한다.

- 위반 사실에 관한 정보의 수집·전파
- 유사 피해에 대한 예보·경보
- 정보통신서비스제공자에 대한 접속경로의 차단요청 등 피해확산 방지를 위한 긴급 조치

⑦ 개인정보보호를 위한 국제협력

정부는 개인정보의 국가간 이전 및 개인정보의 보호에 관련된 업무를 추진함에 있어 다른 국가 또는 국제기구와 상호협력 해야 한다.

(4) 신용정보법

1) 개요

신용정보법은 신용정보업을 건전하게 육성하고 신용정보의 효율적 이용과 체계적 관리를 도모하며 신용정보의 오용·남용으로부터 사생활의 비밀 등을 적절히 보호함으로써 건전한 신용질서의 확립에 이바지 함을 목적으로 한다.

신용정보는 금융거래 등 상거래에 있어서 거래 상대방의 신용을 판단할 때 필요한 정보, 특정 신용정보주체 식별정보, 거래내용판단 정도, 신용도 판단정보, 신용거래 능력 판단정보 등 법인등록번호, 금융거래기록 등이다. 개인신용정보는 신용정보 중 개인의 신용도와 신용거래 능력 등을 판단할 때 필요한 정보로서 기업 및 법인에 관한 정보를 제외한 살아 있는 개인에 관한 신용정보, 해당 정보만으로는 특정 개인을 알아볼 수 없더라도 다른 정보와 쉽게 결합하여 알아볼 수 있는 정보, 연락처, 금융거래기록 등이다.

신용정보법의 적용대상은 신용정보회사, 신용정보집중기관 및 신용정보제공·이용자 등이다. 신용정보의 이용 및 보호 등에 관하여 다른 특별한 규정이 있는 경우를 제외하고 적용하며 보호대상은 신용정보주체이다.

신용정보법상 개인신용정보 보호의무는 개인신용정보 수집·이용, 개인신용정보 제공, 개인신용정보 처리위탁, 개인신용정보의 안전한 보관, 개인신용정보 삭제(파기), 신용정보활용체제 공시, 신용정보주체의 권리보장 및 신용정보관리·보호인 지정 및 내부통제 등이다.

구분		내용
제1장	총칙	목적, 정의, 신용정보 관련 산업의 육성, 다른 법률과의 관계
제2장	신용정보업의 허가 등	신용정보업 등의 허가, 신용정보업 등의 허가를 받을 수 있는 자, 허가의 요건, 허가 등의 공고, 신고 및 보고 사항, 대주주의 변경승인 등, 최대주주의 자격심사 등, 양도·양수 등의 인가 등, 겸영업무, 부수업무, 유사명칭의 사용 금지, 임원의 겸직 금지, 허가 등의 취소와 업무의 정지
제3장	신용정보의 수집 및 처리	수집 및 처리의 원칙, 처리의 위탁, 정보집합물의 결합 등
제4장	신용정보의 유통 및 관리	신용정보의 정확성 및 최신성의 유지, 신용정보전산시스템의 안전보호, 신용정보 관리책임의 명확화 및 업무처리기록의 보존, 개인신용정보의 보유기간 등, 폐업 시 보유정보의 처리
제5장	신용정보 관련 산업	신용정보업(신용정보회사 임원의 자격요건 등, 신용정보 등의 보고, 개인신용평가 등에 관한 원칙, 개인신용평가회사의 행위규칙, 개인사업자신용평가회사의 행위규칙, 기업신용조회회사의 행위규칙, 신용조사회사의 행위규칙) 본인신용정보관리업(본인신용정보관리회사의 임원의 자격요건, 본인신용정보관리회사의 행위규칙) 공공정보의 이용·제공(공공기관에 대한 신용정보의 제공 요청 등, 주민등록전산정보자료의 이용) 신용정보집중기관 및 데이터전문기관 등(신용정보집중기관, 종합신용정보집중기관의 업무, 신용정보집중관리위원회, 신용정보집중관리위원회의 구성·운영 등, 개인신용평가체계 검증위원회, 데이터전문기관) 채권추심업(채권추심업 종사자 및 위임직채권추심인 등, 무허가 채권추심업자에 대한 업무위탁의 금지)
제6장	신용정보 주체의 보호	신용정보활용체제의 공시, 개인신용정보의 제공·활용에 대한 동의, 개인신용정보의 이용, 개인식별정보의 수집·이용 및 제공, 신용정보 이용 및 제공사실의 조회, 개인신용평점 하락 가능성 등에 대한 설명의무, 신용정보제공·이용자의 사전통지, 상거래 거절 근거 신용정보의 고지 등, 자동화평가 결과에 대한 설명 및 이의제기 등, 개인신용정보 제공 동의 철회권 등, 신용정보의 열람 및 정정청구 등, 신용조회사실의 통지 요청, 개인신용정보의 삭제 요구, 무료 열람권, 채권자변동정보의 열람 등, 신용정보주체의 권리행사 방법 및 절차, 개인신용정보 누설통지 등, 신용정보회사등의 금지사항, 가명처리·익명처리에 관한 행위규칙, 가명정보에 대한 적용 제외, 채권추심회사의 금지 사항, 제모집업무수탁자의 모집경로 확인 등, 업무 목적 외 누설금지 등, 과징금의 부과 등, 손해배상의 책임, 법정손해배상의 청구, 손해배상의 보장, 신용정보협회

제7장	보칙	감독·검사 등, 금융위원회의 조치명령권, 보호위원회의 자료제출 요구·조사 등, 보호위원회의 시정조치, 퇴임한 임원 등에 대한 조치 내용의 통보, 업무보고서의 제출, 청문, 권한의 위임·위탁, 벌칙, 양벌규정, 과태료
	부칙	

[표 1-12] 신용정보법 구성체계

2) 내용

① 신용정보의 수집 및 처리

가. 수집 및 처리의 원칙

신용정보회사, 본인신용정보관리회사, 채권추심회사, 신용정보집중기관 및 신용정보제공·이용자(이하 "신용정보회사등"이라 한다)는 신용정보를 수집하고 이를 처리할 수 있다. 이 경우 이 법 또는 정관으로 정한 업무 범위에서 수집 및 처리의 목적을 명확히 하여야 하며, 이 법 및 「개인정보 보호법」 제3조제1항 및 제2항에 따라 그 목적 달성에 필요한 최소한의 범위에서 합리적이고 공정한 수단을 사용하여 신용정보를 수집 및 처리하여야 한다.

신용정보회사등이 개인신용정보를 수집하는 때에는 해당 신용정보주체의 동의를 받아야 한다.

나. 처리의 위탁

신용정보회사등은 제3자에게 신용정보의 처리 업무를 위탁할 수 있다. 이 경우 개인신용정보의 처리 위탁에 대해서는 「개인정보 보호법」 제26조제1항부터 제3항까지의 규정을 준용한다.

신용정보의 처리를 위탁하려는 신용정보회사 등은 제공하는 신용정보의 범위 등을 금융위원회에 알려야 한다.

신용정보회사등은 신용정보의 처리를 위탁하기 위하여 수탁자에게 개인신용정보를 제공하는 경우 특정 신용정보주체를 식별할 수 있는 정보는 암호화 등의 보호 조치를 하여야 한다.

신용정보회사등은 수탁자에게 신용정보를 제공한 경우 신용정보를 분실·도난·유출·위조·변조 또는 훼손당하지 아니하도록 수탁자를 교육하여야 하고 수탁자의 안전한 신용정보 처리에 관한 사항을 위탁계약에 반영하여야 한다.

다. 정보집합물의 결합 등

신용정보회사등(대통령령으로 정하는 자는 제외한다. 이하 이 조 및 제40조의2에서 같다)은 자기가 보유한 정보집합물을 제3자가 보유한 정보집합물과 결합하려는 경우에는 제26조의4에 따라 지정된 데이터전문기관을 통하여 결합하여야 한다.

지정된 데이터전문기관이 제1항에 따라 결합된 정보집합물을 해당 신용정보회사등 또는 그 제3자에게 전달하는 경우에는 가명처리 또는 익명처리가 된 상태로 전달하여야 한다.

② 신용정보의 유통 및 관리

가. 신용정보의 정확성 및 최신성의 유지

신용정보회사등은 신용정보의 정확성과 최신성이 유지될 수 있도록 대통령령으로 정하는 바에 따라 신용정보의 등록·변경 및 관리 등을 하여야 한다. 신용정보회사등은 신용정보주체에게 불이익을 줄 수 있는 신용정보를 그 불이익을 초래하게 된 사유가 해소된 날부터 최장 5년 이내에 등록·관리 대상에서 삭제하여야 한다.

나. 신용정보전산시스템의 안전보호

신용정보회사등은 신용정보전산시스템(제25조제6항에 따른 신용정보공동전산망을 포함한다. 이하 같다)에 대한 제3자의 불법적인 접근, 입력된 정보의 변경·훼손 및 파괴, 그 밖의 위험에 대하여 기술적·물리적·관리적 보안대책을 수립·시행하여야 한다.

신용정보제공·이용자가 다른 신용정보제공·이용자 또는 개인신용평가회사, 개인사업자신용평가회사, 기업신용조회회사와 서로 이 법에 따라 신용정보를 제공하는 경우에는 금융위원회가 정하여 고시하는 바에 따라 신용정보 보안관리 대책을 포함한 계약을 체결하여야 한다.

다. 신용정보 관리책임의 명확화 및 업무처리기록의 보존

신용정보회사등은 신용정보의 수집·처리·이용 및 보호 등에 대하여 금융위원회가 정하는 신용정보 관리기준을 준수하여야 한다. 신용정보회사등은 개인신용정보의 처리에 대한 기록을 3년간 보존하여야 한다.

신용정보회사, 본인신용정보관리회사, 채권추심회사, 신용정보집중기관 등 신용정보제공·이용자는 신용정보관리·보호인을 1명 이상 지정하여야 한다. 다만, 총자산, 종업원 수 등을 감안하여 신용정보관리·보호인을 임원(신용정보의 관리·보호 등을 총괄하는 지위에 있는 사람으로서 대통령령으로 정하는 사람을 포함한다)으로 하여야 한다. 신용정보관리·보호인은 다음의 업무를 수행한다.

개인 신용 정보	가. 「개인정보 보호법」 제31조제2항제1호부터 제5호까지의 업무 나. 임직원 및 전속 모집인 등의 신용정보보호 관련 법령 및 규정 준수 여부 점검 다. 그 밖에 신용정보의 관리 및 보호를 위하여 대통령령으로 정하는 업무

기업신용정보	가. 신용정보의 수집·보유·제공·삭제 등 관리 및 보호 계획의 수립 및 시행 나. 신용정보의 수집·보유·제공·삭제 등 관리 및 보호 실태와 관행에 대한 정기적인 조사 및 개선 다. 신용정보 열람 및 정정청구 등 신용정보주체의 권리행사 및 피해구제 라. 신용정보 유출 등을 방지하기 위한 내부통제시스템의 구축 및 운영 마. 임직원 및 전속 모집인 등에 대한 신용정보보호 교육계획의 수립 및 시행 바. 임직원 및 전속 모집인 등의 신용정보보호 관련 법령 및 규정 준수 여부 점검 사. 그 밖에 신용정보의 관리 및 보호를 위하여 대통령령으로 정하는 업무

라. 개인신용정보의 보유기간 등

신용정보제공·이용자는 금융거래 등 상거래관계(고용관계는 제외한다. 이하 같다)가 종료된 날부터 금융위원회가 정하여 고시하는 기한까지 해당 신용정보주체의 개인신용정보가 안전하게 보호될 수 있도록 접근권한을 강화하는 등 관리하여야 한다.

「개인정보 보호법」 제21조제1항에도 불구하고 신용정보제공·이용자는 금융거래 등 상거래관계가 종료된 날부터 최장 5년 이내(해당 기간 이전에 정보 수집·제공 등의 목적이 달성된 경우에는 그 목적이 달성된 날부터 3개월 이내)에 해당 신용정보주체의 개인신용정보를 관리대상에서 삭제하여야 한다.

③ 신용정보주체의 보호

가. 신용정보활용체제의 공시

개인신용평가회사, 개인사업자신용평가회사, 기업신용조회회사, 신용정보집중기관 및 대통령령으로 정하는 신용정보제공·이용자는 다음 각 호의 사항을 공시하여야 한다.

- 개인신용정보 보호 및 관리에 관한 기본계획(총자산, 종업원 수 등을 고려하여 대통령령으로 정하는 자로 한정한다)

- 관리하는 신용정보의 종류 및 이용 목적
- 신용정보를 제공받는 자
- 신용정보주체의 권리의 종류 및 행사 방법
- 신용평가에 반영되는 신용정보의 종류, 반영비중 및 반영기간(개인신용평가회사, 개인사업자신용평가회사 및 기업신용등급제공업무·기술신용평가업무를 하는 기업신용조회회사로 한정한다)
- 「개인정보 보호법」 제30조제1항제6호 및 제7호의 사항
- 그 밖에 신용정보의 처리에 관한 사항으로서 대통령령으로 정하는 사항

나. 개인신용정보의 제공·활용에 대한 동의

신용정보제공·이용자가 개인신용정보를 타인에게 제공하려는 경우에는 대통령령으로 정하는 바에 따라 해당 신용정보주체로부터 개인신용정보를 제공할 때마다 미리 개별적으로 동의를 받아야 한다.

개인신용평가회사, 개인사업자신용평가회사, 기업신용조회회사 또는 신용정보집중기관이 개인신용정보를 제공하는 경우에는 해당 개인신용정보를 제공받으려는 자가 동의를 받았는지를 확인하여야 한다.

다. 개인신용정보의 이용

개인신용정보는 다음 각 호의 어느 하나에 해당하는 경우에만 이용하여야 한다.
- 해당 신용정보주체가 신청한 금융거래 등 상거래관계의 설정 및 유지 여부 등을 판단하기 위한 목적으로 이용하는 경우
- 목적 외의 다른 목적으로 이용하는 것에 대하여 신용정보주체로부터 동의를 받은 경우
- 개인이 직접 제공한 개인신용정보(그 개인과의 상거래에서 생긴 신용정보를 포함한다)를 제공받은 목적으로 이용하는 경우(상품과 서비스를 소개하거나 그 구매를 권

유할 목적으로 이용하는 경우는 제외한다)

라. 개인식별정보의 수집·이용 및 제공

신용정보회사 등이 개인을 식별하기 위하여 필요로 하는 정보로서 대통령령으로 정하는 정보를 수집·이용 및 제공하는 경우에는 수집 및 처리의 원칙, 개인신용정보의 제공·활용에 대한 동의 및 개인신용정보의 이용사항을 준용한다.

마. 개인신용정보 등의 활용에 관한 동의의 원칙

신용정보회사등은 신용정보주체로부터 동의(이하 "정보활용 동의"라 한다.)를 받는 경우 「개인정보 보호법」에 따라 신용정보주체에게 고지사항을 알리고 정보활용 동의를 받아야 한다.

바. 신용정보 이용 및 제공사실의 조회

신용정보회사 등은 개인신용정보를 이용하거나 제공한 경우 신용정보주체가 조회할 수 있도록 하여야 한다.

신용정보회사 등은 조회를 한 신용정보주체의 요청이 있는 경우 개인신용정보를 이용하거나 제공하는 때에 상기의 구분에 따른 사항을 신용정보주체에게 통지하여야 한다.

사. 신용정보제공·이용자의 사전통지

신용정보제공·이용자가 개인신용정보를 개인신용평가회사, 개인사업자신용평가회사, 기업신용조회회사 및 신용정보집중기관에 제공하여 그 업무에 이용하게 하는 경우에는 신용정보주체 본인에게 통지하여야 한다.

아. 신용정보의 열람 및 정정청구 등

신용정보주체는 신용정보회사등에 본인의 신분을 나타내는 증표를 내보이거나 전화,

인터넷 홈페이지의 이용 등의 방법으로 본인임을 확인받아 신용정보회사등이 가지고 있는 신용정보주체 본인에 관한 신용정보로서 신용정보의 교부 또는 열람을 청구할 수 있다. 자신의 신용정보를 열람한 신용정보주체는 본인 신용정보가 사실과 다른 경우에는 금융위원회가 정하여 고시하는 바에 따라 정정을 청구할 수 있다.

자. 신용조회사실의 통지 요청

신용정보주체는 개인신용평가회사, 개인사업자신용평가회사에 대하여 본인의 개인신용정보가 조회되는 사실을 통지하여 줄 것을 요청할 수 있다.

차. 개인신용정보의 삭제 요구

신용정보주체는 금융거래 등 상거래관계가 종료되고 일정한 기간이 경과한 경우 신용정보제공·이용자에게 본인의 개인신용정보의 삭제를 요구할 수 있다. 신용정보제공·이용자가 요구를 받았을 때에는 지체 없이 해당 개인신용정보를 삭제하고 그 결과를 신용정보주체에게 통지하여야 한다.

카. 가명처리·익명처리에 관한 행위규칙

신용정보회사 등은 가명처리에 사용한 추가정보를 분리하여 보관하거나 삭제하여야 한다. 신용정보회사등은 가명처리한 개인신용정보에 대하여 제3자의 불법적인 접근, 입력된 정보의 변경·훼손 및 파괴, 그 밖의 위험으로부터 가명정보를 보호하기 위하여 내부관리계획을 수립하고 접속기록을 보관하는 등 기술적·물리적·관리적 보안대책을 수립·시행하여야 한다.

신용정보회사 등은 개인신용정보에 대한 익명처리가 적정하게 이루어졌는지 여부에 대하여 금융위원회에 그 심사를 요청할 수 있다.

금융위원회가 요청에 따라 심사하여 적정하게 익명처리가 이루어졌다고 인정한 경우

더 이상 해당 개인인 신용정보주체를 알아볼 수 없는 정보로 추정한다.

금융위원회는 심사 및 인정 업무에 대해서는 데이터 전문기관에 위탁할 수 있다.

신용정보회사 등은 영리 또는 부정한 목적으로 특정 개인을 알아볼 수 있게 가명정보를 처리하여서는 아니 된다.

신용정보회사 등은 가명정보를 이용하는 과정에서 특정 개인을 알아볼 수 있게 된 경우 즉시 그 가명정보를 회수하여 처리를 중지하고, 특정 개인을 알아볼 수 있게 된 정보는 즉시 삭제하여야 한다.

신용정보회사등은 개인신용정보를 가명처리나 익명처리를 한 경우 조치 기록을 3년간 보존하여야 한다.

(5) 산업기술보호법

1) 개요

「산업기술의 유출방지 및 보호에 관한 법률」은 일명 산기법이라고도 하며, 정보에 대한 보호·보안은 과거 그 어느 때보다 ICT 사회에서 더욱 강하게 요구되는 덕목이자 한 국가의 성패를 좌우할 만큼 중요한 가치를 지니고 있다.

즉, 과거 산업기술에 대한 보호가 단순히 국가·기업·단체의 기술저작권에 대한 보호 차원이었다면, 정보통신기술이 고도화 되고 있는 국가나 민간의 핵심기술 및 산업기술에 대한 침해는 특정 기업이나 단체 차원을 넘어 한 국가의 사활과 장래가 달린 문제라는 점에서 국가 차원의 보호가 필요하다.

산업기술보호법은 경제적 관점에서뿐 아니라 국가보안의 차원에서 산업기술의 부정한 유출을 방지하고 산업기술을 보호한다. 이를 통해 국내 산업의 경쟁력을 강화하고 국가의 안전보장과 국민경제의 발전에 이바지함을 목적으로 2006년 10월 27일에 제정되고, 여러 번 개정을 거쳐 시행되고 있다. 국가핵심기술과 산업기술의 보호를 위해 산업기술보호법은 다음의 대상자에게 비밀유지의무(법 제34조)와 벌칙 적용 시 공무원의제 규정 (법 제35조)을 두고 있으며, 특정 규정의 위반 시 처벌하는 벌칙규정(법 제36조)을 두고 있다.

2) 내용

2019년 8월 20일 공포된 산업기술보호법 개정안은 2020. 2. 21.부터 시행되고 있다. 산업기술보호법의 주요개정 내용을 정리하면 ① 산업기술 보호조치 및 규제 확대, ② 산업기술 침해에 대한 구제 및 제재의 강화, 그리고 ③ 산업기술 관련 재판절차에서의 정보 유출 방지 등이다.[3]

① 산업기술 보호조치 및 규제 확대
- 국가핵심기술 보유·관리 기관의 장에 대한 보호조치 의무 확대 (제10조제1항)

국가핵심기술을 보유·관리하는 기업은 해당 기술을 취급하는 전문인력의 이직 관리 및 기술 관련 비밀유지를 위한 약정을 체결하여야 하며, 이를 거부·방해 또는 기피한 경우 1,000만 원 이하의 과태료를 부과 받을 수 있다.
- 외국기업이 국가핵심기술 보유한 국내기업을 인수·합병하는 절차에 대한 규제 강화 (제11조의2)

국가 지원을 받아 개발한 국가핵심기술을 보유하는 국내 기업이 외국기업에 인수·합병되는 경우는 거래 내용을 산업부에서 승인을 받아야 한다.

---

3) 출처: 양영준/장덕순/이인재, 산업기술 보호를 강화한 개정 산업기술의 유출방지 및 보호에 관한 법률 공포, 법률신문(2019.11.22.)

국가 지원 없이 독자적으로 개발된 국가핵심기술을 보유한 기업에 대한 외국기업의 인수·합병의 경우도 산업자원부에 사전 신고의무가 있다.

② 산업기술 침해에 대한 구제 및 제재의 강화

■ 산업기술 유출에 대한 징벌적 손해배상 도입 (제22조의2)

영업비밀 유출에 대한 징벌적 손해배상(2019. 7. 9.부터 시행)과 마찬가지로, 고의적인 산업기술 침해행위에 대해서도 손해액의 최대 3배까지 배상징벌적 손해배상 제도 도입한다.

■ 산업기술 침해사건에 대한 정보수사기관의 조사권 명시 (제15조)

정보수사기관의 산업기술 침해 관련 조사 권한이 명문화한다.

■ 국가핵심기술의 해외유출에 대한 처벌기준 강화 (제36조)

산업기술 유출범죄 중 특히 국가핵심기술의 국외유출 범죄에 대해서는 최소 3년 이상의 징역형(구체적인 형량 수준은 추후 결정)과 함께 15억 원 이하의 벌금을 병과하고 국내유출에 대하여도 처벌 수준을 크게 상향한다.

③ 산업기술 관련 재판절차에서의 정보유출 방지

■ 산업기술 관련 재판 절차에서의 권리자 보호 강화 (제22조의3~6)

산업기술의 유출 및 침해에 관한 소송에서 침해자에게 침해 및 그 손해에 관한 자료 제출을 명령할 수 있는 근거를 마련한다.

소송과정에서 부득이 노출되는 산업기술 자료에 대하여 법원이 비밀유지명령을 통해 소송 외적으로 이를 이용하지 못하도록 하여 이를 위반할 시 형사처벌하도록 하는 등 재판 진행과정에서 피해자의 권리 보호를 강화하는 방향의 제도를 도입한다.

(6) 보안인증제도

1) 정보보호 관리체계(구 ISMS) 인증

① 개요

ISMS란 기업이 주요 정보자산을 보호하기 위해 수립·관리·운영하는 정보 보호 관리체계가 인증기준에 적합한지를 심사하여 인증을 부여하는 제도이다. 정보보호에 관한 경영 시스템이며 조직의 의사결정시스템, 내부통제시스템으로 위험 관리와 동일한 개념이라 할 수 있다. 정보보호를 위한 일련의 조치와 활동이 인증기준에 적합함을 인터넷진흥원 또는 인증기관이 증명하는 제도이다.

정보통신망의 안정성·신뢰성 확보를 위하여 관리적·기술적·물리적 보호조치를 포함한 종합적 관리체계를 수립·운영하도록 하여 침해사고 예방을 통한 정보보호 수준 제고에 그 목적이 있다.

국내 ISMS 프레임워크는 국제 표준(ISO/IEC 27001)과는 별개로 독자적으로 개발한 것으로 국제 표준에도 영향을 미치게 됐으며, 국내 많은 정보보호 및 개인정보보호 관련 제도 도입 시에 공통 보안관리 프레임워크로 활용되고 있다.

② 내용

■ 기대효과[4]

---

[4] 출처 : 인터넷진흥원, https://isms.kisa.or.kr/main/isms/intro/

- 정보보호 위험관리를 통한 비즈니스 안정성 제고
- 윤리 및 투명 경영을 위한 정보보호 법적 준거성 확보
- 침해사고, 집단소송 등에 따른 사회·경제적 피해 최소화
- 인증 취득시 정보보호 대외 이미지 및 신뢰도 향상
- IT관련 정부과제 입찰시 인센티브 일부 부여

■ 법적 근거
- 정보통신망 이용촉진 및 정보보호 등에 관한 법률 제 47조
- 정보통신망 이용촉진 및 정보보호 등에 관한 법률 시행령 제47조~54조
- 정보보호 관리체계 인증 등에 관한 고시

■ 정보보호관리체계 인증 구성 요소

경영이론을 반영한 정보보호 관리과정(5개 프로세스)과 13개 도메인 92개 통제항목으로 우리나라가 제안하여 국제표준화된 정보보호 거버넌스(ISO/IEC 27014)를 반영하였다.

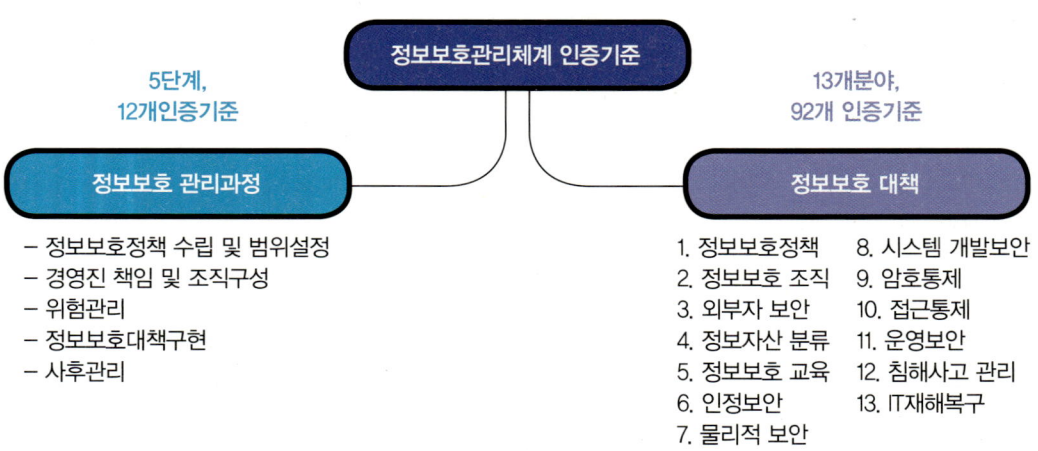

[그림 1-1] 정보보호관리체계 인증 구성 요소
출처: 인터넷진흥원, https://isms.kisa.or.kr/main/isms/intro/

■ 수행주체(인증기관)

한국인터넷진흥원 또는 미래창조과학부장관이 지정한 기관

■ 적용대상

정보통신망의 안정성·신뢰성 확보를 위하여 관리적·기술적·물리적 보호조치를 프함한 종합적 관리체계(이하 '정보보호 관리체계'라 한다)를 수립·운영하고 있는 자(권그대상자와 의무대상자로 구분)이다.

■ 정보보호 관리체계 수립 절차

정보보호정책 수립 및 범위설정 → 경영진 책임 및 조직구성 → 위험관리 → 정보보호대책 구현 → 사후관리 등 ISMS 구축 및 인증심사 등 정보보호 관리과정 5단계 순서대로 수행한다.

■ ISC/IEC27001

ISO/IEC 27001은 영국 표준인 BS(British Standard)7799에서 발전한 것으로, 모범사례는 BS7799 Part1, 인증 기준은 BS7799 Part2로 나뉘어졌고, BS7799 Part1이 ISO/IEC17799로 먼저 국제 표준이, 인증기준인 BS7799 Part 2가 뒤이어 ISO/IEC 27001르 국제 표준이 되었다. ISO/IEC 27001:2013은 14개 도메인, 113개 통제항목으로 구성되어 있으며, 이 통제항목에는 관리체계가 조직에 효과적으로 정착되고 운영되기 위해 필요한 요구사항들이 포함되어 있다. ISO/IEC 27001 관련 국제 표준화 추진은 ISO/IEC JTC1 SC27 WG1에서 추진하고 있으며 특히 ISO/IEC 27000 시리즈를 개발하고 개정하는 역할을 하고 있다.

2) 정보보호 및 개인정보보호 관리체계 (ISMS-P) 인증

① 개요

정보보호 및 개인정보보호를 위한 일련의 조치와 활동이 인증기준에 적합함을 인터넷진흥원 또는 인증기관이 증명하는 제도이다.

② 내용

■ 법적근거

- 정보통신망 이용촉진 및 정보보호에 관한 법률 제47조
- 정보통신망 이용촉진 및 정보보호에 관한 법률 시행령 제47조~제54조
- 정보통신망 이용촉진 및 정보보호에 관한 법률 시행규칙 제3조
- 개인정보보호법 제32조의2
- 개인정보보호법 시행령 제34조의2~제34조의8
- 정보보호 및 개인정보보호 관리체계 인증 등에 관한 고시

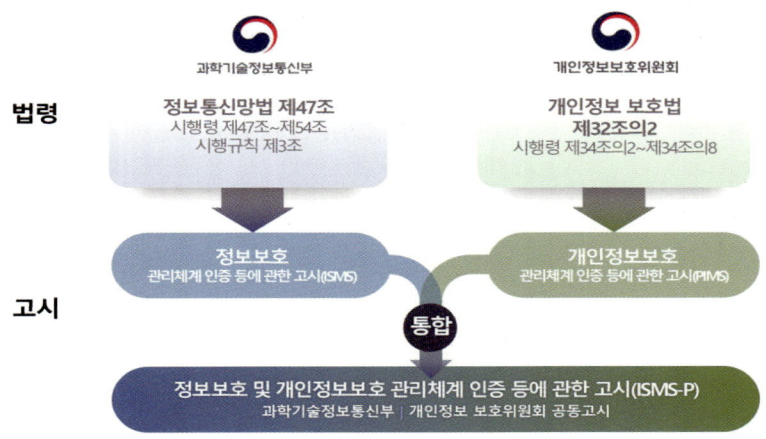

[그림 1-2] 법적근거
출처: 인터넷진흥원, https://isms.kisa.or.kr/main/ispims/intro/

■ 인증체계

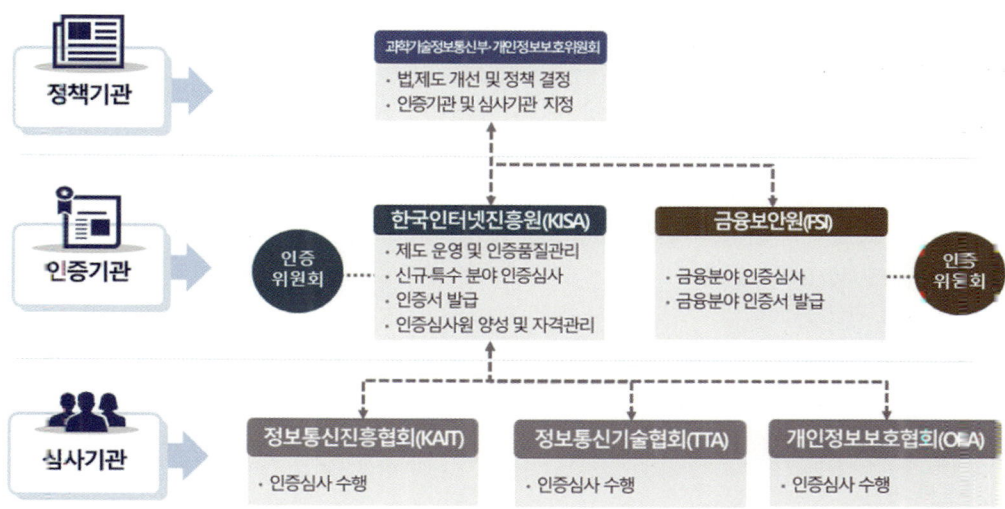

[그림 1-3] 인증체계
출처: 인터넷진흥원, https://isms.kisa.or.kr/main/ispims/intro/

■ 인증기준

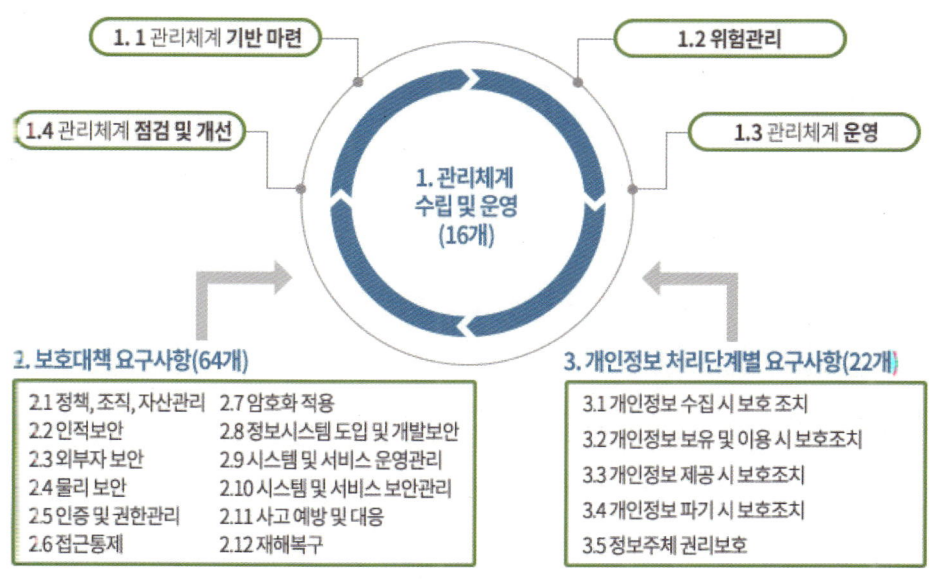

[그림 1-4] 인증기준
출처: 인터넷진흥원, https://isms.kisa.or.kr/main/ispims/intro/

제1장. 보안과 컨설팅

■ 세부인증기준 개수

1. 관리체계 수립 및 운영(16)
1.1 관리체계 기반 마련(6)
1.2 위험관리(4)
1.3 관리체계 운영(3)
1.4 관리체계 점검 및 개선(3)

2. 보호대책 요구사항(64)
2.1 정책, 조직, 자산 관리(3)
2.2 인적보안(6)
2.3 외부자 보안(4)
2.4 물리보안(7)
2.5 인증 및 권한 관리(6)
2.6 접근통제(7)

2.7 암호화 적용(2)
2.8 정보시스템 도입 및 개발 보안(6)
2.9 시스템 및 서비스 운영관리(7)
2.10 시스템 및 서비스 보안관리(9)
2.11 사고 예방 및 대응(5)
2.12 재해복구(2)

3. 개인정보 처리단계별 요구사항(22)
3.1 개인정보 수집 시 보호조치(7)
3.2 개인정보 보유 및 이용 시 보호조치(5)
3.3 개인정보 제공 시 보호조치(3)
3.4 개인정보 파기 시 보호조치(4)
3.5 정보주체 권리보호(3)

[표 1-13] 세부인증기준 개수
출처: 인터넷진흥원, https://isms.kisa.or.kr/main/ispims/intro/

〈참고문헌〉

- 「산업기술의 유출방지 및 보호에 관한 법률(이하, '산업기술보호법'이라 한다.)」 [시행 2017. 9. 15.] [법률 제14591호, 2017. 3. 14., 일부개정]
- 조선비즈(,http://biz.chosun.com), 2017.6.9.
- "「산업기술 유출 근절대책」 발표, 산업통상자원부 보도자료(2019.1.3.) 정책위키, 한눈에 보는 정책, http://www.korea.kr/special/policyCurationView.do?newsId=148867915
- 관계부처 합동정책 설명자료, 데이터 3법 시행령 입법예고 주요사항 (2020.3.31.)
- 관계부처합동 보도자료, 데이터 규제 혁신, 청사진이 나왔다.(2018.11.22.)
- 금융위원회 보도참고자료, 데이터 경제 활성화를 위한 「신용정보법」 개정안이 '20.7월부터 시행됩니다. (2020.01.09)
- [보도자료] 데이터 규제 혁신, 청사진이 나왔다. - 11.15일, 개인정보 보호 관련 3개 법률 개정안, 국회 발의 완료 (2018.11.21. / 행정안전부)
- [정책뉴스] 데이터 3법 개정안 국회 통과…데이터 산업 육성 지원 강화 (2020.01.09. / 과학기술정보통신부)
- [보도자료]「신용정보법」 개정으로 데이터를 가장 안전하게 잘 쓰는 나라를 만들겠습니다. - 국회 정무위 법안소위 통과 2019.11.28. / 금융위원회)
- [보도자료] 데이터 경제 활성화를 위한 「신용정보법」 개정안이 '20.7월부터 시행됩니다. (2020.01.10. / 금융위원회)
- 국회 4차 산업혁명 특별위원회 활동결과보고서, 「개인정보 보호와 활용을 위한 특별 권고안」, 2018.05.
- 방동희, "데이터 경제 활성화를 위한 데이터 법제의 필요성과 그 정립방향에 관한 소고", 법학연구, 제59권 제1호, 2018.
- 신종철, 개인정보보호법해설, 개인정보보호법과 신용정보법의 해석과 사례, 진한엠앤비 (2020.8.10.)
- 이제희, "4차 산업혁명 시대, 개인정보자기결정권 보장을 위한 법적 논의", 한국토지공법학회, 제80권, 2017.
- 이기혁, 김원, 홍준호, "개인정보보호와 활용" 생능출판사, 2017.09
- 이기혁, 박종철, 장항배, 이순형, 보안거버넌스의 이해, 진한엠앤비, 2021.02
- 개인정보보호위원회, 개인정보 보호 법령 및 지침·고시 해설, 2020.12
- 행정안전부 공공데이터전략위원회, "「개인정보보호법」 개정방향", 제3기 공공데이터전략위원회 4차 회의 보고사항, 2018.10.12.
- Directive (EU) 2015/2366 of 25 November 2015.
- EUROPEAN COMMISSION, "European Commission adopts adequacy decision on Japan, creating the world's largest area of safe data flows", EUROPEAN COMMISSION Press Release Database, 2019.01.23.
- Regulation (EU) 2016/679 of the European Parliament and of the Council on the protection of natural persons with regard to the processing of personal data and on the free movement of such data, and repealing Directive 95/46/EC (General Data Protection Regulation), OJ 2016/L 119/1, 27 April 2016

2장 보안컨설팅의 이해

SECURITY CONSULTING AND SECURITY PRACTICE

제2장. 보안컨설팅의 이해

1. 보안 컨설팅 정의

(1) 개요

1) 정의

보안 컨설팅은 소프트웨어, 컴퓨터 시스템 및 네트워크의 취약성을 평가한 다음 해당 조직의 요구에 맞는 최상의 보안 솔루션을 설계하고 구현하는 것이다. 전문 보안지식을 바탕으로 다양한 사이버 위협에서 기업 자산을 보호하는 서비스이다.[1] 컨설턴트들이 공격자와 피해자의 역할을 모두 수행하며 취약성을 찾아 잠재적으로 악용하도록 요청받는다. 컨설턴트들은 현재 기업의 정보보호수준을 기업 전체를 대상으로 평가하고 그 다음에 그 기업에 맞는 정보보호 계획을 수립하는 절차를 수행한다. 보안컨설팅은 해당 기업의 보안수준 평가와 계획수립에 도움을 준다.

2001년 7월 1일부터 시행된 '정보통신기반보호법'의 제정과 함께 국내 정보보안 컨설

---

[1] SK인포섹 공식블로그, https://m.blog.naver.com/skinfosec2000/221650752636

팅 시장이 활성화되기 시작했다. 모의해킹과 같은 기술적 보안진단에 초점이 되어 해킹 위협으로부터 주요 정보자산을 보호하고자 시작되던 정보보안 컨설팅이 이제는 정보통신기반보호법, 개인정보보호기본법, SOX, BAZEL-II와 같은 Compliance 측면에서 기업의 법/제도적 준수를 위한 체계수립 컨설팅에서부터 ISO27001, KISA/ISMS와 같은 국내외 정보보호관리체계인증을 준비하고 획득하기 위한 컨설팅으로 폭이 넓어졌다.[2]

보안은 기업의 자산, 인적자원, 정보 등이 어떤 의도되거나 인위적으로 조작된 불안전성이나 위험으로부터 상대적으로 예상가능한 안전한 상태나 상황을 유지하는 활동으로 정의된다. 컨설팅은 조직의 목적을 달성하는 데 있어서 경영·업무상의 문제점을 해결하고 새로운 기회를 발견·포착하고, 학습을 촉진하며, 변화를 실현하는 관리자와 조직을 지원하는 독립적인 자문서비스를 말한다. 그러므로 보안컨설팅은 보안업무 추진을 지원하는 자문서비스 활동이라고 말할 수 있다.[3]

2) 목적

보안 컨설팅의 목적은 크게 네 가지로 상정할 수 있다. 조직의 목표 달성, 경영상의 문제해결, 변화의 실행 및 학습의 증대 등이다.

먼저, 조직의 목표를 달성하는데 있어 전산시스템과 네트워크 등의 정보기술 자산과 조직에 일어날 수 있는 위험과 취약점을 분석하고 이에 대한 대책을 수립함으로써 관리자와 조직이 그 대책을 실현할 수 있도록 지원할 수 있으며 궁극적으로 고객의 가치를 증진시키는데 기여할 수 있다.

둘째, 경영자 등 의사결정권자가 보안과 관련하여 당면한 문제를 올바르게 해결할 수 있도록 지원할 수 있다. 문제는 반드시 이루어져야 할 바람직한 상태와 현재 상태와의 차

---

[2] 홍진기, 국내 정보보안컨설팅의 종류와 사례 소개, 인포섹㈜ 보안연구센터
[3] 중소기업청, 중소기업기술정보진흥원, 보안컨설턴트용 실무 가이드북(2007.12)

이를 의미하며 보안컨설팅은 보안 경영의 다양한 분야에 관련된 문제들을 확인하고 이를 해결하기 위한 전문적인 도움을 제공하는 것이다.

셋째, 현재의 치열한 시장환경 속에서 기업이 성장·발전하기 위해서는 컨설팅 결과를 구현하는 과정이나 컨설팅 결과를 정리해 나가는 단계에서 구성원과 조직의 성공적인 변화를 관리하고 유도할 필요가 있다. 보안 컨설팅은 고객조직으로 하여금 변화를 이해시키고 변화와 함께 생활하며 생존을 위해 지속적인 변화를 성공적으로 수행할 수 있도록 지원하는 것이다.

마지막으로 고객 조직과 임직원들이 그들 스스로를 위해 자신이 조직을 더욱 잘 운영해 나갈 수 있도록 교육시킬 수 있다.[4]

(2) 내용

1) 기능

① 기능

사이버 공격은 정부 데이터베이스, 금융 기관 네트워크 또는 개인용 컴퓨터를 겨냥하든 관계없이 매년 막대한 시간과 비용 손실을 초래한다. 예를 들어 해커가 신용 카드 회사의 네트워크에 침입하면 몇 분 만에 수백만 달러의 손실이 발생할 수 있다. 민감한 군사 정보는 잘못된 손에 있을 때 매우 위험 할 수 있다. 아주 작은 기업이라도 고객의 데이터를 안전하게 유지하여 브랜드를 보호해야 한다. IT 보안 컨설팅은 소프트웨어, 컴퓨터 시스템 및 네트워크의 취약성을 평가 한 다음 조직의 요구에 맞는 최상의 보안 솔루션을 설계하고 구현해 준다.

---

[4] 중소기업청, 중소기업기술정보진흥원, 보안컨설턴트용 실무 가이드북(2007.12)

데이터베이스, 네트워크, 하드웨어, 방화벽 및 암호화에 대한 전문 지식과 지식을 통해 IT 보안 컨설팅은 공격 예방에 도움을 준다. 그들은 기존 인프라와 시스템의 약점을 평가한 다음 무단 액세스, 데이터 수정 또는 데이터 손실을 방지하기 위한 보안 솔루션을 개발하고 적용한다. 보안컨설팅은 금융 및 개인 정보의 도난을 방지하고 컴퓨터 시스템을 원활하게 실행하며 해커가 독점 데이터에 액세스하여 유출하는 것을 차단한다.

IT 보안 컨설팅은 네트워크 약점을 식별하고 보호하며 하드웨어 및 소프트웨어 업그레이드를 권장한다. 그들은 AV 또는 침투 테스트 및 맬웨어 분석과 같은 기술 테스트를 수행하고 정보가 위험에 처한 기술 환경의 모든 지점을 평가한다.

새로운 프로젝트에서 IT 보안 컨설팅은 보안 모범 사례를 기반으로 권장 사항을 제공하고 소프트웨어 개발 수명주기 전체에 걸쳐 보안을 보장하는 최선의 방법을 조언한다. 고객이 조직에 가장 적합한 보안 솔루션을 선택하고자 할 때 IT 보안 컨설턴트가 들어와서 안티 바이러스에서 방화벽, 암호화, SIEM 등에 이르기까지 모든 것에 대해 조언한다. 또한 취약점을 제거하고 실용적인 보안을 권장하는 가장 좋은 방법을 알아낸다. 각 개별 클라이언트에 적합한 수정 및 개선 사항을 권고한다.

② 종류

보안 컨설팅을 종류를 기술관련 컨설팅과 관리관련 컨설팅으로 구분할 수 있다. 기술관련 컨설팅은 모의해킹, 취약점 점검, C/S ApplicTION 취약점 점검, Smart Mobile 취약점 진단, 서버 취약점 진단, 네트워크 진단, 정보보호시스템 취약점 진단, 로그분석서비스 및 침해사고 분석 서비스 등을 포함한다.

관리 관련 컨설팅은 정보보호컨설팅, 인증컨설팅, 기반시설 컨설팅, 개인정보보호 서비스, 일반 정보보호 컨설팅, KISA ISMS-P인증 컨설팅, ISO 27001인증 컨설팅, 주요정보통신기반시설 취약점 분석/평가, 금융회사 기반시설 취약점 분석/평가, 개인정보 영향평가 및 개인정보보호 관리체계 컨설팅 등을 포함한다.

구분	내용
기술관련 컨설팅	1. 정보보호컨설팅 2. 인증컨설팅 3. 기반시설 컨설팅 4. 개인정보보호 서비스 5. 일반 정보보호 컨설팅 6. KISA ISMS-P인증 컨설팅 7. ISO 27001인증 컨설팅 8. 주요정보통신기반시설 취약점 분석/평가 9. 금융회사 기반시설 취약점 분석/평가 10. 개인정보 영향평가 11. 개인정보보호 관리체계 컨설팅
관리관련 컨설팅	1. 정보보호컨설팅 2. 인증컨설팅 3. 기반시설 컨설팅 4. 개인정보보호 서비스 5. 일반 정보보호 컨설팅 6. KISA ISMS-P인증 컨설팅 7. ISO 27001인증 컨설팅 8. 주요정보통신기반시설 취약점 분석/평가 9. 금융회사 기반시설 취약점 분석/평가 10. 개인정보 영향평가 11. 개인정보보호 관리체계 컨설팅

[표 2-1] 컨설팅 종류

실무적으로 보안전략수립컨설팅, 보안감리, 보안감사, 보안대책 설계 컨설팅, 정보보호관리체계 컨설팅, 정보보호제품 평가 컨설팅 등으로 구분하거나, 컴플라이언스 컨설팅, 정보보호관리체계 컨설팅, 개인정보보호 컨설팅, 모의해킹 컨설팅, 개발보안 컨설팅 및 종합 정보보호 컨설팅으로 분류할 수도 있다.

2) 기대효과

보안컨설팅을 통하여 기업의 보안수준을 제고하고 보안관리체계에 대한 인증을 획득할 수 있으며 조직내 역학관계 속에서 문제를 쉽게 해결할 수 있다. 또한 임직원 교육 및 법적 준거성을 확보할 수 있다.

먼저, 전반적인 보안진단을 실시함으로써 정보자산에 발생할 수 있는 위험요인 등을 사전에 파악하고 보호대책을 수립할 수 있으며, 기업의 보안현황을 파악하고 문제점을 개선시키기 위한 목표를 정의함으로써 보안수준을 제고할 수 있다.

둘째, 국내 ISMS-P 및 국제 ISO/IEC 27001 등 보안관리체계 기준의 준수 여부를 평가함으로써 이에 대한 인증을 획득할 수 있다. 국내외 보안 관리체계 인증 획득을 통하여 기업의 대외 이미지 향상, 고객 신뢰도 제고 등을 도모할 수 있다.

셋째, 보안 관련 문제에 대해 어떤 해결책이 알려져 있더라도 여러 가지 이유로 문제의 해결책을 알고 있는 사람이 이를 제시할 수 없는 경우가 발생할 수 있다. 그러나 외부에서 불러온 컨설팅사의 컨설턴트를 통해 해결책을 제시하게 되면, 컨설턴트는 보다 공정하고 기업 내 역학관계로부터 영향을 덜 받을 것이라는 인식 때문에 보다 쉽게 문제를 해결할 수 있다.

넷째, 컨설팅 내용 등에 대해 종업원 교육을 실시함으로써 보안업무의 기업 내 적응이 원활해질 수 있다. 그리고 기업의 입장에서 보안 관련 법, 제도적 장치에 대한 이해를 통해 효과적이고 경제적인 활용이 가능해 진다.

2. 보안컨설팅 방법론

(1) 전통적인 컨설팅 방법론[5]

1) Lewin 모델

조직의 모든 수준의 변화 즉 개인, 집단 및 조직 등 여러 수준의 태도변화에 전반적으로 적용될 수 있는 이론을 제시한다.

조직의 변화과정을 개인의 태도변화 과정과 동일한 방식으로 설명하면서 조직에서의 모든 수준의 변화, 즉 개인·집단 및 조직의 태도변화는 해빙(Unfreezing), 변화(Moving), 재동결(Re-freezing) 등 세 단계를 거치며 이루어진다고 본다.

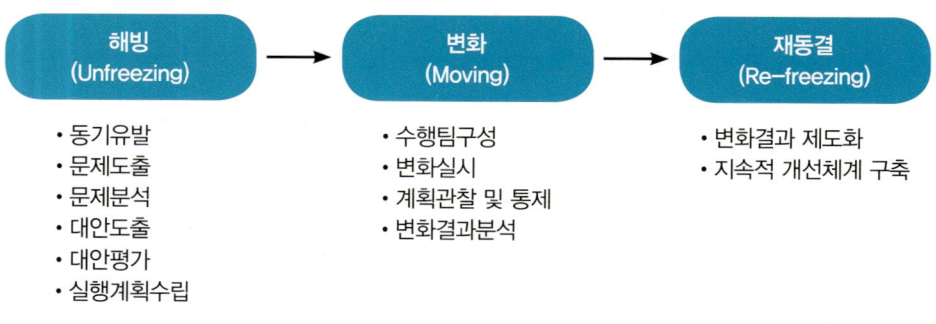

[그림 2-1] Lewin 모델의 구성단계
출처: 중소기업청, 중소기업기술정보진흥원, 보안컨설턴트용 실무 가이드북(2007.12)

① 해빙단계

변화의 필요성을 인식시키고 동시에 변화가 원만히 진행되도록 준비하는 과정으로, 이 단계의 목적은 변화에 대한 동기를 유발시키고, 개인 및 집단으로 하여금 변화를 위한 준

---
5) 중소기업청, 중소기업기술정보진흥원, 보안컨설턴트용 실무 가이드북(2007.12)

비를 하게 하는 것이다. 변화에 대한 보너스, 특별수당 등으로 저항을 줄이면서 기존의 것에 대한 가치관과 태도를 전환시킨다.

② 변화단계

개개인이 변화에 대한 동기가 부여되며 새로운 행동을 받아들일 준비가 갖추어진다. '변화로의 전환(Change Conversion)'이라고도 불리는 이 단계에서는 조직구성원으로 하여금 만족감과 자아실현의 욕구충족을 경험하게 함으로써 새로운 제도와 가치관에 대한 수용(Compliance)을 유도하고 이를 동일화(Identification)·내면화(Internalization)시켜 나가는 단계이다.

③ 재동결단계

앞 단계에서 새롭게 형성된 가치관과 태도 등을 계속적으로 반복하고 강화함으로써 영구적인 행동패턴으로 고착시키는 과정으로 이 단계에서 중요한 것은 앞 단계에서 일으킨 변화가 종전의 상태로 되돌아가지 않도록 노력이 계속되고 환경이 조성되는 것이다.

변화된 부서나 개인에게 그에 응당한 보상을 해주는 것은 변화된 상태를 안정화(Stabilization)시키고 시간이 지남에 따라 효과가 소멸되는 것을 예방하는 좋은 방법이다.

Lewin의 이론은 변화이행 연구의 시초로 이후 많은 학자들이 Lewin의 이론을 기반으로 하여 변화이행에서의 다단계 모델을 제시하기 시작한다.

2) Kolb & Frohman 모델

조직의 변화과정을 7단계로 파악하고, 성공적인 변화가 이루어지기 위해서는 변화과정 중 각 단계별로 변화담당자와 피변화자 간에 적절한 관계가 형성되어야 함을 강조한다.

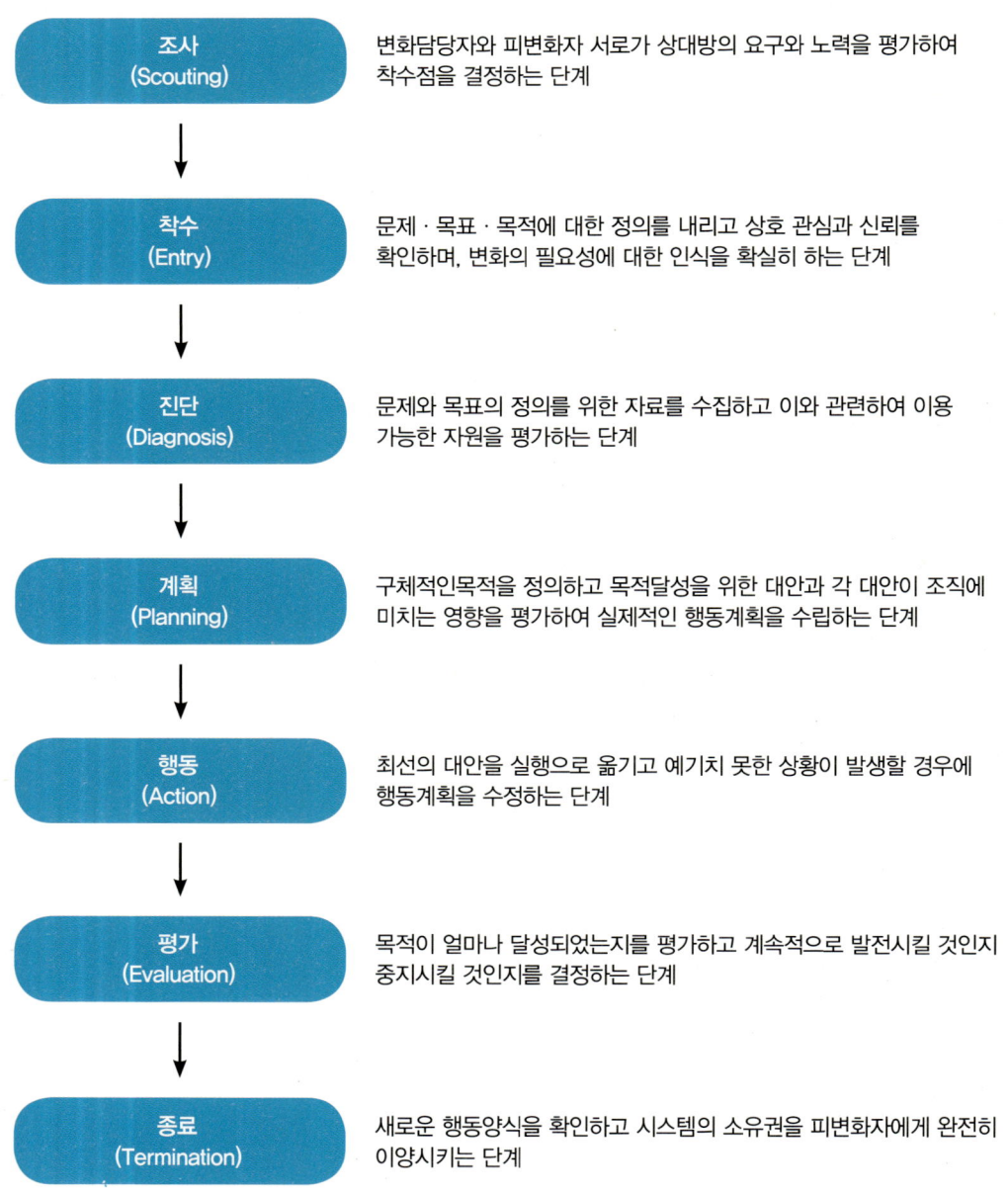

[그림 2-2] Kolb & Frohman 모델의 구성단계
출처: 중소기업청, 중소기업기술정보진흥원, 보안컨설턴트용 실무 가이드북(2007.12)

3) Margerison 모델

컨설팅 과정을 크게 3가지로 구분한 뒤 다시 12과정으로 세분하며, Lewin의 조직변화이론 맥락과 크게 다르지 않다.

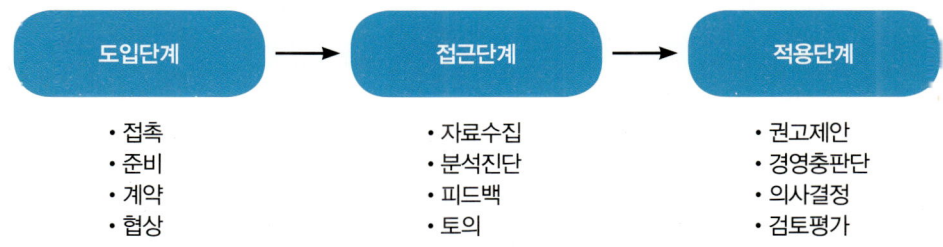

[그림 2-3] Margerison 모델의 구성단계
출처: 중소기업청, 중소기업기술정보진흥원, 보안컨설턴트용 실무 가이드북(2007.12)

① 접촉

고객의 문제에 대한 토론이 시작되는 단계로서, 쟁점에 관한 의견의 접근을 이끌어내야 한다. 만일 고객이 호소하는 쟁점에 대하여 정확하게 지적하고 해결대안을 제시한다면 고객은 컨설턴트의 의지와 능력에 신뢰감을 가지게 될 것이다.

② 준비

고객 조직에 대해 표면적으로 파악한 사항을 정리하고 제공할 자료를 준비하는 단계로서, 본 자료에 대해 의뢰인이 동의한다면 보다 본격적으로 의뢰인과의 접촉에 임할 수 있다.

③ 계약

앞으로 진행될 컨설팅 프로젝트에 관해 법적·절차적으로 명시하는 근거를 구상하는 과정으로, 수행의 범위·주체·시기·장소·방법·이유·비용 등에 대한 의견교환과 접근, 일치가 이루어지는 과정이다. 상세한 세부내역은 계약협상 이후에 문서화되어 제안서의 형식으로 제출된다.

④ 계약을 위한 협상

전 단계에서 구상된 계약내용에 대해 고객과 구체적으로 협의하는 과정이다. 고객은 컨설턴트가 제출한 제안서를 평가하고, 이에 대해 동의하기 전에 조직 내부 담당자들과의 토론을 거치게 된다.

⑤ 자료수집

고객과의 계약이 체결될 경우 컨설턴트는 면접 및 집단회의, 설문지 혹은 적절한 다른 방법들을 이용하여 자료를 수집한다.

⑥ 자료 분석 및 진단

수집된 자료를 평가하고 검토할 수 있는 시기로서, 이와 같은 자료를 어떤 용도에 어떤 방법으로 사용할 것인지를 고려해야 한다.

⑦ 분석 자료의 피드백

수집·분석된 자료를 고객에게 구두 혹은 서면으로 발표하는 과정이다. 그동안 진행해 온 컨설팅 작업에 관해 고객과 컨설턴트간의 시각 차이를 좁히고 일치시키는 것이 매우 중요하다.

⑧ 분석 자료에 대한 토의

컨설턴트와 고객이 분석자료를 함께 토의함으로써 명확한 의견일치를 통해 오해를 방지하고 초점의 왜곡·결여 현상을 예방한다.

⑨ 권고 · 제안

피드백을 통해 고객에게 제출된 수집자료 분석내역에서 제안서의 내용이 포함될 수도 있다. 이 과정은 컨설팅에서 가장 중요한 과정으로, 고객이 고려할 수 있는 모든 대안을 포함시켜야 한다.

⑩ 최고경영층의 판단

고객은 컨설턴트의 직접적인 조언보다는 제출된 제안서와 토의과정을 통해 최종판단을 내린다.

⑪ 의사결정

고객과 컨설턴트간의 의견을 일치시키는 단계로서, 향후 컨설팅 수행으로 연결되는 시작점이 된다.

⑫ 검토와 평가

컨설팅의 결과를 검토하고 평가하는 과정이다. 정확한 평가를 위해 평가자와 평가항목의 선정, 평가대상의 결정 등을 충분히 고려해야 하며, 결과에 대한 평가는 조직전반에 피드백 되는 것이 바람직하다.

(4) 밀란 모델

밀란 모형(Milan Model, 1996)은 경영분야의 업무혁신에 초점을 두고 각 단계가 끝날 때마다 사용자(또는 고객)의 피드백 및 승인을 획득하도록 되어 있으며, 착수→진단→계획수립→실행→종료의 순으로 구분된다.

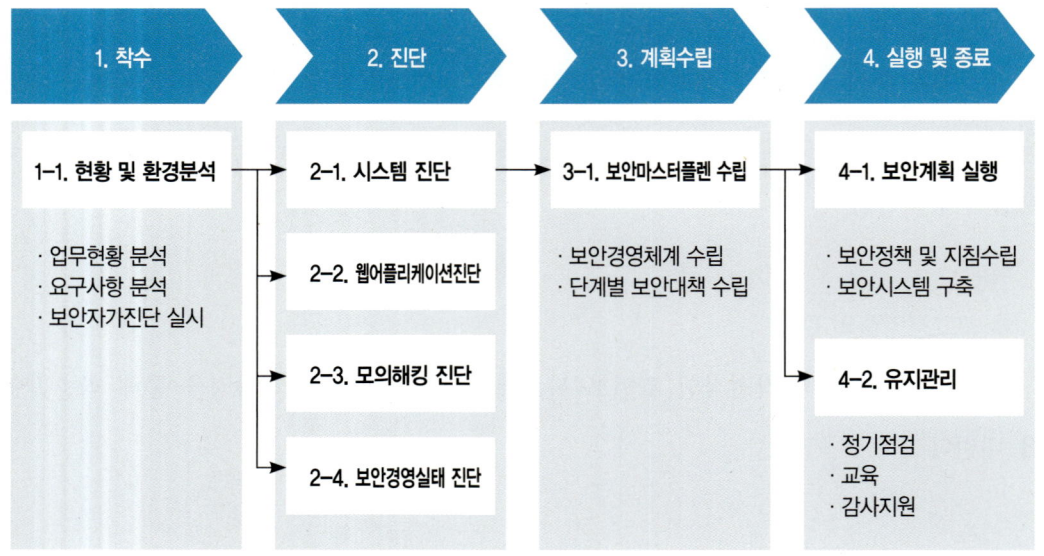

[그림 2-4] 밀란 모델 개요
출처: 중소기업청, 중소기업기술정보진흥원, 보안컨설턴트용 실무 가이드북(2007.12)

    ILO(Milan) 모델은 국제노동기구(ILO) 주관으로 정리된 컨설팅 수행절차로서 제반 이론들을 포괄적으로 정리한 것으로, 흔히 '밀란 모델(Milan Model)'이라고도 한다.
    이 방법론은 경영분야의 업무혁신에 초점을 두고 각 단계가 끝날 때마다 사용자(또는 고객)의 피드백 및 승인을 획득하도록 되어 있으며, 5단계로 구분된다.

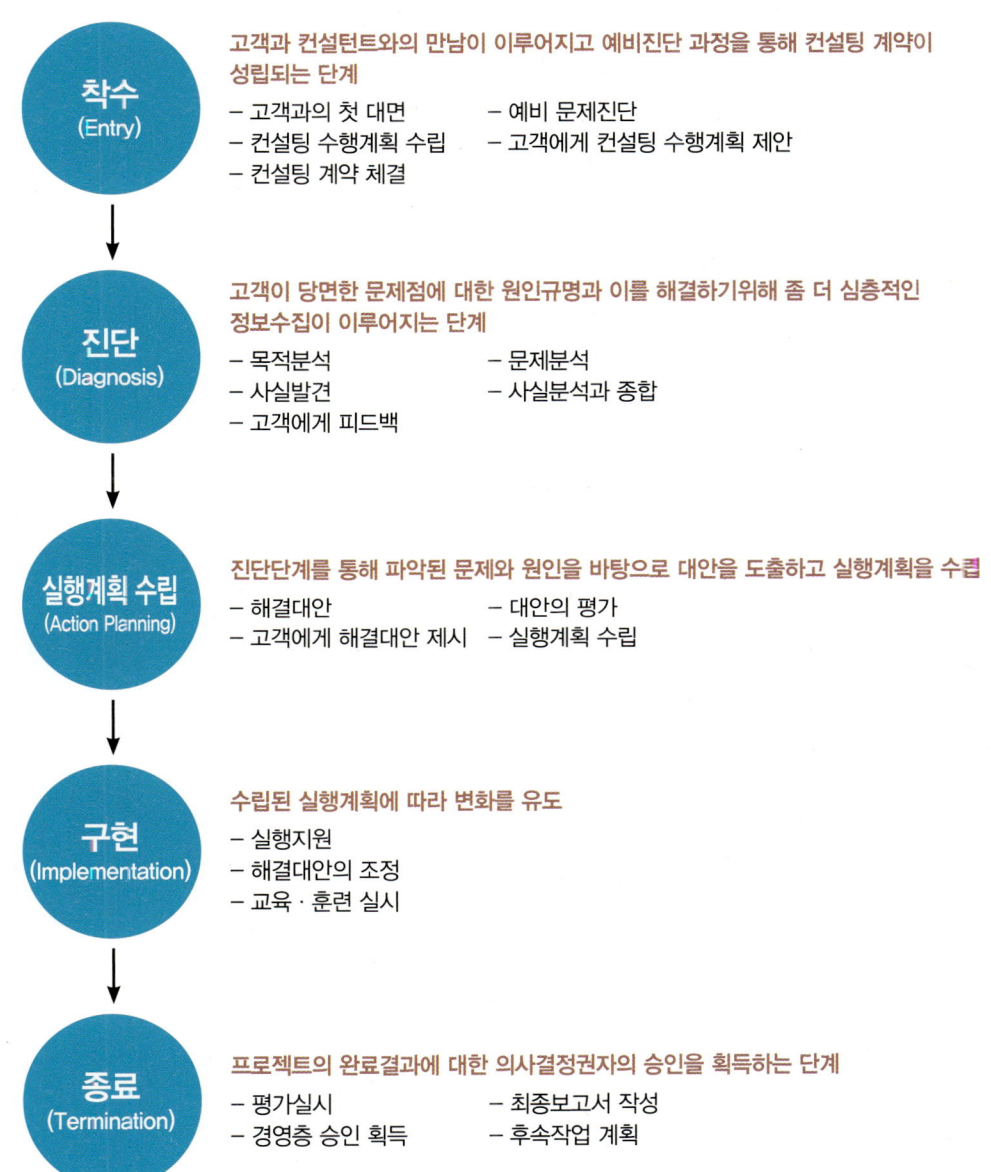

[그림 2-5] ILO (Milan) 모델의 구성단계
출처: 중소기업청, 중소기업기술정보진흥원, 보안컨설턴트용 실무 가이드북(2007.12)

(2) 5단계 방법론

대표적인 보안 컨설팅사에서 사용하는 가장 실무적으로 유용하개 활용되고 있는 방법이다. 현재 보안 상태에 대한 명확한 가시성을 제공하고 지속 가능한 결과를 제공하고 장기적인 관계를 구축하는 실용적인 접근 방식이다. RFP의 일부로 요청된 범위를 제공하기 위해 5 단계 접근법 (프로젝트 동원 단계 제외)을 활용한다.

5단계 접근법의 상위 수준 접근방식 및 일반적인 프로젝트 일정표는 아래와 같다. 이 것은 1단계 식별, 2단계 진단, 3단계 디자인, 4단계 전달, 5단계 유지작업 등으로 구성되는 실용적 접근방식으로 보안상태를 명확하게 파악할 수 있는 표준도구의 하나이다.

[표 2-6] 상위수준 접근방식 및 일반적인 프로젝트 일정표
출처: OO 컨설팅

1) 1단계 식별작업

식별작업은 크게 내용에 대한 이해와 계획의 수립 과정으로 구성된다.

① 목적
요구사항을 확인하고, 특정계획을 참여하며, 자산 내용 수집을 통해 자산등록을 한다.

② 주요 수행업무
- 조사 방법을 정하고 관련 범위 내에서 보안 기준 및 지침을 수집한다.
- 수집 된 보안 기준 및 지침을 분류한다.
- 수집된 설명문서의 위험 성향을 분석한다.
- 보안 표준 및 지침을 세부 체크리스트로 전송한다.
- 보안 표준 및 지침을 분류한 결과를 바탕으로 보안 구조를 지원하는 지표가 있는 프레임 워크를 구축한다.

③ 주요 가정
회사는 계획 중에 이루어진 모든 가정을 충족하고 보안컨설팅사는 시간 평가를 완료한다.

④ 회사의 책임
- 관련 이해 관계자의 가용성을 보장한다.
- 시기 적절한 피드백 및 승인절차를 제공한다.

⑤ 결과 산출물
- 요청된 서비스에 대한 작업 명세서 및 실행 계획

· 계획, 접근 방식 및 일정을 논의하기 위한 기술적인 킥오프 워크숍 일정 수립
· 프로젝트 헌장 및 프로젝트 계획

2) 2단계 진단작업

식별작업은 크게 보안구성검토, VOIP 취약성 평가, 네트워크 구조 검토, 물리적 보안 리뷰, 소스코드 검토, 외부침투테스트, 무선네트워크 침투 테스트, 내부침투 테스트, 응용 프로그램 보안 평가, 최종 사용자 장치 테스트 및 사회공학 평가 등으로 구성된다.

① 보안 구성내용 검토

가. 목적

보안 구성 검토의 목적은 회사 정보 시스템의 구성내용에 대한 취약점을 식별하는 것이다. 컨설팅사는 스크립트 및 작업 계획을 기반으로 보안 구성내용에 대한 상세한 세부 검토를 수행한다.

나. 주요 수행업무
· 자산, 자산의 역할, 기능 및 중요도를 식별한다.
· 실제 검토가 수행 될 샘플을 고객과 함께 결정한다. 이것은 고객으로부터 받은 중요 자산 목록과 자산의 고유성을 기반으로 수행한다.
· 자산에 대한 구성 내용을 분석한다.
· 일반 장치 보안 문제와 관련된 구성내용에서 필요한 정보를 추출한다.
· 구성내용을 업계 최고의 관행과 비교한다.
· 보고서 개발 및 토론을 수행한다.

다. 주요 가정

보안 구성내용 검토는 컨설팅사 및 공급 업체 권장 사항에 따라 주요 사례를 기반으로 수행된다. 다른 선도적 관행은 필요할 때마다 참조된다. 보안 구성내용 검토는 고유 스위치, 라우터, 방화벽, 서버, 데이터베이스 및 기타 네트워크 장치를 포함하는 자산을 다음과 같이 샘플링하는 것으로 간주된다. (서버 25개, Vcenter 3개, 6ESX, 데스크톱 50개, 스위치 10개, 통화 관리자 4개, IP 텔레포니 5개, 애플리케이션 10개, DB 5개, 무선 장치 10개, 제3자 원격 액세스)

라. 회사의 책임
- 자산 목록을 제공한다.
- 자산 샘플링에 동의한다.
- 주어진 지침에 따라 컨설팅사 스크립트를 실행한다.
- 컨설팅사 전문가에게 스크립트를 출력하여 제공한다.
- 컨설팅사 전문가의 모든 관련 질문에 응답한다.

마. 결과 산출물

위험 수준별로 분류 된 권장 사항 목록과 함께 회사를 위해 특별히 개발된 보고서 브고서에는 다음의 내용을 포함한다.
- 확인된 문제가 비즈니스에 미치는 영향을 강조하는 요약 내용
- 기술적 발견에 대한 요약 내용
- 위험, 비즈니스 영향 및 위협을 강조하는 결과에 대한 기술적인 보고 사항
- 위험 수준에 따라 우선 순위가 지정된 권고 사항

② VOIP 취약성 평가

가. 목적

금지된 활동 또는 특히 민감한 시스템 식별을 포함하여 침투 테스트에 대한 기본 규칙에 대하여 합의를 한다. VoIP 관련 시스템에서 사용하는 전체 보안 시스템의 격차, 불일치 및 중복사항을 감지한다. 아래 사항에 대한 성공 가능성을 확인한다.

- 음성 VLAN에 대한 무단 접근 권한을 얻는 능력
- VoIP 트래픽(음성 트래픽, 음성 메일 PIN 등 포함)을 가로 채거나 조작하는 능력
- 인증되지 않은 사용자로서 주요 시스템에 대한 무단 접근을 시도
- 유효한 사용자로서 로그인한 동안 다른 사용자 계정 또는 정보에 대한 무단 접근을 시도한 사용자 수준에서 다른 사용자 수준으로 권한을 상승시키려는 시도 위험 관리를 위한 통제 완화에 대한 요구 사항을 이해

나. 주요 수행업무

1단계 : 구성 요소 매핑 (예시)

- VoIP 시스템 구성 요소 (핸드 셋, 음성 메일, 통화 관리자, 통화 녹음 등)를 식별
- 네트워크 관련 정보 (대상 IP 범위, VLAN ID 등)를 식별
- 핸드 셋 기반 정보 유출
- 레거시 전화 통신 시스템과의 관계를 식별
- 소프트 폰과 핸드셋 사용을 식별

2단계 : 수동 취약성 테스트

아래 방법을 활용하여 수동으로 취약점 악용을 시도(예시)

- VLAN 분리 제어를 우회

- man-in-the-middle(중간매개자) 가로 채기 / 조작 공격을 수행
- 음성 메일 공격.
- 사용자 계정 (핸드 셋 및 음성 메일) 공격

다. 주요 가정

제 3자 호스팅 및 서비스 제공 업체의 허가를 포함하여 공식적인 권한 및 합의 된 테스트 기간을 가정한다. VOIP 취약성 평가는 4명의 통화 관리자와 샘플 VOIP 전화에 대해 고유한 모델을 나타내는 Cisco 및 Avaya 전화의 혼합으로 가정된다.

라. 회사의 책임

- 회사는 테스트 핸드 셋 및 음성 메일 계정을 제공해야 한다.
- 회사는 테스트 핸드 셋 장치를 제공해야 한다.

마. 결과 산출물

위험 수준별로 분류 된 권장 사항 목록과 함께 회사를 위해 특별히 개발 된 보고서이다. 보고서에는 다음의 사항이 포함된다.

- 확인된 문제가 비즈니스에 미치는 영향을 강조하는 요약 내용
- 위험, 비즈니스 영향 및 위협을 강조하는 결과에 대한 기술 보고서
- 무단 액세스가 달성되었음을 보여주는 상세한 증거
- 위험 수준에 따라 우선 순위가 지정된 높은 수준의 권고 사항

③ 네트워크 구조 검토

가. 목적

네트워크 보안 인프라 검토의 목적은 회사 네트워크 및 기술 레이아웃의 설계 및 아키텍처 약점을 식별하는 것이다. 컨설팅사는 네트워킹 및 업계 모범 사례와 심층 방어방법과 같은 개념을 기반으로 네트워크 보안 아키텍처에 대한 세부 검토를 수행한다. 아울러 최적의 기술을 사용하는 것을 고려한다.

나. 주요 수행업무
- 네트워크 및 인프라 설계 계획에 대한 정보를 수집한다.
- 주요 자산, 자산 역할, 기능 및 특징을 식별한다.
- 수직 및 수평 공격 전파 시나리오를 가정한다.
- 특정 자격 증명에 대해 명확한 경로와 같은 경우가 부여되도록 자산에 대한 권한 있는 사용자 접근을 고려한다.
- 인프라 설계를 업계 최고의 관행과 비교한다.
- Qatari NIA에서 권장하는 (ISO 15408 - Common Criteria)와 같은 주요 네트워크 구성 요소 및 자산의 사이버 보안 인증을 확인한다.
- 권고된 변경 사항을 보고한다.

다. 주요 가정

네트워크 보안 및 인프라 검토는 선도적 관행 및 표준을 기반으로 한 컨설팅사의 독점 방법론을 사용하여 수행된다.

라. 회사의 책임
- 현재 / 최신 설계 및 레이아웃 및 아키텍처 계획을 제공한다.
- 자산 목록을 제공한다.
- 컨설팅 전문가의 질문에 대한 답변을 제공한다.

마. 결과 산출물

위험 수준별로 순위가 매겨진 권고 사항 목록과 함께 회사를 위해 특별히 개발된 보고서에는 다음의 내용이 포함된다.
- 확인된 문제가 비즈니스에 미치는 영향을 강조하는 요약 내용
- 기술적 발견에 대한 요약 내용
- 위험 수준에 따라 우선 순위가 지정된 향상된 아키텍처 권고 사항

④ 물리적 보안 리뷰

가. 목적

목표에는 회사의 건물 (특히 데이터 센터, IT 권한이 있는 사용자 작업 공간)의 전반적인 물리적 보안에 대한 전체적인 관점이 포함된다.

나. 주요 수행업무

물리적 보안 평가는 현장에서 회사의 보안 담당자가 안내하는 비 침입적인 연습 평가이다. 건물, 시설 또는 위치의 모든 물리적 보안 제어에 대한 물리적 보안 평가 검토가 필요하다. 이 접근 방식은 회사의 인프라에서 잔존 위험을 허용 가능한 수준으로 낮추거나 이것이 불가능한 경우 타협, 재산 손실 또는 무결성 손실 가능성을 최대한 낮추는 것을 목표로 한다. 업계 최고의 관행에 의해 결정된 최소 통제를 검토하고 권고하며, 보고하고 토론한다.

다. 주요 가정

주요 이해 관계자의 허가를 포함하여 검토 및 평가를 수행하기 위해 물리적 사이트에 접근한다. 평가는 3개의 물리적 위치를 대상으로 하며 물리적 보안 및 날짜 센터, 서버 및 통신에 대한 접근을 포함한다.

라. 회사의 책임
- 관련 이해 관계자의 가용성을 보장한다.
- 필요한 경우 물리적 위치에 대한 컨설팅 전문가의 액세스를 제공한다.
- 물리적 보안 제어 및 관련 정책 및 절차에 대한 정보를 제공한다.

마. 결과 산출물

위험 수준별로 분류된 권고 사항 목록과 함께 회사를 위해 특별히 개발 된 보고서 보고서에는 다음 사항이 포함된다.
- 확인된 물리적 보안 문제가 비즈니스에 미치는 영향을 강조하는 요약 내용
- 위험 수준에 따라 우선 순위가 지정된 권고 사항

⑤ 응용 프로그램 소스코드 검토

가. 목적

응용 프로그램 소스 코드 검토의 목적은 개발 오류로 인해 호스팅 된 웹 애플리케이션의 약점을 감지하는 것이다. 응용 프로그램 코드 샘플을 검토하고 보안 프로그래밍, 클라이언트의 보안 요구 사항, 정보 보호 요구 사항, 액세스 제어, 권한 부여 및 신뢰할 수 있는 컴퓨팅 요구 사항과 같은 응용 프로그램 보안 고려 사항에 중점을 둔다. OWASP 상위 10과 같은 알려진 표준 및 모범 사례를 참조한다.

나. 주요 수행업무
- 프로그램 개발을 위해 적절한 SDLC (소프트웨어 개발 수명주기)가 채택되었는지 확인한다.
- 코드 디자인 관점에서 정보 보안이 고려되었는지 확인한다.
- 공격에 가장 취약한 응용 프로그램 내 영역을 식별한다.
- 소스 코드 샘플을 자동 분석한다.
- 중요한 기능에 대한 연습을 포함하여 소스 코드 입력 및 출력에 대한 분석을 수행한다.
- 응용 프로그램/추적 사용자 제어 입력을 매핑한다.
- 사용자 입력을 허용하는 응용 프로그램 영역은 추가 테스트를 위해 표시된다.
- 위에 정의된 추가 테스트를 위해 증상 코드를 식별하고 발견된 잠재적 취약순 영역을 문서화한다.
- 보고 및 토론한다.

다. 주요 가정

샘플 코드가 60,000줄인 최대 10개의 응용 프로그램이 각 응용 프로그램에 대해 Google 도구에서 검토되는 것으로 가정한다. 소스 코드는 컨설팅사 사무실에서 원격으로 검토 할 수 있다. 검토 프로세스를 다음과 같이 설명한다.
- 위험 지향적(회사에 대한 높은 위험과 관련된 응용 프로그램의 일부가 먼저 분석됨)
- 샘플 기반(선택한 코드 샘플을 분석한다)

라. 회사의 책임
- 애플리케이션 소스 코드 샘플을 제공한다.
- 애플리케이션 액세스를 위한 자격을 증명한다(인증 및 권한 부여 메커니즘 테스트에 필요).

· 적용되는 경우 시스템 아키텍처 다이어그램의 가용성을 부여한다.

· 개발 / QA 환경에 대한 액세스 권한을 부여한다.

마. 결과 산출물

다음 사항을 포함하는 응용 프로그램 보안 검토 보고서

· 확인된 문제가 비즈니스에 미치는 영향을 강조하는 요약 내용

· 안전하지 않은 코딩 관행을 보여주는 상세한 증거를 감지

· 위험 수준에 따라 우선 순위가 지정된 높은 수준의 권고 사항

· 보안 코딩 표준 및 테스트 절차 생성을 지원하는 권고 사항

⑥ 외부 침투 테스트

가. 목적

외부 침투 테스트의 목적은 중요한 시스템 및 정보에 대한 무단 액세스를 방지하는 데 있어 다양한 산업 제품 회사 인터넷 연결 네트워크에 있는 기술적 제어의 효과를 평가하는 것이다. 여기에는 모범 사례에 따라 VPN 서버 및 클라이언트 구성의 적절성을 평가하는 VPN 침투 테스트도 포함된다.

나. 주요 수행업무

· 금지된 활동 또는 특히 민감한 시스템 식별을 포함하여 보안 테스트를 위한 기본 규칙에 대한 합의

· 사회 공학 및 오픈 소스 인텔리전스를 사용한 정보 수집

· IP 주소 감지, 서비스 스캔, 정보 검색 및 DNS 열거 등과 같은 네트워크 백본/검색 스캔

· 취약점 검사 및 수동 취약점 검증을 통한 취약점 식별

· 호스트에서 식별된 취약점의 악용 제어 (예시: 취약점 매핑, 잘못된 구성 공격, 로컬

공격 및 가장 약한 링크 공격 등)
- 숙련된 공격자가 물리적 액세스 권한을 얻고 장치를 네트워크에 연결 한 경우 명시적 액세스 없이 얻을 수 있는 특정 민감한 정보 식별
- 숙련된 공격자가 특정 시스템에 대한 명시적 권한을 부여하거나 획득할 경우 공개 위험을 식별
- 비즈니스 영향 결정 : 합의된 취약성 악용을 통해 비즈니스 내용 및 잠재적 문제의 심각도 식별
- 보고 및 토론

다. 주요 가정
- 타사 호스팅 및 서비스 제공 업체 (해당되는 경우)의 허가를 포함하여 공식적인 권한 및 합의된 테스트 기간
- 외부 PT는 블랙 박스 테스트로 가정
- 외부 침투 테스트를 위한 총 IP 주소 수는 범위 내 IP의 31 개로 간주

라. 회사의 책임
- 컨설팅사 테스터의 모든 관련 쿼리(질문)에 응답
- 침투 테스트 활동 승인

마. 결과 산출물
위험 수준별로 분류 된 권장 사항 목록과 함께 회사를 위해 특별히 개발 된 보고서 보고서에는 다음 사항이 포함된다.
- 확인된 문제가 비즈니스에 미치는 영향을 강조하는 요약
- 위험, 비즈니스 영향 및 위협을 강조하는 결과에 대한 기술 보고서

· 무단 액세스가 달성되었음을 보여주는 상세한 증거
· 위험 수준에 따라 우선 순위가 지정된 높은 수준의 권고 사항

⑦ 무선 네트워크 침투

가. 목적
· 무선 네트워크 배포와 관련된 보안을 평가
· 금지 된 활동 또는 특히 민감한 시스템 식별을 포함하여 침투 테스트에 대한 기본 규칙에 대한 합의
· 전체 무선 보안 구성에서 차이와 불일치를 감지
· 무선 설치 보안 향상에 대한 접근 방식을 권고
· 발견된 문제에 대한 기술적 솔루션을 권고

나. 주요 수행업무
· 전쟁 워킹을 통해 액세스 포인트를 식별한다.
· 구성내용을 검토하고 트래픽을 모니터링 한다.
· 사용 가능한 액세스 포인트를 확인하고 연결한다.
· 범위 및 근접 요구 사항을 평가한다.
· 기술 평가 (예시 :)
　- 약한 암호화 (예 : WEP)를 해독하려고 시도한다.
　- 인프라 악용을 시도한다. 액세스 제어를 검토한다.
　- MAC 주소 필터링을 우회한다.
　- 불량 액세스 포인트를 구성한다.
· 위험을 분석한다.

다. 주요 가정
· 액세스 포인트 테스트는 3개 위치에 분산된 10개의 액세스 포인트 샘플로 제한된다.

라. 회사의 책임
· 물리적 사이트 또는 무선 네트워크 근처에 액세스
· 공식적인 권한 및 합의된 테스트 기간

마. 결과 산출물
위험 수준별로 분류된 권장 사항 목록과 함께 회사를 위해 특별히 개발 된 보고서이다. 보고서에는 다음의 사항이 포함된다.
· 확인된 문제가 비즈니스에 미치는 영향을 강조하는 요약 내용
· 위험, 비즈니스 영향 및 위협을 강조하는 결과에 대한 기술 보고서
· 무단 액세스가 달성되었음을 보여주는 상세한 증거
· 위험 수준에 따라 우선 순위가 지정된 높은 수준의 권고 사항

⑧ 내부 취약성 평가 및 침투 테스트

가. 목적
내부 취약성 평가 및 침투 테스트의 목적은 내부자 및 APT 시나리오를 가정하여 중요 시스템 및 정보에 대한 무단 액세스를 방지하는 데 있어 회사 인트라넷 네트워크에 있는 기술적 제어의 효과를 평가하는 것이다.

나. 주요 수행업무
· 금지된 활동 또는 특히 민감한 시스템 식별을 포함하여 보안 테스트를 위한 기본 규

칙에 대한 합의
- IP 주소 감지, 서비스 스캔, 정보 검색, DNS 열거 등과 같은 네트워크 백본 / 검색 스캔
- 취약점 검사 및 수동 취약점 검증을 통한 취약점 식별
- 내부 호스트의 악용 제어 (예 : 취약성 매핑, 잘못된 구성 공격, 로컬 공격, 가장 약한 링크 공격, 암호 공격, 암호 크래킹 등)
- 숙련된 공격자가 물리적 액세스 권한을 얻고 장치를 네트워크에 연결 한 경우 명시적 액세스 없이 얻을 수 있는 특정 민감한 정보를 식별
- 수평 및 수직 전파 경로 식별
- 권한 에스컬레이션 경로 식별
- 은밀한 전파 및 낮은 발자국 공격 시도
- 비즈니스 영향 결정 : 합의된 취약성 악용을 통해 비즈니스 내용 및 잠재적 문제의 심각도 식별
- 보고와 토론

다. 주요 가정

내부 PT는 PERSON 상자 테스트로 간주된다. 범위 내 모든 IP 범위를 고려하되 중요하고 영향력이 크고 높은 가치 자산 및 고유 / 비 중복 설치에 대한 침투에 초점을 맞출 것이다. 우리의 경험에 따르면 주요 자산에 초점을 맞추고 가장 위험한 시나리오를 따를 때 최상의 결과를 얻을 수 있다.

라. 회사의 책임
- 내부자 위협을 수행하는 데 필요한 모든 곳에 자격 증명 제공
- 컨설팅사 테스터의 모든 관련 쿼리에 응답
- 침투 테스트를 승인

마. 결과 산출물
- 위험 수준별로 분류된 권장 사항 목록과 함께 회사를 위해 특별히 개발된 보고서이다.
- 보고서에는 다음의 사항이 포함된다.
    - 확인된 문제가 비즈니스에 미치는 영향을 강조하는 요약 내용
    - 위험, 비즈니스 영향 및 위협을 강조하는 결과에 대한 기술 보고서
    - 무단 액세스가 달성되었음을 보여주는 상세한 증거
    - 위험 수준에 따라 우선 순위가 지정된 높은 수준의 권고 사항

⑨ 응용 프로그램 보안 평가

가. 목적
- 공격에 가장 취약한 응용 프로그램내 영역을 식별
- 금지된 활동 또는 특히 민감한 시스템 식별을 포함하여 침투 테스트에 대한 기본 규칙에 대한 합의
- 응용 프로그램에 사용되는 전체 보안 시스템의 격차, 불일치 및 중복 감지.
- 성공 가능성 확인 :
    - 인증되지 않은 사용자로 애플리케이션에 대한 무단 액세스를 시도
    - 유효한 사용자로 로그인 한 동안 다른 사용자 계정 또는 정보에 대한 무단 액세스를 시도
    - 한 사용자 수준에서 다른 수준으로 권한을 상승 시키려고 시도
    - 지원 시스템에 대한 무단 액세스를 시도
    - 위험을 관리하는 통제의 완화를 위한 요구 사항 이해

나. 주요 수행업무

1단계 : 애플리케이션 매핑

· 응용 프로그램을 크롤링 하여 관련 구성 요소를 매핑한다.
· 사용자 입력을 허용하는 애플리케이션 영역은 추가 테스트를 위해 표시된다.

2단계 : 수동 취약성 테스트

다음의 사항을 통해 수동으로 취약점 악용을 시도한다.

· 인증 또는 권한 부여 제어 우회
· 애플리케이션 비즈니스 로직의 유효성 검사 또는 조작을 우회
· 응용 프로그램, 데이터베이스 또는 기본 운영 체제에 대한 무단 액세스 획득

위의 사항 이외에도 다음의 사항을 수행한다.

· 반자동 평가 및 결함 주입 도구를 적절하게 사용한다
· 위에 정의된 추가 테스트를 위해 발견된 잠재적 취약 영역을 문서화한다.

다. 주요 가정

각 애플리케이션에 25페이지, 페이지 당 5-10개의 입력 필드가 있다고 가정
신청 수를 47개로 가정

라. 회사의 책임

애플리케이션 액세스를 위한 자격 증명
제 3자 호스팅 및 서비스 제공 업체의 허가를 포함하여 공식적인 권한 및 합의된 테스트 기간

마. 결과 산출물

다음을 포함하는 애플리케이션 보안 검토 보고서

- 확인된 문제가 비즈니스에 미치는 영향을 강조하는 요약 내용
- 안전하지 않은 코딩 관행을 보여주는 상세한 증거 감지
- 위험 수준에 따라 우선 순위가 지정된 높은 수준의 권고 사항
- 보안 코딩 표준 및 테스트 절차 생성을 지원하는 권고 사항

⑩ 최종 사용자 장치 테스트

가. 목적

- 기술 및 빌드 검토 범위를 식별한다.
- 기술과 관련하여 회사에서 현재 시행중인 정책 및 표준에 대한 이해를 얻는다.
- 인스턴스 필요가 특정 법률 또는 표준을 부합하는지 식별한다.
- 전체 기준 표준에서 격차와 불일치를 감지한다.
- 기준 표준 개선에 대한 접근 방식을 권고한다.
- 특정 빌드 내에서 발견된 문제에 대한 기술 솔루션을 권고한다.

나. 주요 수행업무

- 비즈니스 내용 내에서 빌드의 위험 평가
- 컨설팅사 데이터베이스에서 자동화 된 도구 / 스크립트를 사용하여 검색된 구성 설정
- 회사 및 주요 보안 표준에 대해 수동으로 설정을 평가한다. 관심 분야는 다음과 같다
  (이에 국한되지 않음)
  - 인증 / 승인 메커니즘
  - 패치 및 업데이트
  - 불필요한 서비스
  - 불필요한 권한(예 : 사용자 계정, 불량 SUID 비트)

- 시스템 로깅 / 모니터링
- 시스템 구성 요소 구성 (예 : ssh)

필요한 경우 관련 표준(예 : SOX, PCI)에 대해 테스트된 설정을 검색한다.

다. 주요 가정
- 최대 5개 빌드의 기준 시스템 빌드
- 문서작성, 운영 구축 절차 문서, 구축 정책
- 공식적인 권한 및 합의된 테스트 기간

라. 회사의 책임

회사는 필요한 경우 구축을 위한 자격 증명을 제공해야 한다.

마. 결과 산출물

위험 수준별로 분류 된 권장 사항 목록과 함께 다양한 산업 제품 회사 A를 위해 특별히 개발 된 보고서이다. 보고서에는 다음의 사항이 포함된다.
- 확인된 문제가 비즈니스에 미치는 영향을 강조하는 요약 내용
- 위험, 비즈니스 영향 및 위협을 강조하는 결과에 대한 기술 보고서
- 무단 액세스가 달성되었음을 보여주는 상세한 증거
- 위험 수준에 따라 우선 순위가 지정된 높은 수준의 권고 사항

⑪ 사회 공학 평가

가. 목적
- 피싱 이메일 – 컨설팅사는 이메일 피싱 기술을 사용하여 회사 직원이 민감한 정보

를 제공하도록 설득한다.
- Leave Behind – 컨설팅사는 회사 시스템에 로드 된 경우 로드되었음을 표시하는 프로그램을 자동으로 실행하는 물리적 미디어를 남겨 둔다.
- 전화 기반 – 컨설팅사는 회사 직원이 이러한 액세스를 제공하도록 설득하여 민감한 정보 또는 시스템에 대한 무단 액세스를 시도한다.

나. 주요 수행업무
대상, 테스트 벡터 및 시나리오 식별
- 테스트 벡터 : 피싱 이메일, 남겨진 미디어, 전화 기반, 물리적 보안 액세스 테스트
- 공개적으로 접근 가능한 정보의 정찰 및 정보 수집 수행
- 디자인 테스트 시나리오

사회 공학 실습 실행
- 사용자가 민감한 정보를 제공하도록 설득
- 맞춤형 개념 증명 맬웨어 이메일 첨부 파일을 통해 보호 된 정보에 액세스

다. 주요 가정
회사가 이메일 ID를 제공한다.

라. 회사의 책임
- 공식적인 권한 및 합의 된 테스트 기간
- 유혹에 대한 포상금 식별
- 권장 시나리오 승인

마. 결과 산출물

위험 수준별로 분류 된 권장 사항 목록과 함께 회사를 위해 특별히 개발된 보고서이다. 보고서에는 다음의 사항이 포함된다.

- 확인된 문제가 비즈니스에 미치는 영향을 강조하는 요약 내용
- 위험, 비즈니스 영향 및 위협을 강조하는 결과에 대한 기술 보고서
- 무단 액세스가 달성되었음을 보여주는 상세한 증거
- 위험 수준에 따라 우선 순위가 지정된 높은 수준의 권고 사항

3) 3단계 디자인작업

디자인 작업은 사건대응 프로그램 개발과 보안인식 프로그램 개발로 구성된다.

① 사건대응 프로그램 개발

가. 목적

회사는 오늘날의 지능형 사이버 위협을 식별하고 대응하기 위해 업계 최고의 IR (사고대응) 프로그램을 구축하고자 한다.

- 정보 수집 및 분석
- 사고 대응 프로세스 설계
- 사고 대응 절차 개발
- 보고 및 전달

나. 주요 수행업무

정보 수집 및 식별

- 회사에 대한 정보를 수집하여 요구 사항, 핵심 인력, 비즈니스 목표, 위험 및 과제를 식별하고 이해한다. 정보 수집은 인터뷰 및 내부 문서 검토를 통해 수행된다.

사고 대응 프로세스

- 임무 정의 : 글로벌 모범 사례에 따라 사고 대응 목표, 범위, 사고 정의 및 관련 역할과 책임을 참조하는 정책을 개발한다.
- 준비에서 후속 조치에 이르기까지 사고 대응 프로세스의 다양한 단계를 전체적으로 자세히 설명한다.
- 유지 관리 : 합작 투자 팀 활동뿐만 아니라 교육 요구 사항을 결정한다. 또한 사고 대응 능력과 그 효과를 측정하기 위한 지표를 제공한다. IRP는 주기적으로 검토된다.
- 커뮤니케이션 계획 : 커뮤니케이션 템플릿, 에스컬레이션 및 사고 추적 양식을 포함하여 사고의 다양한 단계에서 필요한 커뮤니케이션 작업을 정의하고 개발한다.

절차

사고 지표, 격리 측정, 제 3자와의 커뮤니케이션 및 복구 요구 사항을 포함하는 사고 대응 특정 절차를 개발한다.

프로젝트 완료

최종 작업 결과물을 전달하고 회사 임원진에게 설명한다.

다. 주요 가정

개발 된 프로그램의 승인을 위해 프로젝트 스폰서와 토론을 촉진한다.

컨설팅사가 직면한 과거의 사건, 위험 및 도전을 엿볼 수 있도록 도와 줄 회사의 과거 데이터 공유

라. 회사의 책임
- 사고 대응 프로그램 문서에 대해 적시에 피드백 및 승인을 제공한다.
- 사고 대응 활동에 개발하고 사용할 템플릿에 대한 의견과 승인을 제공한다.
- 프로젝트의 이번 단계에서 필요한 논의를 위해 회사 이해 관계자와 회의 일정을 잡는다.

마. 결과 산출물
- 사고 관리 정책
- 사고 대응 절차
- 사고 대응 관련 템플릿
- 커뮤니케이션 계획
- "사고 대응 합의" 주제 및 서비스에 대한 발표 및 소개

② 보안인식 프로그램 개발

가. 목적
회사는 IT 보안의 지속적인 발전에 비추어 직원 (IT, 임원 및 일반 직원)의 정보 보안 인식을 높이고 사이버 보안 문화를 조성하고 심화하고자 한다.

나. 주요 수행업무
다음을 포함한 교육 및 인식 프로그램을 설계한다.
- 적용 범위 및 내용
- 훈련의 형태, 매체, 빈도
- 교육 과정의 구성
- 연락처 지정

· 평가 절차

자료 및 콘텐츠 개발, 프로그래밍
· 교육 세션 및 다양한 매체 (이메일, 비디오 등)를 통해 전달할 콘텐츠를 개발한다.
· 회사와의 교육 일정을 개발하여 교육의 주요 참가자 일정과 일치하도록 지원한다.
· 개발 된 콘텐츠 (이메일 캠페인 및 동영상 등)를 정리하고 적절한 회사 브랜딩을 수행한다.

다. 주요 가정
· 교육 콘텐츠 개발을 위해 이번 단계의 과정 전반에 걸쳐 토론에 참여한다.

라. 회사의 책임
· 인식 자료 승인

마. 결과 산출물
사이버 보안 인식 프로그램 (연간 이벤트 일정, 역할 및 책임, 평가 절차 포함)
사이버 보안 인식 자료는 다음과 같다.
· 모든 직원을 위한 일반 보안 인식 (PPT)
· IT 직원 및 관리를 위한 보안 인식 (PPT)
· ICS SECURITY에 대한 공장 직원의 보안 인식 (PPT)
· ICS 사이버 보안 인식 세션 2회 (각 90 분)
· 사이버 보안 인식 필사본 비디오 2개

4) 5단계 사후 재조정 평가작업

① 목적

아래 범위에 대한 수정 후 재평가를 수행한다.
- VOIP 취약성 평가
- 외부 침투 테스트
- 무선 네트워크 침투 테스트
- 내부 침투 테스트
- 애플리케이션 보안 평가
- 최종 사용자 장치 테스트

② 주요 수행업무

- 회사에서 완화된 위험을 수집한다.
- 확인된 문제에 적용된 수정 사항 재검증 한다.
- 재검증 보고서를 준비한다.
  - VOIP 취약성 평가
- 외부 침투 테스트
- 무선 네트워크 침투 테스트
- 내부 침투 테스트
- 애플리케이션 보안 평가
- 최종 사용자 장치 테스트

③ 주요 가정

회사는 평가의 2 단계에서 식별 된 각 관찰에 대해 완화 추적기를 업데이트하고 제공해야 한다.

④ 회사의 책임
- 회사는 필요한 경우 빌드를 위한 자격 증명을 제공해야 한다.
- 제 3자 호스팅 및 서비스 제공 업체의 허가를 포함하여 공식적인 권한 및 합의된 테스트 기간을 제공한다.

⑤ 결과 산출물
아래의 범위에 대한 재검증 보고서
- VOIP 취약성 평가
- 외부 침투 테스트
- 무선 네트워크 침투 테스트
- 내부 침투 테스트
- 애플리케이션 보안 평가
- 최종 사용자 장치 테스트

3. 보안 컨설팅 종류

(1) 실무상 분류방법

먼저, 보안 컨설팅은 실무상 다음의 2가지 방법으로 대별할 수 있다. 보안컨설팅을 기술컨설팅과 관리컨설팅으로 구분하는 방법이다. 기술관련 컨설팅은 모의해킹, Web Application 취약점 진단, C/S ApplicTION 취약점 진단, Smart Mobile 취약점 진단, 서버 취약점 진단, 네트워크 진단, 정보보호시스템 취약점 진단 및 침해사고 분석 서비스 등이 있다. 관리관련 컨설팅은 정보보호컨설팅, 인증컨설팅, 기반시설 컨설팅, 개인정보보호 서비스, 일반 정보보호 컨설팅, KISA ISMS-P인증 컨설팅, ISO 27001인증 컨설팅, 주요정보통신기반시설 취약점 분석/평가, 금융회사 기반시설 취약점 분석/평가, 개인정보 영향평가 및 개인정보보호 관리체계 컨설팅 등을 포함한다.[6]

다른 분류로는 보안 전략 수립 컨설팅, 보안감리, 보안감사, 보안대책 설계 컨설팅, 정보보호관리체계 컨설팅 및 정보보호제품 평가 컨설팅 등으로 구성할 수 있다.[7]

구분		내용
보안 컨설팅	1. 기술 컨설팅	1. 모의해킹 2. Web Application 취약점 진단 3. C/S ApplicTION 취약점 진단 4. Smart Mobile 취약점 진단 5. 서버 취약점 진단 6. 네트워크 진단 7. 정보보호시스템 취약점 진단 8. 침해사고 분석 서비스

---

6) SSR 컨설팅, http://www.ssrinc.co.kr/business/consulting/technical
7) 김상진·나현미·김현아·권혜지, 보안전략수립 컨설팅, NCS(국가직무능력표준)학습모듈, 교육부·한국직업능력개발원·한국정보통신기술사협회, (2018.1.31.)

2. 관리 컨설팅	1. 정보보호컨설팅 2. 인증컨설팅 3. 기반시설 컨설팅 4. 개인정보보호 서비스 5. 일반 정보보호 컨설팅 6. KISA ISMS-P인증 컨설팅 7. ISO 27001인증 컨설팅 8. 주요정보통신기반시설 취약점 분석/평가 9. 금융회사 기반시설 취약점 분석/평가 10. 개인정보 영향평가 11. 개인정보보호 관리체계 컨설팅
보안 컨설팅	1. 보안전략수립컨설팅 2. 보안감리 3. 보안감사 4. 보안대책설계 컨설팅 5. 정보보호관리체계 컨설팅 6. 정보보호제품 평가 컨설팅

[표 2-2] 컨설팅 분류

또 다른 보안컨설팅 분류를 정보보호진단·분석을 활용하는 방법이다. 이것은 보안전략수립컨설팅, 보안감리, 보안감사, 정보보호관리체계 인증, 정보보호제품인증, 보안대책설계 컨설팅, 정보시스템 진단, 정보보호관리체계 심사컨설팅, 정보보호제품평가컨설팅 및 모의해킹을 포함한다.

구분	내용
정보보호 진단·분석	보안전략 수립 컨설팅
	보안감리
	보안감사
	정보보호관리체계 인증
	정보보호제품 인증

	보안대책설계 컨설팅
	정보시스템 진단
	정보보호관리체계 심사컨설팅
	정보보호제품 평가 컨설팅
	모의해킹

[표 2-3] 정보보호 진단·분석

보안 컨설팅 서비스 내용면에서 6가지로 구분할 수 있다.[8]

구분	내용
컴플라이언스 컨설팅	주요정보통신기반시설 취약점 분석평가 전자금융기반시설 취약점 분석평가 분야별 컴플라이언스 대응 (개인정보보호법, 정보통신망법, 신용정보법, 위치정보법 등) 보안점검 및 감사
정보보호 관리체계 컨설팅	ISMS 인증 컨설팅 ISO 27001 인증 컨설팅 클라우드 보안인증 컨설팅 정보보호체계 수립 컨설팅
개인정보보호 컨설팅	ISMS-P 인증 컨설팅 개인정보 영향평가(PIA) 컨설팅 개인정보보호체계 수립 컨설팅 개인정보 실태점검 GDPR 대응 컨설팅
모의해킹 컨설팅	웹/모바일 취약점 진단 소스코드 취약점 진단 시나리오 기반 모의해킹 솔루션 보안 검증 ICS/IOT/Fin-Tech 모의해킹
개별보안 컨설팅	정보보호 아키텍쳐 수립 차세대 개발보안 체계 수립 보안성 검토 컨설팅

---

8) SK인포섹 공식블로그, https://m.blog.naver.com/skinfosec2000/221650752636

종합 정보보호 컨설팅	정보보호 전문가 서비스 정보보호 마스터 플랜 수립 기술적 취약점 진단

[표 2-4] 주요 보안 컨설팅 서비스
출처: SK인포섹 공식블로그, https://m.blog.naver.com/skinfosec2000/221650752636

(2) 보안 컨설팅 종류

1) 기술 컨설팅[9]

① 모의해킹

고객의 사전 동의 후에 실제 해커의 관점에서 수행하는 진단으로 악의적 해킹에 대한 정보 자산의 실질적인 안정성을 평가할 수 있다.

② Web Application 취약점 진단

01. 웹 취약점 진단
고객사의 웹 서비스 체크리스트 기반 점검 항목으로 취약점 진단

주요 점검 항목
일반   OWASP Top10 취약점
47개 취약점 점검 항목
상품 및 금융고객   일반항목
국정원 8대 취약점 항목
교과부지침
금감원지침

02. 웹 모의해킹
도출된 취약점과 관련 시스템에 미치는 영향에 대한 진단

---

9) SSR 컨설팅, http://www.ssrinc.co.kr/business/consulting/technical

주요 점검 항목
취약점이 시스템 자원 및 DB 등의 정보 자산 유출/훼손 등에 끼치는 영향 파악
전문 컨설턴트에 의한 수작업으로 진행

03. 웹 App 소스코드 취약점 진단
웹 App 소스에 존재하는 취약점 파악 & 대응 방안 제시

주요 점검 항목
올바른 입력 값 검증 여부, Secure Code 적용 여부, 중요정보 노출 등

③ C/S Application 취약점 진단

01. 역공학진단
프로그램 본연의 기능을 Reverse Engineering 기법으로 우회하여 발생할 수 있는 보안 위협도출 및 해당 취약점에 대한 대응방안 제시

주요 점검 항목
전문도구를 사용한 컨설턴트의 심도진단 수행 타진단에 비해 소요시간과 비용이 높은 편

예) DRM(Digital Rights Management) 솔루션 진단
타 사용자 문서에 대한 불법 접근/열람/수정/삭제 진단
프로그램 강제 중지/삭제 등 취약점 존재 유무 파악

02. 소스코드 취약점 진단(C/S Application)
소스에 존재하는 취약점 파악 & 대응방안 제시

주요 점검 항목
올바른 입력 값 검증 여부, Secure Code 적용 여부, 중요정보 노출 등

④ Smart Mobile 취약점 진단

01. 스마트 모바일 앱 취약점 진단
공공/기업의 Smart Office 환경을 운영서버의 Application,
Client Mobile App, 데이터전송 과정 단계로 나누어 진단을 수행하여
발견된 취약점에 대한 대응방안 제시

주요 점검 항목
Mobile 서비스에 맞는 3단계 분류의 특화된 진단 (소스, 미들웨어/서버, App)
다양한 통신환경에 따른 특화된 진단 (3G, 4G, iPhone)
Mobile을 통한 개인/기업 정보 유출 가능성 점검 (안드로이드, iPhone)

⑤ 서버 취약점 진단

01. OS 취약점 진단
서버 OS 보안설정을 강화할 목적의 진단

진단 기반 분류항목/체크리스트
계정관리, 보안 패치, 서비스관리, 시스템 환경 설정, 파일관리

지원 가능 OS
Aix, HP-UX, Linux(32bit, 64bit)
Solaris8(sparc, 32bit, 64bit, x86)
Windows (32bit, 64bit) 등

02. WEB/WAS 취약점 진단
WEB/WAS 서비스 서버의 보안설정을 강화할 목적의 진단

진단 기반 분류항목/체크리스트
권한관리, 시스템 보안설정, 보안 패치

지원 가능 OS
IIS, Apache, webToB, Jeus, Tomcat, Weblogic 등

03. DBMS 서버 취약점 진단
DBMS 서비스 서버의 보안설정을 강화할 목적의 진단

진단 기반 분류항목/체크리스트
권한관리, 시스템 보안설정, 환경파일점검, 감사 이벤트, 보안 패치 등

지원 가능 OS
Oracle, MS-SQL, MySQL 등

⑥ 네트워크 진단

01. 네트워크 구성 보안 진단
기업의 네트워크 상태와 위협요인에 대한 취약성 분석 및 대응방안 수립&제시

네트워크 분석대상
물리적/논리적 구성, 정보보호시스템 위치/설정/적용, Rule의 적절성 등

주요서비스
서비스망 내 정보시스템의 물리적/논리적 구성의 적절성
정보보호시스템의 환경설정, 보안정책 적용의 적절성

02. 네트워크 장비 취약점 진단
네트워크 통신장비의 설정을 강화할 목적의 진단

진단 기반 분류항목/체크리스트
계정관리, 서비스관리, 환경설정, 로그관리, 보안 패치

하드닝 대상
L3, L4 Switch

⑦ 정보보호시스템 취약점 진단

01. 정보보호시스템 진단
정보자산을 보호하는 정보보호시스템을 강화할 목적의 진단

진단 기반 분류항목/체크리스트
정책관리, 운영관리, 접근권한관리, 성능관리, 로그관리, 백업관리, 업데이트관리 등

⑧ 침해사고 분석 서비스

01. 침해사고 분석 서비스
공격 패턴/경로/범위 파악 & 대응방안 제시 서비스

주요 서비스
침해사고 발생 시 전문 컨설턴트에 의해 지능화/고도화된 공격 패턴을 상세 분석
피해 경로 및 범위를 파악하며 이에 대한 대응방안을 제시

2) 기술 컨설팅[10]

① 정보보호컨설팅

회사의 정보 침해 위협에 대응하기 위한 보안 관리 대책을 도출하고 효과적으로 적용할 수 있도록 체계를 설계하고 내재화될 수 있도록 지원하는 서비스이다.

② 인증컨설팅

01. ISMS
KISA ISMS-P 규격에 따라 중요 정보가 체계적이고 효율적으로 운영되도록 지원

---

[10] SSR 컨설팅, lhttp://www.ssrinc.co.kr/business/consulting/technical

인증 항목
인증심사기준
- ISMS 인증(정보보호 관리체계 인증) 16개 분야, 80개 통제항목
- ISMS-P 인증(정보보호 및 개인정보보호 관리체계 인증) 21개 분야, 102개 통제항목
인증필수   필수 (단, 의무대상자는 ISMS, ISMS-P 인증 중 선택 가능)
인증심사기관   KISA

02. ISO 27001
국제 정보보호관리체계 규격에 따라 정보 관리가 체계적, 효율적으로 운영되도록 지원

인증 항목
인증심사기준   14개 분야, 114개 통제항목
인증필수   권고
인증심사기관   DNV(Det Norske Veritas)

③ 기반시설 컨설팅

01. 주요정보통신 기반시설 취약점 분석/평가
전자적 침해행위에 대비한 주요정보통신 기반시설의 안정적 운용을 통해 국가의 안전과 국민생활의 안정성 보장

인증 항목
인증심사기준   도메인 51개 분야, 453개 통제항목
점검필수   필수
수행주기   매년 1회

02. 전자금융기반시설 취약점 분석/평가
전자금융 거래의 안정성과 신뢰성을 확보하여 전자금융업의 건전한 발전을 위한 기반조성 및 국민의 편의 제공

인증 항목
인증심사기준   도메인 48개 분야, 523개 통제항목
점검필수   필수
수행주기   매년 1회(공개용 웹서버의 경우 연 2회)

④ 개인정보보호 서비스

01. 개인정보 영향평가
개인정보를 활용하는 새로운 정보시스템의 변화에 따라 기업의 고객은 물론 국민의 프라이버시에 미칠 영향에 대하여 미리 조사/분석/평가하는 체계적인 절차

인증 항목
인증심사기준   도메인 51개 분야, 453개 통제항목
필수여부   필수
수행주기   2016년 9월까지

02. 개인정보보호 관리체계 컨설팅
기업의 관련 부서별 개인정보 취급 현황을 파악하고, 사이트의 개인정보보호 인식 수준을 확인하여 Life Cycle별 수준 향상을 마련함

인증 항목
인증심사기준   도메인 48개 분야, 523개 통제항목
필수여부   해당없음
수행주기   없음

⑤ 일반 정보보호 컨설팅

01. 일반 정보보호 컨설팅 영역
컨설팅 항목
정보보호 관리 강화   정보보호 관리 전략 수립
정보보호 정책 / 지침 / 절차 개발
정보보호 마스터플랜 수립
내부정브 유출 예방   내부 중요정보 식별 (정보, 시스템 등 자산)
내부정브 유출 방지대책 수립 (관리, 시스템 구축 관점)
개인정브 보호 강화   개인정보 식별
DB Table 현황 조사
개인정브보호법 준수 분석
개인정브보호 대책 수립
서비스 보안표준 수립   서비스 보안 준수(Compliance) 현황 분석
서비스 보안 강화 대책 수립 (인프라, 서비스 별)
서비스 보안표준 가이드 개발

⑥ KISA ISMS-P인증 컨설팅

01. KISA ISMS-P 인증 컨설팅

KISA ISMS-P 규격에 따라 정보보호 정책, 조직, 프로세스가 효율적으로 작동될 수 있도록 문서체계 및 관리 프로세스를 개발합니다.

조직 구성원이 자체적으로 내재화될 수 있도록 교육과 자문을 수행하여 성공적인 인증 획득이 가능합니다.

주요 서비스
- 정보자산(정보, 시스템) 조사
- 인증 기준 대비 GAP 분석
- 정보시스템 취약점 분석
- 위험평가

대책수립 (대책명세서 작성)
- 정보보호 정책/지침/절차 수립
- 인증 신청 서류 준비
- ISMS-P (정보보호 및 개인정보보호 관리체계 인증)
- 개인정보 흐름 분석, 개인정보 침해 위협 분석, 개인정보보호 정책/지침/절차 수립

인증이 필요한 고객
- 정보보호 안전진단 대상 기업으로 ISMS-P 인증을 의무적으로 받아야 하는 고객(2013년 2월 18일 이후 의무)
- 회사의 중요정보를 안전하게 관리하기 위한 체계를 만들고 운영하고자 하는 고객

의무화 대상
- 서울특별시 및 모든 광역시에서 정보통신망 서비스를 제공하고 있는 정보통신망서비스 사업자
- 집적 정보통신시설 사업자
- 연간 매출액 또는 세입이 1,500억원 이상인 상급종합병원
- 연간 매출액 또는 세입이 1,500억원 이상이며, 재학생 수가 1만명 이상인 학교
- 일반 기업 중 정보통신서비스 부문 전년도 매출액이 100억원 이상인 기업
- 전년도 말 직전 3개월간 일일 평균 이용자 수 100만명 이상인 사업자

법적 근거
- 정보통신망 법 제47조 (정보보호 관리체계의 인증)
- 정보통신망 법 제76조 의무 위반 과태료 3천만원 이하

국내 인증현황
- 제조사, 금융권, E-business 회사, S/W 개발사 보안 컨설팅 기업 등

⑦ ISO 27001인증 컨설팅

01. ISO27001 인증 컨설팅

국제정보보호관리체계(ISO27001) 규격에 따라 정보보호 정책, 조직, 프로세스가 효율적으로 작동될 수 있도록 관리 정책 및 프로세스를 개발한다.
조직 구성원이 자체적으로 내재화될 수 있도록 교육과 자문을 수행하여 성공적인 인증 획득이 가능하다.

주요 서비스
- 정보자산(정보, 시스템) 조사
- 인증 기준 대비 GAP 분석
- 정보시스템 취약점 분석
- 위험평가
- 적용성 보고서 작성
- 정보보호 정책/지침/절차 수립
- 인증 신청서류 준비

인증이 필요한 고객
- Global Business를 하는 기업으로 ISO27001 인증을 통해 회사의 이미지를 향상시키고
- 마케팅, 영업적 강점으로 부각하고자 하는 고객
- 회사의 중요정보를 안전하게 관리하기 위한 체계를 만들고 운영하고자 하는 고객

국내 인증현황
- Global Business를 하는 제조사, 금융권, IT 서비스 기업, 보안 컨설팅 기업 등

⑧ 주요정보통신기반시설 취약점 분석/평가

01. 주요정보통신 기반시설 취약점 분석/평가

국내 주요 정보통신 기반시설에 대한 악성코드 유포, 해킹 등 사이버 위협에 대한 취약점 분석/평가를 수행하며, 평가 결과에 대한 개선대책 수립 및 이행점검을 통해 발견된 취약점에 대한 효과적인 관리가 될 수 있도록 지원한다.

주요 서비스
- 점검항목 도출
- 항목별 점검
- 위험등급 부여
- 개선방향 수립

인증이 필요한 고객
- 국가안전보장/행정/국방/치안 등의 업무와 관련된 전자적 제어/관리 시스템 및 정보통신망에 따른 정보통신망을 이용하는 기관

위험 관리 의무화 대상
- 중앙행정기관의 장으로부터 지정된 주요정보통신기반 시설

법적 근거
- 정보통신기반 보호법 제9조 (취약점의 분석/평가)

⑨ 금융회사 기반시설 취약점 분석/평가

01. 금융회사 기반시설 취약점 분석/평가

금융회사들은 전자금융거래의 안전성과 신뢰성을 확보하기 위해 주기적으로 전자금융기반시설에 대한 취약점 분석평가를 효율적으로 실시하고 문제점에 따른 효과적인 조치계획을 수립할 수 있도록 지원한다.

주요 서비스
- 정보자산 조사
- 정보시스템 취약점 분석
- 위험평가
- 보고서 작성

인증이 필요한 고객
- 전자금융거래 서비스를 하는 금융회사 또는 전자금융업자
- 금융위원회에 취약점 분석 보고서를 제출해야 하는 고객

의무화 대상
- 서울특별시 및 모든 광역시에서 전자금융거래를 하는 금융회사 및 전자 금융업자

법적 근거
- 전자금융거래법 제21조 3항 (전자금융기반시설의 취약점 분석/평가)
- 전자금융거래법 제51조 의무 위반 과태료 2천만원 이하

국내 인증현황
- 카드사, 보험사, 증권회사 등

⑩ 개인정보 영향평가

01. 개인정보 영향평가

개인정보 수집사업을 신규로 추진, 개인정보 취급이 수반되는 업무 절차상의 변경 시 개인의 프라이버시에 미칠 수 있는 중대한 영향을 사전에 파악하고 그 영향을 줄이거나 없앨 수 있는 방안을 모색할 수 있도록 지원한다.

주요 서비스
– 내/외부 지침 및 정책 분석
– 개인정보 흐름표, 흐름도
– 개인정보 위험도 산정
– 영향 평가서

인증이 필요한 고객
– 개인정보파일을 구축, 운용, 변경 또는 연계하려는 공공기관

의무화 대상
– 5만명 이상의 민감정보 또는 고유식별정보의 처리가 수반되는 개인정보 파일이 처리하는 경우
– 다른 개인정보 파일과 연계한 결과가 50만명 이상의 개인정보가 포함된 개인정보 파일일 경우
– 100만명 이상의 정보주체의 개인정보 파일을 처리하는 경우

법적 근거
– 개인정보보호법 제33조 (개인정보 영향평가)

⑪ 개인정보보호 관리체계 컨설팅모의해킹

01. 개인정보보호 관리체계 컨설팅

본사의 각 부서 및 영업점의 개인정보 업무를 파악하고 현황을 조사하며, 회사 내부 기준과 컴플라이언스의 만족 여부를 파악하고 개선사항을 수립하여 고객사의 개인정보보호 수준을 향상시킬 수 있도록 지원합니다.

주요 서비스
– 정보보호 내/외부 지침 점검
– 부서 및 영업점 개인정보 처리현황
– 문제점 도출
– 마스터플랜 수립

컨설팅이 필요한 고객
– 전자금융거래 서비스를 하는 금융회사 또는 전자 금융업자
– 고객의 개인정보를 취급하는 기업

국내 인증현황
– 카드사, 보험사, 일반영업사 등

3) 정보보호 진단 · 분석 컨설팅

정보보호 진단 및 분석 컨설팅을 중심으로 NCS 학습모듈에서 분류한 방법은 다음과 같다.[11]

① 보안 전략 수립 컨설팅

보안 전략 수립 컨설팅은 보안 전략 현황 분석단계, 보안 위협 평가단계, 보안 전략 수립 단계로 이루어 진다. 보안 전략 현황 분석단계에서는 정보보호 요구 사항을 파악하고, 보안 통제 현황 분석 및 보안 이슈를 조사한다. 보안 위험 평가단계에서는 자산 식별 및 중요도를 평가하고, 취약점 체크리스트를 작성하며 위험도를 평가하고 위험 관리 모의훈련 방안을 수립한다. 보안 전략 수립단계에서는 정보보호 비전 및 목표를 설정하고, 정보보호 대책 수립 및 보안 아키텍처를 설계하며 정보보호 실행 계획을 수립한다.

② 보안감리

보안감리는 보안감리 계획단계, 보안 감리 수행단계 및 보안 감리 사후관리단계로 구성된다. 보안감리 계획단계에서는 예비 조사를 수행하고, 보안 감리 계획서를 작성한다. 보안 감리 수행 단계에서는 보안 감리 점검을 수행하고, 보안 감리 보고서를 작성한다. 보안 감리 사후 관리단계에서는 시정조치를 확인하고 시정 조치 결과 보고서를 작성한다.

③ 보안감사

보안감사는 보안 감사 계획단계, 보안 감사 수행단계 및 보안 감사 사후 관리단계로 구성된다. 보안 감사 계획단계에서는 보안 감사 예비 조사를 수행하고 보안 감사 계획서를 작성한다. 보안 감사 수행단계에서는 보안 감사를 수행하고 보안 감사 수행 보고서를 작성한다. 보안 감사 사후 관리 단계에서는 시정 조치를 확인하고 시정 조치 결과 보고서를 작성한다.

---

11) 김상진 · 나현미 · 김현아, 권혜지, 보안전략수립 컨설팅, NCS(국가직무능력표준)학습모듈, 교육부 · 한국직업능력개발원 · 한국정보통신기술사협회, (2018.1.31.)

④ 정보보호관리체계 인증

정보보호관리체계 인증은 정보보호관리체계 인증 심사 체계 수립단계, 정보보호관리체계 인증 심사 기준 수립단계 및 정보보호관리체계 인증 심사 수행단계로 구성된다. 정보보호관리체계 인증 심사 체계 수립단계에서는 정보보호 관리체계 목적, 규정과 절차를 정의하고 정보보호관리체계 인증 심사 체계를 수립하는 작업을 수행한다. 정보보호관리체계 인증 심사 기준 수립단계에서는 정보보호관리체계 관리 과정 요구 사항, 정보보호관리체계 생명 주기 준거 요구 사항을 정의하고 정보보호관리체계 보안 인증 심사 기준을 수립한다. 정보보호관리체계 인증 심사 수행단계에서는 정보보호관리체계 인증 심사 수행 사항을 도출하고, 정보보호관리체계 인증 심사를 수행하며, 정보보호관리체계를 인증 받는다.

⑤ 정보보호제품 인증

정보보호제품 인증은 정보보호제품평가 체계 수립, 정보보호제품평가 기준 수립 및 정보보호제품평가 수행단계로 구성된다. 정보보호제품평가 체계 수립단계에서는 평가 체계 및 보안 요구 사항 평가 기준을 수립하는 작업을 수행한다. 정보보호제품평가 기준 수립단계에서는 정보 보호 수준 평가 기준을 수립하고 평가 기준 부합 여부를 확인하며, 평가 사전 검토 활동에 대응한다. 정보보호제품평가 수행단계에서는 기술적 평가를 수행하고 보안 요구 사항 충족 여부를 확인한다.

⑥ 보안대책설계 컨설팅

보안대책설계 컨설팅은 보안 현황 분석, 보안 위험 평가 및 보안 통제 설계 단계로 구성된다. 보안 현황 분석 단계에서는 보안 법률 및 규제내용을 파악하여 보안 현황을 분석한다. 보안 위험 평가 단계에서는 보안 취약점을 도출하고 보안 위험을 평가한다. 보안 통제 설계 단계에서는 보안 위험 개선 과제를 도출하여 보안 통제를 설계한다.

⑦ 정보시스템 진단

정보시스템 진단은 정보 시스템 진단 기준 수립, 정보 시스템 진단 결과 도출 및 정보 시스템 대응책 수립 단계로 구성된다. 정보 시스템 기준 수립단계에서는 정보 시스템 진단을 준비하고 취약점 정보를 파악하며 정보 시스템 위험 평가 방법 및 보호 대책을 파악하는 작업을 수행한다. 정보 시스템 진단 결과 도출단계에서는 정보 시스템 취약점 진단방법을 파악하고 정보 시스템 취약점 진단작업을 수행한다. 정보 시스템 대응책 수립단계에서는 정보 시스템 취약점 위험 대응 계획을 수립하고 정보 시스템 보호 대책을 적용한다.

⑧ 정보보호관리체계 심사 컨설팅

정보보호관리체계 심사 컨설팅은 정보보호관리체계 심사 준비, 정보보호관리체계 인증 취득 및 정보보호관리체계 인증 사후관리단계로 구성된다. 정보보호관리체계 심사 준비단계에서는 정보보호관리체계 인증 범위를 정의하고 정보보호관리체계 법적 요구 사항을 분석하여 조직의 정보 보호 수준을 진단한다. 정보보호관리체계 인증 취득단계에서는 정보보호관리체계 구축 및 현행화를 시행하고 정보보호관리체계 현장 심사관련 사전 점검작업을 수행한다. 정보보호관리체계 인증 사후관리단계에서는 결함 사항 보완 조치를 이행하고, 정보보호관리체계 운영 및 관리작업을 수행하며 정보보호관리체계관련 내부 감사를 실시한다.

⑨ 정보보호제품 평가 컨설팅

정보보호제품 평가 컨설팅은 정보 보호 제품 평가 준비, 정보 보호 제품 인증 취득 및 정보 보호 제품 인증 사후 관리단계로 구성된다. 정보 보호 제품 평가 준비단계에서는 정보 보호 제품 인증 취득 계획을 수립하고 정보 보호 제품 인증 산출물을 관리한다. 정보 보호 제품 인증 취득단계에서는 정보 보호 제품 인증 사전 준비를 하고 정보 보호 제품 인증 수수료를 산출하며 정보 보호 제품 인증 심사에 대응한다. 정보 보호 제품 인증 사후 관리단계에서는 정보 보호 제품 인증 심사 결과를 접수하고, 제품 인증 결함 사항 조치 및 확일에 대응하며 정보 보호 제품 인증 체계 수립내용을 관리한다.

⑩ 모의해킹

모의하킹은 모의 해킹 준비단계와 모의 해킹 수행단계로 구성된다. 모의 해킹 준비 단계에서는 모의 해킹 대상 정보를 수집하고 모의 해킹 대상 시스템 구조를 파악하며, 대상 시스템의 보안 취약점 발견 및 분석작업을 수행한다. 모의 해킹 수행단계에서는 대상 시스템의 므의 해킹 시나리오를 작성하고 대상 시스템의 보안 취약점에 대하여 공격을 수행한 후 모의 해킹 완료 보고서를 작성한다.

4) 보안 컨설팅 서비스

보안 컨설팅 서비스의 내용면에서 컨설팅회사에서 분류한 내용은 다음과 같다.[12]

① 컴플라이언스 컨설팅

국내 법률 및 제도에서 정하고 있는 법적 의무 사항 준수를 위해 주기적인 시행이 필요한 컨설팅이다. 인증 대상에 따라 공공기관 대상의 주요 정보통신 기반시설에 대한 취약점 분석·평가 컨설팅, 금융기관 대상의 전자금융 기반시설에 대한 취약점 분석·평가 컨설팅 등으로 구분된다. 추가적으로 개인정보보호법, 정보통신망법, 신용정보법, 위치정보법 등 각종 법령 준수를 위한 대응방안을 마련하는 컨설팅도 있다.

② 정도보호 관리체계 컨설팅

기업의 인증 획들 및 유지를 목적으로 수행하는 인증 컨설팅이며, 법적 인증 필수대

---

12) SK인포섹 공스블로그, https://m.blog.naver.com/skinfosec2000/221650752636

상이 아니더라도 정보보호 수준 강화를 위해 수행하기도 한다. 정보보호 국제 표준 인증인 ISO 27001인증은 국외 사업을 수행하는 기업에 적합하다. 정보통신망법에 근거해서 ISMS 인증을 의무적으로 획득해야 하는 경우 원활한 인증 획득이 가능하도록 지원하는 컨설팅이 있고, IaaS, SaaS를 제공하는 클라우드 사업자를 위한 클라우드 보안인증 컨설팅도 있다.

③ 개인정보보호 컨설팅

개인정보보호 컨설팅은 관리 진단의 경우 회사 자체 혹은 자회사, 수탁사 등에서 개인정보를 취급하는 경우 개인정보의 유출 및 오남용이 발생하지 않도록 보호하기 위한 방안과 체계를 수립해는 컨설팅이다. 개인정보보호에 대한 완전한 체계를 구현하고 있음을 증명해 보일 수 있는 ISMS-P 인증 컨설팅과 개인정보보호 영향평가를 실시하는 컨설팅도 있다. 또한 유럽의 일반 개인정보보호법인 GDPR에 대응할 수 있는 컨설팅도 받을 수 있다.

④ 모의해킹 컨설팅

애플리케이션 취약점 진단으로 주로 기업/기관의 외부망에 오픈되어 서비스가 되는 웹/모바일 앱이 주된 대상이다. IOT, Fin-Tech, 기업 망분리 환경에 대한 침투 테스트, 소스코드 진단 등 다양한 대상에 대한 모의해킹 컨설팅 서비스도 있다.

⑤ 개발보안 컨설팅

대규모 차세대 개발 프로젝트가 수행되는 사업군의 경우 개발 초기단계부터 보안에 대한 요건을 수립하여 반영하고 보안에 안전한 애플리케이션이 개발될 수 있도록 한다. 또한 인증/접근통제/암호화/로깅 등의 핵심 보안 요구사항에 대한 구체적인 설계를 통해 정보보호 아키텍처를 수립하는 컨설팅 서비스도 있다.

⑥ 종합 정보보호 컨설팅

고객이 원하는 영역들을 종합하여 발주하는 형태의 정보보호 전문가 서비스가 있고, 기업 내부에 내재되어 있는 보안 문제점을 도출해 이에 대한 해결책을 과제화하는 정보보호 마스터 플랜 수립 컨설팅도 있다.

(3) 보안감사

1) 개요

보안감사는 정보시스템 감사이며, 정보자산의 보호, 데이터의 무결성 유지, 정보시스템의 효율성 및 효과성 성취를 목적으로 한다.

2) 내용

① 정보시스템 감리

가. 개요

국내는 「전자정부법」 규정에 따라 정보시스템 감리 제도를 운영하고 있다.

정보시스템 감리 목적은 정보시스템의 효과성 확보하는 것이며, 정보시스템이 사전에 설정된 목표(업무 자동화, 고객에 대한 서비스 개선 등)를 달성하도록 한다.

나. 정보시스템 감리 기법

정보시스템 감리기법은 사전문서 검토, 감리시행, 문서검토, 확인, 관찰 및 면담의 단계로 이루어진다.

① 사전문서 검토

감리의 체계적 접근과 현장 감리의 효율성을 높이는데 있다.

② 감리 시행

제일 먼저 감리기관, 감리의뢰기관 및 피 감리기관 등 관계기관의 참여 하에 공식적인 감리의 시작을 위하여 착수회의를 실시한다.

③ 문서 검토

사전문서 검토기간이나 실제 감리 실시기간 모두에서 가장 보편적으로 사용되는 방법이 문서검토이다.

④ 확인, 관찰 및 면담

문서검토만으로는 개발의 상태나 운영 중인 정보시스템의 상태를 완전하게 파악하기 어려워 개발 현장이나 운영현장에서 실제로 주요사항을 관찰하고 확인해야 한다.

② 보안 감사

보안감사는 회사에서 이뤄지는 보안활동이 적절히 이뤄지고 있는지 확인하는 활동으로 각 회사의 업무와 정해진 정책 그리고 수행되고 있는 보안 활동에 따라 감사활동은 다르게 수행되어야 한다.

가. 보안감사의 분류

보안감사는 감사 주체에 따라 내부감사와 외부감사로 나눌 수 있다. 내부보안감사는 기업 조직 및 각 팀의 업무 정의에 따라 보안팀 또는 감사팀에서 수행되며, 외부보안 감사는 회사의 업종 및 해당 법규 등 규제에 따라 달라지며, 감사 주체도 다르다.

내부보안감사

· 보안팀 또는 감사팀에 의해 수행

외부보안감사

· 감리회사, 회계법인, 보안 컨설팅 전문회사, 정보보호안전진단 등
· 금융감독원 등 정부기관

감사시기에 따라 정기 보안감사와 수시 보안점검으로 나눌 수 있다. 감사시기에 따른 분류로는 정기 보안감사와 수시 보안감사로 나눌 수 있다. 정기 보안감사는 연간계획에 의해 진행되며 보안 영역 전반을 대상으로 하는 감사와 매월, 분기 또는 반기 등 회사의 정책에 따라 수행되는 정기 보안감사로 나눌 수 있다. 매월 분기 또는 반기 등 시행되는 정기 보안감사는 전체 보안영역이 아닌 일부 보안영역 예를 들면 VPN사용현황, 데이터베이스 접근 현황 감사 등에 국한되어 진행되어 진다.

수시 보안감사는 보안사고 발생 직후 또는 보안사고 징후가 있을 경우 전체 또는 일부분에 대해 시행되는 보안 감사이다. 예를 들자면, 한 대의 웹 서버의 쓰기권한 허용으로 인해 홈페이지 변조사고가 발생하였을 경우, 신속한 조치 후 전체 웹 서버의 쓰기 권한을 점검하는 활동이나, 일부 서버가 꼭 적용해야 할 패치를 적용하지 않음을 발견한 직후 모든 서버에 대해 패치 적용여부를 점검하는 활동 등이 있다. 또한 감사대상에 대한 일상적인 보안활동을 점검하기 위해 수시로 시행되는 보안 점검을 수행할 수 있는데 이 역시 수시 보안감사의 한 예다. 예를 들자면, 임직원의 PC보안 상태를 확인하기 위해 퇴근한 직후 끄지 않은 컴퓨터를 점검하는 활동이나, 임직원 PC의 패스워드 정책 및 바이러스 백신 정책적용 등을 점검하는 활동 등이 여기에 해당된다.

정기 보안감사
· 연간 감사계획에 따라 보안영역 전반에 대하여 정기적으로 실시하는 보안감사
· 매월 또는 분기, 반기 등 일정한 기간마다 시행되는 보안감사

수시 보안감사
· 보안사고 발생직후 또는 보안사고 징후가 있다고 판단될 경우 실시되는 특별한 보안감사 감사대상의 평시 보안상태를 점검하기 위해 공지하지 않은 상태에서 실시하는 보안감사

나. 보안감사 정책 수립

정보보호 관련 부서는 회사의 비즈니스에 대한 보안 위협 및 위험을 감소시키기 위해 감사정책을 수립하여 관련 부서에 공지하고 이를 추진하여야 한다. 불필요한 보안감사는 업무 프로세스에 부담을 줄 수 있으며, 인원 및 시간 등 업무 자원의 낭비를 초래하고 임직원 간의 불필요한 오해를 야기할 수 있으므로 보안감사 기준에 대한 정책수립이 우선되어야 한다. 보안 감사 절차는 ⓐ 비즈니스에 대한 위협 및 위험분석, ⓑ 보안정책 및 지침 수립, ⓒ 보안감사 정책 설정, ⓓ 보안감사 점검 리스트 작성 및 배포 순서이다. 보안 감사 정책을 수립하기 위해서는 비즈니스에 대한 위험과 위협을 분석하여 알맞는 보안감사 정책을 수립하여야 하며, 보안감사 정책수립 시 결정하여야 하는 사항은 다음과 같다.

· 감사대상 보안 영역
· 감사목적(감소시키고자 하는 보안 위험)
· 감사범위 및 중점감사항목
· 감사일정 및 기간
· 감사대상 부서
· 참여감사자

· 감사기법 및 감사기준

· 기타 필요사항 등

다. 보안 점검항목 및 감사 영역

보안 감사 점검 항목은 관리적 보안, 물리적 보안, 정보시스템 보안 및 접근통제 등에 대한 감사로 이루어진다.

분야		점검항목
관리적 보안		입사자, 퇴사자, 계약직, 임시직에 대한 인적 보안 보안교육, 보안정책 및 지침 준수, 법규준수, 침해사고 대응 등
물리적 보안		전산실 출입 통제 및 로깅에 대한 감사 전산실 전원설비 및 공조에 대한 감사 전산실 환경 및 비상 사태에 대한 감사
정보 시스템 보안	업무용 프로그램	업무용으로 사용하는 프로그램의 계정 생성 및 폐기에 대한 감사 업무용 프로그램의 중요 권한에 대한 권한 부여자 감사
	시스템	사용자 관리 및 접근통제 감사, 로깅 및 감사에 대한 감사, 백업 및 복구
	네트워크, 보안장비	사용자 관리 및 접근통제 감사, 로깅 및 감사에 대한 감사, 백업 및 복구
	DB	사용자 관리 및 접근통제 감사, 로깅 및 감사에 대한 감사, 백업 및 복구 데이터 추가·삭제·변경에 대한 활동 감사
	PC보안	PC보안 설정 감사 바이러스 백신 등 보안 프로그램 설치 여부 및 설정 감사 패스워드 관리 감사
접근통제		사용자 관리 및 접근 통제 감사 VPN을 통한 내부 시스템 접속내역 및 수행업무 내역 감사

[표 2-5] 보안감사 점검항목
출처; 인터넷진흥원, 침해사고대응팀(CERT) 구축/운영 안내서(2010.1)

보안 감사의 영역은 보안감사 정책 설정시 결정되며, 일반적으로 아래와 같은 영역으로 구분할 수 있다.

구분		점검항목
인적보안감사		입사자, 퇴사자에 대한 보안활동에 대한 감사 계약직, 임시직에 대한 보안활동에 대한 감사 보안 교육에 대한 감사
물리적 보안감사		전산실 출입 통제 및 로깅에 대한 감사 전산실 전원 설비 및 공조에 대한 감사 전산실 환경 및 비상 사태 대비에 대한 감사
업무용 프로그램 감사		업무용으로 사용하는 프로그램의 계정 생성 및 폐기에 대한 감사 업무용 프로그램의 중요 권한에 대한 권한 부여자 감사
정보시스템 보안감사	시스템	사용자 관리 및 접근 통제 감사 로깅 및 감사에 대한 감사 백업 및 복구
	네트워크,보안장비	사용자 관리 및 접근 통제 감사 로깅 및 감사에 대한 감사 백업 및 복구
	DB	사용자 관리 및 접근통제 감사 로깅 및 감사에 대한 감사 백업 및 복구 데이터 추가·삭제·변경에 대한 활동 감사
PC보안 감사		PC보안 설정 감사 바이러스 백신 등 보안 프로그램 설치 및 설정 감사 패스워드 관리 감사
내부접속 프로그램감사(VPN등)		사용자 관리 및 접근통제 감사 VPN을 통한 내부 시스템 접속 내역 및 수행업무 내역 감사

[표 2-6] 보안 감사 영역
출처: 인터넷진흥원, 침해사고대응팀(CERT) 구축/운영 안내서(2010.1)

보안감사 영역은 각 기업이 필수적으로 따라야 하는 영역은 아니며, 각 영역 중 각 회사의 업무상 필요에 따라 대상영역을 설정하면 된다. 다만, 보안감사를 기술적인 취약점

위주보다는 보안 프로세스를 점검하는 방향으로 하는 것이 바람직하다.

   라. 정기보안 감사

  정기보안감사는 보안감사 전 영역에 걸쳐 1년에 1회 또는 2회 실시하는 감사와 매월, 분기별 또는 반기별로 일정 영역에 따라 진행하는 보안감사가 있다. 예를 들어, 장애 발생시 신속한 조치를 위해 VPN을 통해 시스템, 네트워크 장비 또는 데이터베이스에 직접 접속할 수 있다면 VPN에 대한 보안감사는 매월 수행되어여 하며, 그 결과는 최고 보안 책임자에게 보고되어야 한다. 보안 감사 전 영역에 걸쳐 수행되는 정기 보안감사는 매년 작성되는 연간보안 활동계획에 포함되어야 한다. 정기 보안감사를 수행하는 프로세스는 일반적으로 다음의 그림과 같다.

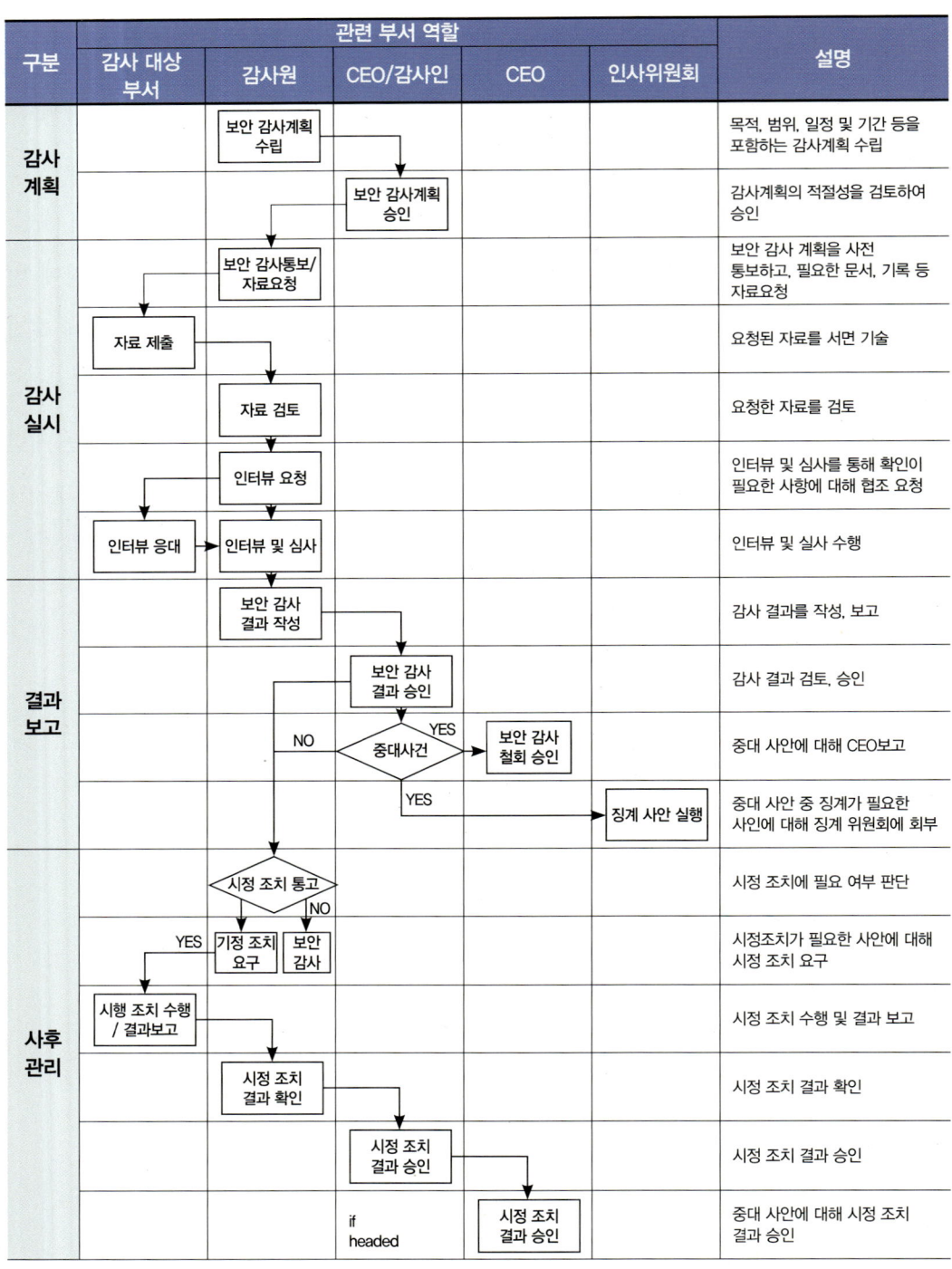

[그림 2-7] 보안 감사 프로세스
출처: 인터넷진흥원, 침해사고대응팀(CERT) 구축/운영 안내서(2010.1)

정기감사 시 사용되는 체크리스트는 보안 감사 영역별로 작성하여 배포하여야 한다.

정보보호 시스템 관리	유지 관리	IT보안실무자	정보보호 시스템 변경시 변경 계획서를 작성하고 있는가?
		IT보안실무자	정보보호 시스템에 대한 원격관리가 필요한 경우에는 세부절차를 수립하여 이행하고 있는가?
		IT보안실무자	정보보호 시스템에 대한 업그레이드(패치 등)를 주기적으로 실시하고 있는가?
	계정 관리	IT보안실무자	정보보호 시스템에는 IT 보안 실무자 및 관리자 이외의 계정은 생성하지 않고 있는가?
	변경 관리	IT보안실무자	침입차단시스템 룰(보안정책) 등록, 변경 및 삭제 요청 시 침입 차단시스템 룰 변경신청서를 작성하도록 하고 있으며, IT보안 실무자는 적정성을 평가 후 작업을 실시하고 있는가?
		IT보안실무자	침입차단시스템 룰 변경신청서 상의 기한이 경과하여 별다른 통보가 없는 경우에는 해당 룰을 삭제하고 있는가?
		IT보안실무자	침입차단시스템 룰 변경 결과는 관리대장에 기록하고 있는가?
		IT보안실무자	침입차단시스템의 침입패턴은 항상 최신의 것으로 유지하고 있는가?
	접근 통제	IT보안실무자	정보보호 시스템에 대한 접근은 규정된 콘솔 또는 경로를 통해서만 가능하도록 하며 불필요한 포트는 모두 차단하고 있는가?
	서비스 정책	IT보안실무자	네트워크 서비스 기본 정책은 Deny all로 정의하고, 업무상 필요한 서비스에 대해서만 접근을 허용하고 있는가?
		IT보안실무자	불법적인 침입 또는 이상징후 발생 시에는 침입탐지시스템에서 관련 서비스를 중지시키고, 침입차단시스템과 연동하여 관련 Source IP를 차단하고 있는가?
	로그 및 백업관리	IT보안실무자	정보보호 시스템 로그를 분석하고, 이상 징후 발생 시 적절한 조치를 취하고 있는가?
		IT보안실무자	정보보호 시스템 로그, 소프트웨어, 환경 설정 데이터 등을 매월 1회 백업하고 있는가?
		IT보안실무자	백업된 로그는 6개월이상 보관하고, 안전하게 관리하고 있는가?

[표 2-6] 보안 감사 체크리스트 예시
출처: 인터넷진흥원, 침해사고대응팀(CERT) 구축/운영 안내서(2010.1)

마. 수시 보안감사

임직원의 평상시 보안상태를 점검하기 위해 공지하지 않은 상태에서 실시하는 불시 보안감사이다. 실무상으로는 총무부서 시설보안담당자와 같이 실시하는 경우가 많다. 구체적으로 사무실 불시 보안점검과 PC에 대한 불시 보안감사가 해당된다. 1회 위반인 경우에는 점검결과를 본인과 해당 부서장에게 통지를 하고 2회 위반인 경우에는 점검결과를 담당 임원에게 통지를 하면 효과적이다. 그리고 부서별로 위반건수를 사내에 공지함으로써 보인의식을 제고할 수 있다.

구분	점검내용	대상수	점검결과	
			양호 수	양호(%)
시건상태	캐비닛 시건상태			
	개인 책상 서랍 시건 상태			
분서보관상태	개인 책상 위 주요 업무문서 방치여부			
	사무실 바닥 주요 업무문서 방치 여부			
노트북 관리상태	퇴근 시, 개인 책상 위 노트북 방치 여부 (물리적 잠금 미흡)			
	점심시간 중 개인 책상 위 노트북 방치여부 (물리적 잠금 미흡)			
	점심시간 중 개인 책상 위 노트북 비밀번호 미 설정 여부			

[표 2-7] 사무실 불시 보안점검 체크리스트
출처: 인터넷진흥원, 침해사고대응팀(CERT) 구축/운영 안내서(2010.1)

구분	세부 항목	진단 내용
접근통제	부팅 패스워크 설정	부팅시 CMOS 패스워드 설정여부 점검
	부재시 전원관리	장기간 자리를 비우거나 퇴근시의 전원관리 상태 점검
	화면 보호기 사용	화면보호기 대기 시간 확인(기준 10분)
		화면보호기 암호 사용 여부 확인
데이터 보관	비밀정보 보호관리	비밀정보에 대한 별도 보호조치 여부 점검
	백업 관리	정기적인 데이터 백업 실시 여부 점검
	데이터 이동관리	데이터 전송 시 바이러스 검사 여부 점검
PC관리	PC 사용 인가자 관리	취급자 및 관리책임자 지정 여부 점검(스티커 부착여부)
패스워드 관리	패스워드 길이	패스워드 길이외 절적성 여부 점검
	패스워드 관리	패스워드에 영문자, 숫자, 특수문자 혼용여부 점검
네트워크 서비스	불필요한 서비스 제거	기본적으로 제공되는 불필요한 서비스 여부 확인(예: DHCP Client, DNS Client 등)
계정관리	계정과 같은 패스워드 사용	계정명과 같은 패스워드 사용 여부 점검
	패스워드가 없는 계정	패스워드가 없는 계정의 사용 여부 점검
	기본 관리자 계정의 존재	기본 관리자 계정(Administrator) 사용 여부 확인
시스템 보안설정	Null Session 설정	Null Session의 설정 여부 확인(Net Bios)
	자동 로그인	자동 로그인 기능 여부 확인
	레지스트리 보호진단	레지스트리의 원격 접근 보호
	로그 접근 권한 점검	Guest 권한으로 로그 접근 가능 점검
보안 패치	최신 Hot Fix 적용	최신 Hot Fix 적용 여부 확인
공유 폴더	공유 폴더 점검	패스워드가 없이 공유된 폴더 확인
	기본 공유 점검	C:₩ D:₩등 기본 공유 사용여부 점검
	공유 폴더 암호 사용	공유폴더 사용시 암호 사용 여부 점검
바이러스 통제	백신 설치	바이러스 백신 설치 여부확인
	최근 바이러스 점검	최근 바이러스 점검 수행일 확인
	실시간 감시	실시간 감시 수행여부 확인
	백신 업데이트	최신 바이러스 백신 엔진 업데이트 여부 확인

[표 2-8] PC불시 보안감사 체크리스트
출처: 인터넷진흥원, 침해사고대응팀(CERT) 구축/운영 안내서(2010.1)

③ 정보보호 관리체계 인증심사

가. 인증심사 개요

신청기관이 수립하여 운영하는 정보보호 관리체계가 인증기준에 적합한지의 여부를 인증기관이 서면심사 및 현장심사의 방법으로 확인하는 것을 말한다.

나. 인증심사 기법

❶ 착수회의

이해당사자 책임자가 참석하여 인증범위, 심사원, 일정, 관리체계 구축 및 운영 등에 대해 상호 공식적으로 확인하는 과정이다.

❷ 경영자 및 담당자 인터뷰

인터뷰를 위한 가장 중요한 기술은 핵심적인 질문 몇 가지만으로 관련 사실을 알아내는 것이다.

❸ 서면심사

신청기관을 방문하여 신청기관이 구축·운영하고 있는 (개인)정보보호 관리체계 관련 정보보호 정책, 지침, 절차 및 이행의 증적자료 검토하고, 위험 관리 과정의 산출물과 실제 이행결과, 위험도 산정 이후 선정한 (개인)정보보호대책 적용 여부 확인 등의 방법으로 관리적, 기술적인 요소를 심사한다.

❹ 현장심사

현장심사는 심사원이 현장에 직접 가서 관찰하는 포괄적인 심사활동을 의미한다.

❺ 심사 증거 확보

인증심사원은 결함뿐만 아니라 본인이 심사한 항목에 대해서 결함이 아니라는 증거를 확보해야 하며, 결함보고서 이외 심사일지 등에 그 증적을 기록한다.

❻ 결함보고서 작성

결함 보고서 내용에는 중결함, 결함 두 가지로 구분하여 작성한다.

❼ 종결회의

심사내용, 인증심사 범위 재확인, 결함 사항 설명, 인증심사 결과 발표, 후속조치 설명, 질의 응답 순서로 이루어진다.

〈참고문헌〉
- 김상진·나현미·김현아·권혜지, 보안전략수립 컨설팅, NCS(국가직무능력표준)학습모듈,
  – 교육부·한국직업능력개발원·한국정보통신기술사협회, (2018.1.31.)
- 김상진·나현미·김현아·권혜지, 보안감리, NCS(국가직무능력표준)학습모듈,
  – 교육부·한국직업능력개발원·한국정보통신기술사협회, (2018.1.31.)
- 김상진·나현미·김현아·권혜지, 보안감사, NCS(국가직무능력표준)학습모듈,
  – 교육부·한국직업능력개발원·한국정보통신기술사협회, (2018.1.31.)
- 김상진·나현미·김현아·권혜지, 정보보호관리체계 인증, NCS(국가직무능력표준)학습모듈,
  – 교육부·한국직업능력개발원·한국정보통신기술사협회, (2018.1.31.)
- 김상진·나현미·김현아·권혜지, 정보보호제품인증, NCS(국가직무능력표준)학습모듈,
  – 교육부·한국직업능력개발원·한국정보통신기술사협회, (2018.1.31.)
- 김상진·나현미·김현아·권혜지, 보안대책설계컨설팅, NCS(국가직무능력표준)학습모듈,
  – 교육부·한국직업능력개발원·한국정보통신기술사협회, (2018.1.31.)
- 김상진·나현미·김현아·권혜지, 정보시스템진단, NCS(국가직무능력표준)학습모듈,
  – 교육부·한국직업능력개발원·한국정보통신기술사협회, (2018.1.31.)
- 김상진·나현미·김현아·권혜지, 정보보호관리체계심사컨설팅, NCS(국가직무능력표준)학습모듈, 교육부·한국직업능력개발원·한국정보통신기술사협회, (2018.1.31.)
- 김상진·나현미·김현아·권혜지, 모의해킹, NCS (국가직무능력표준)학습모듈, 교육부·한국직업능력개발원·한국정보통신기술사협회, (2018.1.31.)
- 중소기업청·중소기업기술정보진흥원, 보안컨설컨트용 실무 가이드북(2007. 12)
- 인터넷진흥원, 침해사고대응팀(CERT) 구축·운영 안내서(2010.1)
- SSR 컨설팅, http://www.ssrinc.co.kr/business/consulting/technical
- SK인포섹 공식블로그, https://m.blog.naver.com/skinfosec2000/221650752636
- 홍진기, 국내 정보보안컨설팅의 종류와 사례 소개, 인포섹㈜ 보안연구센터
- 박대하(2013). 「정보보호 및 개인정보보호 국제 표준화 동향」, 『정보보호학회지』, 23(4), 47-52.
- 양대일(2017). 『정보 보안 개론』, 한빛아카데미.
- 염흥렬(2011). 「ISO/IEC JTC1/SC27 WG4(보안 통제 및 서비스) 국제 표준화 동향」, 『정보보호학회지』, 21(2), 30-35.
- 염흥열(2007). 「정보보호 표준화 방향」, 『TTA Journal』, 110, 19-26.
- 한국인터넷진흥원(2010). 『침해 사고 분석 절차 안내서』.
- TTA(2007). IT389 전략 표준화 로드맵 Ver. 2007 종합 보고서.
- 중소기업청, 중소기업기술정보진흥원, 보안컨설턴트용 실무 가이드북(2007.12)
- EY, 보안 컨설팅 방법론

3장

보안 체계 구축

SECURITY CONSULTING AND SECURITY PRACTICE

제3장. 보안 체계 구축

1. 급변하는 보안 위협

(1) Digital Transformation

　DX와 SX[1]은 이제 보편화된 용어이다. 현대사회는 초연결 사회로서 핀테크를 비롯한 정보화 산업의 진화, 정보통신기술과 타 산업 간의 융·복합화 등 현재까지 구축된 세계 최고 수준의 인터넷 네트워크 인프라 환경을 바탕으로 ICT 기술 강국의 위상을 과시하고 있다. 뿐만 아니라 이 성과를 바탕으로 국민 생활을 혁신적으로 변화시킬 차세대 IoT 시대에 진입하고 있다. 그러나 차세대 IoT 시대로 정보 산업화함에 따라 정보화의 역기능도 많이 나타나고 있다. 특히 출처가 불분명한 사이버 위협과 기업 내부에서의 다양한 욕구에 의한 내부 기업정보 및 개인정보 유출, 금융적 이익을 목적으로 하는 피싱이나 파밍에 따른 피해가 증가하고 있으며 불건전한 정보유통과 개인 사생활 침해 등이 심각한 사회문제로 대두되고 있다. 아울러 이러한 보안사고가 발생한 기업들은 집단 손해배상·기업 이미지 추락·매출 저하·주가 하락·기업 경쟁력 손실 등의 문제를 겪고 있으며, 나

---

1) DX(Digital Transformation)와 SX(Security Transformation)

아가 지속경영 가능성에도 영향을 받고 있다. 현대사회는 네트워크 인프라를 통해 초연결로 이어진 매우 편리한 세상이지만, 기업의 피해사례를 살펴보면 보안성 없는 편리함은 사상누각이라고 할 수밖에 없으며, 의도된 또는 부지불식간에 발생할 수 있는 보안사고 예방 활동을 지속 시행하여야 한다. 보안을 비롯한 거의 모든 일상 서비스는 스마트 Device를 통해서 제공되고 사용된다. 정보보안 분야도 스마트폰 앱 뿐만 아니라 IOT 등 사물을 통한 형태로 영역이 확장되고 있으며, 모바일은 다양한 인터페이스로의 확장을 감안한 플랫폼에 대한 정보보안 관리체계 및 솔루션 구축이 필수적이다.

新 산업혁명의 물결 속에서 등장한 新인류 (Phono Sapiens)에 적합한 기업보안전략이 필요하며, 4차 산업혁명 시대의 신기술을 활용하거나 신기술에 대한 보안은 어떻게 할지에 대해 직면한 당면과제를 해결하기 위해서는 보안 기술, 환경, 규제의 변화를 지속적으로 주시하면서 기회와 위협요소를 포착하고, 인공지능, 클라우드, IOT를 활용한 보안기술을 통해서 적극적인 선제대응이 필요하다. 특히 초연결 사회에서 개인 및 기업의 정보유출 등의 침해 사고를 예방하기 위해 필요한 보안 관련 법률, 기술과 제도를 적극적으로 활용하여 제대로 된 보안문화를 만들어 가기 위한 노력을 해야 한다.

전통적인 보안환경은 물리적인 환경에 적합한 물리적인 보안영역을 비롯하여 정보화 환경을 반영한 ICT(디지털) 요소를 기반으로 하는 기술적 보안영역과 보안정책을 비롯하여 진단을 포함하는 관리적 보안 영역으로 크게 구분되어 왔으나, 최근 속칭 ICBM-A(IoT, Cloud, Big Data, Mobile, AI) 등 혁신적인 기술의 등장으로 인해 물리적 영역과 가상 디지털 영역의 경계가 모호해 짐에 따라 별도로 영역을 구분하여 대응하는 것은 의미가 축소되었으며, 신기술을 바탕으로 사람, 비즈니스, 사물의 융합을 통해 새로운 환경을 기반으로 하여 새로운 가치를 창출하게 된다.

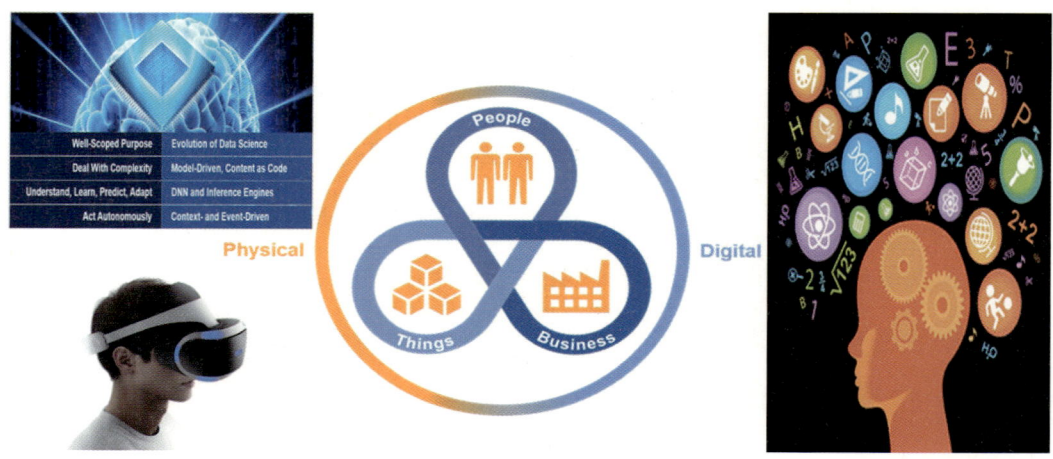

[그림 3-1] 융합보안 이미지

사람과 비즈니스와 사물이 융합된 신기술에 있어서 대표적인 기술인 Digital Twin 은 물리적인 사물과 컴퓨터에 동일하게 표현되는 가상모델로서 제너럴 일렉트릭(GE : General Electric)에서 만든 개념이다. 실제 물리적인 자산 대신 소프트웨어로 가상화한 자산의 디지털 트윈을 만들어 모의실험(시뮬레이션)함으로써 실제 자산의 특성(현재 상태, 생산성, 동작 시나리오 등)에 대한 정확한 정보를 얻을 수 있다. 에너지, 항공, 헬스케어, 자동차, 국방, 등 여러 산업분야에서 디지털 트윈을 이용하여 자산 최적화, 돌발사고 최소화, 생산성 증가 등 설계부터 제조, 서비스에 이르는 모든 과정의 효율성을 향상시킬수 있다고 하며, 향후 수십억개 형태의 디지털 트윈이 구현될 것으로 전망된다. 우리 정부(과학기술정보통신부)에서도 "5G 기반 디지털트윈 공공선도 사업"을 통해 지난 해 정부와 지방자치단체가 보유한 공공시설물과 기업 및 산업시설물에 5G, 디지털트윈 등 신 기술을 적용해 시설물 안전관리 체계를 실증하는 프로젝트를 진행한데 이어, 기존 프로젝트에 더해 '5G 기반 디지털 트윈 제조산업 적용 실증사업'이 신규로 추진된다고 하며, 향후에도 도시, 제품, 공장, 건물 등을 디지털로 복제하여 재해예방, 생산성 향상을 이뤄내는 신산업으로 추격형 경제에서 선도형 경제 패러다임 전환을 위한 한국판 뉴딜의

10대 대표산업으로 선정된 바 있는 실용적인 대표적 신기술이라고 할 수 있다.

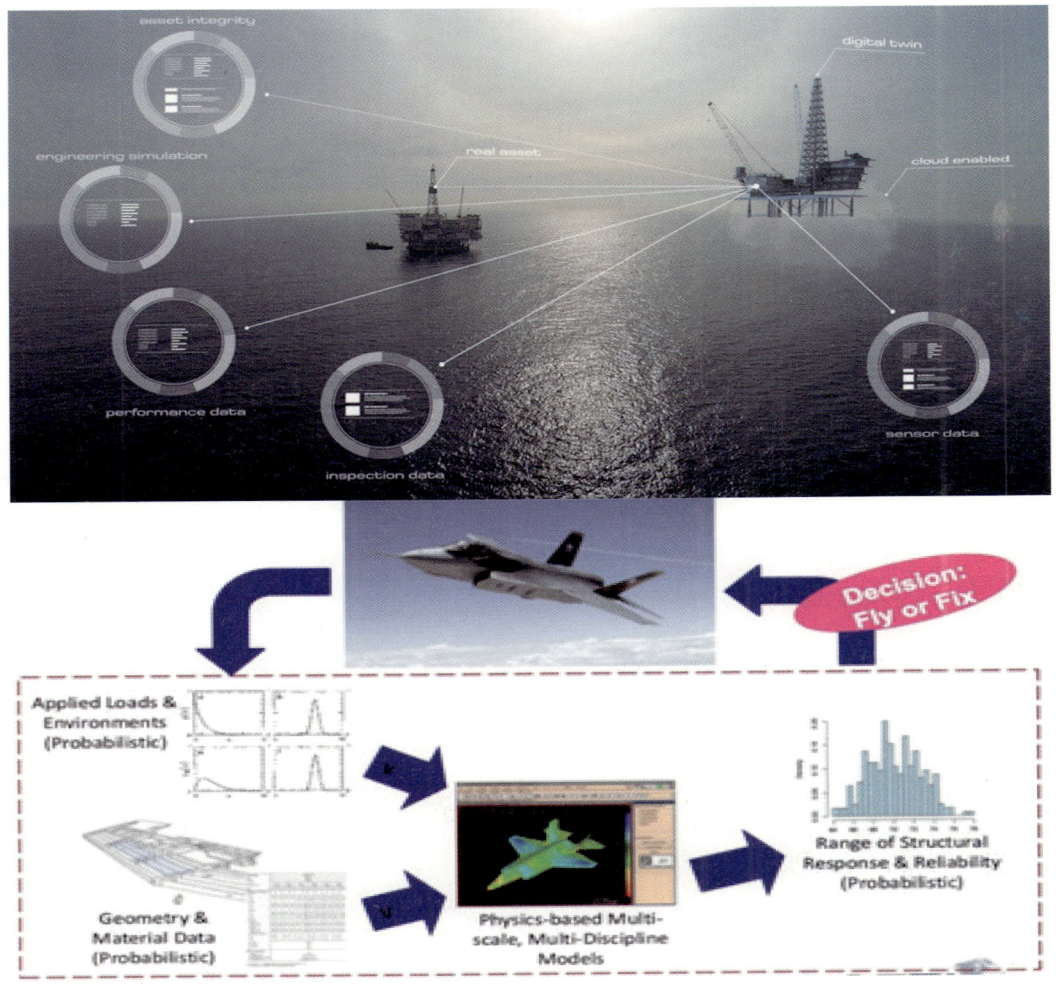

[그림 3-2] Digital Twin 개념도
출처: TTA 정보통신 용어사전

초연결 사회에서 새로운 기술들을 활용한 외부 침해위협에 대응하기 위해서는 규칙 기반의 전통적인 보안대책으로는 날로 고도화·지능화되는 보안위협에 대응하기에는 한계가 존재하며, 상황에 따라 능동적으로 대응하는 것이 필요하다.

보안 사고는 발생하지 않으면 가장 좋은 것이며, 사고예방을 위해 시스템, 프로세스는 물론 사람에 대하여 적절하고 적합한 각종 활동을 하기 위해 최선의 노력을 다하지 않는 기업은 없을 것이다. 그러나 국제표준 및 인증기관의 요구에 부합하는 철저한 준비를 하고 인증을 받았다고 하더라도, 관심이 부족하거나 상대적으로 취약한 부분에 의해 사고가 발생하는 것을 완벽하게 막을 수는 없는 것이 현실이다.

따라서 기존의 보안 활동이 통제와 규칙 기반, 사전 차단(Predict) 및 방지(Prevent)에 중점을 두고 사고예방을 위해 노력했었다면, 이제는 "보안사고는 언제나 발생할 수 있다"는 가정하에 사용자 신뢰 기반(People-centric)의 능동형 보안활동을 통해 가속화되는 위협 및 점차 복잡해지는 환경에 적절하게 대응을 해야 하며, 사고가 발생하더라도 신속하게 대응 가능한 회복력(Resilience)을 갖추도록 하여야 한다.

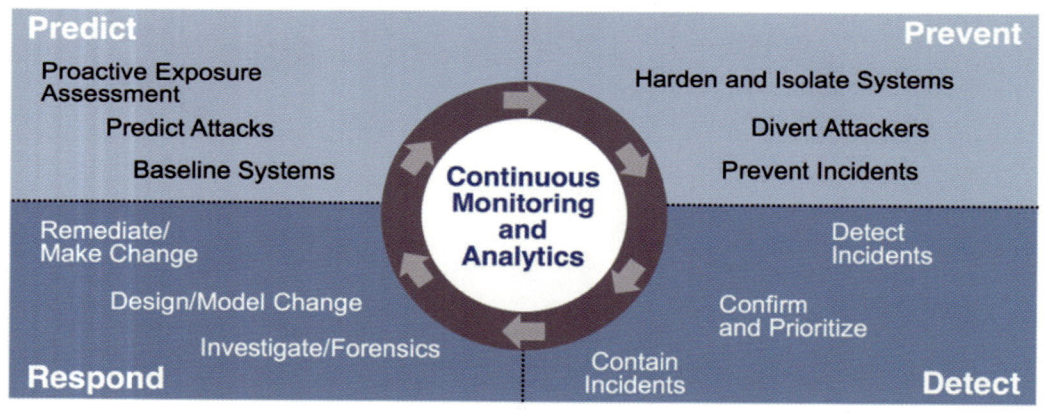

[그림 3-3] 능동형 보안

세계 최대규모 보안 행사인 RSA Conference 2018 Key Note에서 글로벌 사이버보안 연구소(SANS)는 가장 위험한 다섯 가지 사이버 공격으로 클라우드 보안 설정 소홀 등 헛점 공격, 해커의 빅데이타 활용, 암호화폐 채굴 공격, 하드웨어 취약점 공격 및 산업제어 시스템에 대한 사이버 공격 등을 언급하였다.

매우 놀라운 점은 2018년에 RSA에서 언급한 다섯가지 유형의 사이버 공격이 이듬해부터 3년여에 걸쳐 모두 실제로 발생하였으며, 클라우드 스토리지 데이터 유출의 경우 국내 가전 S사의 클라우드 스토리에서 접근 토큰, 암호화 키, 비밀번호, 다량의 민감 데이터를 찾아내는 타겟팅 공격이 이뤄졌으며, 해외 유통 A사에서도 클라우드 설정 소홀로 인해 서버가 마비되는 사고가 발생한 바 있다. 또한 암호화폐 채굴 악성코드는 기업은 물론 공공기관과 개인에 이르기까지 다양한 피해사례가 발생하였으며, 정치·군사적 목적으로 산업제어시스템(ICS/SCADA)을 향한 사이버 공격과 관련하여 해외에서는 공격자가 밝혀지지 않았지만 수도시설에 약품을 과다 유포하여 오염되도록 하는 사례도 있었다.

이제는 Zero Trust 관점에서 인가된 내부 사용자, 기기, 트래픽에 대해서 다시 검증하고 관리해야 위협을 완화하고 더욱 신뢰할 수 있는 환경 구현이 가능하며, DX에 더하여 Security Transformation을 모든 보안 분야에 적극적으로 추진함으로써 신뢰성을 확보하여야 한다. 위험은 신뢰의 필수 조건으로서, 이제는 위험을 제거하는 것이 아니라 통제하고 관리함으로써 신뢰가 확보되기 때문이다.

[그림 3-4] RSA Conference 2018

초연결 시대는 우리 주변에 매우 가까이 다가와 있는 현실임을 감안할 때, 다양한 보안 위협 또한 이제는 예측이 아닌 "REAL"의 시대에 들어와 있음에 따라 자율주행차에 접목되는 원격제어 기술, Wearable Device 및 Smart Home에서 활용하는 사물 정보는 물론 각종 제조업에서 발생되는 빅데이타에 대한 보안위협을 최소화 하기 위한 노력을 통해 각종 정보를 최대한 안전하게 활용하도록 하여야 하며, 세계 최초 5G 타이틀을 계기로 미래 먹거리를 보호할 수 있는 노력을 기울여야 하며, '5G에 기반한 사물인터넷'에 주목하여야 한다.

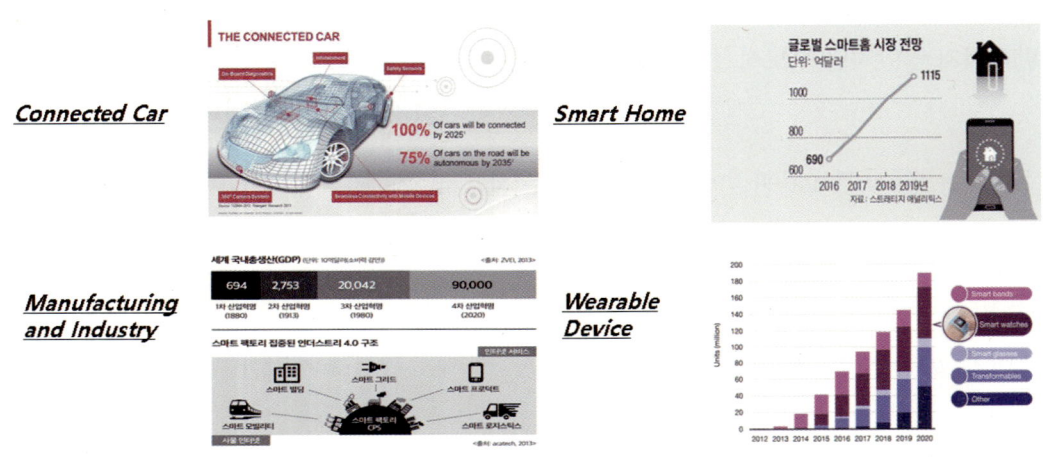

[그림 3-5] 5G에 기반한 사물인터넷 산업

하지만 아쉽게도 모바일/사물인터넷이 급속도로 확대되는 반면 임베디드 Device 해킹 등 사이버 범죄 또한 지속 증가하고 있어, 보다 빠른 대처가 필요한 시점이라고 할 수 있겠다.

최근 악의적인 의도를 가진 해커는 물론 자신을 과시하기 위한 목적으로 자율주행 차량이 출시되자 제어권을 탈취하여 사고를 일으키는 Firmware Replace Attack이 SNS를 통해 공개되는 일이 빈번하다. 또한 거의 모든 각 가정에서 사용하고 있는 무선공유기를 악성코드에 감염시켜 DDoS공격에 활용하는가 하면 스마트 TV, 냉장고, PC 등의 가전제품을 스팸 메일 살포하는 도구로 활용하는 일이 발생하고 있으며, 금전을 요구하며 은행이나 기업을 대상으로 DDoS 공격을 예고하는가 하면, 상대적으로 보안이 취약한 중소기업을 대상으로 랜섬웨어 감염을 통해 금전을 요구하고 협박하는 사례가 전 세계적으로 발생하고 있어 신기술 발전 속도에 대응하는 발빠른 대응이 매우 필요하다.

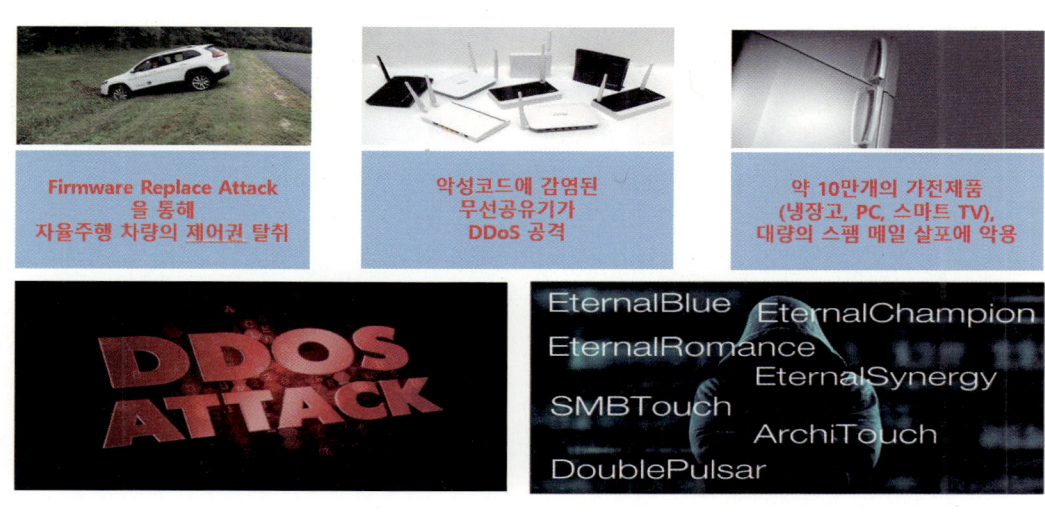

[그림 3-6] 사물인터넷 기반 사이버위협 행위

(2) Security Transformation

기업들을 비롯하여 유관 기관에서도 정보보안을 위한 많은 활동과 보안 강화를 위한 투자를 하고 있음에도 불구하고 다양한 수단을 활용하여 기술정보가 유출되고 있으며 최근에는 임원들에 의한 기술유출 사례도 빈번하게 발생하고 있는 바, 중소기업은 물론이고 높은 수준의 정보보안 체계가 구축된 대기업들도 내부자에 의한 심각한 산업기밀 유출 범죄가 발생하기 때문에 더욱 고도화된 기업 보안 활동을 통한 대응이 필요하다. 또한, 보안 인식제고를 위한 수많은 홍보활동에도 불구하고 구성원들이 스피어피싱에 걸려들거나, 생체정보를 무단 악용한 범죄도 지속 발생하고 있어 심각하다.

이런 상황에서 구현해야 할 Security Transformation으로는 정보유출 예방을 위한 정보보안시스템 구축이 제일 먼저 필요한데, 빅데이타 분석을 통한 정보유출 이상징후 탐지·대응, 출근 전후 구성원 업무패턴을 포함한 통합보안관리 시스템 구축, 개인정보의 관리적·기술적 보호 조치, 보안인식·대처방안 변화, Cloud보안, IOT보안, 기술보호의 진화 등을 고려하여 구축한 정보보안 시스템을 활용하여 보안사고를 예방해야 한다.

> **삼성전자 전무 반도체 기술 유출 시도 혐의로 구속**
>
> 삼성전자의 한 임원급 간부가 반도체 핵심 기술을 몰래 빼돌리려 한 혐의로 구속됐다.
> 경기남부지방경찰청 국제범죄수사4대는 산업기술의 유출방지 및 보호에 관한 법률 위반 혐의로 삼성전자 A 전무를 구속했다고 밝혔다.
> A 전무는 삼성전자 반도체 부문 임원으로 일하며 반도체 핵심 기술이 담긴 내부 자료 수천여 장을 몰래 빼낸 혐의를 받고 있다.
> 이 내부 자료에는 반도체 비메모리 분야 등에 대한 핵심 기술 등이 담겨있는 것으로 전해졌다.
> (중략)
> A 전무는 지난 7월 말 경기도 용인시 기흥구에 있는 삼성전자 사무실에서 자신의 차를 몰고 나오다 보안정보가 담긴 서류 등을 소지한 것으로 확인돼 삼성전자 측의 조사를 받았다.
> 삼성전자는 A 전무가 내부 보안 자료를 소지한 것과 공금 횡령 혐의가 있는 것으로 파악돼 경찰에 신고했다고 밝혔다.
>
> 김용덕 기자 kospirit@kbs.co.kr

출처: KBS news (2016.9..22.)

또한 중국 이직자에 의한 기술 유출(개발 프로세스 및 회사 전략 등)이 발생하는데, 인력송출 업체를 활용하여 전직 금지 약정을 회피하는 방법이 악용되고 있다.

중국이 'S급' 인재까지 노린다…전업종 전방위 인력유출 비상

한국 엔지니어에 기존 연봉 9배까지 제시…수십억 몸값 제안
업계마다 보안규정·R&D나 마케팅 등 핵심인력 교육 등 집안단속
"혹해서 옮겼다가 기술이전 이용만 당하고 1~2년내 돌아온 사례도"
(서울=연합뉴스) 산업팀 = 기술 추격보다 더 위험한 쓰나미가 몰려오고 있다.

전자, 자동차, 조선, 항공, 화장품 등 거의 전 업종에 걸쳐 중국 주요 기업들이 한국 인재들을 겨냥한 스카우트 전쟁을 전면화할 조짐을 보이기 때문이다. 특히 최근 중국의 인재 영입 전략은 국내 업계에서 수명을 다한 '퇴물'이 아니라 연구개발(R&D), 소프트웨어, 글로벌 마케팅 등 전문영역에서 핵심 경쟁력을 지닌 'S급', 'A급' 인재들을 겨냥한다는 점에서 사태의 심각성을 제대로 진단해야 한다는 목소리가 업계에서 나온다.
4일 업계에 따르면 삼성, 애플을 뒤쫓는 세계 3위 스마트폰 업체 화웨이(華爲)가 삼성전자[005930] 출신 앤디 호 전무(시니어 바이스 프레지던트)를 영입해 소비자 사업부문 임원으로 내정했다는 소식이 외신을 통해 전해졌다.
(중략)
하지만, IT전자업계에서는 중국 기업들의 공격적인 '인재 사냥'이 2~3년 전부터 노골적으로 전개되고 있고 수억원, 심지어 수십억원대 몸값 제안에 관한 소문도 공공연하게 들리는 상황이다. 업계에서는 중국의 24개 스마트폰 기업 중 핵심 프로젝트 매니저에 한국인이 없는 회사가 단 한 곳도 없다는 말도 나온다.

중국이 'S급' 인재까지 노린다…전업종 전방위 인력유출 비상 - 2
◇ 중국 디스플레이업체 CEO로 '상징적 스카우트'

반도체 산업을 7대 신성장 산업으로 육성하는 중국은 막대한 자금력을 동원해 인재 영입에 공격적인 행보를 이어가고 있다. 특히 한국이 주도하는 메모리 반도체 시장에 진입하기 위해 한국의 핵심 인력을 겨냥하고 있다. 한국 엔지니어들에게 기존 연봉의 최대 9배까지 제시했다는 소문도 들린다.
(중략)
최근에는 차세대 기술인 OLED(유기발광다이오드) 인력을 영입하려는 움직임이 나타나고 있다.
디스플레이 업계 관계자는 "특히 OLED는 좋은 장비를 쓴다고 따라올 수 있는 게 아니라 축적된 경험과 노하우가 필요한 분야"라며 "중국 업체들이 국내 인력 유입을 타진하는 걸로 안다"고 말했다.
한국 인력을 최고경영진에 합류시키기도 했다. 차이나스타(CSOT)가 지난해 말 김우식 전 LG필립스LCD(현 LG디스플레이) 부사장을 CEO로 선임한 사실이 뒤늦게 알려졌다.

◇ K-뷰티 핵심인력 상대 '집안단속' 나선다

중국에서 'K-뷰티' 열풍을 일으킨 화장품 업계도 인력 유출이 시작됐다.
중국 유명 화장품 브랜드 자연당(自然堂)은 2008~2014년 아모레퍼시픽[090430] 계열 브랜드 대표를 지낸 K씨를 최근 CEO로 영입하고, 연구소와 마케팅 분야에도 아모레퍼시픽 출신을 영입했다.

중국이 'S급' 인재까지 노린다…전업종 전방위 인력유출 비상 - 3

중국 5위권 화장품 업체 프로야(PROYA) 그룹 역시 한국 화장품 회사 지분을 인수하고 아모레퍼시픽·LG생건 등에서 일한 경험이 있는 인력을 채용했다. 프로야는 이런 전략을 바탕으로 한국 시장에 진출하려는 계획을 세우고 있다. (중략)
업계의 한 관계자는 "아직 한국 화장품 업계에서 일하다가 중국 회사로 이직할만한 요인이 많지 않아 오퍼(이직 제의)가 활발한 편은 아니다"면서 "하지만 중국 업체들의 위상이 지금보다 높아질 경우는 상황이 달라질 수 있다"고 말했다.

◇ KAL·아시아나 조종사 61명 작년 중국 비행기로 갈아타

항공업계에서는 항공기 운항의 핵심인력인 조종사들이 중국으로 이직하는 사례가 수년째 지속해왔다. 중국 항공사들은 한국보다 두세 배 높은 임금으로 국내 조종사 인력에 '러브콜'을 보내고 있다. 중국 항공사들이 베테랑 조종사 모시기에 적극적인 이유는 시장 규모가 급격히 커진 탓에 운항하는 항공기는 많은 반면 일정 경력을 갖춘 기장급 인력이 턱없이 모자라서다. 국제항공법상 여객기는 반드시 기장과 부기장을 함께 태워야 한다. 현지 항공업계에는 부기장급 인력이 많은데 이들이 기장 자격을 갖추려면 최소 10년 이상이 걸린다는 점에서 숙련도가 높고 문화가 유사한 한국인 조종사들이 영입 1순위로 꼽힌다. (중략)
항공업계 관계자는 "육성하는 데 오랜 시간이 필요한 고급 인력이 빠져나가면 회사로서는 당연히 걱정이 클 수밖에 없다"며 "다만 중국 항공업계의 성장기에 따른 일시적인 현상일 수도 있어 장기적으로 바라봐야 한다"고 말했다.

중국이 'S급' 인재까지 노린다…전업종 전방위 인력유출 비상 - 4
◇ 조선 구조조정 여파, 중국 경쟁사로 떠난다

조선업계에서는 구조조정으로 회사를 떠난 일부 핵심인력이 중국 경쟁사로 옮겨간다는 얘기가 심심찮게 들리고 있다. 앞서 주형환 산업통상자원부 장관이 지난 6월 조선 3사 최고경영자와 가진 간담회에서도 이런 우려가 제기된 바 있다. (중략)
특히 최근 몇년간 중국 토종 업체들이 턱밑까지 쫓아오는 상황에서 실력있는 연구원이나 엔지니어가 넘어갈 경우 실질적인 피해가 예상된다. 업계 관계자는 "사실 사람을 빼가는 게 기술을 얻는 가장 쉬운 방법"이라며 "아직 인력유출이 가시화하지 않았지만 가까운 미래에 중국 업체들의 많은 시도가 있을 것"이라고 전망했다.

◇ 정부에 인력유출 DB는 없어…"임원급 유출 관리는 필요"
현재 정부에는 인력유출과 관련한 데이터베이스(DB)가 구축돼 있지는 않은 상황이다. 정부는 화장품 등 일부 업계에서 고급인력의 해외유출이 있다는 점은 인지하고 있다고 한다. (중략)
정부 관계자는 "임원급 유출에 대한 관리가 필요하다는 생각은 하고 있다"고 전했다. S급, A급 핵심인력이나 국가산업에 필요한 인재에 대해서는 DB를 구축하는 것도 방안이 될 수 있다.

출처: 연합뉴스(2016. 8.4)

정보 유출은 내부자에 의해 발생하는 경우가 많은 부분을 차지하고 있지만, 사물 인터넷(IoT) 등 융합환경의 활용분야가 실생활의 모든 사물에 확대 됨에 따라 사이버 공간의 위험이 현실 세계를 위협하고 있으며 침해 사고가 증가하고 있다.

앞서 자율주행차량이나 스마트 홈에서 활용하는 IoT 기능이 탑재된 가전제품이나 무선 공유기를 통한 감염사례를 비롯하여, 사회적으로 공공시설은 물론 가정에서 많이 설치하여 운용하고 있는 CCTV의 관리자 권한이 탈취됨에 따라 일상생활은 물론 은밀한 사생활이 공중파에 노출되는가 하면, 버스정류장에 설치된 광고판 설비를 해킹하여 음란 동영상이 인터넷을 통해 유포되는 낯 뜨거운 상황은 물론 사회적 파장을 일으키기도 함에 따라 IoT보안에 대한 필요성이 더욱 높아지고 있는 실정이다.

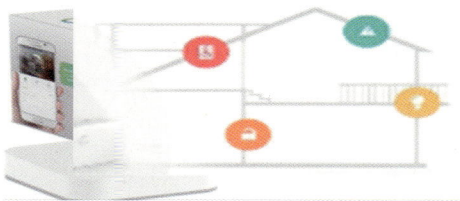

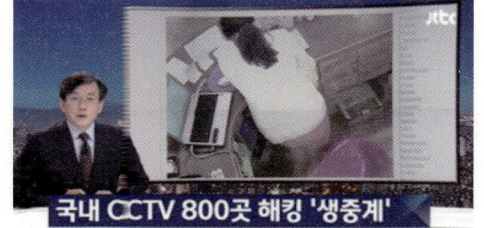

[그림 3-7] IoT 보안 사고사례

(3) 보안 취약점 및 원인

1) 보안 취약점

정보보안이 제대로 되지 않을 경우 초래되는 혼란은 상상이 아닌 REAL한 현실로 나타나는 시대임에 따라 위협 원인을 파악하고 이를 사전 대비하지 않을 경우 커다란 혼란이 초래된다.

사전 대비의 중요성은 비단 정보보안 영역에만 해당되는 사항이 아니다. 아프리카 돼지 열병의 경우 아래 지도에서 나타난 것처럼 이미 중국 지역에서 2년 전에 발병하여 아시아 및 유럽 지역으로 세력을 확대하고 있음에도 불구하고 우리나라는 사전 대비가 되지 않아 수많은 양돈농가들이 커다란 피해를 입은 사례를 반면교사해 보면 사전대비가 소홀할 경우 생각보다 심각한 피해가 발생하는 것을 알 수 있겠다.

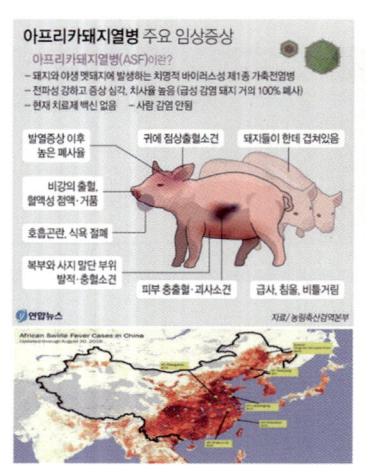 

[그림 3-8] 아프리카 돼지열병 감염 경로

2) 기업의 보안사고원인

33개의 대/중/소기업을 대상으로 보안진단 결과를 살펴보면 기업의 보안사고는 대부분 아래와 같은 공통적인 원인으로 발생하고 있는 것으로 나타났다.

임직원 보안의식 수준이 낮은 것은 지속적인 교육 및 점검이나 관리 활동이 미흡하기 때문이고, 보호구역 무단 진입에 취약한 것은 물리보안 Infra 및 운영관리가 미흡하기 때문이며, 해킹에 의한 업무중단 위험이 존재하는 것은 해킹방지체계가 미흡하거나 IT운영이 미흡한 때문이다. Compliance Risk 가 높은 기업의 경우 정보보안 및 개인정보보호 관련 법률 준수율이 낮기 때문이며, 보안통제 사각지대가 발생하는 것은 정보보안 전담 인력이 부족하거나 유관부서간 R&R이 불명확 한것에 기인한 것으로 확인되고 있다.

기업의 보안사고를 예방하기 위해서는 아래의 원인에 해당되는 사항을 조기에 해소하고 지속적인 관리와 점검을 통해 수준을 측정하고 빈틈없는 정보보안 관리가 되도록 하여야 하며, 경영층에게 정보보안 리스크와 해소방안 그리고 정보보안 활동에 필요한 투자예산과 인력 확보의 중요성을 정기적으로 알려서, 상시 적극적이고 능동적인 보안활동 사항을 리스크 해소 관점에서 접근하여 인정을 받도록 적극 노력해야 한다.

구분	원인	세부 내용
1	임직원 보안의식 수준 낮음	지속적인 교육 및 점검 활동 미흡
2	보호구역 무단 진입에 취약	물리보안 Infra 및 운영관리 미흡
3	해킹에 의한 업무 중단 위험 존재	해킹 방지 체계 미비, IT운영 미흡
4	Compliance Risk 높음	정보보안·개인정보보호 관련 법률 준수율 낮음
5	보안 통제 사각지대 발생	전담 인력 부족 및 유관 부서간 R&R 불명확

[표 3-1] 보안사고 원인

2. 기술유출 및 대응방안

(1) Real한 대응방안 마련

정보시스템은 Network와 Infra 및 Server를 기반으로 정보통신기술(IT)에 대한 운용을 하여 왔으며, 정보시스템 보안 또한 Network와 Infra 및 Server를 비롯하여 Endpoint(PC, USER)를 중심으로 보안시스템 및 솔루션을 구축하여 기술유출을 예방하여 왔으며, 최근에는 DX(Digital Transformation)를 통해 Cloud 중심의 변화가 이뤄지고 있다.

그러나 지난 수많은 시간동안 IT 중심의 정보보안 투자가 활발하게 이뤄진 반면, 생산장비와 설비장비에 대한 운영기술(OT : Operational Technology) 관련 보안 위험이 매우 증가하는 산업환경에 대해서는 "REAL"한 대응방안 마련이 되고 있지않아 OT에서 발생 가능한 취약점이 IT영역으로 전이됨에 따른 연쇄적인 피해가 발생하는 사례가 빈번해짐에따라 OT보안의 중요성이 점차 증가하고 있다.

생산 및 설비장비는 생산정보시스템과 전력, 가스, 원자력, 제조 등의 산업현장을 모니터링하고 제어하는데 사용되는 산업제어 시스템(ICS)에 의해 운영되고 있으며, 제조생산 Device(PLC, HMI 등)들에 의해 발생되는 정보가 센서를 통해 그물망처럼 공유됨에 따른 보안 취약성들도 지속 발견되고 있으나, 제조업의 경우 20~30년간 사용되는 오래된 장비가 대부분임에 따라 취약요인 해소에 제약조건이 많이 있어 근본적인 위협 해소를 위해서는 장비 제조사를 비롯하여 현업에 의한 개선의지를 높이는 것이 관건이라 할 수 있겠다.

아울러, 정보자산 식별을 위한 가시성 확보가 급선무임에 따라 제어 환경에 대한 이상 징후를 탐지할 수 있는 산업제어 보안 시스템 구축이 매우 필요하며, 이를 통해 내외부 통신에 의한 침해위협 요소를 해소하기 위한 노력이 필요하며, 이를 위한 경영층의 의사

결정을 위한 리스크 분석 활동이 선행되어야 한다.

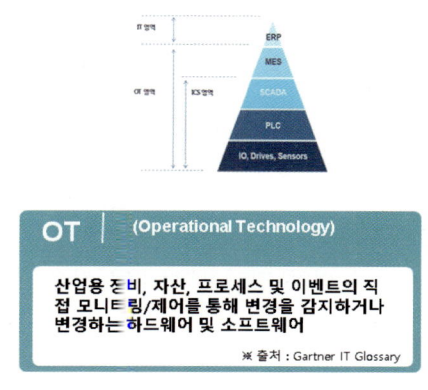
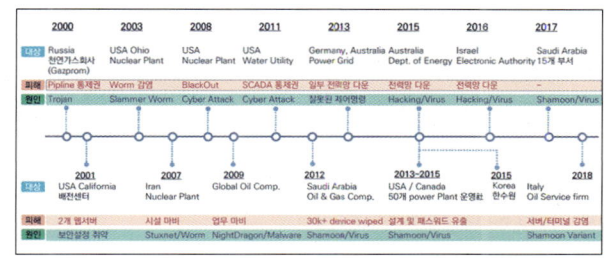

[그림 3-9] OT/ICS 보안

지속적으로 발생하는 기술 유출 사고에 대응하기 위하여 다양한 보안대책이 시행되고 있으나, 대부분의 보안 대책은 내·외부 사이의 경계선을 보안하는데 초점이 맞추어져 있다. 이는 외부로부터 발생하는 공격을 탐지하고 대응하기에 효과적이지만, 내부에서 발생하는 보안 사고에 취약한 실정이다. 효과적인 내부유출방지를 위해 사용자 행위정보 중 기술유출 행위에 해당하는 행위를 식별하고 기술유출 행위 탐지 항목을 도출하여 항목 간 상관분석을 통해 항목 간 연관 정도를 확인 후 유출행위에 대한 추론을 위해 연속된 데이터를 가지는 기술 유출 사례를 변수화 하여 n-gram 분석을 통하여 유출로 판단할 수 있는 패턴을 파악하는 것이 필요하다. 기존 유출경험 사고·사례 기반의 기술유출 시나리오 설계를 통해 기술유출 위험요소 사전 분석 및 예측을 통하여 내부 정보유출 범죄에 선제적 대응하는 변화가 필요하다. 따라서 외부 사이버 공격 등 시스템 중심 분석에 더하여 구성원 행위 중심의 내부정보 유출 방지가 필요하며, 보안시스템 로그 분석과 업무시스템 로그를 함께 연관성 분석이 하는 것이 효과적이며, 온라인에서 발생하는 정보와 오프라인에서 발생하는 대용량 정보까지 함께 분석하는 한편, 기계적 비정상 행위를 분석하는 것 보다는 지능적이고 악의적인 정보유출 행위를 추출할 수 있도록 분석활동을 강화해 나가야 한다. 행위 기반 탐지 기법을 적용하기 위하여 필수적으로 요구되는 기술적 특징은 그 모니터링·분석 대상 데이터가 사용자의 행위정보이며, 이러한 내용은 곧 탐지 대상과 관련된 모든 행위정보가 솔루션 분석의 대상이 되므로 다양하고 많은 양의 정보를 다루는 기술이 우선적으로 필요하게 된다. 이와 관련된 기술이 클라우드, 빅데이터, 머신러닝, 시각화 기술 등으로 대표될 수 있다. 악성 행위의 식별을 위해서는 사용자 기반의 행위 이벤트 간 유사성을 고려하여야 하고, 이를 기반으로 해킹 행위 사이클에 기반하여 이상 행위를 도출하고, 발견된 악성 행위를 식별하기 위한 정밀 분석기법 적용을 통한 모델을 필요로 한다.

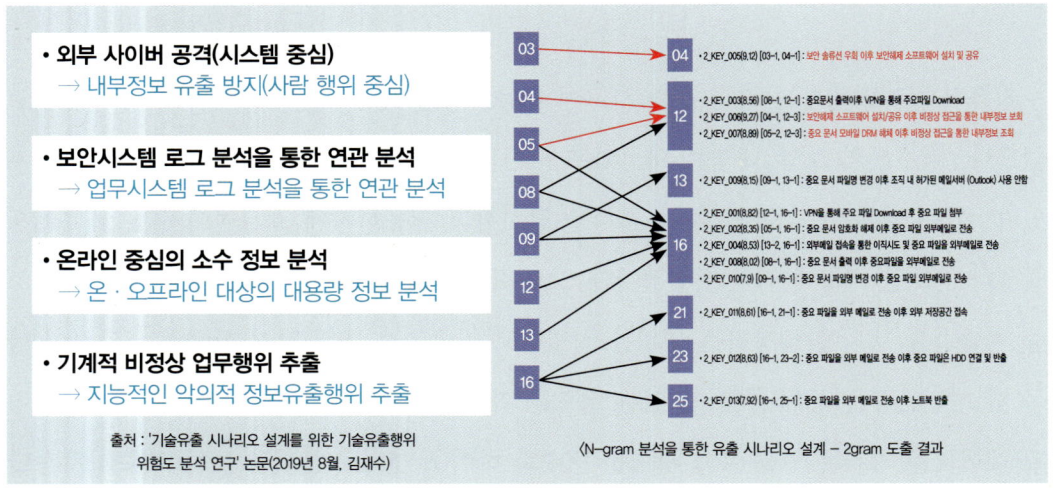

[그림 3-10] 기술유출 위험요소 사전 분석 및 예측

기술 유출 모니터링을 위해 분석하고자 하는 이상행위 자체는 높은 오탐율을 동반하는데 이렇게 다양한 이상행위를 모두 보안 담당자가 점검해야 할 사항으로 구분한다면 업무의 과중으로 인한 중요정보 유출이 발생하는 사용자 악성 행위를 놓치게 되는 문제점이 발생한다. 이러한 문제점을 해결하기 위해 다양한 솔루션에서는 인공지능(AI) 기법을 적용하여 악성행위를 탐지하고 이에 대한 정밀모델을 구축 및 적용함으로써 오탐율을 감

소시키고 실제 중요 악성행위를 식별할 수 있도록 하여 보안 담당자의 업무 부담을 줄이고자 하는 것이 가장 큰 이유이다.

이와 같은 인공지능 알고리즘을 거쳐 솔루션에서 악성 행위로 결과내린 것에 대해서는 보안 담당자가 최종 대응 여부 및 대응 방식에 대하여 의사결정을 수행해야 하는데 이를 수행하기 위해 솔루션에서 해당 행위를 악성행위로 식별한 정확한 근거를 상세하게 제시하여만 의사결정에 영향을 줄 수 있다.

이러한 보안 담당자의 업무과중을 줄여줄 수 있는 솔루션을 통하여 소규모 인원이 운용 가능한 기술에 빠르게 판단할 수 있게 시각화 기술을 적용하고 있다. 행위 기반의 탐지 기법을 자세히 살펴볼 경우 분석해야 할 조사 대상이 늘어남에 따라 이전까지 발견되지 않은 종류의 새로운 악성행위가 탐지 가능했다. 그러나, 찾아낸 결과 행위가 무조건 악성 행위에 속한다고 단정지을 수 없다.

이는 발견된 악성 행위가 비즈니스적 예외 사항이거나 새로운 업무 요건으로 추가된 것 일 수 있으며, 또는 사용자가 고의없이 행동한 행위가 탐지되는 등 항상 악성행위로 볼 수 없는 예외 사항이 빈번하게 존재하기 때문이다.

이러한 이유로 인해 행위 기반 탐지 기법에서는 악성 행위를 탐지할 수 있으나, 이에 대한 보안 대응(치료 및 차단)은 자동으로 처리하지 않고 모든 악성행위에 대한 최종 판단과 대응은 반드시 운영자가 판단을 해야하는 특징이 있다.

이러한 이유로 머신러닝을 통해 오탐을 줄이고 필수적인 악성 행위만 식별하거나 시각화를 통해 분석과 대응을 간편하게 하는 기술적인 시도가 함께 이용되고 있으며, 궁극적으로 AI를 활용한 위협탐지-분석-대응 자동화 및 침해사고 발생 시 영향도 최소화 체계를 정립하는 것이 필요하다.

자동화를 위해서 필요한 요소들로는 클라우드 방식의 시스템이 필요한데, 클라우드 운영의 다양한 활동에 대한 모니터링, 정책 및 데이터 관리, 위험관리 등을 수행하는 CASB(Cloud Access Security Broker) 같은 보안시스템이 반드시 갖춰져 있어야 한다.

분석 및 대응에 필요한 다양한 방법의 솔루션이 존재하는데, 운영 고도화를 위한 플랫폼을 통한 탐지, 분석, 대응, 헌팅, 자동화 수행이 가능해야 하며, Endpoint보안(EDR)을 통해 전통적인 침해분석기법을 엔터프라이즈화 하는 것이 효과적이라 할 수 있겠다.

또한 TI(Threat Intelligence)는 현재의 위협에 대응하기위한 필수정보로서, 단편적 평판정보 이외의 포괄적인 대응 운영을 위한 정황정보를 제공함에 따라 오탐 및 정탐 정보를 신속하게 판단하고 정확한 대응을 함에 있어 매우 필수적인 요소이다.

최근들어 부정한 방법으로 정상적인 권한을 획득하여 시스템을 장악하는 경우가 빈번함에 따라 분산구성된 데이터의 신뢰도를 확보하여 투명성을 보장하는 방안으로 Block Chain을 활용하는 방안이 제시되고 있는데, 다양한 인증수단이 있을 수 있겠지만 블록체인을 위한 서비스 컨설팅 및 모바일, Key 관리 솔루션 등을 검토하는 것도 좋은 방안이라고 할 수 있겠다.

[그림 3-11] 정보분석 자동화 요건

(2) 모니터링과 사고조사

기술 유출 예방을 위해서는 징후 포착을 위한 모니터링 활동을 통해 선제적인 대응이 무엇보다도 중요하다.

모니터링은 기술 유출 사고 우려 대상인 퇴직예정자나 이직 징후자에 대해서 모니터링을 실시하고 분석을 하는 것이다. 사고조사는 자체 조사로 종료 또는 정보수사기관의 도움을 받아야 할지에 대한 판단을 하고 경영층에 보고하는 활동이다. 사고조사는 사고 인지시점 이전 및 이후 대응과정에서 적법절차를 준수하고 공유채널을 일원화하는 것이 매우 중요하다.

모니터링 및 사고조사는 크게 4단계로 구성된다. 사고 징후 및 시도, 사고발생, 사고조사 및 후속조치 단계 등이다.

사고조사시 누락되거나 미흡한 영역은 사건 재구성 및 필요자원 보존에 필요한 사고 징후 및 시도와 사고 발생단계 영역이다. 사고 징후 및 시도단계는 공모 및 모의, 퇴사 및 이직시도, 자료 수집 및 삭제와 침해시도 등으로 나타난다. 사고 발생단계는 횡령 및 수수, 정보유출과 해킹 및 침해사고 등으로 구성된다.

통상 보안사고를 인지하고 조사를 진행하게 되면, 인지시점 이전의 영역은 조사 시 누락되거나 미흡한 부분이 발생할 수 있는 여지가 다분하므로, 3단계인 사고 조사 단계에서 인지시점 이전의 사고징후 및 시도와 사건 재구성 및 필요 자원 보존을 통해 누락되거나 미흡한 부분이 발생하지 않도록 반드시 유념하여야 한다. 이 부분을 미흡하게 되면 증거 수집 및 이미징 또한 부실해 짐에 따라 증거능력을 상실하게 되는 경우가 빈번하게 발생하며, 사고자 인터뷰 대상을 선정하는데도 큰 영향을 끼친다.

사고조사단계는 증거수집 및 이미징, 사고자 인터뷰, 경로 및 원인분석과 피해규모 추정 등이 포함된다. 마지막으로 후속조치단계는 피해확산 방지, 재발방지책 수립 및 관련자 조치 등으로 이루어지는데, 관련자 조치를 위해 상당시간 증거가 활용됨에 따라 증거의 효력 유지를 위해 필요한 조치들을 반드시 취해야 한다.

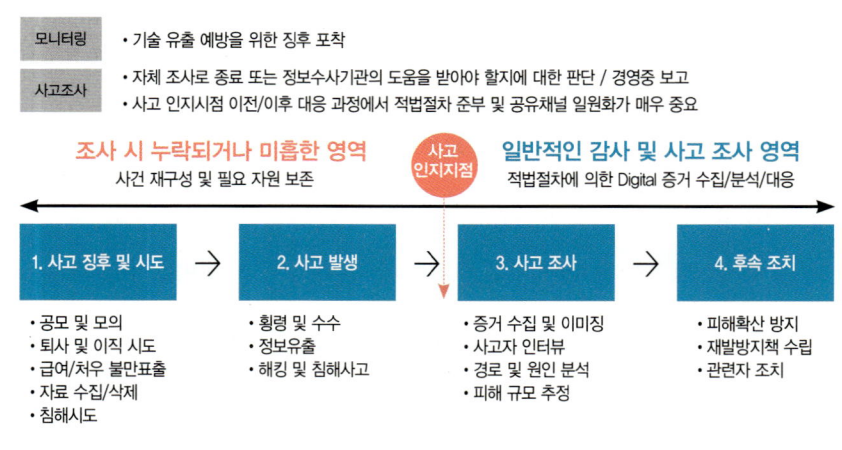

[그림 3-12] 모니터링 및 사고조사

    정보보안 관점에서 유출에 관한 명확한 증거가 확보되는 것을 전제로 법적 조치 요건이 되는지 관련 법률의 적용 여부에 대해 검토가 무엇보다도 우선되어야 한다. 적용 법률에 따라 사전검토 되거나 확보해야 할 증거목록이나 진술의 요지가 달라지기 때문이다. 법률가의 정확한 판단 및 법리 해석을 받을 수 있도록 법무 부서의 도움을 적극 요청해야 한다.

정보보안 관점의 법적 조치 요건	적용실태	조치 및 진행사항	비고
• 불특정 다수에게 공개되지 않은 기술정보	△	• 특허 출원으로 불특정 다수에게 공개	영비법 ×
• 독창성, 고유성, 창작성 보유 여부 - 독자적 기술로 개발해 왔다는 과정 문서화	△	• TFT 운영에 따른 조직/R&R 문서화(품의) • 독창성/고유성/창작성은 증명 필요	영비법 △
• 오픈 소스를 활용 여부	-	• 논문이나 기술편람 확인 필요	-

• 영업비밀로 분류/표시/관리 여부
  - 업무관리자에게만 취급 허용
  - 문서에 접근방법 제한 (USB 등)
	O	• 신제품 관련 정보 등에 대해 비밀 표시/관리
		• 문서 암호화적용 / USB 사용 제한
		• 현재 수립된 비밀분류기준을 포괄적 적용 가능
			영비법 O

• 비밀유지 의무 부과 : 계약서, 서약서, NDA 등 - NDA : 보호받고자 하는 정보를 구체적 기재	△	• 비밀유지 서약서 수취 완료 • 사업자 NDA 서명 있으나, 날짜 미 기입	영비법 O
• 전직 금지 약정 규정 여부	O	• 1년내 동종업계 취업금지 서약	영비법 O
• 퇴직자 보안서약서 수취	-	• 퇴직 서약서 수취함	영비법 O
• 기술인력 스카우트 (영업비밀 취득) 해당 여부	O	• 기술개발 담당 인력을 고용할 계획 있음	영비법 O
• 영업비밀의 사용,공개,누설 등의 증거 확보	△	• 디지털 포렌식 결과 확인 필요	영비법 △

[그림 3-13] 관련 법률 적용 여부 검토

침해 대응을 위해 가장 중요한 Digital Forensic에서 정보의 노출 및 유출방지를 위한 비밀보장과 생산성 및 효율성 극대화를 위한 유용성도 중요하지만, 디지털 증거를 안전하게 보호하는 무결성 확보가 성공 여부를 결정한다. 디지털 포렌식은 가능한 최초 순간의 증거 보존, 물리적 및 논리적 포렌식 이미징이 필요하고, 증거의 변조 방지대책을 적용하여야 한다. 구체적으로 접근제한, Off시 전원을 켜지 않거나 키보드 작동 금지 등이 포함된다. 일반적으로 디지털 포렌식은 분류, 획득, 저장, 분석, 제시와 보관 및 탐색 단계로 구성된다.

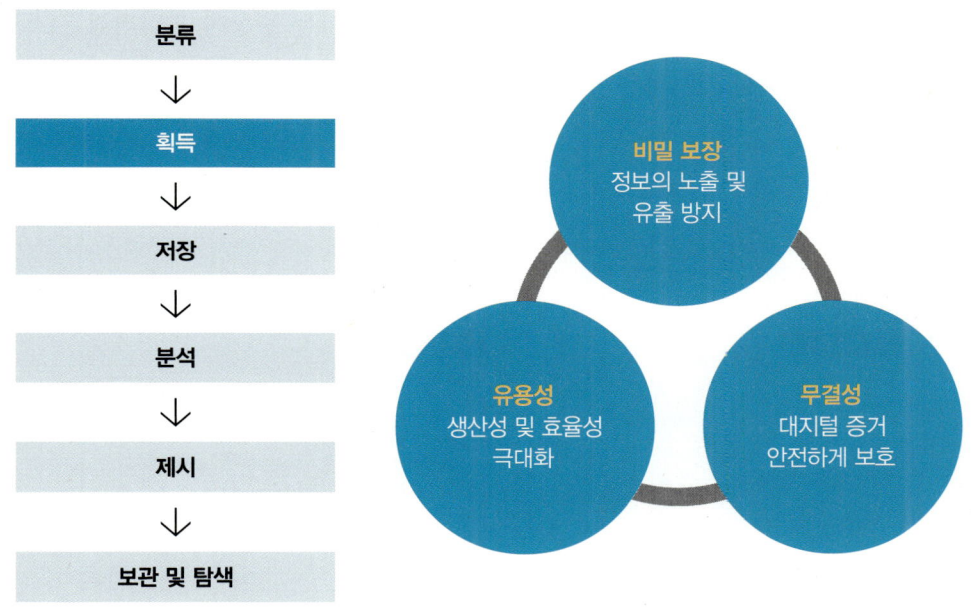

[그림 3-14] 디지털 포렌식 방법

침해 대응 시 Big Data를 활용한 이해관계자 파악 및 사고 당사자의 주요 동향을 확인하여 면밀히 대응할 필요도 있다. 이해관계자 추가확인은 사내에 사고 당사자와의 친분이 있는 사람에 대한 파악 및 보안유지를 통하여 사고 당사자들의 주요 동향 확인을 통해 기술의 추가유출 및 은닉에 대비하여야 한다. 이해관계자 추가 확인은 조직 및 프로젝트와 관련된 연고 등을 통해 파악할 수 있다. 주요 확인사항은 국내 · 해외 법인 설립, 국내외 투자자 유치, 특허 출원 진행, 유출된 기술과 관련된 주요 협력사 접촉 및 사업 제안 여부 등이다.

주변 환경의 흐름 및 정보의 변화가 상당히 빠르게 진행됨에 따라 내부 정보 유출에 관여한 사고 당사자들 또한 개발 정보를 최신화하여 유출하기 위해 동시에 퇴직하지 않고 3~6개월 단위로 나눠서 퇴직을 함에 따라, 이해관계자를 추가 식별하고 적극적인 모니터링을 통해 기술정보가 추가유출되지 않도록 하는 한편, 충분한 증거확보를 통해 회사의 경영이익을 상실하지 않도록 하여야 한다. 이를 위해서는 평상시 모니터링 시스템을 구축하고 로그를 최대한 확보하는 투자가 필요하다.

이해관계자 추가확인	• 사내에 사고 당사자와의 친분이 있는 사람에 대한 파악 및 보안유지(조직/프로젝트 연고 등 • 사고 당사자들의 주요 동향 확인을 통해 기술의 추가 유출 및 은닉에 대비해야 함
주요 확인사항	• 국내/해외 법인 설립, 국내외 투자자 유치, 특허 출원 진행 • 유출된 기술과 관련된 주요 협력사 접촉 및 사업 제안 여부 등

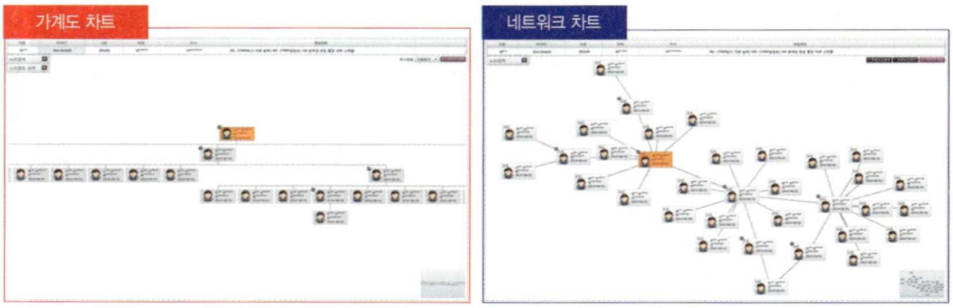

[그림 3-15] 이해관계자 추가확인 방법

(3) 개발보안 적용 제도화

사이버 공간의 침해사고 대응을 위해서는 개발보안 적용 제도화가 최선의 대책이다. 기술보호대책으로 S/W 보안 취약점을 개발 단계에서 제거함으로써 IOT 제품 보안 이슈

들을 해소하고, IoT 제품 설계 시 프라이버시와 정보보호의 요건을 고려하고 시큐어 코딩을 적용하여야 한다.

개발보안 이슈는 준비단계에서는 보안전문가간 커뮤니케이션 부족, 보안 전문가 체계적 양성 부족이 있다. 제품개발단계에는 SW 개발시 보안취약점 제거를 위한 프로세스가 부재하고, 유사한 보안 기술을 다른 제품군에 각각 적용하거나 동일한 보안기술도 플랫폼마다 다르게 구현되는 점이다. 시장대응단계에서는 제품 출시후 보안이슈 발생시 대응 프로세스가 부재한 점이다.

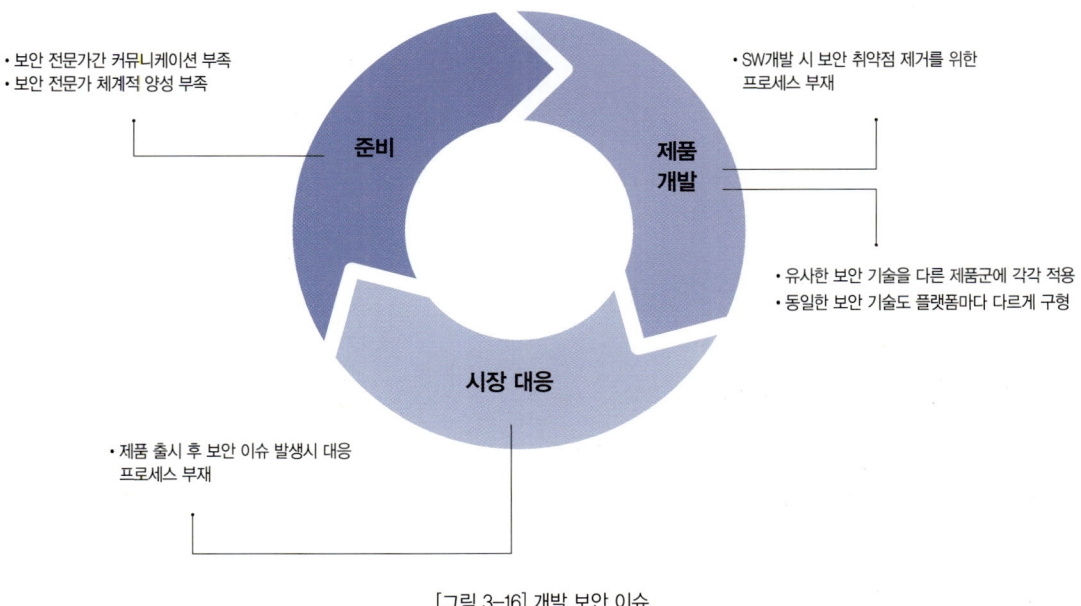

[그림 3-16] 개발 보안 이슈

SW 개발 보안 프로세스는 준비, 요구사항, 설계, 구현, 테스크, 릴리즈, 대응 단계로 구성된다. 준비단계에서는 보안교육 및 보안인식 제고가 필요하다. 요구사항단계에서는 보안요구사항 분석 및 계획수립과 품질게이트 및 보안 버그 기준이 필요하다. 설계단계에는 보안설계 리뷰, 보안 리스크 평가, 공격 가능영역 분석 및 위협 모델링이 필요하다.

구현단계에서는 보안코드 리뷰, 오픈소스 취약점 분석 및 정적 분석이 필수적이다. 테스트 단계는 동적분석, 보안테스트, Fuzz테스트, 침투테스트가 필요하다. 릴리즈단계는 보안이슈 대응 계획과 최종 제품 보안 리뷰 및 인증이 필요하다. 대응단계는 보안이슈 대응이 필요하다.

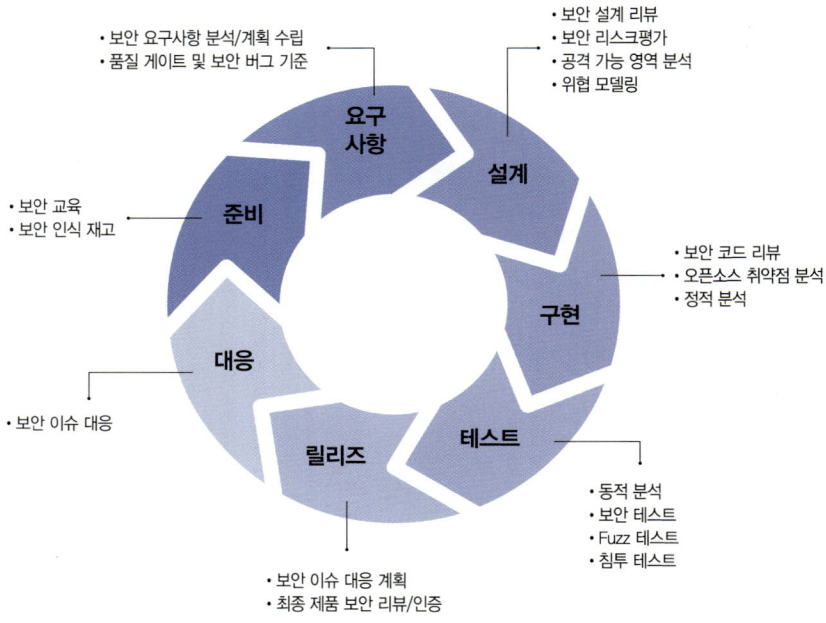

[그림 3-17] SW 개발 보안 프로세스

3. 기업의 정보보안 구현

(1) 정보보안 구현 방향성

DX에 따라 정보보호 환경은 매우 급변하고 세상은 바뀌고 있으므로, 각 기업 또한 환경에 적합한 방법으로 내부 정보유출 및 사이버 위협에 선제적 대응하여야 한다.

OT보안 위험에 대비한 Real한 대응방안을 마련함으로써, OT보안의 취약성으로 인해 오랜 기간 보안요건이 잘 갖춰진 IT보안 영역까지 침해당하는 일이 없도록 OT/ICS 이상징후 탐지 시스템 구축을 통해 OT/ICS 망의 리스크에 대한 가시성을 확보하도록 해야 한다.

내부 정보유출 예방을 위해서는 사전 분석 및 예측이 가능하도록 보안시스템의 로그는 물론 구성원의 업무패턴까지 활용 가능하도록 온/오프라인의 대량의 데이터를 확보하여 모니터링 함으로써 선제적인 대응을 해야 하며, 사이버 위협 등 위험 탐지 분석 및 대응 자동화를 위해서는 AI를 활용 가능한 환경이 마련되어야 한다.

기업 및 보안 부서에서 지켜야 할 자산이 어떤 것이 있는지 비밀분류체계를 마련하여 구성원들이 솔선수범하여 지킬 수 있는 솔루션을 마련해야 하며, 계정권한 및 접속 기록 관리 등 IT보안의 기본이 잘 준수되도록 해야 한다.

개인정보 및 신용정보의 보호를 위한 관리적 기술적 보호조치를 법률에 맞게 실천해야 하며 천재지변을 비롯하여 내외부 침해위협에 대한 상시 비상계획을 수립하고 정기적인 모의훈련을 통해 실현 가능한 BCP 계획을 수립해야 한다.

보안 전담자 확보 및 전문역량 향상을 위해 각종 교육 프로그램은 물론 Job을 통한 역량이 개발될수 있는 여건을 마련해야 하며, 필요시 평가에 전문역량 확보 노력이 반영되도록 함으로써 정보보안 부서가 기업의 Brand화가 될수 있도록 지향해야 한다.

경영에 이바지 하는 정보보안 부서가 되어야하며 Self Design을 통해 정보보안이

나아갈 바를 정립하며, 불편을 주지 않고 편리함을 주는 정보보안을 하도록 Design Thinking을 수시로 진행하여 구성원과 정보보안부서가 상호 Win-Win 할 수 있도록 노력하여야 한다.

구분	방향성
1	OT보안 위험 대비, Real한 대응방안 마련
2	내부 정보 유출 선제적 대응(사전 분석 및 예측)
3	AI를 활용한 위험 탐지-분석-대응 자동화
4	지켜야할 정보자산 식별
5	IT보안 준수(계정권한 및 접속 기록 관리 등)
6	개인정보보호를 위한 기술적/ 관리적 보호조치
7	비상대응계획 마련 및 지속적 훈련
8	보안 전문 역량 육성 프로그램 통해 기업 Brand화
9	Self Design 통한 BTS 체계 정립
10	편리한 보안을 위한 Design Thinking

[표 3-2] 기업의 정보보안 방향성

(2) 구체적인 대책

먼저, 기업 정보보호를 위해 지켜야 할 정보자산을 식별하여야 한다. CIA 분석을 통한 중요도 산정 등이 필수적이다. 기업이 보유하고 있는 자산에 대해 기밀성 무결성 가용성을 평가하여 반드시 보호해야 할 자산을 식별함으로써 무엇을 지켜야 할지에 대해 정의하고 정보보안을 시작한다고 할 수 있겠다.

기업의 환경 및 특성상 핵심 정보자산의 종류는 다를 수 있으며, 정보보안 부서에서 식별 및 정리하는 것은 한계가 있으며, 현업 부서에서 각 자산을 평가하고 분류한 것에 대해 정보보안부서에서는 보호방법을 가이드하고 제대로 실천할 수 있도록 적극 지원해야 한다.

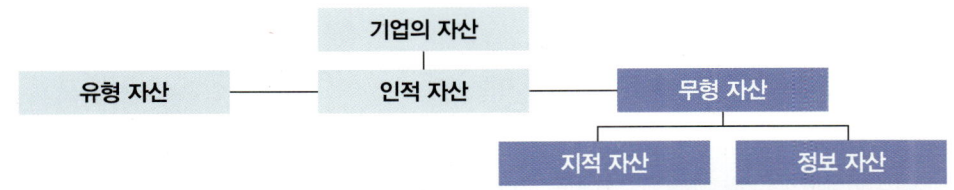

항목	핵심 정보자산의 예
영업정보	사업계획, 실적, 중요계약서, 광고, 판촉계획, 전략, 고객 명부 등
경영기획자료	사업계획, 경영전략, 이사회, 경영실적, 진단, 감사보고서 등
일반관리	인사, 노사정책, 인원, 인건비, 징계자료, 개인신상이력 등
연구개발	핵심기술, 개발계획, 연구 결과물, 설계 도면, 시험 Test 자료 등
제조 생산	생산/제조 기술, 제조원가, 단가, 기계장치, 공정도, 품질관리 등
기타	자금 회계 등

[그림 3-18] 정보자산 식별

IT보안 기본(계정 권한 및 접속 기록 관리 등) 및 정보자산 보호대책을 실행하여야 한다. IT시스템에 대한 권한은 해커가 공격을 통해 부정한 방법으로 정상적 권한을 탈취할 수도 있고, 내부자가 고의로 권한을 악용하는 경우도 발생 가능하므로 이중인증(Two Factor) 및 권한 승인 체계를 정기적으로 검토하여야 하며, 전자적 기록(Log) 생성, 유지, 사용, 폐기 등 관리 활동을 통해 사고 발생 시 원인 파악 및 책임소재를 확인하는데 어려움이 없도록 해야 한다. 특히 아웃소싱 인력에 의한 부실한 관리 또는 관리범위를 벗어나는 경우 관리가 어려워 짐에 따라 향후 대형 사고로 이어질 수 있는 부분이 있으므로 별도로 면밀히 아웃소싱 인력의 권한체계도 잘 관리하여야 한다. 그러기 위해서는 전사적 영역의 정보 무결성 및 관련 규제 대응을 위해 정보생명주기에 따라 모든 정보자산을 보호하는 방법론(IG Methodology)를 적용하는 것이 좋다.

- **IT 권한 확보 및 피해 예방**
  - IT시스템 관리자 권한 확보하여 정보 유출 가능
  - DB 접근 제어, 네트워크 사용 중단 초래

- **IT 보안 및 전자적 기록관리**
  - 비인가 접속, 사용, 노출, 파괴로부터 데이터 보호
  - 전자적 기록생성, 유지, 사용, 폐기 등 관리 활동

- **제3자(아웃소싱) 관리**
  - 조직이 소유하고 있는 정보에 대한 외부 또는 제3자의 저장/보관 관리

[IG Methodology]
전사적 영역의 정보 무결성 및 관련 규제대응을 위해
정보생명주기 상 모든 정보자산을 보호하는 방법론

[그림 3-19] 정보자산 보호대책

고객 및 임직원의 개인정보보호는 Web Site 및 off line을 통해 수집되는 민감한 정보들이 기업의 DB와 PC에 상당수 보관되어 있으므로, 개인정보 식별을 통해 수집 및 보관되고 있는 대상을 명확하게 식별하고, 법률에 제시되어 있는 기술적 / 관리적 보호조치를 실행하여야 한다. 최근 개인정보보호 관련 법률에 있어 과징금 및 과태료 부과 기준이 대폭 상향됨에 따라 개인정보 보호가 소홀하여 유출될 경우, 기업 브랜드 저하는 물론 민/형사상의 책임과 감당하기 어려운 정도의 금전적 손실이 예상되므로 적극적인 보호조치를 취해야 한다.

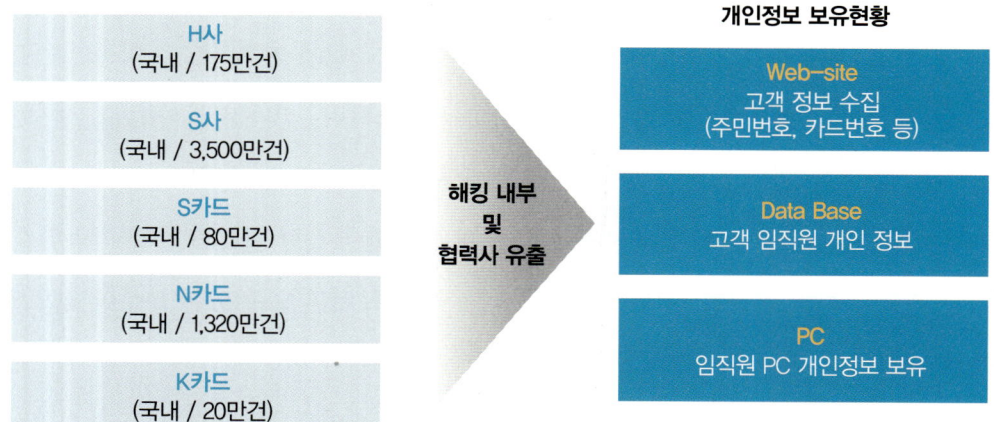

[그림 3-20] 주요 정보유출 사고

3P(Policy/People/Process)와 1R(Resource)에 근거한 비상대응계획을 마련하고 지속적으로 훈련을 하여 모든 임직원이 체화되도록 하여야 한다. 재해발생시의 신속한 복원력 확보를 위해서는 BCM전략이 반영된 Poicy(정책, 지침)가 문서화되어야 하며 이에 근거한 People(조직체계), Process(업무절차), Resource(필요자원)를 정의하고 확보하여야 한다.

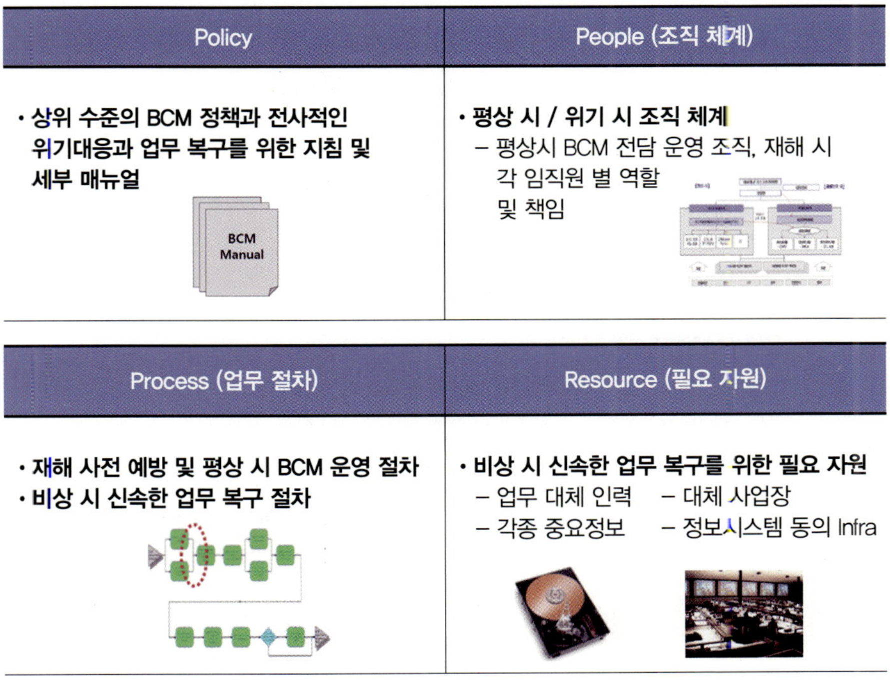

Policy	People (조직 체계)
• 상위 수준의 BCM 정책과 전사적인 위기대응과 업무 복구를 위한 지침 및 세부 매뉴얼	• 평상 시 / 위기 시 조직 체계 – 평상시 BCM 전담 운영 조직, 재해 시 각 임직원 별 역할 및 책임
Process (업무 절차)	Resource (필요 자원)
• 재해 사전 예방 및 평상 시 BCM 운영 절차 • 비상 시 신속한 업무 복구 절차	• 비상 시 신속한 업무 복구를 위한 필요 자원 – 업무 대체 인력 – 대체 사업장 – 각종 중요정보 – 정보시스템 동의 Infra

[그림 3-21] 비상대응계획

정보보호 업무 구성원 전문역량 육성 프로그램을 통해 기업 Brand化 하여야 한다. 전문역량 향상은 License 취득 과정을 통해서 역량이 향상되기도 하지만, 궁극적으로 Job을 통해 License 취득과정에서 숙독한 이론적인 방법론을 실제로 적용함으로써, 내재화가 가능하며, 내재화된 전문역량은 쉽게 저하되지 않는 것으로 알려져 있다.

이를 위해 정보보안 조직 차원에서 업무 년차 및 업무수행 경력을 고려하여 레벨별 분야별 전문역량 향상을 위한 필수 자격과정 및 수행업무를 지정하고, 자격 취득을 위한 교육예산을 확보하고 교육 일정을 회사 비용으로 지출하게 하는 노력이 필요하며, 취득한 역량이 현장에서 발휘될 수 있도록 적정 년차에는 로테이션을 통해 역량을 제대로 발휘할 수 있도록 해주는 인사원칙을 수립하고, 구성원들을 이해시킴으로써, 인적자원을 효율적으로 활용하도록 하는 한편, 평가에도 반영하도록 구성하는 것이 보다 효과적이다.

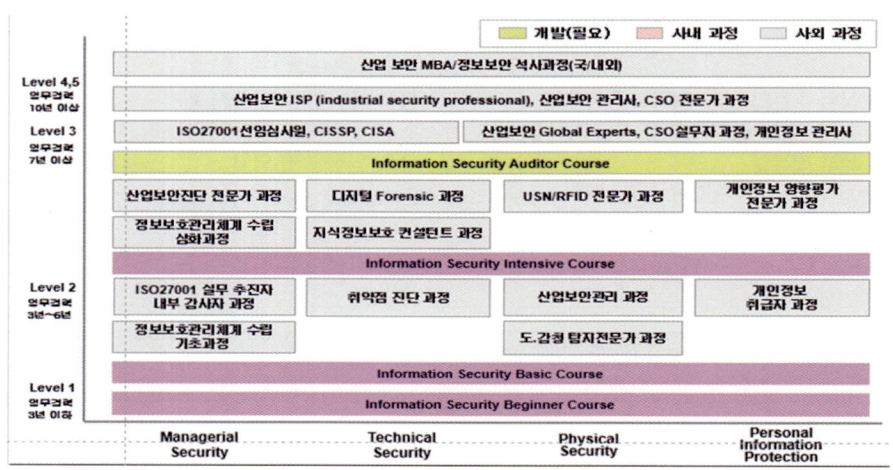

[그림 3-22] 전문역량 육성 프로그램

경영과 보안은 매우 밀접한 상관관계이므로 Self Design을 통한 BTS(Business Transformation in Security) 체계를 정립하는 것이 필요하다. 보안 부서는 주로 통제하는 업무와 프로세스를 실행하는 부서임에 따라 구성원들에게 불편하다는 인상을 많이 갖게 하는데, 근본적인 이유는 보안정책 및 제도의 시행 관련하여 구성원들과 공감대 형성이 부족하기 때문이다. 공감대를 형성하기 위해서는 문제를 정의하고 해결 가능한 아이디어를 찾아야 하는데, 대부분 법과 회사규정을 시행배경으로 하기 때문에 공감대 형성을 고민하기 보다는 Rule을 준수하는 쪽으로 Communication을 하는 것이 원인이라고 할 수 있겠다. 틀린 방법은 아니지만 구성원 또한 내부 고객인 만큼 어떻게 공감대를 형성할 것인지 고민을 더 해야 한다. 그러기 위해서는 Design Thinking을 통해 아이디어를 찾고 어떻게 구현할 것인지 고민하여야 한다. 그리고 Business에 어떻게 기여할수 있을것인지, 지속경영 가능 여부와 ESG 경영에 기여하기 위해서는 어떤 부분을 추가하고 노력해야 할지에 대해 항상 염두에 두고 정보보안 활동을 해 나가야 할 것이다. Business에 어떤 형태로든 기여한다면 구성원은 물론 경영층에서도 정보보안 활동에 대해 적극적인 지원에 대한 공감대 형성이 잘 이뤄질 것이다.

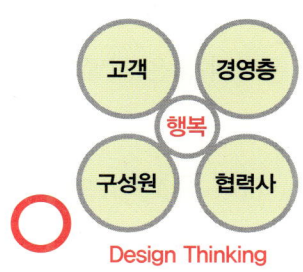

[그림 3-23] 감성보안과 Design Thinking

4. COVID-19와 보안

(1) 코로나 19와 기업 종합보안대책

1) Post-Corna : New Normal 시대

　미 국립 알레르기전염병연구소 소장 미국 방역 책임자인 앤서니 파우치는 "이제 우리는 전염병 시대의 '새로운 표준'을 준비해야합니다. … 옛날과 같은 일생생활로 돌아갈 수 없다면 우리의 삶은 어떻게 될 것입니까? (Now, we should prepare for the NEW NORMAL of the time of epidemic. … What will happen to our lives when the old routine does NOT RETURN?)"라고 말했다. 또한 국내의 권준욱 중앙방역대책본부 부본부장은 정례브리핑에서 "코로나19 발생 이전 세상은 다시 오지 않는다. 이제는 완전히 다른 세상이다"라고 언급했다.

　경제학상의 뉴 노멀이라는 용어는 세계 최대 채권운용회사 핌코의 최고경영자 모하마드 엘 에리언이 본인의 저서 '새로운 부의 탄생(2008)'에서 2008년 금융위기 이후의 저성장, 규제 강화, 소비 위축, 미국 시장의 영향력 감소 상황 등을 '뉴 노멀'로 명명하였다. 이제, 뉴 노멀(New Normal)은 코로나19 창궐 이후의 삶에도 계속 영향을 미치는 하나의 새로운 표준으로 자리매김하고 있다. 코로나19로 인해 가정에서부터 일터, 사회, 국가단위에 많은 변화가 발생하였고, 코로나19로 인한 사회변화를 통칭하여 뉴 노멀이라고 부르고 언택트(Un-tact)문화, 온라인 시장의 확대, 홈 콘텐츠의 부상 등이 이에 해당한다.

　세계적인 경제잡지인 포춘지는 기업이 코로나 바이러스 (Fortune)에 적응해야 하는 3가지 변화를 다음과 같이 기술하고 있다. 첫째, 더 많은 정부 개입이 있을 것이며 따라서 비즈니스에 대한 더 많은 점검이 있을 것입니다. 세계 각국 정부는 수조 달러를 직접 경제에 투입했으며 금리를 인하하고 다른 형태의 통화 부양책을 적용했다. 둘째, 세계는 비

접촉 경제의 부상을 보게 될 것이다. 특히 디지털 상거래, 원격 의료 및 자동화 (로봇)의 세 가지 영역에서 COVID-19 전염병은 결정적인 전환점이 될 수 있다. 마지막으로 회사는 복원력을 높일 수 있는 방법을 근본부터 다시 생각해야 한다. 이것은 기업이 비즈니스 모델을 조정하는 것이 아니라 근본부터 다시 생각해야한다는 의미이다. 기업은 영속할 수 있는 많은 계획을 수립하거나 임직원을 위한 재택근무 기능을 크게 확장하여야 하기 때문에 백업 및 안전 계획을 수립 또는 강화해야 한다. 기업은 더 빠르고 저비용으로 운영 할 수 있는 방법을 찾고 있습니다. 대면 회의가 사실상 사라지고 원격 작업이 급증했습니다. 이러한 변화는 관리능력을 개선하고 보다 유연한 인력구조를 만들 수 있다.

2) New Normal 특징

기업에서 근무형태가 재택근무로 바뀌어서 궁극적으로는 재택근무가 영구적인 환경으로 전환될 가능성이 높다. 또한 비 대면의 일상화, 디지털 경제 전환 및 디지털 트렌스포메이션이 가속화될 것이다. 이제는 생활의 접점이 오프라인에서 온라인으로 무게 추를 옮겨지고 있으며, 온라인 플랫폼 기반의 온라인 교육, 비대면 의료행위 및 원격근무 등 비대면 활동 속도와 범위가 급속히 증가하는 추세를 보이고 있다. 데이터의 수집 · 축적 · 활용을 위한 인프라와 초고속 정보통신망에 대한 수요가 크게 확대되고 있다. 그러므로 기업의 경쟁력은 앞으로 데이터를 어떻게 적재하고 분석하느냐에 초점에 맞추어진다.

IT관점에서는 클라우드 컴퓨팅과 빅데이터 분석에 대한 요구사항이 더욱 커질 것으로 전망되어, 비대면 서비스의 고도화가 추진되며, 온라인 AI교육 플랫폼, 미래실감형 디지털워크 솔루션, ICT 기반 디지털 의료 기기 개발 등 클라우드 사업 활성화를 위한 서비스의 이용 및 지원이 활성화될 것이다. 데이터 트래픽 또한 폭증하여 엄청난 양의 데이터가 축적되고 양산이 될 것이다. 궁극적으로 비즈니스에서 모빌리티 지원 강화가 중요하고, 코로나19로 비대면, 대고객 서비스에 그치지 않고 기업 내부 업무까지 재택근무, 순환근무 및 분산근무가 일상화될 것이다.

3) Corna 사태에 대한 기업의 대응

실제로 코로나가 발생하자 기업들은 이제까지 겪어 보지 못한 상황에 대하여 준비가 미흡하여 우왕좌왕하였다. 갑작스럽게 찾아온 일하는 방식의 혁신은 혼선과 혼란을 야기하였고, 몸은 집에 있어도 업무 프로세스는 회사에 연동되는 생활이 어색하며, 일부는 재택근무가 더 힘들다는 푸념도 나오기 시작했다. 궁극적으로 일하는 방식의 혁신을 위한 준비가 미흡한 것이었다.

또한 비즈니스연속성계획(BCP)에 전염병 창궐에 따른 상황에 대비한 기업의 보안대책은 준비되지 못하였다. 기업의 대응방법은 한마디로 급변 상황이 발생함에 따라 하나씩 대응하는 수세적인 보안대책이 전부였다. 특히 Value Chain에 대응한 체계적인 보안대책 수립이 미비하였고, 상품개발, 마케팅, 판매, 고객관리, 저장기능과 분산근무 등을 상정하지 않은 보안대책 및 장비와 재택근무에 대한 보안 대책 및 기준이 미흡하였으며 게다가 대기업·공공기관과 중소기업간의 격차는 더욱 심하였다.

〈A 회사 대응 사례〉
재택근무에 따른 보안정책
콜센터 분산에 따른 보안대책 및 기준
핵심 주요 영업인력 분산
(지점에 분산배치) 법인영업인력
화상회의를 통한 보안대책 및 보안기준
IT 운영인력 분산배치
망분리 정책의 불편

4) 기업 종합보안 대책

가. 기업 경영환경변화 방향성

코로나 19에 대응하는 기업경영환경 변화의 방향성은 기존 비즈니스의 혁신과 디지털 사업모델 창출 지원, 디지털 트렌스포메이션의 가속화, 클라우드로의 전환, 업무 환경의 변화, 모빌리티 환경 강화 및 새로운 사이버 공격 포인트 생성 등을 포함하여야 한다. 정부 정책당국이 발표한 포스트 코로나 5대 변화와 포스트 코로나 변화대응 8大 산업전략은 다음과 같다.

〈포스트 코로나 5대 변화〉
① 보건환경
바이러스와의 전쟁이 본격화하면서 감염병 상시화 가능성에 대비해 국가별로 방역시스템이 보강되고 백신·치료제 개발의 레이스가 시작되었다
② 경제활동
코로나19를 계기로 온라인을 통한 非대면 활동의 효용성이 확인되며 경제·산업·교육 등 전반에서 非대면 활동 크게 증가할 것이다. 에릭 존스 존스홉킨스대 교수는 "교육·산업·경제 전반에서 비대면이 대세가 될 것"으로 전망했다.
③ 기업경영
비상계획 수립이 일상화되고 여유재고·인력 유지비용을 감수하는 등 '低비용' 효율중심주의 기업경영이 퇴조할 전망이다. 기업 경영에서 비용 부담, 부채 증가로 투자 여력이 감소하고 긴축 경영이 확산될 것으로 우려된다.
④ 사회가치
'개인과 효율' 보다 상호 의존하는 사회 속에서 연대(solidarity), 공정(fairness), 책임(responsibility) 등의 가치가 부각될 전망이다.
⑤ 교역환경
경제의 지역블록화로 국가간 무역장벽 부활가능성이 있고, 시장안정을 위한 정부 역할이 확대되며 신자유주의 퇴조가 가속화될 전망이다.

〈포스트 코로나 변화대응 8大 산업전략〉
① GVC 재편
글로벌 공급망 재편에 대응해 기업 유턴 활성화, 핵심품목 관리, 밸류체인 핵심기업 유치 등을 통해 투명하고 안전한 첨단제품 생산기지 구축한다.

② 산업현장 리셋
전염병 발생시에도 생산차질을 최소화하는 작업방식을 확산시킨다. 산업 현장의 복원력(resilience)을 극대화하도록 지원한다. 이를 위해 '로봇+인간' 작업방식 설계, 산업별·기업별 방식 표준화 등 생산라인 재배치를 추진한다. 산업 지능화를 통해 생산차질을 최소화하고 생산성을 향상시킨다.
③ K-방역·K-바이오 육성
④ 非대면산업 육성
5G, 디지털인프라, 4차산업혁명 기술을 활용하여 온라인 유통·교육 등 비대면 산업을 기회의 산업으로 선점한다. 온라인 유통, 에듀테크, 스마트 헬스케어 등에 관련 투자를 확대한다.
⑤ 저유가대응
⑥ 기업 활력·투자 촉진
⑦ 경제주체간 연대
⑧ 글로벌 리더십

[표 3-3] 포스트 코로나 5대 변화와 포스트 코로나 변화대응 8大 산업전략
출처: 산업통산자원부 선정 코로나 이후 5대 변화와 8대 과제(2020.5.6.)

나. 정부 추진방향

정부의 방역과 일상이 공존하는 디지털 기술 기반의 '언택트'사회를 대비하기 위한 핵심 기반기술·정보보안·생활 밀착형 추진 사업 방안은 ① 적극적 R&D를 통해 비대면 산업의 기반이 될 클라우드 및 AI, VR/AR, 5G 분야 비대면 요소별 기술 확보, ② 미래형 비대면 서비스 확산 기반 조성, ③ 공공부문 클라우드 도입 제도개선 및 민간 클라우드 사업 활성화를 위한 서비스 이용지원 등을 추진하는 것이다.

다. 예상되는 보안 위협

미국 기업 LOGsign이 예상하는 사이버보안에 있어서 코로나 바이러스의 영향은 다음과 같다.

❶ 악성 이메일 공격
코로나 바이러스가 완전히 해결되지 않으면 모든 기업은 원격으로 작업을 수행하도록

지시받는다. 이제 직원들은 전자 메일 통신에 크게 의존할 것이다. Cynet은 21%의 전자 메일에 "악의적인 웹 사이트" 또는 "악의적인 매크로"로의 리디렉션 및 악용과 같은 고급 기능을 갖춘 악의적인 첨부 파일이 포함되어 있다고 밝혔다.

❷ 원격으로 사용자 자격 증명 손상

임직원들은 비즈니스 연속성을 보장하기 위해 집에서 일하도록 지시받는다. 이를 위해 장치를 사용하여 원격 연결을 설정한다. 이전에는 "SOC (Security Operation Center)"에서 일하는 보안 전문가들이 사이버 공격을 막고 방지하기 위해 예방 및 보안 조치를 취했다. 현자, 그들은 SOC를 벗어 났으며, 데이터 유출 및 사이버 범죄자들이 이러한 상황을 활용할 가능성이 높다.

KPMG's CIO Center of Excellence의 Steve Bates는 원격 작업과 관련된 위험 및 보안 위협을 다음과 같이 예상한다.

① 사회적 거리를 이용하는 CEO 사기
② 사무실에 대한 안전하지 않은 원격 연결
③ 회사 장치의 개인 사용 증가
④ 재정적 스트레스 또는 직업 불확실성에 처한 직원은 내부자 위협으로 위험에 노출
⑤ 집에서의 기밀 유지
⑥ COVID-19와 관련된 피싱 시도

라. 기업종합보안대책

국내기업의 경우 향후 기업보안대책에서는 클라우드 환경에서의 보안 대책, 원격근무, 분산근무 및 재택근무에 따른 보안대책, ZTNA(Zero Trust Network Access)보안 및 필수 보안 수칙 생활화 등의 내용이 포함되어야 한다.

❶ 클라우드 환경에서의 보안 대책

클라우드 IT 환경에서 내·외부 인증, 접근제어, 데이터 암호화, 가시성 확보 등의 보안 강화가 필요하다.

❷ 원격근무, 분산근무 및 재택근무에 따른 보안대책

원격 근무, 원격 회의 등과 같은 온라인 업무(협업)프로그램 사용 급증으로 인한 해당 프로그램의 취약점 대비 필요하며, 외부에서 회사 내부 시스템에 접속하는 외부접속에 대한 철저한 보안 지침 및 수단의 강구가 요청된다.

❸ ZTNA(Zero Trust Network Access)보안

IT 인프라와 데이터는 내부에만 머무르지 않고 물리적 경계와 시간적 제약도 없어지므로 사용자도 단말도 데이터도 절대 신뢰와 안전을 보증할 수 없는 Anytime, Anywhere, Any Device 시대로 변모한다. 그러므로 IP 기반(영역기반)의 보안에서 데이터·서비스 중심의 보안이 필요하다.

❹ 필수 보안 수칙 생활화

최신 SW 업데이트나 백신 사용, 불필요한 메일이나 파일 보지 말기 등 기본적인 필수 보안 수칙의 생활화가 무엇보다도 중요하다.

5) 기업 향후 과제

코로나 19에 따른 기업들의 향후과제는 모빌리티 환경 및 Working·Process Innovation에서의 보안, 거점 오피스 환경에서의 보안 및 디지털 트랜스포메이션 가속화에 따른 보안 등이다.

가. 모빌리티 환경 및 Working · Process Innovation에서의 보안

기존 기업의 업무 프로세스 형태를 언제 어디서든, 그리고 안전하게 접근할 수 있는 플랫폼을 제시하는 것이 필요하다. 일하는 방식의 혁신(Working Innovation), 모바일 기반 업무 혁신, 비대면 디지털화와 보안 및 클라우드 기반의 유연한 IT전략 등을 기업보안 대책에 포함하여야 한다.

생산성의 문제, 일의 집중도, 기업 조직 내부 구성원들간의 신뢰, 보안 등의 문제 해결 절실 및 업무의 생산성을 펜데믹 상황에서도 유지할 수 있는 종합적인 업무 체계에 대한 설계지원이 필요하고, 임시방편적인 재택근무가 아니라 기업의 생산성을 최대한 확보하기 위한 프로세스 환경을 구축할 필요가 있다.

조직의 주요 문서 등 디지털 콘텐츠 유출을 막는 데이터 보안 시스템과 모니터 등 화면을 통한 정보 유출을 보호하는 화면 보안 시스템의 도입이 필요하고, 자택 등 외부에서도 사무실에서와 동일한 수준의 보안을 제공하는 '콘텐츠가상화' 솔루션 등의 콘텐츠 관리 플랫폼의 구축이 요구된다.

나. 거점 오피스 환경에서의 보안

본사 외에 수도권 각지에 거점 오피스를 마련해 임직원의 출퇴근 시간을 최소화하여 출퇴근시간을 10~20분대로 단축해서 효율성 및 근무만족도를 제고하고 New Normal에 적극 대응하여야 한다. 이를 위하여 인공지능(AI) 기반 얼굴 인식 시스템, 좌석 예약시스템, 모바일PC 및 화상회의 시스템 등이 필요하다. 또한 분산근무 등을 반영하여 기업의 불필요한 IT 운영자산을 매각하여 운영자금을 마련할 필요가 있다.

다. 디지털 트랜스포메이션 가속화에 따른 보안

현재의 디지털 트랜스 포메이션 상황을 점검하고 포스트 코로나 이후의 뉴노멀을 위한 IT인프라 구축 필요하다. 코로나로 인해 비대면 시장, 재택근무 및 플랫폼 비즈니

스 등 디지털영역의 시장이 확대되며 디지털 트랜스포메이션이 더 속도를 내게 될 것으로 판단하여 클라우드 컴퓨팅, 각종 비대면을 지원하기 위한 포인트 솔루션, 리스크를 파악하고 분석하기 위한 빅데이터 기술 등의 적극적인 도입이 필요하다.

또한 외부에서 내부 자산에 안전하게 접근할 수 있는 개방형 보안 정책이 필요하며, 기존의인증 및 엑세스 제어, 가상 사설망, End-Point 보호, 데이터 보호 및 개인정보보호 등 확장된 보안 요소를 적용하여야 한다.

(2) POST COVID 19와 개인정보공개

1) 개인정보와 프라이버시

우리는 언제부터 개인정보와 프라이버시를 중요하게 여겼을까? 혼자서 충분히 생활할 수 있는 시대가 도래한 후 Privacy가 중요해졌다. 수렵채집시대에는 보호해줄 사람이 없기 때문에 개인적인 생활은 죽음을 의미하였고, 농업 시대에는 생산, 양육 및 교육 등의 역할을 담당한 가족 공동체 필요하였다. 초기 자본주의 이후에 산업 사회가 되고 직업이 생기면서 Privacy라는 개념이 탄생하였다. 그 전까지는 공공장소에서 공개적으로 일했고, 함께 생활해 왔지만, 기계화, 분업화되면서 혼자서 살수 있게 되면서 사람들을 귀찮아 하는 수준까지 오면서 Privacy라는 개념이 탄생하게 된 것이다.

자본주의 등장과 함께 Privacy는 더욱 발전하게 되었다. 생산성 증가로 가능해진 잉여 식량 생산으로 대부분의 식량 및 주거 문제가 해결되었고, 농사일을 안 해도 디자이너, 의사, 가수 전문 직업인의 등장 및 성장으로 1인 가구가 혼자서 살 수 있는 생태계가 조성되고, 가족과 함께 하지 않아도 모든 게 해결해 주는 시대 심지어 교육까지 혼자 해결하는 시대가 자본주의 등장과 함께 가능하게 되어 프라이버시는 더욱 발전하게 되었고,

프라이버시는 공간영역에서 혼자 있을 권리와 개인권리로서의 자기정보 통제권을 포함하게 되었다.

그러나 개인의 Privacy가 점점 공개될 수 밖에 없는 IOT시대 대비책이 사회적인 이슈로 대두되기 시작했다. IOT 시스템은 충분한 투명성을 확인해서 개인이 자신의 데이터를 계속 통제할 수 있어야 하며, 개인이 스스로의 데이터 주체 권리를 효과적으로 행사할 수 있게 보장해야 한다(제레비 라프킨 '한계비용 제로사회' 中 126P). 스마트 기기의 보급에 따라 NUD 데이터가 Big data형태로 수집되고, 데이터 3법 개정에 따라 보호코다는 활용에 초점으로 변경되고 있는 실정이다.

2) 국내 Privacy 변화

2차 세계대전, 한국전쟁 이후 본격적으로 농촌에서 도시로의 이동이 시작되면서 개인의 사회가 태동하였고 국내의 경우 2011년 9월 개인정보보호법 등이 시행되었다. 앞으로는 개인의 사회, 개인의 프라이버시가 더욱 더 중요해지는 사회가 도래되고 있다.

2020년 8월 5일 지능정보사회에 대해서 데이터 3법이 개정되어 시행되고 있다. 주된 내용은 빅데이터, AI등 기술 환경변화의 반영에 맞는 거버넌스 체계, 개인정보관련 규제 합리화 정책, 정보주체의 동의권 실질화 및 합리화 추진, 개인정보처리자의 책임성 강화(Privacy By Design도입 등), 가명정보 개념도입 및 처리조건 및 제3자 제공에 대한 예외적 허용 요건 추가 등을 포함하고 있다. 최근에는 공동체의 이익과 개인의 성장에 따른 개인정보 공개 충돌 이슈가 발생하고 있다.

개인의 성장은 지식의 대중화로부터 시작되었고, 산업혁명 이후에는 본격적인 대중교육이 시작되었고, 개인들은 데이터화된 정보를 얻고 있다. 데이터 세계에서 개인들은 호기심만 있다면, 무한한 지식과 개인정보를 얻을 수 있는 세상 무한으로 Privacy를 알 수 있는 세상이 도래하였고, 데이터 중심의 세상에는 개인정보 뿐만 아니라 물건이나 기계를 개인이 직접 만들 수 있고, 교육도 개인의 책상 위에서 모두 해결 가능한 시대가 되었다. 개인정보를 이용한 디지털 생산물을 프로그램, 웹페이지, 어플리케이션, SNS 등을 통해서 확보할 수 있고, 개인이 이용·제작할 수 있고 가공이 가능한 시대가 도래한 것이다. 이제 데이터를 얻기 위해서는 수많은 노력도 많은 인력도 필요 없는 시대가 되었다. 이제 데이터 중심 세계의 공익과 개인 프라이버시 문제가 첨예한 사회적 이슈가 되었다. 현대인들은 개인으로 존재하여 개인의 Privacy가 중요하고 '인간은 신으로 부터 자유를 선고 받았다', 또는 '자신 스스로 책임지는 사회로 인간은 불안하고 고독해졌다'라는 관점에서 Privacy 이슈는 국가의 책임이 되었다.

3) 개인정보와 공공재(公共財)

공공재란 시장에서 공급이 불가능한 재화와 서비스를 말한다. 경제학에서 공공재란, 사회적으로 필요 불가결한 것이지만, 사기업에서 제공이 불가능하고 시장이 성립하지 않고, 세금 또는 이용량과 무관한 사람들의 부담으로 공급해야 하는 재산, 또는 서비스라는 것을 말하고 있다.

공공재는 비경합성과 비배제성의 특성을 가진다. 비경합성은 복수이용자에게 동시에 공급할 수가 있으며, 복수 소비자가 동시에 소비할 수가 있다. 비배제성은 특정한 자만이 이용 가능하며, 다른 자는 배제된다는 것은 아니다. 예를 들면, 정부의 경찰 행정과 도로 교통 행정 등의 행정 서비스, 국방서비스, 제방과 다리의 건설·공급 등이 공공재 예이다.

글로벌 시대의 개인정보는 공공재 인가? 개인정보는 정보이기 때문에, 소비하면 없어져 버릴 경우는 없기 때문에 비경합성에는 문제는 없다. 비배제성에 관해서도 어느 특정의 자격이 있는 자(행정기관, 경찰기구, 비용을 부담하는 자 등) 밖에 이용할 수 없다고 하는 것이 없도록 하여 넓게 유통시키면 된다. 개인정보는 행정의 테두리 안으로 받아들여야 한다는 사고방식도 있지만, 그러한 이익은 행정에 독점시켜야 하는 것은 아니라, 일반적인 국민도 기업도 활용할 수 있도록 해야 한다. 개인 식별정보를 포함하는 프라이버시에 속하지 않는 개인정보를 일종의 공공재로서 적극적으로 넓게 유통시켜서 활용하는 것이 좋다고 생각하고 있다. 비식별화, 익명화, 가명화 등 기술적 안정장치와 객관적 검증, 관리적·법적·사회적 안전장치를 마련한 후 공공재로 활용해야 한다.

4) 개인정보공개지침

최근 코로나 19와 관련하여 정부에서 정하고 있는 개인정보 공개지침의 법적근거는 감염병의 예방 및 관리에 관한 법률과 확진환자의 이동경로 등 정보공개지침이다.

<감염병의 예방 및 관리에 관한 법률>

제2조(정의) 이 법에서 사용하는 용어의 뜻은 다음과 같다.
13. "감염병환자"란 감염병의 병원체가 인체에 침입하여 증상을 나타내는 사람으로서 제11조제6항의 진단 기준에 따른 의사, 치과의사 또는 한의사의 진단이나 제16조의2에 따른 감염병병원체 확인기관의 실험실 검사를 통하여 확인된 사람 을 말한다.
제6조(국민의 권리와 의무)
② 국민은 감염병 발생 상황, 감염병 예방 및 관리 등에 관한 정보와 대응방법을 알 권리가 있고, 국가와 지방자치단체는 신속하게 정보를 공개하여야 한다.
제34조의2(감염병위기 시 정보공개)
① 보건복지부장관은 국민의 건강에 위해가 되는 감염병 확산으로 인하여 「재난 및 안전관리 기본법」 제38조제2항에 따른 주의 이상의 위기경보가 발령되면 감염병 환자의 이동경로, 이동수단, 진료의료기관 및 접촉자 현황 등 국민들이 감염병 예방을 위하여 알아야 하는 정보를 정보통신망 게재 또는 보도자료 배포 등의 방법으로 신속히 공개하여야 한다.

시행규칙 제27조의3(감염병위기 시 정보공개 범위 및 절차 등) ① 감염병에 관하여 「재난 및 안전관리 기본법」 제38조제2항에 따른 주의 이상의 예보 또는 경보가 발령된 후에는 법 제34조의2에 따라 감염병 환자의 이동경로, 이동수단, 진료의료기관 및 접촉자 현황 등을 정보통신망에 게재하거나 보도자료를 배포 하는 등의 방법으로 국민에게 공개하여야 한다.

[표 3-4] 감염병의 예방 및 관리에 관한 법률
출처: 중앙방역대책본부 확인환자의 이동경로 등 정보 공개 안내(2판) 2020.04.12.)

〈확진 환자의 이동경로 등 정보 공개 지침〉
① 공개 대상 : 감염병환자
감염병환자란 감염병 병원체가 인체에 침입하여 증상을 나타내는 사람으로서 진단을 통해 감염병이 확인된 사람(법 제2조제13호)
② 공개 시점
「재난 및 안전관리 기본법」 제38조제2항에 따른 주의 이상의 위기경보 발령 시
③ 공개 기간
정보 확인 시 ~ 확진자가 마지막 접촉자와 접촉한 날로부터 14일 경과 시
④ 공개 범위
감염병 환자의 이동경로, 접촉자 현황 등의 정보공개는 역학적 이유, 법령상의 제한, 확진자의 사생활 보호 등의 다각적 측면을 고려하여 감염병 예방에 필요한 정보에 한하여 공개함
○ (개인정보) 확진자 동선공개 시 개인을 특정하는 정보를 공개하지 않음
　* 국가인권위원회 권고사항('20.3.9)
○ (시간) 코로나19는 증상 발생 2일 전부터 격리일까지
　* 역학조사 결과 증상이 확인되지 않는 경우는 검체 채취일 2일 전부터 격리일까지를 대상으로 함
　　○ (장소·이동수단) 확진자의 접촉자*가 발생한 장소 및 이동수단
시간적, 공간적으로 감염을 우려할 만큼의 확진자와의 접촉이 일어난 장소 및
이동수단을 공개함
* 접촉자 범위는 확진환자의 증상 및 마스크 착용 여부, 체류기간, 노출상황 및 시기 등을 고려하여 결정
※ 동거생활, 식사, 예배, 강의, 노래방, 상담 등 비말(침방울)이 배출되는 상황에서 전파가 주로 발생하고 있어 신속하게 접촉자 조사를 실시하여 즉시 자가격리 조치를 시행하고 필요 시 추가 조사

거주지 세부주소 및 직장명은 공개하지 않음
* 단, 직장에서 불특정 다수에게 전파시켰을 우려가 있는 경우 공개할 수 있음
개인을 특정할 수 있는 정보를 제외하고, 가능한 범위 내에서 공간적, 시간적
정보를 특정해서 공개함
* (건물) 특정 층 또는 호실, 다중이용시설의 경우 특정 매장명, 특정 시간대 등
* (상호) 상호명 및 정확한 소재지 정보(도로명 주소 등) 확인
* (대중교통) 노선번호, 호선·호차 번호, 탑승지 및 탑승일시, 하차지 및 하차일시
해당공간 내 모든 접촉자가 파악된 경우 공개하지 않을 수 있음
* 역학조사로 파악된 접촉자 중 신원이 특정되지 않은 접촉자가 있어 대중에 공개할 필요가 있는 경우 공개 가능
동선 상에 소독조치가 완료된 장소는 "소독 완료함"을 같이 공지함

[표 3-5] 확진 환자의 이동경로 등 정보 공개 지침
출처: 중앙방역대책본부 확인환자의 이동경로 등 정보 공개 안내(2판) 2020.04.12)

5) 국제 동향 및 국민 동선공개 의식

국제적인 COVID-19 추적 앱은 분산형, 중앙집중형으로 구분된다. 구글과 애플이 공동개발 운영 방식은 사전동의를 득한 사람만 추적한다.

구체적으로 ①앱 설치 ②단거리 Bluetooth이용 주변사람 스마트폰 기록 수집 → ③ "확진자와 스쳐 지나갔습니다" 라고 경고문만 전송한다. 분산형은 개인정보 저장하지 않고 사생활을 존중한다.

태국의 타이짜나는 쇼핑몰 음식점 들어갈때 검사하는 앱으로 출입 1번, 퇴실 1번을 점검한다. 그 외 중국, 호주, 인도, 영국은 중앙집중형으로 개인정보를 보호 취약하며 이들 정부에서 관리한다. 카타르에서는 COVID-19 추적 앱으로 200만 건의 개인정보가 유출된 사례(2020.05)가 발생하였고, 스위스에서는 COVID-19 추적 앱 사용 법적 근거를 마련중이다.

향후 추적앱 사용에 있어서 정보표준화, 정보관리 투명성제고로 신뢰성을 획득하는 것이 중요하다. COVID-19 추적을 위한 국민 동선 공개 의식조사에서는 80%이상 공개해도 좋다(메르스 때는 20~30% 공개함)로 조사되었고, 전세계 평균은 75%[일본32%(30위), 미국45%(29위)]이다. 사유는 국민 스스로 판단할 수 있도록 정확한 정보를 제공해야 한다는 것이었다. 감염자의 공개해도 좋은 주요 내역은 위치정보, 신용카드 결제정보, 감시카메라 등이고, 예상되는 부작용은 보건소, 구청, 경찰의 수집정보 유출 등이었다.

6) 개선방안

지자체가 공개한 동선을 캡처해서 온라인 카페나 블로그에 상호와 주소 노출에 따른 2차 피해가 예상되므로 포털에 노출된 동선 삭제관련 규정이 필요하고, 감염자와 밀접 접촉자는 추적하되 개인의 익명성을 보장(즉 개인의 신원 및 위치정보를 노출하지 않은 기술적 기법 개발 필요)하는 것이 요구된다.

가능한 스마트기기 GPS 위치정보 OFF 기능 활용 및 스마트폰의 블루투스 통신 기능의 활용이 가능하고, 스마트 기기의 Kiss Switch 기능 사용자 통제 기능 추가 등이 필요하고 가명정보(Pseudonym)를 자신의 스마트폰 내에서 직접 생성하여 보관하며, 확진자 주위 구성원의 변화관리 및 확진자 보호의무 지침 마련이 필요하다. 또한, 개인 동선 보관을 위한 개인정보 수집정보의 표준화, 정보관리 투명성제고로 신뢰성을 가지게 하는 것이 무엇보다도 중요하다.

〈참고문헌〉

- 산업통상자원부, 산업통상자원부 선정 코로나 이후 5대 변화와 8대 과제(2020.5.6.)
- 중앙방역대책본부 확인환자의 이동경로 등 정보 공개 안내(2판) 2020.04.12.)
- 삼성전자 전무 반도체 기술 유출 시도 혐의로 구속, KBS news (2016.12.22.)
- 중국이 'S급' 인재까지 노린다…전업종 전방위 인력유출 비상, 연합뉴스(2016. 8.4)
- KPMG's CIO Center of Excellence

4장

보안 사고 대응

SECURITY CONSULTING AND SECURITY PRACTICE

제4장. 보안 사고 대응

1. 보안사고 조사 및 수사대응

(1) 위기 대응 절차

개인정보가 유출된 경우 4단계의 대응절차를 수행하여야 한다. 대응절차는 1단계 사고인지, 2단계 초기대응, 3단계 유출 통지 및 신고 그리고 마지막인 4단계 후속조치로 구성된다.

1단계인 사고인지단계에서는 유출여부, 유출규모, 회수 여부 및 가능성을 파악하여야 하며, 2단계 초기대응단계에서는 사고대응 TFT구성, 사실관계 파악, 피해최소화 조치, 언론대책 및 민원대책을 수립하여야 한다. 3단계인 유출통지 및 신고단계에서는 정보주체에 대한 통지와 정부관계기관에 대한 신고의 의무를 수행하여야 한다. 마지막 단계인 후속처리단계에서는 유출사고에 대하여 수사기관과 행정기관의 조치에 대응하여야 한다. 무엇보다도 위기관리 매뉴얼에 따른 대응과 위기관리조직 가동, 최고 경영진의 대응원칙 제시 및 신속한 상황 파악 및 보고가 중요하다.

구분	1단계	2단계	3단계	4단계
내용	사고인지	초기대응	유출 통지 및 신고	후속조치
대응	해커협박, 수사기관인지, 자체발견 및 외부제보 등에 의해 인지 유출여부, 유출규모, 회수 여부 및 가능성 파악	사고대응 TFT구성, 사실관계 파악, 피해최소화 조치, 언론대책 및 민원대책 수립	정보주체에 대한 통지와 정부관계기관에 대한 신고의 의무 수행	수사기관과 행정기관의 조치에 대응

[표 4-1] 4단계 대응절차
출처: 김&장, 개인정보관련 형사사건의 최근 유형과 기업의 대응방안, PIS FAIR 2017

위기관리대응 매뉴얼에 의하면 위기의 시작, 위기의 전개, 위기의 심화, 위기의 종결 등의 순으로 대응할 수 있다.

구분	내용	비고
위기의 시작	신원미상의 사람이 고객정보를 해킹했다고 전화로 협박 해킹한 고객정보의 샘플을 메일로 받음	위기관리매뉴얼에 따른 대응 위기관리조직 가동 최고경영진의 대응 원칙제시 조직내 전문그룹의 의견존중 신속한 상황 파악 및 보고
위기의 전개	초등조사 완료 및 해킹사실 확인	피해사실 확인 및 위기상황의 유형 파악 인지경위 및 초등대응상황 파악 위기대응 활동의 증거 보존
	대 고객 사과 및 관계기관 신고	조직의 핵심 지향가치 유지 여론적 사고와 법적 사고 구별 편향적 사고경계(행위자-관찰자-/확증/근접편향)

	언론 보도 자료 배포	소통창구 단일화 및 임직원의 언론개별 접촉 자제 고객혼선 및 억측성 보도 방지 필요 언론대응 실패는 새로운 위기의 시장(불투명한 대응)
위기의 심화	콜센터 항의전화 폭주 및 항의 방문	고객은대 일관성우지(스크립트/에스컬레이션) 콜 트래픽 예측 필요(평소대비 약 20~30%증가) 항의 고객 또는 시위에 대비한 물리적 보안 강화
	감독기관 현장 조사 실시	수사기관 또는 감독기관과의 전략적 목표 공유 조사에 적극 협력은 과징금 산정시 추가적 감경사유 위반행위의 중대성, 위반기간, 조치내역 파악
	고객 탈퇴 및 주가 하락	고객의 2차 피해를 예방하기 위한 조치 필요 단기 처방이 아닌 장기적인 관점의 조치 필요
위기의 종결	일부 고객들로부터 민사소송 제기	해킹방식, 경제적 이익, 피해구제 노력 등 고려한 판결 CISO가 증인으로 채택될 가능성높음 과실(또는 불법행위), 손해의 발생, 인과관계 규명
	사고 원인 관련 조사 위원회 종료	사고조사의 목적은 책임자 징계가 아닌 원인 규명 조사 결과 보고서는 중·장기 계획 수립에 활용 실무자에 대한 신중한 징계
	CEO의 위기상황 종료 선언	보안취약 기업이라는 낙인에 대한 장기적 대책 필요 위기상황을 전화위복의 기회로 삼을 것

[표 4-2] 위기관리 매뉴얼에 따른 대응
출처: 박종섭, 최근사고 사례를 통해 본 기업보호대책, 2018 정보보호최고책임자 CISO 중급과정(코어) 9기

(2) 유출통지 및 신고

개인정보 유출 사실을 인지하였을 경우에는 지체없이 정보주체에게 관련 사실 통지 및 전문기관에 신고 등 조치를 취해야 한다. 개인정보 유출시 지체없이 정보주체에게 유출 사실 통지하여야 하고, 1만명 이상 개인정보 유출시 지체없이 행정자치부 또는 KISA에 신고하여야 한다.

1) 통지방법

구분	내용
통지대상	1건이라도 개인정보 유출시, 정보주체에게 유출관련 사실을 통지
통지시기	5일 이내
통지방법	개별통지-서면, 전자우편, 전화, 팩스, 문자전송 등 ※ 1만명 이상의 개인정보가 유출된 경우, 서면 등의 방법과 함께 인터넷 홈페이지에 7일 이상 게재
통지내용	유출된 개인정보의 항목, 유출된 시점과 그 경위, 정보주체의 피해 최소화 방법, 사업자의 대응조치 및 피해구제 절차, 담당부서 및 연락처

2) 신고방법

가. 한국인터넷진흥원 개인정보침해 신고센터

「개인정보 보호법」, 동법시행령에 따라 개인정보에 관한 권리, 이익 침해 사실 신고의 접수·처리 등에 관한 업무를 담당한다. 개인정보 보호위원회는 「개인정보 보호법」에 따라 아래와 같이 한국인터넷진흥원 개인정보침해 신고센터에 자료제출 요구권 및 조사권을 위탁하고 있다.

신고 절차

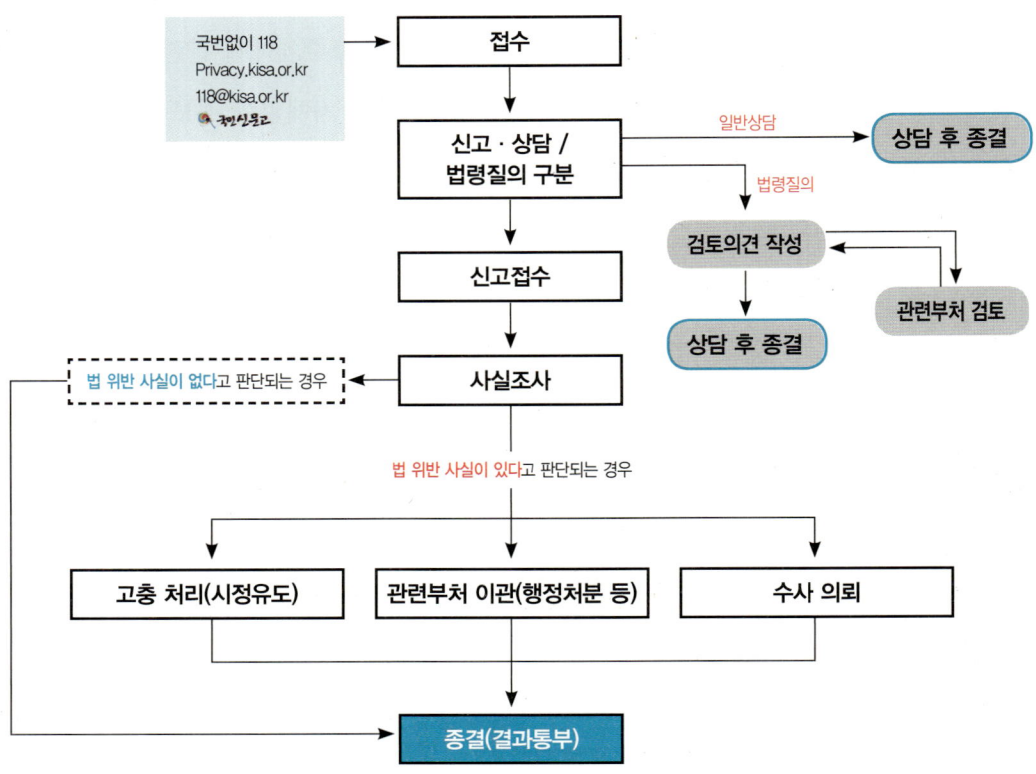

[그림 4-1] 침해사고 신고 절차
출처: 인터넷 진흥원(https://privacy.kisa.or.kr/counsel/privacy/InfoUse.do?tab=tab3)

나. 개인정보노출자 사고예방시스템

신분증 분실 등으로 본인의 개인정보가 노출된 금융소비자가 금융감독원 또는 은행 영업점에 노출사실의 전파를 신청해 올 경우 신청인의 개인정보(성명, 주민등록번호 등)를 금융정보 교환망(FINES)을 통해 금융회사에 전파함으로써 금융회사로 하여금 당해 신청인 명의의 특정 금융거래(신용카드 발급, 예금계좌 개설 등)시 본인확인에 유의토록 하는 시스템이다.

구분	개인정보보호법	정보통신망법	신용정보법
신고 기관	행정자치부 한국인터넷진흥원 한국정보화진흥원(택1)	방송통신위원회, 한국인터넷진흥원(택1) 또는 미래창조과학부, 한국인터넷진흥원(택1)	금융위원회 또는 금융감독원(택1)
신고 사유	1만명이상 정보주체의 개인정보유출시	누출 등의 규모와 상관없이 개인정보 분실, 도난, 누설사고 발생시(건수제한 없음)(방송통신위원회, 한국인터넷진흥원)	1만명이상의 신용정보주체에 관한 개인신용정보가 누설된 경우
신고 시기	지체없이 5일이내 신고	분실, 도난, 누출사고 발생시 : 그 사실을 안 때 지체없이 24시간이내 신고 해킹 등 침해사고발생시 : 사고발생시 즉시신고	지체없이 5일이내 신고
신고 방법	전자우편, 팩스, 인터넷 사이트를 통해 유출사고신고 및 신고서 제출 시간적 여유가 없거나 특별한 사정이 있는 경우에는 전화를 통해 통지내용 신고후 유출신고서 제출 가능	분실, 도난, 누출사고 발생시: 전자우편, 서명, 모사전송, 전화중 어느 하나의 방법 해킹 등 침해사고 발생 시: 특별한 방법·절차는 없으며 신고기관에 즉시신고	금융위원회가 정하여 고시하는 신고서를 금융위원회 또는 금융감독원에 제출 누설에 따른 피해가 없는 것이 명백하고 누설된 신용정보의 확산 및 추가유출을 방지하기 위한 조치가 긴급하게 필요하다고 인정된 경우: 금융위원회 또는 금융감독원에 그 신용정보가 누설된 사실을 알리고 추가 유출을 방지하기 위한 조치를 취한 후 지체없이 신고서를 제출가능

신고 내용	기관명, 통지여부, 유출 개인정보 항목, 규모, 유출시전 경위 유출피해최소화 대책조치 및 결과 정보주체가 할 수 있는 피해 최소화방법 및 구제절차 담당부서 · 담당자 · 연락처	누출 등이 된 개인정보항목 누출 등이 발생한 시점 이용자가 취할 수 있는 조치 정보통신서비스 제공자 등의 대응조치 이용자가 상담 등을 접수할 수 있는 부서 및 연락처	누설된 신용정보의 항목 누설된 시점과 그 경위 누설로 인하여 발생할 수 있는 피해를 최소화하기 위하여 신용정보주체가 할 수 있는 방법 등에 관한 정보 신용정보회사 등의 대응조치 및 피해구제절차 신용정보주체에게 피해가 발생한 경우 신고 등을 접수할 수 있는 담당부서 및 연락처 누설피해를 최소화하기 위하여 취한 조치

[표 4-3] 개인정보 유출시 신고
출처: 이근우, 기업보안을 위한 법률과 정책, 2017년 정보보호 최고책임자(CISO)과정 3기(2017. 7.25)

2003년 11월 금융감독원이 개인정보노출자 사고 예방 시스템이 최초 가동될 당시에는 신분증 분실 등으로 개인정보가 노출된 당사자 본인이 금융감독원에 직접 방문하여 신청하여야 했으나, 2006년 12월부터는 자신이 거래하는 은행 영업점에서도 신청할 수 있도록 개선되었다.

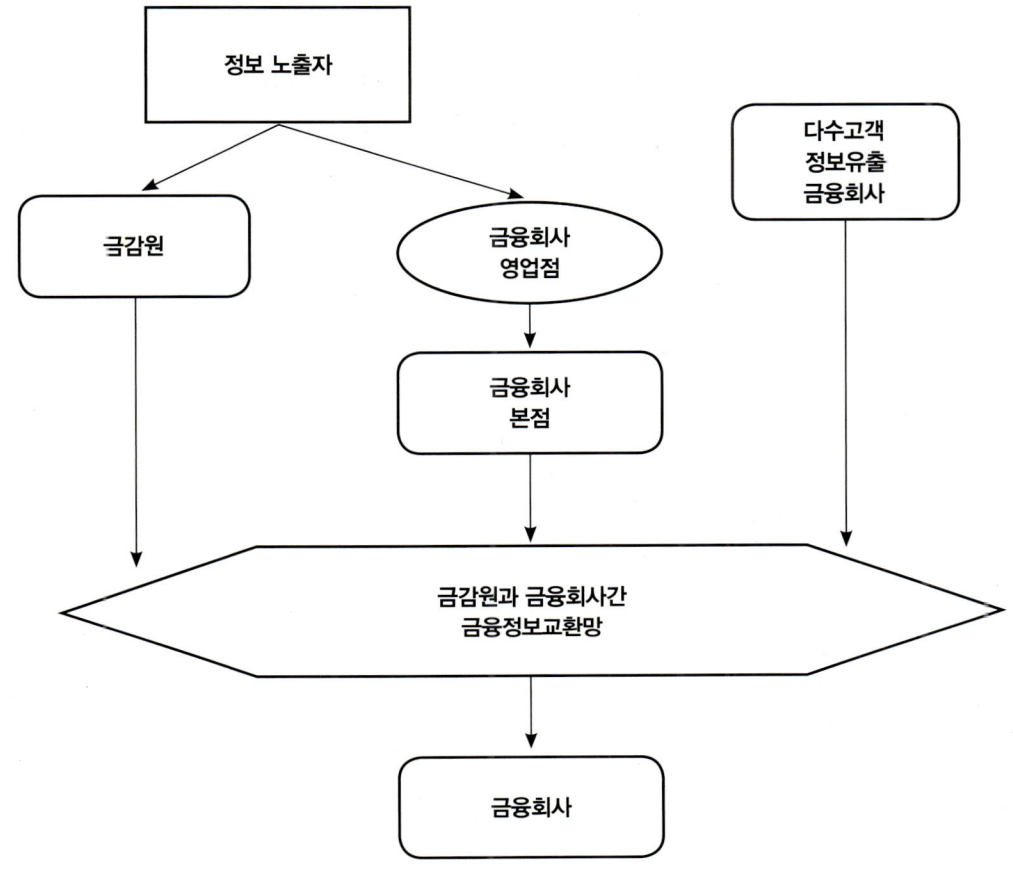

[그림 4-2] 개인정보 노출자 사고예방시스템
출처: 금융감독원 보도자료, 개인정보 노출자 사고예방시스템 개선·가동(2006. 12. 8)

(3) 대외적인 대응

1) 관계기관의 현장조사 대응

관계기관인 행안부 등의 현장조사가 KISA의 협조로 이루어 지고 금융기관의 경우 금융감독원의 검사가 이루어 진다. 조사항목은 접속로그, DB구성도, 해킹 기법 및 사고발생후 사후조치 등에 대하여 광범위하게 이루어진다.

수사기관의 수사는 경찰의 경우 경찰청 사이버테러대응센터와 각 지방 경찰청 사이버 범죄 수사대에서 수행하며, 검찰의 경우 대검찰청 사이버범죄 수사단과 중앙지방 검찰청 첨단범죄 수사부에서 담당한다.

2) 언론대응

위기대응 매뉴얼에서 규정된 절차와 내용에 따라 사내 홍보부서와 협력하여 언론에 대해서 신속하고 객관적이고 정확한 내용위주로 대응을 하며 상황에 따라 완급을 조절하여야 한다.

3) 민원 및 소송 대응

금융기관의 경우 금융감독원에 민원이 제기되거나, 개인이나 단체로 소송이나 지급명령을 제기하는 경우가 많다. 이에 대하여 회사내 법무조직이나 위기대응 TFT가 대응하여야 한다. 소비자단체 등은 법원에 권리침해행위 금지·중지 등에 대하여 단체소송을 제기할 수 있다.

(4) 개인정보보호법 위반 시 양형 기준

1) 개인정보보호법 위반시 양형기준

개인정보보호법 위반시 양형기준은 다음과 같다.

가. 10년 이하의 징역 또는 1억원 이하의 벌금

공공기관의 개인정보 처리업무를 방해할 목적으로 공공기관에서 처리하고 있는 개인정보를 변경하거나 말소하여 공공기관의 업무 수행의 중단·마비 등 심각한 지장을 초래한 자

거짓이나 그 밖의 부정한 수단이나 방법으로 다른 사람이 처리하고 있는 개인정보를 취득한 후 이를 영리 또는 부정한 목적으로 제3자에게 제공한 자와 이를 교사·알선한 자

나. 5년 이하의 징역 또는 5천만원 이하의 벌금

정보주체의 동의를 받지 아니하고 개인정보를 제3자에게 제공한 자 및 그 사정을 알고 개인정보를 제공받은 자

개인정보를 이용하거나 제3자에게 제공한 자 및 그 사정을 알면서도 영리 또는 부정한 목적으로 개인정보를 제공받은 자

제23조제1항을 위반하여 민감정보를 처리한 자

제24조제1항을 위반하여 고유식별정보를 처리한 자

제28조의3을 위반하여 가명정보를 처리하거나 제3자에게 제공한 자 및 그 사정을 알면서도 영리 또는 부정한 목적으로 가명정보를 제공받은 자

제28조의5제1항을 위반하여 특정 개인을 알아보기 위한 목적으로 가명정보를 처리한 자

제36조제2항(제27조에 따라 정보통신서비스 제공자등으로부터 개인정보를 이전받은 자와 제39조의14에 따라 준용되는 경우를 포함한다)을 위반하여 정정·삭제 등 필요한 조치(제38조제2항에 따른 열람등요구에 따른 필요한 조치를 포함한다)를 하지 아니하고 개인정보를 이용하거나 이를 제3자에게 제공한 정보통신서비스 제공자등

제39조의3제1항(제39조의14에 따라 준용되는 경우를 포함한다)을 위반하여 이용자의 동의를 받지 아니하고 개인정보를 수집한 자

제39조의3제4항(제39조의14에 따라 준용되는 경우를 포함한다)을 위반하여 법정대리인의 동의를 받지 아니하거나 법정대리인이 동의하였는지를 확인하지 아니하고 만 14세 미만인 아동의 개인정보를 수집한 자

업무상 알게 된 개인정보를 누설하거나 권한 없이 다른 사람이 이용하도록 제공한 자 및 그 사정을 알면서도 영리 또는 부정한 목적으로 개인정보를 제공받은 자

다른 사람의 개인정보를 훼손, 멸실, 변경, 위조 또는 유출한 자

다. 3년 이하의 징역 또는 3천만원 이하의 벌금

영상정보처리기기의 설치 목적과 다른 목적으로 영상정보처리기기를 임의로 조작하거나 다른 곳을 비추는 자 또는 녹음기능을 사용한 자

거짓이나 그 밖의 부정한 수단이나 방법으로 개인정보를 취득하거나 개인정보 처리에 관한 동의를 받는 행위를 한 자 및 그 사정을 알면서도 영리 또는 부정한 목적으로 개인정보를 제공받은 자

직무상 알게 된 비밀을 누설하거나 직무상 목적 외에 이용한 자

라. 2년 이하의 징역 또는 2천만원 이하의 벌금

위반하여 안전성 확보에 필요한 조치를 하지 아니하여 개인정보를 분실·도난·유출·위조·변조 또는 훼손당한 자

개인정보 파기를 위반하여 개인정보를 파기하지 아니한 정보통신서비스 제공자등

정정·삭제 등 필요한 조치를 하지 아니하고 개인정보를 계속 이용하거나 이를 제3자에게 제공한 자

개인정보의 처리를 정지하지 아니하고 계속 이용하거나 제3자에게 제공한 자

2) 과태료

개인정보보호법 위반시 과태료 조항은 다음과 같다.

① 5천만원이하

1. 제15조제1항을 위반하여 개인정보를 수집한 자
2. 제22조제6항을 위반하여 법정대리인의 동의를 받지 아니한 자
3. 제25조제2항을 위반하여 영상정보처리기기를 설치·운영한 자

② 3천단원 이하

1. 제15조제2항, 제17조제2항, 제18조제3항 또는 제26조제3항을 위반하여 정보주체에게 알려야 할 사항을 알리지 아니한 자
2. 제16조제3항 또는 제22조제5항을 위반하여 재화 또는 서비스의 제공을 거부한 자
3. 제20조제1항 또는 제2항을 위반하여 정보주체에게 같은 항 각 호의 사실을 알리지 아니한 자
4. 제21조제1항·제39조의6(제39조의14에 따라 준용되는 경우를 포함한다)을 위반하여 개인정보의 파기 등 필요한 조치를 하지 아니한 자
4의2. 제24조의2제1항을 위반하여 주민등록번호를 처리한 자
4의3. 제24조의2제2항을 위반하여 암호화 조치를 하지 아니한 자
5. 제24조의2제3항을 위반하여 정보주체가 주민등록번호를 사용하지 아니할 수 있는 방법을 제공하지 아니한 자
6. 제23조제2항, 제24조제3항, 제25조제6항, 제28조의4제1항 또는 제29조를 위반하여 안전성 확보에 필요한 조치를 하지 아니한 자
7. 제25조제1항을 위반하여 영상정보처리기기를 설치·운영한 자
7의2. 제28조의5제2항을 위반하여 개인을 알아볼 수 있는 정보가 생성되었음에도 이용을 중지하지 아니하거나 이를 회수·파기하지 아니한 자
7의3. 제32조의2제6항을 위반하여 인증을 받지 아니하였음에도 거짓으로 인증의 내용을 표시하거나 홍보한 자
8. 제34조제1항을 위반하여 정보주체에게 같은 항 각 호의 사실을 알리지 아니한 자
9. 제34조제3항을 위반하여 조치 결과를 신고하지 아니한 자
10. 제35조제3항을 위반하여 열람을 제한하거나 거절한 자
11. 제36조제2항을 위반하여 정정·삭제 등 필요한 조치를 하지 아니한 자
12. 제37조제4항을 위반하여 처리가 정지된 개인정보에 대하여 파기 등 필요한 조치를 하지 아니한 자
12의2. 제39조의3제3항(제39조의14에 따라 준용되는 경우를 포함한다)을 위반하여 서비스의 제공을 거부한 자
12의3. 제39조의4제1항(제39조의14에 따라 준용되는 경우를 포함한다)을 위반하여 이용자·보호위원회 및 전문기관에 통지 또는 신고하지 아니하거나 정당한 사유 없이 24시간을 경과하여 통지 또는 신고한 자
12의4. 제39조의4제3항을 위반하여 소명을 하지 아니하거나 거짓으로 한 자
12의5. 제39조의7제2항(제39조의14에 따라 준용되는 경우를 포함한다)을 위반하여 개인정보의 동의 철회·열람·정정 방법을 제공하지 아니한 자
12의6. 제39조의7제3항(제39조의14에 따라 준용되는 경우와 제27조에 따라 정보통신서비스 제공자등으로부터 개인정보를 이전받은 자를 포함한다)을 위반하여 필요한 조치를 하지 아니한 정보통신서비스 제공자등
12의7. 제39조의8제1항 본문(제39조의14에 따라 준용되는 경우를 포함한다)을 위반하여 개인정보의 이용내역을 통지하지 아니한 자
12의8. 제39조의12제4항(같은 조 제5항에 따라 준용되는 경우를 포함한다)을 위반하여 보호조치를 하지 아니한 자
13. 제64조제1항에 따른 시정명령에 따르지 아니한 자

③ 2천만원 이하

1. 제39조의9제1항을 위반하여 보험 또는 공제 가입, 준비금 적립 등 필요한 조치를 하지 아니한 자
2. 제39조의11제1항을 위반하여 국내대리인을 지정하지 아니한 자
3. 제39조의12제2항 단서를 위반하여 제39조의12제3항 각 호의 사항 모두를 공개하거나 이용자에게 알리지 아니하고 이용자의 개인정보를 국외에 처리위탁·보관한 자

④ 1천만원 이하

1. 제21조제3항을 위반하여 개인정보를 분리하여 저장·관리하지 아니한 자
2. 제22조제1항부터 제4항까지의 규정을 위반하여 동의를 받은 자
3. 제25조제4항을 위반하여 안내판 설치 등 필요한 조치를 하지 아니한 자
4. 제26조제1항을 위반하여 업무 위탁 시 같은 항 각 호의 내용이 포함된 문서에 의하지 아니한 자
5. 제26조제2항을 위반하여 위탁하는 업무의 내용과 수탁자를 공개하지 아니한 자
6. 제27조제1항 또는 제2항을 위반하여 정보주체에게 개인정보의 이전 사실을 알리지 아니한 자
6의2. 제28조의4제2항을 위반하여 관련 기록을 작성하여 보관하지 아니한 자
7. 제30조제1항 또는 제2항을 위반하여 개인정보 처리방침을 정하지 아니하거나 이를 공개하지 아니한 자
8. 제31조제1항을 위반하여 개인정보 보호책임자를 지정하지 아니한 자
9. 제35조제3항·제4항, 제36조제2항·제4항 또는 제37조제3항을 위반하여 정보주체에게 알려야 할 사항을 알리지 아니한 자
10. 제63조제1항에 따른 관계 물품·서류 등 자료를 제출하지 아니하거나 거짓으로 제출한 자
11. 제63조제2항에 따른 출입·검사를 거부·방해 또는 기피한 자

3) 양벌규정

개인정보 유출시 양벌규정은 다음과 같다.

① 법인의 대표자나 법인 또는 개인의 대리인, 사용인, 그 밖의 종업원이 그 법인 또는 개인의 업무에 관하여 제70조에 해당하는 위반행위를 하면 그 행위자를 벌하는 외에 그 법인 또는 개인을 7천만원 이하의 벌금에 처한다. 다만, 법인 또는 개인이 그 위반행위를 방지하기 위하여 해당 업무에 관하여 상당한 주의와 감독을 게을리하지 아니한 경우에는 그러하지 아니하다.

② 법인의 대표자나 법인 또는 개인의 대리인, 사용인, 그 밖의 종업원이 그 법인 또는 개인의 업무에 관하여 제71조부터 제73조까지의 어느 하나에 해당하는 위반행위를 하면 그 행위자를 벌하는 외에 그 법인 또는 개인에게도 해당 조문의 벌금형을 과(科)한다. 다만, 법인 또는 개인이 그 위반행위를 방지하기 위하여 해당 업무에 관하여 상당한 주의와 감독을 게을리하지 아니한 경우에는 그러하지 아니하다.

4) 기타

개인정보 유출시 개인정보보호법과 신용정보법의 형사처벌은 다음과 같다.

구분	법률명	조문	내용
2년이하의 징역 2천만원이하의 벌금	개인정보보호법	제73조 제1호	안전성 확보에 필요한 조치를 하지 아니하여 개인정보를 분실·도난·유출·위조·변조 또는 훼손당한 행위
5년이하의 징역 5천만원이하의 벌금	개인정보보호법	제71조 제6호	정당한 권한 없이 또는 허용된 권한을 초과하여 다른 사람의 개인정보를 훼손, 멸실, 변경, 위조 또는 유출한 행위
10년이하의 징역 1억원이하의 벌금	개인정보보호법	제70조 제2호	거짓이나 그 밖의 부정한 수단이나 방법으로 다른 사람이 처리하고 있는 개인정보를 취득한 후 이를 영리 또는 부정한 목적으로 제3자에게 제공한 자와 이를 교사·알선한 자
	신용정보법	제50조 제1항	신용정보회사 등과 신용정보의 처리를 위탁받은 자의 임직원이거나 임직원이었던 자가 업무상 알게 된 타인의 신용정보 및 사생활 등 개인적 비밀을 업무목적 외에 누설하거나 이용
위반행위와 관련한 매출액의 3/100이하 또는 50억원 이하의 과징금	신용정보법	제42조의 2 (과징금의 부과)	신용정보회사 등이 기술적, 물리적, 관리적 대책을 수립하지 아니하여 신용정보 및 사생활 등 개인적 비밀을 분실·도난·누출·변조 또는 훼손당한 경우
위반행위와 관련한 매출액의 3/100이하 과징금			신용정보회사 등과 신용정보의 처리를 위탁받은 자의 임직원이거나 임직원이었던 자가 업무상 알게 된 타인의 신용정보 및 사생활 등 개인적 비밀을 업무 목적 외에 누설하거나 이용

[표 4-4] 개인정보 유출시 형사처벌
출처: 구태언, 판례로 알아보는 정보보안 정책, 2017년 정보보호 최고책임자(CISO)과정 3기(2017. 7.25) 내용 수정

2. 분쟁조정, 소송 및 판례

(1) 개인정보분쟁조정

1) 개요

가. 목적

개인정보에 관한 분쟁이 발생하였을 때, 비용이 많이 들고 시간이 오래 걸리는 소송제도의 대안으로서 비용 없이 신속하게 분쟁을 해결함으로써 개인정보 침해를 당한 국민의 피해에 대하여 신속하고 원만하게 피해를 구제하는 것이 목적이다.

개인정보에 관한 분쟁의 조정을 위하여 개인정보 분쟁조정위원회를 둔다. 피해가 다수에게 발생한 경우 집단분쟁조정 신청이 가능하다.

나. 위원회 및 조정부 구성

개인정보분쟁조정위원회는 위원장 1명을 포함한 20명이내의 위원으로 구성 하며, 위원은 당연직위원과 위촉직위원으로 구성한다. 개인정보분쟁조정위원회는 조정업무의 효율적 처리를 위하여 조정부를 설치 할 수 있으며, 조정부는 조정사건의 분야별로 위원장이 지명하는 5명 이내의 위원으로 구성하되 그 중 1명은 변호사 자격이 있는 위원으로 하게 된다. 이러한 조정부가 위원회에서 위임받아 의결한 사항은 개인정보분쟁조정위원회에서 의결한 것으로 간주된다.

다. 기능 및 권한

개인정보분쟁조정위원회는 필요한 경우 조정절차를 진행하기 전에 당사자에게 합의를 권고할 수 있다. 또한 분쟁조정을 위해 필요한 자료의 제공을 분쟁당사자에게 요청할 수 있으며, 분쟁당사자 또는 참고인으로 하여금 위원회에 출석하게 하여 의견을 들을 수 있다. 당사자는 정당한 사유가 없는 한 개인정보분쟁조정위원회의 자료제공 요청에 응해야 한다. 개인정보분쟁조정위원회는 분쟁조정 사건의 심의를 통하여 손해배상 결정 뿐 아니라 피해예방 활동, 법제도 개선 건의, 기업의 잘못된 거래행태에 대한 시정권고 등을 통해 국민의 권리보호 및 기업 능률향상과 건전한 개인정보 이용환경 구축에도 이바지하고 있다.

라. 분쟁조정 범위

개인정보분쟁조정위원회는 「개인정보 보호법」에서 규율하고 있는 개인정보와 관련한 분쟁이외에도 「정보통신망법」, 「신용정보법」, 「의료법」 및 「민법」 등 관련법률에서 규정하고 있는 개인정보 침해사항 등에 대해서도 조정대상에 포함시켜 오고 있으며, 특히 「개인정보 보호법」 시행에 따라 공공기관을 대상으로 한 분쟁조정 사건도 그 대상이 되고 있다. 다만, 타 기관에서 처리함이 타당하다고 판단되는 사건에 대하여는 개인정보분쟁조정위원회의 결정으로 그 사건을 대상에서 제외할 수 있다.

마. 조정의 효력

개인정보분쟁조정위원회의 조정 결정에 대해 신청인과 상대방이 이를 수락하여 조정이 성립될 경우에는 조정서를 작성하게 되며, 조정서의 내용은 「개인정보보호법」에 따라 "재판상 화해" (민사소송법상 확정판결과 동일한 효력)가 부여된다. 조정성립 후 당사자가 결정내용을 이행하지 않을 경우에는 법원으로부터 집행문을 부여받아 강제집행을 할 수 있는 강력한 효력이 있다.

2) 개인정보 분쟁조정

개인정보 처리와 관련하여 당사자 사이에 분쟁이 있을 때 분쟁의 조정을 원하는 자는 누구든지 신청이 가능하며 신청의 내용은 법령 위반행위의 중지, 피해에 대한 손해배상의 청구 또는 개인정보 열람 요구권, 정정요구권, 삭제요구권 등과 같은 적극적 권리 행사도 포함한다.

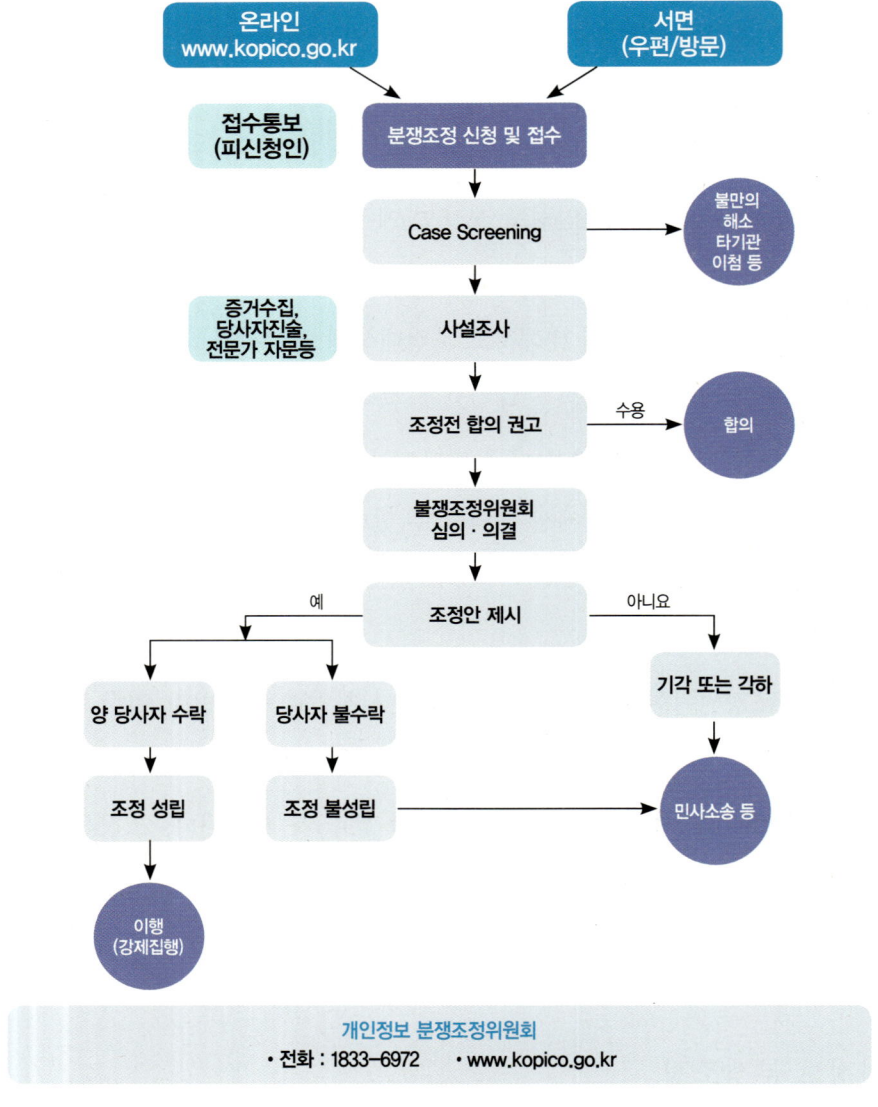

[그림 4-3] 분쟁조정 절차
출처: 개인정보분쟁조정위원회, (https://www.kopico.go.kr/intro/disputeMediatIntro.do)

가. 신청사건의 접수 및 통보

개인정보에 관한 분쟁조정은 웹사이트, 우편, 팩스 등을 통해 신청인이 직접 또는 대리로 신청 가능하며, 분쟁조정사건 접수 시 신청자와 상대방에게 접수사실이 통보된다.

나. 사실확인 및 당사자 의견청취

사건담당자는 전화, 우편, 전자우편, 팩스 등 다양한 수단을 이용해 자료 수집을 통한 분쟁조정 사건에 대한 사실조사를 실시하고, 사실조사가 완료되면 이를 토대로 사실조사 보고서를 작성하여 본 사건을 위원회에 회부한다.

다. 조정전 합의권고

개인정보분쟁조정위원회는 조정에 들어가기 앞서 당사자간의 자율적인 노력에 의해 원만히 분쟁이 해결될 수 있도록 합의를 권고할 수 있으며, 합의권고에 의해 당사자간의 합의가 성립하면 사건이 종결된다.

라. 위원회의 조정절차 개시

조정 전 합의가 이루어지지 않으면 위원회를 통해 조정절차가 진행되고, 조정절차가 진행되면 당사자의 의견 청취, 증거수집, 전문가의 자문 등 필요한 절차를 거쳐 쌍방에게 합당한 조정안을 제시하고 이를 받아들일 것을 권고하며, 이 경우 사건의 신청자나 상대방은 위원회의 회의에 참석하여 자신의 의견을 개진할 수 있다.

마. 조정의 성립

개인정보분쟁조정위원회의 조정을 통하여 내려진 결정에 대하여 조정안을 받을날부터 15일 이내에 신청인과 상대방이 이를 수락한 경우에는 조정이 성립된다. 당사자가 의원회의 조정안을 수락하고자 하는 경우 위원회가 송부한 조정서에 기명날인하여 위원희에 제출한다. 양 당사자가 모두 조정안을 수락하면 조정이 성립되어 조정서가 작성되고 조정절차가 종료된다. 당사자 중 일방이 조정안을 수락하지 않을 경우 민사소송을 제기하는 등 다른 구제절차를 진행하는 것이 가능하다.

바. 효력의 발생

개인정보분쟁조정위원회의 조정 결정에 대해 신청인과 상대방이 이를 수락하여 조정이 성립된 경우 개인정보 보호법 제47조 제5항의 규정에 따라 양 당사자간에는 조정서는 재판상의 화해와 같은 효력이 발생한다.

3) 집단분쟁조정

가. 개념

개인정보 유출사고와 오남용 사고는 대부분 집단성을 띠고 있고, 유출되거나 오남용된 개인정보의 항목이나 피해의 유형도 같거나 비슷하다. 이처럼 작게는 수천 건에서 많게는 수천만 건에 이르는 개인정보 유출 및 오남용 사건을 개별적인 분쟁조정절차를 통해서 처리하게 되면 많은 시간 비용 낭비가 수반된다. 따라서 집단적분쟁사건을 효율적으로 신속하게 처리하기 위하여 하나의 분쟁조정절차를 통해 일괄적으로 해결하는 분쟁조정 제도가 바로 집단분쟁조정제도이다.

집단분쟁조정절차는 개인정보 분쟁조정 절차와 달리 집단분쟁조정절차는 피해 또는 권리침해를 입은 정보주체의 수가 50인 이상이어야 하는 조건이 충족되어야 한다. 또한, 집단분쟁조정 신청사건의 중요한 쟁점은 사실상 또는 법률상 공통되어야 한다.

나. 집단 분쟁조정 신청

의뢰 또는 신청기관인 국가, 지방자치단체, 한국소비자원 또는 소비자단체, 사업자가 개인정보분쟁조정위원회에 서면(집단분쟁조정의뢰·신청서)으로 의뢰 또는 신청가능하다.

다. 신청요건

피해 또는 권리침해를 입은 정보주체의수가 50명 이상이고, 사건의 중요한 쟁점 (피해의 원인이나 결과)이 사실상 또는 법률상 공통되어야 한다.

라. 집단분쟁조정절차의 개시 및 공고

집단분쟁조정을 의뢰 또는 신청받은 개인정보분쟁조정위원회는 위원회의 의결로 집단분쟁조정의 절차를 개시할 수 있고 이 경우 개인정보분쟁조정위원회는 인터넷 홈페이지 또는 일간지에 14일 이상 그 절차의 개시를 공고해야 한다.

마. 참가신청

집단분쟁조정의 당사자가 아닌 정보주체 또는 개인정보처리자가 추가로 집단분쟁조정의 당사자로 참가하려면 해당 사건의 집단분쟁조정 절차에 대한 공고에서 정하는 기간 내에 문서로 신청 가능하다.

바. 조정결정

개인정보분쟁조정위원회는 집단분쟁조정의 당사자 중에서 공동의 이익을 대표하기에 적합한 1인 또는 수인을 대표당사자로 선임할 수 있고, 분쟁조정위원회는 대표당사자를 상대로 조정절차 진행한다. 조정위원회는 집단분쟁조정절차 개시 공고가 종료한 날로부터 60일 이내에 그 분쟁조정을 마쳐야 하며, 부득이한 사정이 있는 경우에는 조정기한을 연장할 수 있다.

조정결정된 내용은 당사자에게 통보되며 당사자가 통보를 받은 날로부터 15일 이내에 분쟁조정의 내용에 대한 수락 여부를 조정위원회에 통보하여야 하며, 이 경우 15일 이내에 의사표시가 없는 때에는 불수락한 것으로 본다.

사. 조정의 효력

조정이 성립된 경우 그 조정내용은 "재판상 화해"와 동일한 효력이 발생한다.

아. 보상권고

개인정보분쟁조정위원회는 피신청인이 분쟁조정위원회의 집단분쟁조정의 내용을 수락한 경우에 집단분쟁조정의 당사자가 아닌 자로서 피해를 입은 정보주체에 대한 보상계획서를 작성하여 조정위원회에 제출하도록 권고 가능하다. 보상계획서 제출을 권고 받은 개인정보처리자는 그 권고를 받은 날부터 15일 이내에 권고의 수락여부를 통지해야 한다. 집단분쟁조정 절차에 참가하지 못한 정보주체에 대해서는 보상계획서에 따라 피해보상을 받을 수 있도록, 분쟁조정위원장은 사업자가 제출한 보상계획서를 일정한 기간 동안 인터넷 홈페이지 등을 통해 알릴 수 있다.

(2) 개인정보분쟁 사례

개인정보침해 피해구제 제도는 개인정보보호법상의 개인정보침해신고, 개인정보분쟁조정 및 민사소송 등이다.

구분	개인정보침해신고상담	개인정보분쟁조정	민사소송
주관	개인정보침해신고센터	개인정보분쟁조정위원회	법원
피해 구제 내용	- 제도개선권고 - 행정처분 의뢰 - 수사 의뢰	- 제도개선권고 - 손해배상 권고	- 손해배상 청구

관련 법규	개인정보 보호법 제62조 ①개인정보처리자가 개인정보를 처리할 때 개인정보에 관한 권리 또는 이익을 침해받은 사람은 개인정보보호위원회에 그 침해사실을 신고할 수 있다.	개인정보 보호법 제40조 ①개인정보에 관한 분쟁의 조정을 위하여 개인정보 분쟁조정위원회를 둔다.	민법 제750조 ①고의 또는 과실로 인한 위법행위로 타인에게 손해를 가한 자는 그 손해를 배상할 책임이 있다.

[표 4-5] 개인정보 피해구제 제도 비교

1) 동의 없는 개인정보 수집

연금 가입 시 녹취한 녹취파일의 내용을 동의 없이 전해 듣고 설명한 행위에 대한 손해배상 요구

■ 사건개요
- 신청인은 피신청인 직원과 국민연금 가입 여부에 이견이 있었고, 이를 확인하기 위하여 연금 가입 시 녹취파일을 메일로 받고 싶다는 의사를 표명하자, 지사 직원은 본사에 요청하도록 안내하여 신청인은 본사와 상담하였음
- 피신청인 지사 직원은 신청인 동의 없이 콜센터에 연락하여 가입 시 녹취한 파일을 확인하고 신청인에게 설명하였음
- 신청인은 연금 가입 시 녹취한 파일을 동의 없이 확인한 것에 대하여 손해배상 등을 요구하는 분쟁조정을 신청

■ 위원회 판단
- 피신청인 지사 직원이 가입대상자의 자격확인 등 연금가입에 관한 업무를 수행하고 있어, 신청인 연금가입에 문제가 있었는지 확인할 필요가 있었음
- 신청인이 콜센터를 통해 연금을 가입하여 피신청인 지사 직원은 연금 가입 시 녹취파일을 확인하는 방법 외에 다른 방법으로는 가입여부를 정확하게 파악할 수 없어, 이는 피신청인이 소관 업무 수행을 위한 불가피한 행위로 판단되므로 「개인정보 보호법」제15조 제1항을 위반한 것으로 보기 어려움
- 개인정보 열람요구 시 피신청인 직원들의 처리절차의 숙지 미흡으로 발생한 것이므로, 피신청인은 재발방지를 위하여 개인정보보호 교육을 실시할 필요가 있음

출처 : 개인정보분쟁조정위원회, 분쟁조정 사례(2020년)

2) 과도한 개인정보 수집

가. 보험금지급 심사 시 보험가입 이전의 병원 방문이력을 과도하게 조회한 행위에 대한 손해배상 요구

■ 사건개요
- 신청인은 장해진단을 받고 보험금지급 청구를 하면서, 피신청인이 보험금지급 심사를 위하여 신용정보집중기관으로부터 신청인의 개인신용정보를 조회하고, 업무수탁자인 손해사정업체에게 신청인의 개인신용정보를 제공하며, 피신청인과 업무수탁자가 위 각 행위에 대하여 질병정보를 처리하는 것을 각각 동의하는 개인(신용)정보처리동의서를 제출하였다.
- 이후 신청인의 동의에 근거하여 피신청인은 보험금지급 심사에 필요한 '보험계약자나 피보험자의 계약 전 알릴의무 위반여부', '해당 후유장해에 대한 보험금액 산정 시 기존 병력' 등을 확인하기 위하여, 신용정보집중기관으로부터 해당보험 가입 이전의 보험금지급 관련 정보를 조회하여 손해사정업자에게 동 정보를 제공하였다.

■ 위원회 판단
- 신청인이 이 사건 보험금지급 청구 시 작성한 개인(신용)정보처리 동의서에 따르면, 신청인은 피신청인이 신용정보집중기관으로부터 이 사건 개인정보를 조회하고, 동 정보를 업무수탁자인 손해사정업체에게 제공한 행위에 대하여 각각 동의하면서 질병정보의 처리에 대해서도 별도로 동의하였는바, 피신청인은 신청인의 동의에 근거하여 이 사건 개인정보를 처리한 것이므로 신용정보법을 위반한 것이 아니다.
- 피신청인이 이 사건 보험금지급을 심사할 때에는 A 보험에 따른 '해당 후유장해에 대한 보험금액 산정 시 기존 병력'과 '보험계약자나 피보험자의 계약 전 알릴의무 위반여부' 등을 확인할 필요가 있어, 피신청인이 신청인의 보험가입 이전의 병원 방문이력을 조회한 행위는 보험금지급 심사에 필요한 개인정보를 수집·이용한 것으로 볼 수 있으므로 신용정보법 제15조 제1항을 위반한 것이 아니다.
- 결국 피신청인의 이 사건 개인정보의 처리는 위법하다고 할 수 없으므로, 그러한 행위가 위법하다는 전제 하에 손해배상을 요구하는 신청인의 주장은 받아들일 수 없다.

출처 : 개인정보분쟁조정위원회, 분쟁조정 사례(2020년)

나. 공공임대주택 임차인의 주택소유현황을 확인하기 위하여 신청인의 개인정보를 수집한 행위에 대한 손해배상 등 요구

■ 사건개요
- 신청인 모친은 공공주택사업자인 피신청인이 관리하는 공공임대주택에 주택임대차계약을 체결(2015년)하고 거주하다, 계약을 해지(2019년)하고 퇴거하였고, 신청인은 모친 자택에 전입신고를 하고 2018년 잠시 거주하였다.
- 피신청인은 신청인 모친과 세대원인 신청인의 주택소유여부를 파악하기 위해 지자체에 확인 요청하였고, 2015년 이후에 거래한 신청인 소유 주택의 물건지 주소, 면적, 취득일, 양도일, 계약일 등과 함께 자료 보유기간을 1개월로 명시한 주택소유현황 결과 자료를 회신 받았다.
- 신청인은 자신의 개인정보를 과도하게 수집하여 개인정보를 침해하였다며 분쟁조정 신청을 하였다.

■ 위원회 판단
- 공공임대주택의 임대차계약을 유지하기 위해서는 세대원인 신청인과 모친이 입주자모집공고일(2015년)부터 임대기간 만료시까지 무주택자격을 유지해야 하고, 피신청인은 입주자 모집 공고일부터 신청인이 임차인의 주민등록표상 세대원이 되기 전 (2015.~2018. 9.) 까지 세대원의 주택소유 여부를 확인할 의무가 있으므로 불필요하게 개인정보를 수집·이용한 것이라고 볼 수 없다.
- 피신청인이 해당 공공임대주택의 임대차계약 존부 확인의 소에 응소하기 위하여 1월을 경과하여 이 사건 개인정보를 이용한 행위는 주택소유여부 확인 결과에 따른 그 후속조치로서 당초 수집목적 범위 내에서 이용한 것이므로 「개인정보 보호법」제21조 제1항에 따른 파기의무를 위반한 것으로 보기 어렵다.

출처 : 개인정보분쟁조정위원회, 분쟁조정 사례(2020년)

3) 수집한 목적 외 이용 또는 제3자 제공
개인정보 보호조치 없이 수사기관에 신상기록카드 등을 제공한 것에 대한 손해배상 등 요구

■ 사건개요
- 피신청인은 신청인의 강등 처분에 따른 경력 재산정이 필요하여 입사 당시 제출서류를 확인하던 중 인정된 경력 등에 중대한 하자를 발견하여, 2019. 9. 법률대리인을 통하여 신청인을 업무방해 등의 혐의로 수사기관에 고소하면서, 주민등록번호가 포함된 고소장과 그 입증자료인 문답서, 신상기록카드를 수사기관에 제출함

■ 위원회 판단
- 「개인정보 보호법」제18조 제2항 제7호는 공공기관인 개인정보처리자는 범죄의 수사와 공소의 제기 및 유지를 위하여 필요한 경우에는 정보주체 또는 제3자의 이익을 부당하게 침해할 우려가 있을 때를 제외하고는 개인정보를 목적 외의 용도로 이용하거나 이를 제3자에게 제공할 수 있다고 규정하고 있음

- 피신청인은 「개인정보 보호법」 제2조 제6호 나목에 따른 공공기관으로서 신청인을 고소할 목적으로 수사기관에 이 사건 개인정보가 포함된 고소장, 문답서, 신상기록카드를 제출하였는바, 이는 공공기관인 개인정보처리자가 범죄의 수사와 공소의 제기 및 유지를 위하여 이 사건 개인정보를 제공한 것에 해당함
- 따라서 피신청인이 공공기관으로서 고소 목적으로 수사기관에 신청인의 개인정보를 제공한 행위는 「개인정보 보호법」 제18조 제2항 제7호에 따른 적법한 행위로 판단됨
- 「개인정보 보호법」 제24조의2 제1항 제1호는 제24조제1항에도 불구하고 개인정보처리자는 법률·대통령령·국회규칙·대법원규칙·헌법재판소규칙·중앙선거관리위원회규칙 및 감사원규칙에서 구체적으로 주민등록번호의 처리를 요구하거나 허용한 경우를 제외하고는 주민등록번호를 처리할 수 없다고 규정하고 있음
- 경찰청 및 검찰청 홈페이지에 공개된 고소장 서식은 주민등록번호 기재란을 두고 있어 피신청인의 입장에서는 이미 입증자료에 기재된 주민등록번호를 고소장에 기재한 것으로 판단되며, 궁극적으로 피고소인을 기소하기 위한 공소장을 작성하기 위해서는 「형사소송법」 제254조 제3항 및 「형사소송규칙」 제117조 제1항에 따라 피고소인의 주민등록번호를 수집·이용하여야 하는바, 피신청인이 신청인의 주민등록번호를 수사기관에 제공한 것은 범죄수사를 위한 주민등록번호의 처리로서 「형사소송법」, 「형사소송규칙」 등 제반규정에 따라 주민등록번호의 처리를 요구하거나 허용한 경우로 판단됨
- 따라서 이 사건에서 피신청인이 신청인의 주민등록번호가 기재된 입증자료를 수사기관에 제공한 것은 「개인정보 보호법」 제24조의2를 위반하였다고 보기 어려움

출처 : 개인정보분쟁조정위원회, 분쟁조정 사례(2020년)

4) 개인정보 취급자에 의한 누설·유출·훼손 등

신청인의 보험관련 민원 제기 사실을 직장 동료에게 유출시킨 것에 대한 손해배상 등 요구

■ 사건개요
- 신청인은 피신청인에게 진단비를 청구하여 보험금을 지급받았으나, 일부 질환에 대해 심사가 누락되었다는 사유로 같은 날 추가 지급 요청을 하였다.
- 이 과정에서 신청인은 보험금 심사 과정에 불만을 느끼고 금융감독원에 민원을 제기하였다.
- 피신청인 담당 직원은 신청인의 직장 정보를 확인한 후 신청인과 같은 직장에 다니는 자신의 지인에게 연락하여 신청인이 피신청인의 전화를 받아줄 것과 금융감독원에 제기한 민원의 취하를 요청해달라고 부탁하였고, 해당 지인은 신청인의 같은 부서 동료에게 연락하여 동일한 내용으로 부탁하였다.

■ 위원회 판단
- 피신청인 담당 직원이 사적으로 자신의 지인에게 이 사건 개인정보를 알린 행위는 계약자에 대한 개인정보가 분실·도난·유출·위조·변조 또는 훼손되지 않도록 관리해야 할 개인정보처리자의 주의의무를 소

홀히 함으로써 제3자에게 이 사건 개인정보가 유출된 것으로 「개인정보 보호법」제29조를 위반한 것이다.
- 피신청인이 제3자에게 이 사건 개인정보를 알린 것은 피신청인의 보상책임과는 관계없는 것으로서 법령상 의무 준수를 위한 불가피한 제공이었다고 볼 수 없고, 제3자에게 신청인과의 연락을 요청한 것 또한 보험금 지급에 필요한 신청인과의 연락 방식이 전화와 문자전송만으로 한정된다고 볼 수 없으므로 신청인의 주장은 받아들일 수 없다.
- 신청인의 보험 관련 민원제기 사실은 사생활과 관련한 정보로서 이러한 정보가 직장 동료들에게 알려지게 된 것에 정신적 고통을 호소하고 있는 점, 이 사건 개인정보를 알게 된 제3자는 신청인과 같은 회사 직원으로서 다른 동료들에게 전파 가능성 등 2차 피해가 우려되는 점, 피신청인은 이 사건 분쟁조정 결정에 이르기까지 신청인에게 사과와 합의에 소극적으로 임하고 있는 점 등을 고려하여 손해배상액을 산정한다.

출처 : 개인정보분쟁조정위원회, 분쟁조정 사례(2020년)

5) 개인정보보호 기술적 · 관리적 · 물리적 조치미비

연락대상을 혼동하여 배우자에게 체납사실을 알린 행위에 대한 손해배상 등 요구

■ 사건기요
- 피신청인은 국세청 산하 지방국세청에 소속되어 관할 구역의 내국세 부과 · 감면 · 징수에 관한 사무를 담당하는 세무행정기관이고, 신청인1은 피신청인 관할 구역에서 일부 국세를 체납한 개인사업자이며, 신청인2는 신청인1의 배우자임
- 피신청인 담당 조사관은 신청인1과 연락하기 위하여 국세정보시스템에서 세대원 연락처가 함께 보이는 가구정보 화면을 조회 후 신청인2에게 연락하여 신청인1의 연락처를 문의하였고, 이 과정에서 신청인2에게 신청인1의 체납사실을 알렸음
- 신청인들은 피신청인이 신청인1의 체납액 징수를 위해 배우자인 신청인2의 연락처를 무단으로 조회하여 연락하고 통화 과정에서 신청인1의 체납사실을 알렸다며 손해배상 등을 요구하는 분쟁조정을 신청함

■ 위원회 판단
- 피신청인의 행위가 국세징수법에 따른 업무수행을 위한 불가피한 경우로 보기 어려워 「개인정보 보호법」 제17조에 해당하지 않음
- 피신청인은 기술적 · 관리적 주의의무를 소홀히 하여 신청인2에게 신청인1의 체납사실을 유출하여 「개인정보 보호법」 제29조를 위반함
- 또한, 피신청인은 특정된 목적 달성에 직접적으로 필요치 않은 개인정보를 처리하지 않도록 해야 할 주의의무를 소홀히 하여 「개인정보 보호법」 제3조를 위반함

출처: 개인정보분쟁조정위원회, 분쟁조정 사례(2020년)

(3) 개인정보 소송 및 판례

1) 개인정보 유출 사고

가. 국내외 개인정보보호 침해사고 현황

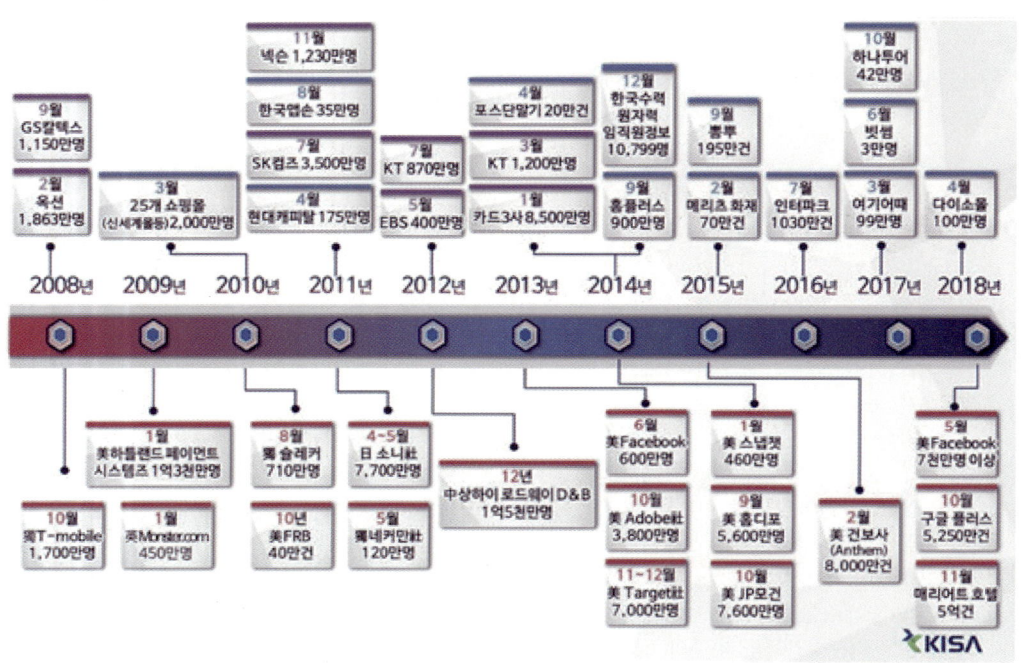

[그림 4-4] 국내외 개인정보보호 침해사고 현황
출처: 박용규, 개인정보 유출사고 연표, G-PRIVACY 2019 (2019.4.10.), (https://www.dailysecu.com)

나. 주요 배상 판결

구분	N소프트	K은행	L전자	S통신
내용	온라인 게임 "0002"이용자 개인정보 수십만명 유출	고객에게 안내메일 보내다 다른 고객명단 파일로 첨부	신입사원 응시원서 인터넷 유출('06. 9월)	초고속 인터넷 고객 가입자 600만명 정보 유출했다 경찰에 적발

소송제기	42명 소송제기('05.5월)	1,026명 소송제기('06. 3월)		2만여명 소송 제기('08.4월)
배상판결	32명에게만 각각 10만원의 배상 판결	1인당 3~10만원 배상판결	일부 원고 1인당 30만원 인정	1인당 10~20만원 인정

[표 4-5] 주요 배상 판결

2) 주요 소송 및 판례

가. 한국사회를 변화시킨 9대 개인정보 유출사고 판례

구분	내용	판결
1	2008년 오픈마켓 사이트 개인정보 유출 사건	대법원 2015. 2. 12. 선고 2013다43994, 2013다44003(병합) 손해배상(기)
2	2008년 수탁 회사 직원에 의한 개인 정보 유출 사건	대법원 2012. 12. 26. 선고 2011다59834, 2011다59858(병합), 2011다59841(병합) 손해배상(기)
3	2011년 커뮤니티·포털 서비스 개인정보 3천만건 유출 사건	- 대법원 2018. 1. 25. 선고 2015다24904, 2015다24911(병합), 2015다24928(병합), 2015다24935(병합) 판결 손해배상(기) - 대법원 2018. 6. 28. 선고 2014다20905 판결 우자료
4	2012년 통신사 전산영업시스템 해킹 사건	1. 대법원 2018. 12. 28. 선고 2017다207994 판결 상고기각 2. 대법원 2018. 12. 28. 선고 2017다256910 판결 파기환송
5	수탁회사 직원에 의한 카드 3사 고객 정보 유출 사건	G 카드에 대한 대법원 판결 - 대법원 2018. 12. 13. 선고 2018다219994, 2018다220000(병합) 판결 2. 3개 카드사에 대한 판결 서울중앙지방법원 2018. 5. 15. 선고 2017가단58305 손해배상(기)
6	2014년 통신사 홈페이지 해킹 사건	1. 서울고등법원 2018. 8. 24. 선고 2016누64533 판결 2. 서울중앙지방법원 2019. 1. 17. 선고 2017나19530 판결

7	제3자 제공 대가로 경품 제공 행사인지 여부가 중요하며 이를 숨긴 것은 표시광고법 위반이라고 판결	1. 행정 사건 : 대법원 2017. 4. 7. 선고 2016두61242 판결 2. 형사 사건 : 대법원 2017. 4. 7. 선고 2016도13263 판결, 서울중앙지방법원 2018. 8. 16. 선고 2016노223 판결(파기환송심) 3. 민사 사건 : 서울고등법원 2018. 8. 31. 선고 2018나2014586 판결
8	글로벌 기업에게 개인정보를 제3자에게 제공한 내역을 정보주체에게 제공하도록 명한 판결	1심 : 서울중앙지방법원 2015. 10. 16. 선고 2014가합38116 판결 2심 : 서울고등법원 2017. 2. 16. 선고 2015나2065729 판결
9	환자 동의 없이 처방 정보 수집 및 판매한 사건	1심 : 서울중앙지방법원 2017. 9. 11. 선고 2014가합508066 판결, 2014가합538302 판결(병합) 2심 : 서울고등법원 2019. 5. 3. 선고 2017나2074963 판결, 2017나2074970 판결(병합)

[표 4-6] 한국사회를 변화시킨 9대 개인정보 유출사고 판례
출처: 한국개인정보법제연구회, 데일리시큐(https://www.dailysecu.com)

나. 주요 판례

❶ 옥션 개인정보유출

■ 개요

2008.1.4.일부터 1.9일까지 4차례에 걸쳐 중국인 해커로 추정되는 자가 옥션의 데이터베이스 서버에 침입하여, 해당 서버에 저장되어 있던 옥션 회원 약 1천만명의 성명, 주민등록번호, 주소, 전화번호, 아이디 등 개인정보가 유출되었다. 고객들은 정보통신망법의 안전성 보호조치 의무 위반을 원인으로 손해배상 청구소송을 제기하였다.

개인정보보호 침해사례에 대한 최초의 대법원 판결(대법원 2015.2.12. 선고, 대법원 2013다43994)로 대법원의 판단기준이며 향후 개인정보보호 침해에 대한 판례의 기준이

되고 있다.

■ 법률적 쟁점

법률적 쟁점은 ① 개인정보의 안전성 확보에 필요한 보호조치를 취하여야 할 법률상 또는 계약상 의무를 위한 판단기준과 ② 손해배상 범위와 인과관계 등이다. 먼저 ① 개인정보의 안전성 확보에 필요한 보호조치를 취하여야 할 법률상 또는 계약상 의무를 위한 판단기준과 관련하여

- ■ 관련 법령이 정보통신서비스 제공자에게 요구하고 있는 기술적, 관리적 보안 조치의 내용
- ■ 해킹 등 침해사고 당시 보편적으로 알려져 있는 정보보안의 기술 수준
- ■ 정보통신서비스제공자의 업종, 영업규모
- ■ 정보통신서비서제공자가 취하고 있던 전체적인 보안조치의 내용
- ■ 정보보안에 필요한 경제적 비용 및 효용의 정도
- ■ 해킹기술의 수준과 정보보안기술의 발전 정도에 따른 피해발생의 회피 가능성
- ■ 수집한 개인정보의 내용과 개인정보의 누출로 인하여 이용자가 입게 되는 피해의 정도 등으로 대법원은 판단기준을 정하였다.

두 번째 쟁점인 ② 손해배상 책임의 범위와 인과관계와 관련하여 대법원은 정보통신서비스 제공자가 해킹 사고를 방지하기 위해서 선량한 관리자로서 취해야 할 기술적·관리적 조치 의무를 위반함으로써 해킹 사고를 예방하지 못한 경우에만 손해배상책임이 존재한다고 소극적으로 판단하였다.

옥션의 경우 개인정보보호를 위한 기술적·관리적 보호조치로서,

- ■ 개인정보 관리계획을 수립, 시행하고,
- ■ 침입탐지시스템 및 침입방지시스템 운영,
- ■ 정보보호정책 및 관리지침 등을 통한 패스워드 작성 규칙 수립·시행

- 복수의 백신소프트웨어 설치·운영하는 등 각종 접근제어방법을 마련하는 등 다수의 보안조치를 취하였고,
- 구 정보통신망법 등 관련 법령상 웹 방화벽 설치가 의무화 되어 있지 않았다는 사정을 고려하면, 개인정보의 안전성 확보에 필요한 보호조치를 위하지 않음으로써 이 사건 해킹 사고를 방지하지 못한 것으로 단정하기도 어렵고 대법원은 개인정보보호 침해사고에 대해서 적극적으로 판시하지 않았다.

대법원 2015. 2. 12. 선고 2013다43994,44003 판결
[손해배상(기)·손해배상(기)] [공2015상,453]

(판시내용)
[1] 정보통신서비스제공자가 이용자의 개인정보 등의 안전성 확보에 필요한 조치를 취하여야 할 법률상 또는 정보통신서비스 이용계약상의 의무를 부담하는지 여부

[2] 정보통신서비스제공자가 구 정보통신망 이용촉진 및 정보보호 등에 관한 법률 제28조 제1항이나 정보통신서비스 이용계약에 따른 개인정보의 안전성 확보에 필요한 보호조치를 취하여야 할 법률상 또는 계약상 의무를 위반하였는지 판단하는 기준 / 정보통신서비스제공자가 구 정보통신망 이용촉진 및 정보보호 등에 관한 법률 시행규칙에 따라 정보통신부장관이 마련한 '개인정보의 기술적·관리적 보호조치 기준'에서 정하고 있는 기술적·관리적 보호조치를 다한 경우, 개인정보의 안전성 확보에 필요한 보호조치를 취하여야 할 법률상 또는 계약상 의무를 위반하였다고 볼 수 있는지 여부(원칙적 소극)

(판결요지)
[1] 정보통신서비스제공자는 구 정보통신망 이용촉진 및 정보보호 등에 관한 법률 시행규칙(2008. 9. 23. 행정안전부령 제34호로 전부 개정되기 전의 것) 제3조의3 제1항 각 호에서 정하고 있는 개인정보의 안전성 확보에 필요한 기술적·관리적 조치를 취하여야 할 법률상 의무를 부담한다.

나아가 정보통신서비스제공자가 정보통신서비스를 이용하려는 이용자와 정보통신서비스 이용계약을 체결하면서, 이용자로 하여금 이용약관 등을 통해 개인정보 등 회원정보를 필수적으로 제공하도록 요청하여 이를 수집하였다면, 정보통신서비스제공자는 위와 같이 수집한 이용자의 개인정보 등이 분실·도난·누출·변조 또는 훼손되지 않도록 개인정보 등의 안전성 확보에 필요한 보호조치를 취하여야 할 정보통신서비스 이용계약상의 의무를 부담한다.

나아가 정보통신서비스제공자가 정보통신서비스를 이용하려는 이용자와 정보통신서비스 이용계약을 체결하면서, 이용자로 하여금 이용약관 등을 통해 개인정보 등 회원정보를 필수적으로 제공하도록 요청하여 이

를 수집하였다면, 정보통신서비스제공자는 위와 같이 수집한 이용자의 개인정보 등이 분실·도난·누출·변조 또는 훼손되지 않도록 개인정보 등의 안전성 확보에 필요한 보호조치를 취하여야 할 정보통신서비스 이용계약상의 의무를 부담한다.

[2] 정보통신서비스가 '개방성'을 특징으로 하는 인터넷을 통하여 이루어지고 정보통신서비스제공자가 구축한 네트워크나 시스템 및 운영체제 등은 불가피하게 내재적인 취약점을 내포하고 있어서 이른바 '해커' 등의 불법적인 침입행위에 노출될 수밖에 없고, 완벽한 보안을 갖춘다는 것도 기술의 발전 속도나 사회 전체적인 거래비용 등을 고려할 때 기대하기 쉽지 아니한 점, 해커 등은 여러 공격기법을 통해 정보통신서비스제공자가 취하고 있는 보안조치를 우회하거나 무력화하는 방법으로 정보통신서비스제공자의 정보통신망 및 이와 관련된 정보시스템에 침입하고, 해커의 침입행위를 방지하기 위한 보안기술은 해커의 새로운 공격방법에 대하여 사후적으로 대응하여 이를 보완하는 방식으로 이루어지는 것이 일반적인 점 등의 특수한 사정이 있으므로, 정보통신서비스제공자가 구 정보통신망 이용촉진 및 정보보호 등에 관한 법률(2008. 2. 29. 법률 제8852호로 개정되기 전의 것, 이하 '구 정보통신망법'이라 한다) 제28조 제1항이나 정보통신서비스 이용계약에 따른 개인정보의 안전성 확보에 필요한 보호조치를 취하여야 할 법률상 또는 계약상 의무를 위반하였는지 여부를 판단함에 있어서는 해킹 등 침해사고 당시 보편적으로 알려져 있는 정보보안의 기술 수준, 정보통신서비스제공자의 업종·영업규모와 정보통신서비스제공자가 취하고 있던 전체적인 보안조치의 내용, 정보보안에 필요한 경제적 비용 및 효용의 정도, 해킹기술의 수준과 정보보안기술의 발전 정도에 따른 피해발생의 회피 가능성, 정보통신서비스제공자가 수집한 개인정보의 내용과 개인정보의 누출로 인하여 이용자가 입게 되는 피해의 정도 등의 사정을 종합적으로 고려하여 정보통신서비스제공자가 해킹 등 침해사고 당시 사회통념상 합리적으로 기대 가능한 정도의 보호조치를 다하였는지 여부를 기준으로 판단하여야 한다.

특히 구 정보통신망 이용촉진 및 정보보호 등에 관한 법률 시행규칙(2008. 9. 23. 행정안전부령 제34호로 전부 개정되기 전의 것) 제3조의3 제2항은 "정보통신부장관은 제1항 각 호의 규정에 의한 보호조치의 구체적인 기준을 정하여 고시하여야 한다."라고 규정하고 있고, 이에 따라 정보통신부장관이 마련한 '개인정보의 기술적·관리적 보호조치 기준'(정보통신부 고시 제2005-18호 및 제2007-3호, 이하 '고시'라 한다)은 해킹 등 침해사고 당시의 기술수준 등을 고려하여 정보통신서비스제공자가 구 정보통신망법 제28조 제1항에 따라 준수해야 할 기술적·관리적 보호조치를 구체적으로 규정하고 있으므로, 정보통신서비스제공자가 고시에서 정하고 있는 기술적·관리적 보호조치를 다하였다면, 특별한 사정이 없는 한, 정보통신서비스제공자가 개인정보의 안전성 확보에 필요한 보호조치를 취하여야 할 법률상 또는 계약상 의무를 위반하였다고 보기는 어렵다.

(참고조문)
[1] 구 정보통신망 이용촉진 및 정보보호 등에 관한 법률 시행규칙(2008. 9. 23. 행정안전부령 제34호로 전부 개정되기 전의 것) 제3조의3 제1항(현행 정보통신망 이용촉진 및 정보보호 등에 관한 법률 시행령 제15조 참조) / [2] 구 정보통신망 이용촉진 및 정보보호 등에 관한 법률(2008. 2. 29. 법률 제8852호로 개정되기 전의 것) 제28조 제1항, 구 정보통신망 이용촉진 및 정보보호 등에 관한 법률 시행규칙(2008. 9. 23. 행정안전부령 제34호로 전부 개정되기 전의 것) 제3조의3 제2항(현행 정보통신망 이용촉진 및 정보보호 등에 관한 법률 시행령 제15조 제6항 참조)

[표 4-7] 대법원 2015. 2. 12. 선고 2013다43994,44003 판결

❷ 홈플러스 침해사건

개인정보보호법위반 · 정보통신망이용촉진및정보보호등에관한법률위반(개인정보누설 등)(이른바 '경품 응모권 1mm 글씨 고지' 등 관련 형사사건)

■ 판결의 의의

- 형사판결
헌법상 개인정보자기결정권의 법적 성질, 개인정보 보호법의 입법 목적, 개인정보 보호법상 개인정보 보호 원칙 및 홈플러스 등 개인정보처리자가 개인정보를 처리함에 있어 준수하여야 할 의무의 내용 등을 고려하여, 개인정보 보호법 제59조 제1호, 제72조 제2호에 규정된 '거짓이나 그 밖의 부정한 수단이나 방법'의 의미와 그 판단 기준을 제시하였음

개인정보처리자가 개인정보를 수집하거나 그 처리에 관한 동의를 받음에 있어,
① 개인정보 보호 원칙과 개인정보 보호법상 부여된 제반 의무를 위반하여서는 아니 되고, ② 개인정보 수집 등의 목적, 수집하는 개인정보의 내용과 규모, 민감정보나 고유식별정보 포함 여부 등에 비추어 볼 때 사회통념상 합당하다고 인정될 수 있는 방법으로 명확하게 동의 사항을 알려야 한다는 기준을 제시하였음

- 행정판결
'기만적인 광고'의 개념에 관한 기존 대법원 판례의 법리를 재확인하면서, 구체적인 판단 기준을 제시하였음

개인정보자기결정권을 침해하는 행위로부터 국민의 자유와 권리를 보호하고자 하는 개인정보 보호법의 입법목적과 부당한 표시 · 광고 행위로부터 소비자의 합리적인 의사결정을 보호하고자 하는 표시광고법의 입법목적 및 관련 법률 조항의 입법취지를 충분히 고려한 판결들로, 향후 개인정보 보호 및 소비자 보호에 기여할 것으로 기대됨

■ 사건의 진행과정

I. 사안의 내용 및 소송 경과
1. 사안의 내용

홈플러스는 2003년경부터 개인정보 판매 영업을 해오던 중 경품행사를 통해 개인정보를 수집하여 이를 판매하는 사업을 기획하였고, 이에따라 보험회사에 개인정보를 판매하는 업무를 전담하던 '보험서비스팀'의 주관 하에 2009년경부터 경품행사를 시작하였음

홈플러스는 라이나생명보험 주식회사, 신한생명보험 주식회사(이하 각 '라이나생명', '신한생명') 등과 경품행사를 통해 수집한 개인정보를 1건당 OOOO원에 판매하기로 하는 업무제휴약정을 체결하고, 2011년 12월경부터 2014년 6월경까지 11회에 걸쳐 경품행사를 실시하여, 그에 응모한 고객 712만 명의 개인정보(성명, 생년월일 또는 주민등록번호, 휴대전화번호, 자녀 수, 부모님과 동거 여부 등)를 수집하고 제3자 제공에 관한 동의를 받았으며, 신한생명과 라이나생명 등에 그 중 약 600만 건을 판매하고 약 119억 원을 지급받았음

이 사건 경품행사는 벤츠 승용차, 다이아몬드 반지 등 고가의 상품을 경품으로 내걸었고, 홈플러스 매장을 방문하거나 물건을 구매하지 않은 사람도 응모할 수 있었으나, 개인정보 수집 등에 동의하지 않은 응모자는 추첨에서 제외되었음

홈플러스는 전단지, 인터넷 홈페이지 등을 통한 경품행사 광고와 응모함, 응모권 등에 경품 사진과 함께 커다란 글씨로 '창립 14주년 고객감사 대축제', '브라질 월드컵 승리 기원', '홈플러스가 올해도 10대를 쏩니다' 등의 문구를 전면에 내세웠을 뿐, 개인정보 수집·제공에 관해서는 아무런 기재를 하지 않았음

개인정보 수집·제공에 관한 내용은 인터넷 응모화면과 15cm×7cm 크기인 응모권의 뒷면에 약 1mm 크기의 글씨로 기재되어 있을 뿐인데, 그 주변에는 더 크거나 눈에 띄는 글씨로 '경품 당첨시 본인 확인을 위하여 주민번호를 기재받고 있습니다.', '경품 추첨이 SMS로 고지되니 (휴대전화번호를) 정확하게 기재하셔야 합니다.'라는 내용 등이 기재되어 있음

검사는 2015. 1. 30. 홈플러스 및 그 임직원인 피고인들이 개인정보를 취득하고 제3자 제공에 관한 동의를 받은 행위에 대하여 개인정보 보호법 제72조 제2호, 제59조 제1호(거짓이나 그 밖의 부정한 수단이나 방법으로 개인정보를 취득하거나 개인정보 처리에 관한 동의를 받는 행위를 한 자를 3년 이하의 징역 또는 3천만 원 이하의 벌금에 처하도록 규정하고 있음)를 적용하여 공소를 제기하였음

공정거래위원회는 2015. 5. 1. 공동으로 경품행사를 주관한 홈플러스 및 홈플러스스토어즈 주식회사(모두 '홈플러스'라는 상호로 대형마트를 운영하고 있음)의 위와 같은 광고행위가 표시·광고의 공정화에 관한법률(이하 '표시광고법') 제3조 제1항 제2호에 정한 기만적인 광고에 해당한다는 이유로, 위 회사들에 과징금 각 3억 2,500만 원과 1억 1,000만 원을 부과하고 유사 광고 행위를 금지하는 내용의 시정명령 및 과징금 납부명령을 하였음

2. 소송 경과
- 형사사건
제1, 2심은 아래와 같은 이유로 피고인들이 무죄라고 판단하였음— 홈플러스는 개인정보 보호법상 개인정보 수집 및 그 처리에 관한 동의를 받을 때 정보주체에게 알려야 하는 사항을 응모권에 모두 기재하였음— 홈플러스가 개인정보를 '유상으로' 제3자에게 제공한다는 사실까지 알려야 할 의무를 부담한다고 볼 수 없고 그와 같은 사항은 응모자들의 동의 여부 결정에 영향을 미치는 핵심적인 사항으로 보이지도 않음— 응모권에 기재된 약 1mm 크기의 글씨는 복권, 의약품 사용설명서 등 다양한 곳에서 통용되는 것으로 경품행사 응모자들도 충분히 읽을 수 있었던 것으로 보이고, 홈플러스는 응모함 옆에 응모권 확대 사진을 부착하였음

이에 대하여 검사가 상고를 제기하였음

- 행정사건
원고 홈플러스, 원고 홈플러스스토어즈 주식회사가 피고 공정거래위원회를 상대로 위 시정명령 및 과징금 납부명령의 취소를 구하는 소를제기하였음
원심(서울고등법원)은 공정거래위원회의 시정명령 및 과징금 납부명령이 적법하다는 이유로 원고들 청구를 기각하였음
이에 대하여 원고들이 상고를 제기하였음

■ 소송의 결과

II. 대법원의 판단
1. 형사사건
– 주문 : 원심 판결 파기 · 환송
– 이 사건의 쟁점
피고인들이 '거짓이나 그 밖의 부정한 수단이나 방법으로' 개인정보를취득하거나 개인정보 처리에 관한 동의를 받았다고 볼 수 있는지 여부
– 판단의 요지
개인정보 보호법 제72조 제2호에 규정된 '거짓이나 그 밖의 부정한 수단이나 방법'이란 위계 기타 사회통념상 부정한 방법이라고 인정되는 것으로서 개인정보 수집 또는 처리에 동의할지 여부에 관한 정보주체(정보에 의하여 알아볼 수 있는 사람으로서 그 정보의 주체가 되는 사람)의 의사결정에 영향을 미칠 수 있는 적극적 또는 소극적 행위를 뜻함

그리고 '거짓이나 그 밖의 부정한 수단이나 방법으로 개인정보를 취득하거나 그 처리에 관한 동의를 받았는지 여부'를 판단함에 있어서는, 그에관한 동의를 받는 행위 그 자체만을 떼어놓고 보아서는 안 되고, 피고인들이 그와 같은 동의를 받게 된 경품행사의 전 과정을 살펴보아 거기에서 드러난 개인정보 수집 등의 동기와 목적, 그 목적과 수집 대상인 개인정보의 관련성, 수집 등을 위하여 사용한 구체적 방법, 개인정보 보호법 등 관련 법령을 준수하였는지 여부 및 취득한 개인정보의 내용과 규모, 특히 민감정보 · 고유식별정보의 포함 여부 등을 종합적으로 고려하여 사회통념에 따라 판단하여야 함

① 피고인들이 이 사건 광고 및 경품행사의 주된 목적을 숨긴 채 사은행사를 하는 것처럼 소비자들을 오인하게 한 다음 경품행사와는 무관한 고객들의 개인정보까지 수집하여 이를 제3자에게 제공한 점,
② 피고인들이 이와 같은 행위를 하면서 '개인정보처리자(업무를 목적으로 개인정보DB를 운용하기 위하여 스스로 또는 다른 사람을 통해 개인정보를 처리하는 법인 등)는 개인정보의 처리 목적을 명확하게 하여야 하고 그 목적에 필요한 범위에서 최소한의 개인정보만을 적법하고 정당하게 수집하여야 한다.'라는 개인정보 보호법상의 개인정보 보호 원칙 및 같은 법에 따라 부담하는 제반 의무를 위반한 점,
③ 피고인들이 수집한 개인정보에는 사생활의 비밀에 관한 정보나 심지어는 고유식별정보도 포함되어 있는 점,

④ 그 밖에 피고인들이 수집한 개인정보의 규모 및 이를 제3자에게 판매함으로써 얻은 이익 등을 종합적으로 고려하여 볼 때, 피고인들은 개인정보 보호법 제72조 제2호, 제59조 제1호에 규정된 '거짓이나 그밖의 부정한 수단이나 방법으로 개인정보를 취득하거나 개인정보 처리에 관한 동의를 받는 행위를 한 자'에 해당함

- 그 밖의 판단

홈플러스 및 그 임직원인 피고인들 중 3인은 이상에서 본 '개인정보취득 등'으로 인한 개인정보 보호법 위반 혐의 외에, 정보주체의 동의를 받지 않고 개인정보 약 443만 건을 제3자(라이나생명과 신한생명)에게 제공한 혐의로 기소되었음. 그리고 라이나생명 또는 신한생명 직원인 피고인 2인은 그와 같은 사정을 알면서도 위 개인정보를 제공받은 혐의로 공소제기되었음
- 제1, 2심은 이 부분 공소사실에 대해서도 무죄를 선고하였음
- 그러나 대법원은 이 부분 원심판결도 유죄 취지로 파기환송하였음
다만, 원심판결 중 검사가 종이문서가 아닌 CD로만 범죄일람표를 제출

하였음에도 무죄로 판단한 부분은, 공소사실이 특정되었다고 할 수 없으므로 원심으로서는 검사에게 공소사실 특정을 요구하고, 검사가 그에 응하지 않으면 그 부분에 대한 공소를 기각하였어야 한다는 이유로 직권으로 파기하였음

2. 행정사건

- 주문 : 상고 기각

- 이 사건의 쟁점

기만적인 광고에 해당하는지 여부

- 판단의 요지

표시광고법 제3조 제1항 제2호에 규정된 '기만적인 광고'는 사실을 은폐하거나 축소하는 등의 방법으로 소비자를 속이거나 소비자로 하여금 잘못 알게 할 우려가 있는 광고행위로서 공정한 거래질서를 해칠 우려가 있는 광고를 말함

표시광고법이 부당한 광고행위를 금지하는 목적은 소비자에게 바르고 유용한 정보의 제공을 촉진하여 소비자로 하여금 올바른 상품 또는 용역의 선택과 합리적인 구매결정을 할 수 있도록 함으로써 공정한 거래질서를 확립하고 소비자를 보호하는 데 있으므로, '기만적인 광고'에 해당하는지 여부는 광고 그 자체를 대상으로 판단하면 되고, 특별한 사정이 없는 한 광고가 이루어진 후 그와 관련된 상품이나 용역의 거래 과정에서 소비자가 알게 된 사정 등까지 고려하여야 하는 것은 아님
원심은, 원고들이 경품행사를 광고하면서 주민등록번호와 휴대전화번호 등의 개인정보 수집과 제3자 제공에 동의하여야만 경품행사에 응모할 수 있다는 것을 기재하지 않은 사실을 인정한 다음, 이는 소비자의 구매 선

택에 중요한 영향을 미칠 수 있는 거래조건을 은폐하여 공정한거래질서를 해칠 우려가 있는 것이므로 표시광고법 제3조 제1항 제2호에 정한 기만적인 광고에 해당하고, 소비자들이 광고 이후 응모권

작성 단계에서 비로소 올바른 정보를 얻어 잘못된 인식을 바로잡을 가능성이 있다는 사정만으로는 달리 볼 수 없다고 판단하였는데, 이는위와 같은 법리에 따른 것으로 정당함

❸ 로앤비 인물정보서비스 사건

■ 개요

공개된 개인정보를 정보주체의 별도의 동의 없이 수집, 제공하는 행위가개인정보자기결정권을 침해하거나 개인정보보호법에 위반되는지의 판단기준에 관한 대법원의 첫 판시임

대법원(주심 대법관 이상훈)은 2016. 8. 17. 피고들이 OO대학교 학과 홈페이지 등에 공개된 원고(위 대학의 교수로 재직 중임)의 사진, 성명, 성별, 출생연도, 직업, 직장, 학력, 경력 등의 개인정보를 원고의 동의 없이 수집하거나 다른 피고들로부터 제공받아 이를 유료로 제3자에게 제공한 행위에 대하여 원고가 개인정보자기결정권 침해로 인한 손해배상을 청구한 사건에서, 「이 사건 개인정보는 이미 정보주체의 의사에 따라 국민 누구나가 일반적으로 접근할 수 있는 정보원에 공개된 개인정보로서 그 내용 또한 민감정보나 고유식별정보에 해당하지 않고 대체적으로 공립대학교 교수로서의 공적인 존재인 원고의 직업적 정보에 해당하여, 피고 주식회사 로앤비 등이 영리목적으로 이 사건 개인정보를 수집하여 제3자에게 제공하였더라도 그에 의하여 얻을 수 있는 법적 이익이 그와 같은 정보처리를 막음으로써 얻을 수 있는 정보주체의 인격적 법익에 비하여 우월하다고 할 것이므로, 피고들의 행위를 원고의 개인정보자기결정권을 침해하는 위법한 행위로 평가할 수는 없다」고 하여, 원심판결 중 피고 주식회사 로앤비에 대하여 일부 손해배상책임을 인정한 부분을 파기 환송하고, 나머지 피고들에 대한 원고의 상고를 기각하였다(대법원 2016. 8. 17. 선고 2014다235080 판결, 피고 주식회사 로앤비: 파기환송, 나머지

피고들: 원고 청구 기각 확정).

- 사안의 내용

원고는 1990년부터 현재까지 OO대학교(1984년 공립대학교로 전환되었다가 2013년 국립대학법인으로 전환됨) 교수로 재직 중임

피고 주식회사 로앤비(이하 '피고 로앤비')는 종합적인 법률정보를 제공하는 사이트인 '로앤비'(이하 '이 사건 사이트')를 운영하는 회사로서, 주식회사 법률신문사로부터 제공받은 법조인 데이터베이스상의 개인정보와 자체적으로 수집하여 데이터베이스로 구축한 국내 법과대학 교수들의 개인정보를 이 사건 사이트 내의 '법조인' 항목에서 유료(개인정보만 따로 떼어내어 판매하는 방식이 아니라 피고 로앤비가 제공하는 다른 콘텐츠와 결합하여 전체적으로 요금을 받는 방식임)로 제공하는 사업을 영위하였음

피고 로앤비는 2010. 12. 17.경 원고의 사진, 성명, 성별, 출생연도, 직업, 직장, 학력, 경력 등의 개인정보(이하 '이 사건 개인정보')를 수집하여 이 사건 사이트 내의 '법조인' 항목에 올린 다음 이를 유료로 제3자에게 제공하여 오다가, 2012. 6. 18. 이 사건 소장 부본을 송달받자 2012. 7. 30.경 이 사건 사이트 내의 '법조인' 항목에서 이 사건 개인정보를 모두 삭제함

이 사건 개인정보 중 출생연도를 제외한 나머지 정보는 OO대학교 학과 홈페이지에 이미 공개되어 있고, 출생연도는 1992학년도 사립대학교원명부와 1999학년도 OO대학교 교수요람에 게재되어 있으며, 피고 로앤비는 이러한 자료들을 통하여 이 사건 개인정보를 수집하였음

나머지 피고들은 피고 로앤비와 유사한 방법으로 수집하거나 다른 피고들로부터 제공받은 원고의 개인정보를 유료로 제3자에게 제공하거나, 원고의 개인정보가 담긴 웹페이지가 포털사이트에 노출되도록 함

■ 대법원의 판단

- 사건의 쟁점
피고 로앤비 등이 원고의 공개된 개인정보를 정보주체의 별도의 동의없이 영리목적으로 수집하여 제3자에게 제공한 행위가 개인정보자기결정권을 침해하거나 개인정보보호법을 위반하여 위법한지 여부
- 판결의 결과
피고 로앤비 패소부분 파기환송
나머지 피고들에 대한 원고 상고기각
- 판단의 근거
개인정보자기결정권 침해 관련 · 개인정보자기결정권이라는 인격적 법익을 침해 · 제한한다고 주장되는 행위의 내용이 이미 정보주체의 의사에 따라 공개된 개인정보를 그의 별도의 동의 없이 영리목적으로 수집 ·

제공하였다는 것인 경우에는, 그와 같은 정보처리 행위로 침해될 수 있는 정보주체의 인격적 법익과 그 행위로 보호받을 수 있는 정보처리자 등의 법적 이익이 하나의 법률관계를 둘러싸고 충돌하게 됨. 이때는 정보주체가 공적인 존재인지, 개인정보의 공공성과 공익성, 원래 공개한 대상범위, 개인정보 처리의 목적·절차·이용형태의 상당성과 필요성, 개인정보 처리로 인하여 침해될 수 있는 이익의 성질과 내용 등 여러 사정을 종합적으로 고려하여, 개인정보에 관한 인격권 보호에 의하여 얻을 수 있는 이익과 그 정보처리 행위로 인하여 얻을 수 있는 이익 즉 정보처리자의 '알권리'와 이를 기반으로 한 정보수용자의 '알 권리' 및 표현의 자유, 정보처리자의 영업의 자유, 사회 전체의 경제적 효율성 등의 가치를 구체적으로 비교 형량하여 어느 쪽 이익이 더 우월한 것으로 평가할 수 있는지에 따라 그 정보처리 행위의 최종적인 위법성 여부를 판단하여야 하고, 단지 정보처리자에게 영리목적이 있었다는 사정만으로 곧바로 그 정보처리 행위를 위법하다고 할 수는 없음

이 사건의 경우, 원고는 공립대학교 교수로서 공적인 존재이고, 이 사건 개인정보의 내용이 민감정보나 고유식별정보에 해당하지 않고 대체적으로 원고의 교수로서의 공공성 있는 직업적 정보인 점, 이 사건 개인정보는 일반인이 일반적으로 접근할 수 있도록 외부에 공개된 매체인 OO대학교 학과홈페이지나 사립대학 교원명부, 1999학년도 OO대학교 교수요람에 이미 공개된 개인정보인 점과 이와 같은 공개를 통하여 추단되는 원고의 공개 목적 내지 의도, 이 사건 개인정보의 성질 및 가치와 이를 활용하여야 할 사회·경제적 필요성, 피고 로앤비 등이 그 정보처리로 얻은 이익의 정도와 그 정보처리로 인하여 원고의 이익이 침해될 우려의 정도 등에 피고 로앤비등이 원고의 명시적 의사에 반하여 이 사건 개인정보를 처리한 것은 아닌점까지 종합적으로 고려하면, 피고 로앤비 등이 영리목적으로 이 사건 개인정보를 수집하여 제3자에게 제공하였더라도 그에 의하여 얻을 수 있는 법적 이익, 즉 정보처리자의 '알 권리'와 이를 기반으로 한 정보수용자의 '알권리' 및 표현의 자유, 정보처리자의 영업의 자유, 사회 전체의 경제적 효율성 등이 그와 같은 정보처리를 막음으로써 얻을 수 있는 정보주체의 인격적 법익에 비하여 우월하다고 할 것이므로, 피고 로앤비 등의 행위를 원고의 개인정보자기결정권을 침해하는 위법한 행위로 평가할 수는 없음

- 개인정보보호법 위반 관련
2011. 3. 29. 법률 제10465호로 제정되어 2011. 9. 30.부터 시행된 개인정보보호법은 개인정보처리자의 개인정보 수집·이용(제15조)과 제3자 제공(제17조)에 원칙적으로 정보주체의 동의가 필요하다고 규정하면서도, 그 대상이 되는 개인정보를 공개된 것과 공개되지 아니한 것으로 나누어 달리 규율하고 있지는 않음

정보주체가 직접 또는 제3자를 통하여 이미 공개한 개인정보는 그 공개 당시 정보주체가 자신의 개인정보에 대한 수집이나 제3자 제공 등의 처리에 대하여 일정한 범위 내에서 동의를 하였다고 할 것임

이와 같이 공개된 개인정보를 객관적으로 보아 정보주체가 동의한 범위 내에서 처리하는 것으로 평가할 수 있는 경우에도 그 동의의 범위가 외부에 표시되지 아니하였다는 이유만으로 또다시 정보주체의 별도의 동의를 받을 것을 요구한다면 이는 정보주체의 공개의사에도 부합하지 아니하거니와 정보주체나 개인정보처리자에게 무의미한 동의절차를 밟기 위한 비용만을 부담시키는 결과가 됨

다른 한편, 개인정보보호법 제20조는 공개된 개인정보 등을 수집·처리하는때에는 정보주체의 요구가 있으면 즉시 개인정보의 수집 출처, 개인정보의처리 목적, 제37조에 따른 개인정보 처리의 정지를 요구할 권리가 있다는사실을 정보주체에게 알리도록 규정하고 있으므로, 공개된 개인정보에 대한정보주체의 개인정보자기결정권은 기러한 사후통제에 의하여 보호받게 됨

따라서 이미 공개된 개인정보를 정보주체의 동의가 있었다고 객관적으로인정되는 범위 내에서 수집·이용·제공 등 처리를 할 때는 정보주체의 별도의 동의는 불필요하다고 보아야 할 것이고, 그러한 별도의 동의를 받지 아니하였다고 하여 개인정보보호법 제15조나 제17조를 위반한 것으로 볼 수없음

그리고 정보주체의 동의가 있었다고 인정되는 범위 내인지는 공개된 개인정보의 성격, 공개의 형태와 대상범위, 그로부터 추단되는 정보주체의 공개의도 내지 목적뿐만 아니라, 정보처리자의 정보제공 등 처리의 형태와 그정보제공으로 인하여 공개의 대상범위가 원래의 것과 달라졌는지, 그 정보제공이 정보주체의 원래의 공개 목적과 상당한 관련성이 있는지 등을 검토하여 객관적으로 판단하여야 함

이 사건의 경우, 원고가 OO대학교 학과 홈페이지 등을 통하여 이미 공개한개인정보의 성격, 그 공개의 형태와 대상범위, 거기에서 추단되는 원고의공개 의도 내지 목적과 아울러, 피고 로앤비 등이 이 사건 사이트를 통하여제3자에게 제공한 이 사건 개인정보의 내용이 원고가 원래 공개한 내용과다르지 아니한 점, 피고 로앤비 등의 정보제공 목적도 원고의 직업정보를제공하는 것으로서 원고의 원래 공개목적과 상당한 관련성이 있다고 할 것 인 점, 피고 로앤비 등의 행위로 원고의 개인정보에 대한 인식범위가 당초원고에 의한 공개 당시와 달라졌다고 볼 수도 없는 점 등을 종합하면, 피고로앤비 등이 이 사건 개인정보를 수집하여 제3자에게 제공한 행위는 원고의 동의가 있었다고 객관적으로 인정되는 범위 내라고 봄이 타당하고, 피고로앤비 등에게 영리목적이 있었다고 하여 달리 볼 수 없음. 결국 피고 로앤비 등이 원고의 별도의 동의를 받지 아니 하였다고 하여 개인정보보호법 제15조나 제17조를 위반하였다고 볼 수도 없음

■ 판결의 의의

– 공개된 개인정보를 정보주체의 별도의 동의 없이 수집, 제공하는 행위가개인정보자기결정권을 침허하거나 개인정보보호법에 위반되는지의 판단기준에 관한 대법원의 첫 판시임

❹ 2012년 KT 해킹사건

■ 개요

2012년 해커 2명에 의해 KT 휴대전화 가입자 870만명 개인정보 유출사고 발생했다. 고객정보 유출 방법은 고객정보 몰래 조회할 수 있는 해킹 프로그램을 만들어 영업대

리점 PC에 설치하여 고객정보 처리시스템 이용 4개월간 ('12.2월~5월) 정상조회처럼 위장하여 소량씩 이름, 주민등록번호, 휴대전화 가입일, 고객번호, 사용요금제, 기기변경일 등 고객정보 무단 인출하였다.

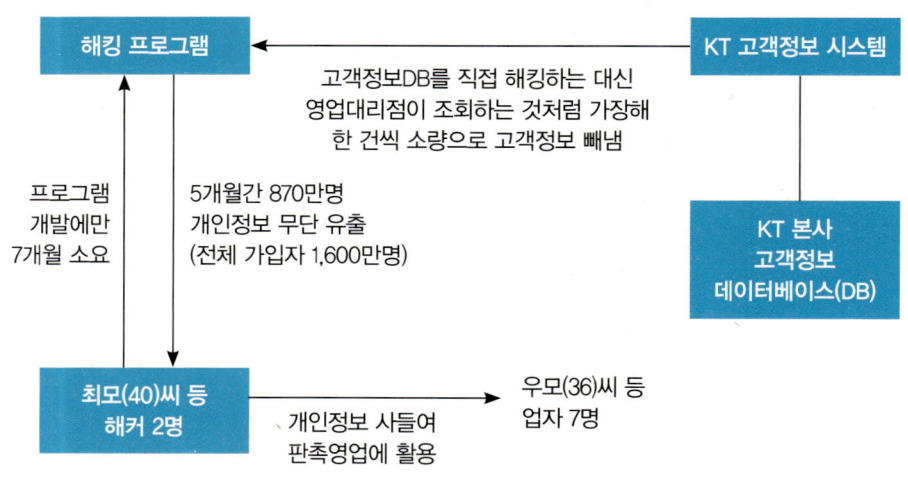

[그림 4-5] KT휴대전화 가입자 개인정보 유출
출처: 연합뉴스, KT 휴대전화 가입자 870만명 개인정보 유출(2012.7.29.)

■ 법원 판결

1심은 KT가 소송 손해배상 청구소송 원고에게 10만원 지급 판결을 하였다. 재판부는 고객정보 보호를 위한 노력을 다 하지 못했다고 판단해 손해배상 참여자 81명에 대해 10만원을 지급하라고 판결하였다.

2심 판결에서는 원고들의 사건 청구가 기각되었다. 재판부는 KT가 개인정보 유출 방지에 관한 기술적, 관리적 보호조치를 이행하지 않은 과실로 인해 이 사건 정보유출 사고가 발생했다고 보기 어렵기 때문에, KT가 정부통신망법 관련 법령상의 기술적, 관리적 보호조치 위반을 전제로 한 원고들의 사건 청구를 기각한다고 밝혔다.

■ 시사점

KT 2012년 정보유출 사고에 대한 판결은 정보유출 당시 관련 법령에서 정한 기술적, 관리적 보호조치를 기준으로 보안조치 내용, 회피 가능성, 이용자의 피해 정도 등을 고려한 사항으로, 지금 시점에서 유사사례 발생 시 다르게 판결될 가능성이 매우 크다.

2014년 카드사 정보유출 사고 이후 금융기관의 책임을 강화하는 방향으로 법 및 관련 규정 개정되었으며, 금융위원회에서는 금융IT부문에 자율보안을 강화하는 방향으로 정책을 추진하였다. 그 결과 2014년 개인정보보호법 개정에 따라 징벌적 과징금 도입하였고 2016. 6월 "금융IT부문 자율보안 체계 확립방안(금융위원회)"에 따라 규제의 패러다임을 사건규제에서 사후규제로 전환(자율보안 체제로 전환)하였다.

원고 주장	법원 판결 검토	현황 점검(예시)
개인정보 유출 방지를 위한 관리적·기술적 보호조치 위반	• 서비스제공자가 정통망법에서 정한 기술적·관리적 보호조치 기준으로 안전성확보에 필요한 보호조치를 했으면 법률상 또는 계약상 의무 위반으로 보기 어렵다	• ISMS 점검항목에 관리적, 기술적 보호조치 항목이 포함되어 연1회 점검 수행 • 2017년 PIMS 기준 점검체계 수립 및 점검수행
개인정보처리시스템 접근권한 관리 취약점 있음	• 외부사용자 접근 시 4단계 인증 절차를 거쳐 접근이 이뤄지고 있으며, 정통망법 기준 고시에서 정한 기술적·관리적 보호조치를 다하지 못한 것으로 보기 어렵다	• ID/PW, IP, Mac Address, 단말기 인증 필요 • 방카슈랑스 ID/PW로 인증 (외부 IP 접속 차단)
퇴직자 접속권한 말소하지 않아 퇴사자 계정으로 고객정보조회 시스템 접속	• 퇴직자의 개인정보처리시스템 접속 권한을 말소하였고, 권한을 말소하지 않아 정보유출을 초래한 것으로 볼 수 없음	• 임직원 퇴직 시 인사정보 반영 자동 말소 • 외부직원 철수 시 정보보호 서약서에 계정 담당자 시스템 계정삭제 확인점검 수행 후 제출

이상징후 모니터링으로 개인정보 유출 확대를 막을 수 있었음	• 로그정보를 별도 저장하고, 1일 1,000건이 넘는 경우 경고메시지를 보내는 등 접속기록 관리하여 고시 규정을 준수한 것으로 볼 수 있음 • 제3자가 정상적인 AUT 서버를 우회하여 로그서버DB에 기록을 남기지 않은 채 정보유출 했을 가능성을 예상하기 어려웠을 것이므로 그러한 사유로 기술적·관리적 보호조치를 다하지 못한 잘못이 있다고 볼 수 없음 • 피고가 이사건 고시 제5조 제1항을 위반하였다는 점을 인정하기 부족 하고, 달리 이를 인정할 증거 없다	• 서버에서 100,000건 이상 조회 건에 대해 사유(근거) 유무 확인 • DB는 미들만, 서버는 시큐어가드 통해 접속기록 점검(접속기록 월1회, 접속권한 분기1회) • 사용자 권한별 화면접근 권한을 부여하여 권한 없이 고객 정보 조회화면 접근 불가 (고객정보 조회 시 추가 PW 입력 필요) • 방카슈랑스는 고객명, 주민번호 입력하여 정보조회 가능
개인정보 전송 시 주민번호 암호화 및 암호키 관리 소홀	• 인터넷망을 통해 개인정보를 송·수신하는 경우 개인정보를 암호화 하라는 것임 • 이 사건 고시 제6조 3항에서 요구 하는 암호화에 관한 기술적·관리적 보호조치를 위반하였다는 것을 인정 하기 부족하고, 달리 이를 인정할 증거가 없다	• 고객정보 DB 암호화 : 비밀번호(일방향), 식별번호, 주소, HP, 전화번호, 카드번호, E-mail • 송수신 시 인터넷 구간에는 암호화 되고 있으나, 내부 구간에서는 암호화 미적용 (개보법 시행령30조, 고시 안전성확보조치 7조 정보 통신망을 통하여 송신하는 경우 암호화 대상)

[표 4-8] 법원 판결 주요 쟁점사항

3. 카드 3사 유출사건

(1) 최근의 사고 현황

시기	사고 내용
2008.01	옥션, 1,863만, 성명불상자해킹, 원고청구기각
2008.09	GS칼텍스, 1,125만, 자회사직원유출, 원고청구기각확정(유통 되지않아 위자료 인정 안됨)
2010.03	신세계몰 등 35개 사업자, 부산1,300만, 인천2,000만, 개인정보판매 일당 검거 및 사업자입건, 방통위, 35개 사업자에게 과태료·시정명령
2011.04	현대캐피탈, 175만, 성명불상자 해킹, 경찰수사, 금감원처분(기관경고 및 임직원 제재)
2011.07	SK컴즈, 3,500만, 성명불상자 해킹, 검찰SK컴즈 임원 불입건
2011.08	삼성카드, 47만, 자사직원이 유출, 금감원, 임직원에대한제재
2011.11	넥슨, 1,320만, 성명불상자 해킹, 방통위 과징금 771백만원, 과태료15백만원, 검찰혐의 없음(증거불충분) 처분
2012.05	EBS, 422만, 해킹, 방통위, 과징금·과태료·시정명령부과
2012.07	KT, 873만, 해킹(검거)
2012.10	연예기획사등, 413만, 구글링, 피의자구속기소
2013.02	코웨이, 198만, 자사직원이유출, 안행부, 과태료처분
2013.04	IBK직원정보유출적발, 고객8,000여명의 신용정보, 개인정보유출시도
2013.05	손보사개인정보유출, 한화손보고객16만명, 메리츠화재고객16만명
2013.11	은행대출정보유출, 한국SC은행103,000건, 한국씨티은행34,000건
2014.01	신용카드3사, 10,400만건, 수탁사 직원이 유출, 형사처벌: 유출자3년, 유통업자 3년6월 확정, 영업정지3개월, 임직원제재
2014.03	KT, 982만, 해킹(검거), 방통위, 과징금·시정명령 등 처분, 보안팀장 입건 했으나 불기소

[표 4-9] 최근 사고현황

(2) 카드 3사 개인정보 유출사례

1) 개요

2014년 1월 사상 최대의 개인정보 유출 사건이 발생했다. KB국민카드(5300만건), NH농협카드(2500만건), 롯데카드(2600만건) 등 3개 카드사에서 유출된 개인정보는 1억 400만건이었다. 유출된 개인정보의 내용은 고객이름, 주민번호, 휴대전화번호, 주소, 카드번호, 주거상황, 카드신용한도금액, 카드신용등급, 카드결제일, 카드결제계좌, 카드 유효기간 등 19종의 개인정보였다.

카드 3사의 경영진이 사퇴하는 것은 물론 카드3사 사장이 직접 대국민 사과를 하였다. 정보유출 사실이 알려진 한 달 사이 300만건에 달하는 고객들이 해지신청을 하고, 정보유출의 책임을 묻는 손해배상소송도 제기되었다. 1억400만건의 고객정보를 유출하고도 카드 3사가 받는 제재는 영업정지 3개월과 1000만~1500만원의 벌금이 전부였다.
원인은 부실한 내부단속에 기인하였는데, 부정사용방지시스템(FDS) 개발을 위해 카드사에 파견 근무를 나갔던 신용평가사 코리아크레딧뷰로(KCB)의 직원이 USB를 이용해 개인정보를 무작위로 내려 받은 것이었다.

2017년 2분기 기준으로 KB국민카드의 정보유출 관련 소송건수는 119건으로 소송인원과 소송액은 각각 8만3000명, 103억9,200만원이고, NH농협카드는 126건, 소송인원 5만5,354명, 소송액은 103억6,000만원이며, 롯데카드는 82건, 3만1,509명, 소송액은 50억2,900만원이다. 따라서 전체 소송건수 327건, 소송인원 16만9,863명으로 정보유출 고객이 1억400만명인데 비해 소송규모는 적은 편이다.

2) 관련 판례

<서울중앙지방법원 2014가합513860, 2014가합511970, 2015가합532332, 2014가합563384>
2014년 카드사 정보유출 피해자, 1인당 10만원씩 배상받는다.

지난 2014년 발생했던 카드사 고객정보 대량 유출사태의 피해자들이 카드사로부터 10만원씩 배상받게 됐다. 서울중앙지법 민사22부(재판장 박형준 부장판사)는 22일 이모씨 등 2306명이 ㈜KB국민카드와 신용정보회사 코리아크레딧뷰로(KCB)를 상대로 "1인당 20만원씩 지급하라"며 낸 손해배상청구소송(2014가합513860)에서 "이 씨 등에게 1인당 10만원씩을 배상하라"며 원고일부승소 판결했다. 또 박모씨등 2212명이 ㈜KB국민카드와 KCB를 상대로 낸 소송(2014가합511970)과 고모씨 등 142명이 농협은행을 상대로 낸 소송(2015가합532332), 강모씨 등 545명이 농협은행을 상대로 낸 같은 소송(2014가합563384)에서도 "피해자들에게 1인당 10만원씩 배상하라"고 판결했다.

재판부는 판결문에서 "주민번호 등 사생활과 밀접한 정보가 유출됐으며 일부는 여전히 회수가 안 돼 앞으로도 제3자가 열람할 가능성이 크다"며 "사회적 통념에 비춰 피해자들에게 정신적 고통이 발생한 점이 인정된다"고 밝혔다. 이어 "카드회사는 개인정보보호법상 의무를 위반해 고객의 개인정보가 유출된 원인을 제공했으며 KCB도 직원에 대한 감독 의무를 다하지 못했다"며 "카드회사와 신용정보회사에게 배상책임이 인정된다"고 설명했다.

2014년 초 KB국민카드 등 카드사에서 1억건이 넘는 고객정보가 유출되는 사고가 발생했다. KCB 직원이 카드사 시스템 개발 과정에서 보안프로그램이 설치되지 않은 PC로 개인정보를 빼돌리다가 발생한 일이었다. 유출된 개인정보는 상당수 회수·폐기됐지만 일부는 대출중개업체 등에 넘어가 전화영업 등에 쓰였다. 이에 피해자들은 정신적 고통을 배상하라며 잇따라 소송을 냈다.(법률신문 2016-01-22)

법원(서울 남부 2014 가합101508, 서울중앙2014가합511970, 서울중앙2015가합532332)에 의하면 법률적 쟁점은 ① 카드 3사의 주의의무 위반여부, ② 정신적 손해발생여부 및 ③ 손해배상범위 등이다.

먼저, 개인정보 안전성 확보조치 기준 제9조에서 규정하고 있는 카드 3사의 주의의무 위반여부와 관련하여 법원은 카드3사가 주의의무를 위반하였다고 판시하였다. 구체적으로 ① 보안프로그램 설치·운영과 관련하여 개인정보처리자는 USB쓰기 제한 기능까지 갖춘 보안프로그램을 설치·운영하여야 할 뿐만 아니라 그러한 기능이 실질적으로 작동하고 있는지 관리·감독하는 조치까지 해야 함에도 미흡하게 운영하였고, ② 접근통제의 이슈와 관련하여 외주업체직원들에게 고객정보 제공시 보안을 위한 별다른 지침 등을 주지 아니하였고 이들이 업무용 컴퓨터에 고객정보를 보관·활용할 수 있게 하면서도 접근권한 제한 등의 조치를 하지 않은 점이 있으며, ③ 개발과정에서 부득이하게 변환되지 않은 고객정보가 필요한 작업이 있다고 하더라고 이러한 작업이 이루어질 때에는 직원이 직접 입회하여 감시·감독함으로써 정보유출의 가능성을 차단시키는 등 보다 엄격한 대책을 수립·시행했어야 함에도 불구하고 이러한 조치를 취하지 않았다고 보아 법원은 주의의무를 위반하였다고 판시하였다.

두 번째 이슈인 정신적 손해의 발생과 관련하여 법원은 개인식별정보 뿐만 아니라 사생활과 밀접한 관련이 있고 이를 이용한 2차 범죄에 악용될 수도 있는 개인정보(성명, 주민등록번호, 전화번호, 결제계좌, 신용등급 등)유출, 이러한 개인정보가 유출됨으로 인해 발생하는 정신적 고통은 해당 개인정보가 정보주체의 의사에 반하여 제3자에게 열람되었다는 것 자체 또는 과거 또는 미래에 열람되었거나 열람될지 모른다는 염려에서 발생하는 것이라고 판시하였다.

마지막으로 손해배상의 범위와 관련하여 유출된 개인정보에 영구적이며 일신전속적인 성격을 지닌 주민등록번호가 포함되어 있어서 이를 도용한 2차적 피해 발생과 확대의 가능성을 배제하기 어렵다는 점, 유출사고가 개인의 고의 또는 계획적인 범행으로 발생하였다는 점, 2차적 피해나 구체적인 재산상 피해가 발생하지 않았다는 점, 개인정보 유출로 인한 피해 발생 및 확산을 저지하기 위하여 상당한 노력을 기울인 점 등을 종합적으로 고려하여 손해액은 1인당 10만원으로 법원은 판결하였다.

〈참고문헌〉

- 강은성, 개인정보보호 최고책임자(CEO·CPO)대상 개인정보보호 심화교육(2016.11.22.)
- 강은성, 침해사고 발생시 위기 대응, 2018 정보보호 최고책임자(CISO)교육, CISO고급과정 5기(2018.9.19)
- 강은성, 기업 경영과 CISO의 과제, 제3기 CISO아카데미(2017.8.29.)
- 강은성, 기업 경영과 CISO의 과제, 2016년 보안최고책임자를 위한 CISO아카데미(1기)(2016.6.29.)
- 강은성, CEO·CPO 대상 개인정보보호 심화교육, 개인정보보호 최고책임자(CEO·CPO)교육 심화(2016.11.22.)
- 구태언, 판례로 알아보는 정보보안 정책, 2017년 정보보호 최고책임자(CISO)과정 3기(2017. 7.25)
- 구태언, 보안사고 조사 및 수사대응, 2018 정보보호 최고책임자(CISO)교육, CISO고급과정 5
- 구태언, CEO·CPO대상 개인정보보호 교육, 기업의 Privacy 최신이슈와 개인정보보호 책임자의 법적의무 2기(2016.6.10.)기 (2018.9.19)
- 구태언, 대법원 판례로 살펴보는 기업의 대응방안, 2018 정보보호 최고책임자(CISO)교육, CISO중급과정(코어) 9기(2018.11.26.)
- 박종섭, 최근 사고사례를 통해 본 기업 정보보호 대책, 2018 정보보호 최고책임자 (CISO)교육, CISO중급과정(코어) 9기 (2018.11.26.)
- 이근우, 기업보안을 위한 법률과 정책, 2017년 정보보호 최고책임자(CISO)과정 3기(2017. 7.25)
- 행정자치부, 한국인터넷진흥원, 표준 개인정보 유출사고 대응 매뉴얼(2016.12)
- 홍성권, CISO로 살아가기 5 Step, Step1 인식(Awareness), CISO기초과정(코어) 1기(2018.7.17.)
- 홍성권, 정보보호 규정 수립, 2018 정보보호 최고책임자(CISO)교육, CISO기초과정(코어) 1기(2018.7.17.)

제5장. Home IOT 보안

1. 개관

(1) 현황

사물 인터넷(Internet of Things: 이하 "IoT")이란 일상 생활에서 사용하는 각종 사물에 센서와 통신 기능을 내장하여 인터넷에 연결하는 기술을 말하며, 1999년 케빈애쉬톤(Kevin Ashtonin)에 의하여 최초로 정의되었다. IoT는 유무선 네트워크에 연결된 사물들은 물론 사람과 환경을 구성하는 물리적인 모든 것을 구성요소에 포함하고 있다. IoT는 네트워크를 통해 사람과 사람(P2P: People to People), 사람과 사물(P2M: People to Machine), 사물과 사물(M2M: Machine to Machine) 등 다양한 방식으로 언제 어디서나 상호 소통하는 초 연결 사회의 기반을 제공하게 된다.

제4차 산업혁명에서는 AI(Artificial Intelligence, 인공지능), IoT, 3D 프린터, 자율주행 자동차, Nano 기술, 양자 컴퓨팅과 생명 공학 등 새로운 ICT 신기술이 확산될 것으로 전망하고 있다. 이러한 기술 중에 특히 IoT는 여러 신기술들과 조합하여 사용하면 높은 효과성을 볼 수 있고 다양한 분야에도 활용 할 수 있는 중요한 분야라고 할 수 있다.

구분	특징	생산방식
제1차 산업혁명	증기기관	생산설비 기계화
제2차 산업혁명	전기에너지, 분업화	대량 생산
제3차 산업혁명	전자기기, 정보통신	자동화
제4차 산업혁명	Big Data(빅데이터), AI(인공지능), IoT(사물인터넷)	컴퓨터를 활용한 스마트, 최적화

[표 5-1] 산업혁명의 특징
출처 : KISDI

IoT 제품은 2010년부터 소비자에게 본격적으로 소개되었고 이후 지속적으로 시장이 확대되고 있다. IT 시장분석 및 컨설팅 기관인 IDC Korea의 보고에 따르면, 사물인터넷 시장 규모는 2019년 7,450억 달러에 이를 것으로 전망했다. 또한 이는 2018년의 6,460억 달러보다 15.4% 증가한 수치이며, 2017년부터 2022년까지 연간 두 자릿수의 성장률을 유지하여 2022년에는 1조 달러를 넘어설 것으로 예측하고 있다.

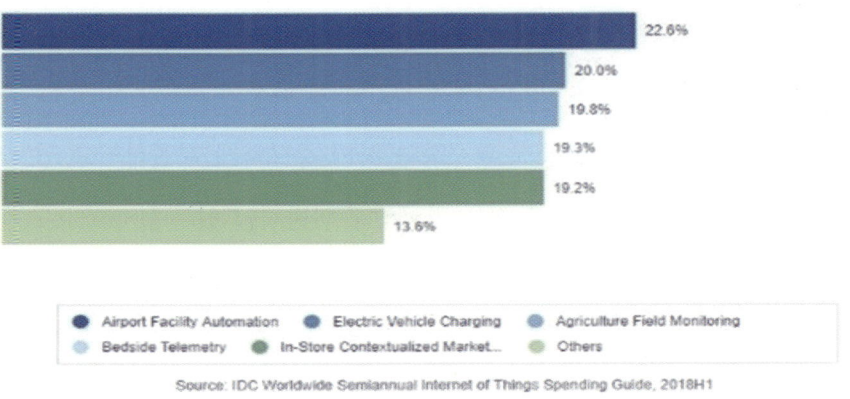

[그림 5-1] 전 세계 IoT 시장 전망
출처: IDC, Top Use Case Based on 5Year CAGR (2017-2022)

IoT 기술의 발전은 Home 가전기기에도 접목되어 우리의 일상 생활 형태를 변화 시키고 있으며, 스마트TV, 에어컨 뿐만 아니라 가스, 전기 등 에너지 모니터링에 활용 가능한 IoT가 적용된 모든 기기에 접속 할 수 있도록 네트워크 환경이 형성되어 있고, 모바일, PC 등의 단말기를 통해 Home IoT의 모든 제품을 제어 할 수 있게 되었다.

Home IoT 시장이 성장하고 발전하기 위해서는 여러가지 문제점들이 해결되어야 한다. 그 중에서도 가장 중요한 것은 해킹(Hacking) 이라고 할 수 있다. 특히 IoT제품을 개발할 때 크기, 무게, 디자인 등을 고려하게 되므로, 보안을 위한 필수적인 기능을 적절하게 적용하지 못하는 경우가 발생하며, 여러 기술과 가전기기가 결합됨으로써 보안에 취약한 부분이 나타나는 것을 예측하지 못할 수가 있다. 따라서 확산되고 있는 Home IoT 제품에 관한 정확한 보안 요구사항이 매우 중요하게 요구되고 있다.

Home IoT 시장이 성장하고 발전함에 따라 최근 많은 기업은 IoT가 적용된 제품들을 개발하여 판매하고 있으며, 외부의 위협으로부터 제품 및 사용자 정보를 보호하기 위해 노력하고 있다. 그러나 IoT의 다양성으로 인해 각 제품별로 적합한 보안 요구사항을 개발하고 실행하는 것은 리소스와 비용의 이슈로 현재 낮은 수준의 보안이 적용되어 있는 것이 현실이다. 따라서 IoT가 적용된 제품에서 취약점이 지속적으로 발표 되고 있고 실제 사례를 통해 보안 위험은 계속 증가되고 있음을 확인할 수 있다. 글로벌 시장조사 기관인 가트너, ABI 리서치 등에서는 2020년에 250억 개 이상의 사물들이 상호 연결될 것으로 전망하고 있으며, 이러한 시장의 활성화와 함께 중요하게 재인식되고 있는 부분이 바로 IoT 보안이다. 우리의 실생활과 매우 밀접하게 연관되어 있는 Home IoT 가전기기의 보안위협은 그 파급력 또한 매우 커지게 될 것으로 예상된다.

(2) 보안성 향상의 필요성

산업연구원의 조사에 따르면, IoT 제품의 해킹 등 보안 피해 규모는 2020년 17조 7,000억원에서 2030년에는 26조 700억원으로 증가할 것으로 예상하고 있다. 또한 한국인터넷진흥원에서는 2019년 7대 사이버 공격 전망으로 "사물인터넷을 겨냥한 신종 사이버 위협"을 선정한 바 있다.

이와 같이 IoT가 적용된 제품의 보안 위협 요소를 제거하기 위해 현재보다 더 강화된 보안이 적용되어야 할 필요성이 대두되고 있으며 이에 따른 사회적 요구 또한 커지고 있다. 이에 따라 국내 글로벌 IoT 제조사는 제품을 개발할 때 IoT 보안을 적용하고 있으며, 다양한 국내외 표준 기구 및 사설 표준 기구에서도 보안 기술들이 논의되고 있고, 국제 인증규격을 획득하는 등 IoT 제품의 보안을 강화하는 추세에 있다.

그러나 일상에서 접할 수 있는 IoT 제품 유형이 다양해진 만큼 노출될 수 있는 보안 위협 또한 다양하게 발생할 수 있다. 또한 IoT 기술 자체가 인터넷을 기반으로 구현되어 있기 때문에 모든 IoT 제품은 해킹의 대상이 될 수 있고 IoT 디바이스의 종류와 기능이 각각 다르기 때문에 다양한 보안 위협이 존재할 수 밖에 없다. IoT 기기의 대표적 해킹사례로는 크라이슬러 자동차의 지프 체로키 차량을 예로 들 수 있으며, 약 140만대의 차량을 리콜한 바 있다. 또한 2016년 10월 미국에서는 악성코드 "미라이(Mirai)"에 감염된 50만개 이상의 IoT 기기들의 대규모 디도스 공격으로 아마존, 트위터, 넷플릭스 등 1,200여 개 사이트를 2시간 이상 마비시킨 사례도 있다.

따라서 Home IoT 가전기기의 보안강화를 위해 정확한 보안 요구사항이 매우 중요하게 요구되고 있으며, 보다 근본적인 보안 취약점을 줄여줌으로써 사생활 침해나 해킹의 위협으로부터 더 나은 삶을 영위할 수 있도록 하는 것이 필요하다.

Home IoT는 우리의 일상생활에 편리함을 가져다 주고 삶의 질을 더욱 높여주는 효과를 가져오고 있지만, 보안사고 발생의 파급력은 막대할 것으로 예상되어 IoT 기기에 대한 보안이슈 해결은 무엇보다도 우선 되어야 할 것이다. 현재 Home IoT 가전기기 제조사들은 증가하고 있는 IoT 보안 사고에 대하여 보안 전문가를 통한 IoT 취약점 분석을 진행하여 도출된 보안 이슈를 줄여 나가고 있으나, 보안지식이 없는 개발자가 구현한 프로그램에는 다양한 보안취약점들이 발생할 수 있으며, 이는 IoT 기기와 서비스에 심각한 오동작, 결함을 야기할 수 있고 잠재 되어 있는 위험 요소는 공격자의 주요 대상이 될 수 있다[12]. 따라서 도출된 취약점을 모두 개선하기에는 상당한 추가 개발 기간이 소요되어 제품이 출시되기까지 효율성은 매우 떨어지고 있다고 할 수 있다.

Home IoT 가전기기의 취약점 분석 및 제품 출시에 대한 효율성을 높이고자, 실무환경에서 Home IoT 가전기기의 개발단계에 Security Development Lifecycle(이하 "SDL") 프로세스를 적용함으로써 그 보안성 향상과 제품 출시 효율성을 향상 시키는 것이 필요하다.

Home IoT 환경이 고도화 될수록 개인화 서비스는 더욱 더 발전할 것이며, 이에 따른 사생활 침해와 새로운 빅브라더의 등장이 우려되기도 한다. 현재 Home IoT 가전기기를 통한 사생활 침해 및 보안위협을 예방하기 위해 Home IoT 제조사들은 자체적인 취약점 분석 및 모의해킹을 주기적으로 실행하고 있다. 그러나 Home IoT 가전기기의 종류와 적용 분야는 급속하게 증가하고 있으며 이러한 보안문제를 적시에 전부 해결하기에는 명확한 한계가 있어 보인다. 따라서 Home IoT에 최적화된 보안 요구사항을 재정립하고 개발 단계부터 "Security by Design"의 개념을 적용한 Home IoT SDL 프로세스를 적용할 필요가 있다. 이러한 보안 요구사항 분석을 통해 SDL을 적용할 때 발생 가능한 취약점을 근본적으로 감소시킬 수 있을 것이다.

2. 보안성 향상 연구

4차 산업혁명의 큰 부분을 차지하는 기술로써 IoT 제품이 증가하면서, IoT 보안에 대한 다양한 보안 요구사항들이 국내·외 가이드, 논문 등으로 발행되고 있다. 관련 연구는 IoT얼라이언스에서 발표한 "IoT 공통 보안 7대원칙"과 해당 원칙을 기준으로 "OWASP Top 10", "IoT공통 보안 가이드", "Global 컨설팅 기업 IoT 점검 항목", "IoT 보안성 검토에 관한 논문"등이 있다.

(1) 관련 연구

1) OWASP IoT Top 10

OWASP(The Open Web Application Security Project)는 국제 웹 표준기구로 정보 노출, 악성 파일 및 보안 취약점 등을 다양하게 연구하고 있다. 그 중 IoT 서비스에서 발생 빈도가 높고 보안상 영향을 많이 줄 수 있는 보안취약점 10개를 2014년에 처음으로 발표하였다. 10대 보안 취약점은 다음과 같다.

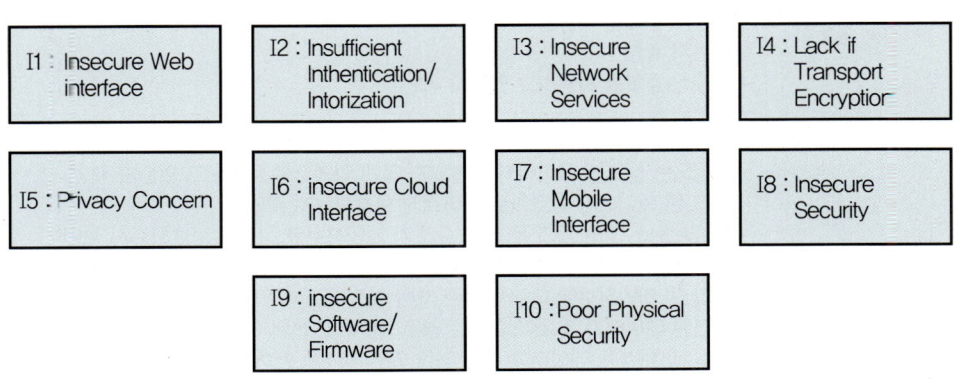

[그림 5-2] OWASP IoT Top 10

OWASP에서 정의한 "IoT 취약점 Top 10"은 가상화와 클라우드, 빅데이터와 IoT로 서비스 환경이 급격하게 이동함에 따라 IoT 기기 자체가 가지는 취약점이 크게 문제가 되고 있다.

No	구분	세부 항목
I1	웹 인터페이스 취약점	• 웹 인터페이스에서 발생되는 일반적인 취약점 에 대한 항목 • 인젝션, 인증 및 세션 관리 취약점, 크로스 사이트 스크립트, 취약점 접근 제어, 보안 설정 오류, 민감 데이터 노출, 공격방어 취약점, 크로스사이트 요청 변조(CSRF), 알려진 취약점이 있는 컴포넌트 사용, 취약한 API
I2	인증/권한부족	• 강력한 암호가 필요한 요소에 적절한 암호화 사용 확인 • 접근에 대한 분리가 필요한 경우 세분화 된 액세스 제어 확인 • 자격에 대한 증명이 올바르게 보호되는지 확인 • 필요한 경우 두 가지 요소 인증 구현 • 중요한 기능을 수행하는 경우 재 인증 구현 • 암호 제어 구성 옵션 사용여부 • 자격 증명의 취소(계정삭제) 가능여부 • 서비스 제공 시 필요한 모든 포인트 별로 인증이 구현되어 있는지 확인(앱, Device, 서버 등) • 각 EndPoint로 보내는 인증 토큰/세션(사용자 확인)키가 항상 다른지 확인 • 사용자 ID, 앱 ID, Device ID가 고유한지 확인
I3	네트워크 보호	• 필요한 포트만 노출되고 사용하는지 확인 • 포트에 대한 퍼지 공격 테스트 • 도스 공격 테스트 • 비정상 트래픽에 탐지 및 차단 기능
I4	전송 암호화	• SSL 및 TLS를 사용하여 암호화 하고 있는지 확인 • SSL 및 TLS를 사용할 수 없는 경우 중요 정보에 대해서 적절하게 암호화 하고 있는지 확인 • 표준 암호화를 사용하고 있는지 확인
I5	개인정보 보호	• 필요한 정보만 수집되고 있는지 확인 • 수집되는 정보는 데이터가 식별되지 않게 익명으로 처리되고 있는지 확인 • 수집 된 데이터가 암호화로 올바르게 보호되는지 확인 • 앱, Device, 서버 등 모든 구성 요소가 개인정보를 적절히 보호하는지 확인 • 인가된 사람만 개인정보에 접근할 수 있도록 구현되어있는지 확인 • 수집 된 개인정보에 대해서 보존 제한 설정이 되어 있는지 확인 • 수집된 데이터가 필요이상 많은 경우 "통지 및 선택"이 가능한지 확인 • 수집 및 분석된 데이터에 대한 역할 기반 액세스 제어 및 권한 부여가 적절하게 적용되어 있는지 확인 • 분석된 데이터가 오남용 되었는지 확인할 수 있는 기능이 구현되어 있는지 확인

I6	보안이 적용 되지 않은 클라우드 인터페이스	• 기본 사용자 자동 변경 기능 확인 • 클라우드 서비스 생성 시 자동 암호 재설정 기능을 적용하여 타 사용자의 계정을 사용할 수 없도록 구축되어 있는지 확인 • 계정 잠금 기능 여부(3~5회) 확인 • XSS, SQL인젝션, CSRF 취약점 확인 • 자격 증명이 인터넷을 통해 노출되지 않도록 보장(SSL 등) • 두 가지 요소로 인증되도록 구현 되어있는지 확인 • 비정상 요청 및 시도 감지
I7	모바일 인터페이스 취약점	• 서버에서 발생할 수 있는 취약점 확인(파라미터 변조) • 중요 정보들이 스마트폰 내에 저장되는지 확인 • 민감한 정보 평문 전송 확인 • 의도하지 않은 데이터 누출 확인 • 인증 및 인가 검증 미흡 • 취약한 암호화 • Client 사이드 인젝션 • 신뢰할 수 없는 입력 값에 의한 보안 의사 결정 (신뢰할 수 없는 어플리케이션이나 외부 프로세스와 통신을 할 때 발생) • 부적절한 세션 관리 확인 • 바이너리 보호 미흡 여부 확인 (바이너리 변조, 어플리케이션 디컴파일, 리버싱 등)
I8	보안 환경 구성 취약점	• 일반 사용자와 관리 사용자의 분리 기능이 제공되는지 확인 • 인증 등의 강력한 Secure Boot로 구성되어 있는지 검증
I9	SW 펌웨어 취약점	• 업데이트 기능이 있으며, 안전을 보장받고 있는지 검증(안전한 메커니즘) • 표준 암호화 방식을 사용하여 업데이트 파일이 암호화되어 있는지 검증 • 업데이트 시 암호화된 프로토콜을 사용하는지 검증 • 업데이트 파일의 위변조를 별도의 서명을 통해 확인되고 있는지 검증 • Secure Boot로 구성되어 있는 지 검증
I10	물리적 보안	• 쉬운 저장장치 제거 여부 검증 • Device 내부 데이터가 안정적으로 암호화 되어 있는지 검증 • USB 포트 및 다른 외부 포트를 사용하여 악의적으로 장치에 액세스 여부 검증 • 제품의 관리 기능을 제한 할 수 있는 기능 존재 확인

[표 5-2] OWASP IoT Top 10 항목

2) IoT 공통 보안 가이드

2016년 10월 발행된 IoT 공통 보안 가이드로 "IoT 공통 보안 원칙"을 기준으로 IoT 제품 및 서비스의 설계, 개발, 설치, 운영관리, 폐기까지 모든 주기에 걸쳐 발생할 수 있는 보안위협에 대응하기 위해 고려해야 하는 기본적인 보안 요구사항을 제시하고 있다.

No	구분	세부 항목
1	정보보호와 프라이버시 강화를 고려한 IoT 제품·서비스 설계	• IoT 장치의 특성을 고려하여 보안 서비스의 경량화 구현 • IoT 서비스 운영 환경에 적합한 접근권한 관리 및 인증, 종단 간 통신 보안, 데이터 암호화 등의 방안 제공 • SW 보안기술과 하드웨어 보안 기술의 적용 검토 및 안전성이 검증된 보안기술 활용 • IoT 제품 및 서비스에서 수집하는 민감 정보(개인정보 등) 보호를 위해 암호화, 비식별화, 접근관리 등의 방안 제공 • IoT 서비스 제공자는 수집하는 민감 정보의 이용목적 및 기간 등을 포함한 운영정책 가시화 및 투명성 보장
2	안전한 SW 및 HW 개발기술 적용 및 검증	• 소스코드 구현단계부터 내재될 수 있는 보안 취약점을 사전에 예방하기 위해 시큐어코딩 적용 • IoT 제품·서비스 개발에 사용된 다양한 SW에 대해 보안 취약점 분석 수행 및 보안패치 방안 구현 • 펌웨어/코드 암호화, 실행코드 영역제어, 역공학 방지 기법 등 다양한 하드웨어 보안 기법 적용
3	안전한 초기 보안설정 방안 제공	• IoT 제품 및 서비스 (재)설치 시 보안 프로토콜들에 기본으로 설정되는 파라미터 값이 가장 안전한 설정이 될 수 있도록 "Secure by Default" 기본 원칙 준수
4	보안 프로토콜 준수 및 안전한 파라미터 설정	• 안전성을 보장하는 보안 프로토콜 적용 및 보안 서비스 제공 시 안전한 파라미터 설정
5	IoT제품·서비스 취약점 패치 및 업데이트 지속이행	• IoT 제품·서비스의 보안 취약점 발견 시, 이에 대한 분석 수행 및 보안패치 배포 등의 사후조치 방안 마련 • IoT 제품·서비스에 대한 보안취약점 및 보호조치 사항은 홈페이지, SNS 등을 통해 사용자에게 공개
6	안전 운영·관리를 위한 정보보호 및 프라이버시 관리체계 마련	• 최소한의 개인정보만 수집·활용될 수 있도록 개인정보보호정책 수립 및 특정 개인을 식별할 수 있는 정보의 생성·유통을 통제할 수 있는 기술적·관리적 보호조치 포함
7	IoT 침해사고 대응체계 및 책임추적성 확보 방안 마련	• 다양한 유형의 IoT 장치, 유·무선 네트워크, 플랫폼 등에 다양한 계층에서 발생 가능한 보안 침해사고에 대비하여 침입탐지 및 모니터링 수행 • 침해사고 발생 이후 원인분석 및 책임추적성 확보를 위해 로그기록의 주기적 저장·관리

[표 5-3] IoT공통 보안 가이드 항목

3) Global 컨설팅 기업 IoT 보안 점검 항목

Global 컨설팅 기업에서 적용하고 있는 IoT 보안점검 세부항목은 다음과 같다.

No	구분	세부항목
1	웹 인터페이스 취약점	• 알려진 웹 인터페이스 취약점 존재 여부 확인 (웹 체크리스트 사용)
2	모바일 인터페이스 취약점	• 알려진 모바일 인터페이스 취약점 존재 여부 확인 (모바일 체크리스트 사용)
3	사용자 인증	• 강력한 패스워드 정책 : 일정 횟수 이상의 인증 실패에 대한 제한이 없음
4		• 강력한 패스워드 정책 : 길이가 8자 이하 비밀번호 지정 가능
5		• 강력한 패스워드 정책 : 일련번호, 주민번호, 아이디 등 추측하기 쉬운 비밀번호 지정
6		• 강력한 패스워드 정책 : 이전에 사용했던 비밀번호와 동일한 비밀번호로 변경 가능
7		• 강력한 패스워드 정책: 비밀번호 사용 기간에 제한이 없음
8		• 강력한 패스워드 정책 : 특수문자, 영문자, 숫자로 이루어지지 않음
9		• 강력한 패스워드 정책: • 아이디/비밀번호 외 공인인증서 등 추가 인증수단 미흡 (단, 개인정보취급자 및 금융서비스만 해당) two-factor 인증
10		• 사용자 계정/패스워드의 자동완성기능 제한이 없음
11		• 사용자 정보 변경 후, 재인증 절차가 없음
12		• 디폴트 계정 및 패스워드 사용
13		• 사용자 인증 정보 평문 저장
14		• 사용자 및 노드 인증 로직 우회 (ID/Pwd인증, Setup 코드, 기타 인증 etc…)
15		• 취약한 암호화 알고리즘 사용
16		• 단말기 내 중요정보 (개인정보, 인증정보 등) 평문 저장
17		• 중요정보 평문 전송

18	불필요한 파일 노출 및 중요정보 노출	• 단말기 내 로그 파일 및 임시 파일 확인 (예: 이벤트 로그 및 임시 파일 (tmp) 내 민감 정보 저장 여부 확인)
19		• 단말기 내 로컬 데이터 베이스 내 민감 정보 저장 여부 확인
20		• 백업 및 임시 파일 노출 (중요정보 포함)
21		• 백업 및 임시/샘플 파일 노출 (중요정보 미포함)
22		• 펌웨어 내 중요정보 노출 (예: 펌웨어 정보 내 암호화 키 및 기타 중요정보 노출 등)
23		• 디버깅 정보 노출
24	개인정보 및 중요정보보호	• 최소한의 개인정보 수집여부
25		• 중요정보 (개인정보, 인증정보, 기기제어 등) 암호화 전송 미흡: TCP 프로토콜
26		• 중요정보 (개인정보, 인증정보, 기기제어 등) 암호화 전송 미흡: UDP 프로토콜
27		• 중요정보 (개인정보, 인증정보, 기기제어 등) 암호화 전송 미흡: HTTP 프로토콜
28		• 중요정보 (개인정보, 인증정보, 기기제어 등) 암호화 전송 미흡: ZigBee 프로토콜
29	부적절한 환경 설정	• 부적절한 에러 처리
30		• 단말기설정 미흡: 불필요한 포트 오픈
31		• 단말기설정 미흡: 보안 패치 미흡
32		• 단말기설정 미흡: 서버 종류/버전 정보 노출
33		• 단말기설정 미흡: 기타
34	취약한 물리적 보안	• 하드웨어 포트(UART, Jtag, Serial) 접근 가능 및 악의적인 목적으로 활용 가능 여부 확인
35		• 저장된 데이터 암호화 여부 학인
36		• 펌웨어 다운로드 및 업로드 가능 여부 확인
37	기타	• 히든 모드가 적절한 방법으로 구현되어 있는지 확인
38		• 프로세스 및 비즈니스 로직 우회 가능 여부 확인
39		• 부적절한 API 사용 (예: 히든 API 및 민감정보수집 등)
40		• 펌웨어/어플리케이션 무결성 검증 (예: 펌웨어/어플리케이션 위변조 탐지 등)

[표 5-4] Global 컨설팅 기업 IoT 보안 점검 항목

4) 관련 연구

한정은은 "사물인터넷(IoT) 보안성 검토를 위한 보안아키텍처 설계와 점검항목"에서 ITU-T[1]의 SG13[2])에서 2011년 5월에 제정된 Y.2060(Overview of IoT), IETF 표준화 기술 및 OneM2M, IoT 보안 아키텍처 등을 연구하여 3개 영역에 대한 IoT 보안 점검 항목을 제시하였다.

No	구분	세부 항목
1	인증 및 권한 관리	• 개체 상호 간 Challenge-Response 인증 절차가 존재하는가? • *Challenge-Response 인증방식: 질문("challenge")를 전송하면 상대 측에서 올바른 답("response")을 회신하는 방식으로 이루어지는 인증 방식
2		• 패스워드 복구, 찾기, 변경 절차 시 안전한 추가 인증을 적용하고 있는가?
3		• 패스워드 정책(패스워드 복잡도, 변경 주기 등)을 강제화 하고 있는가?
4		• 원격으로 디바이스로 접근할 경우, 관리자 권한으로의 접근을 제한하고 있는가?
5		• 관리자계정이 각 role에 맞추어 권한이 주어져 있는가?
6	네트워크 보안	• 사용하지 않는 불필요한(취약한) 서비스 포트가 오픈되어 있는가?
7		• 공인 IP 사용으로 인하여 외부에서 각 디바이스로의 접근이 가능한가?
8		• 사용되고 있는 프로토콜에 대한 취약점 검토를 수행하고 있는가? (eg-UPnP 등) 또는 경량화 장비에 맞는 표준화된 프로토콜을 적용하고 있는가? • *UPnP: 홈 네트워크 내 PC, 주변 장치, 모바일 디바이스, 지능형 가전제품 등의 네트워크 장치들이 서로 연동될 수 있도록 하는 범용 표준 프로토콜을 적용하고 있는가?
9		• 2개 이상의 Ethernet Card를 사용하는 디바이스가 Weak-End Model로 제작되어 있는가?
10	암호화	• 플랫폼, 모바일 단말기와 통신 시 민감한 제어 데이터 혹은 정보를 암호화하도록 하고 있는가? (SSL/TLS 적용 등)
11		• COA 환경에서 KPA, CPA, CCA 환경으로 암호문에 대한 공격을 쉽게 만드는 환경 또는 서비스가 존재하는가? • *암호의 안전성을 확인하기 위한 Attack model의 대표적인 4가지 환경 • COA(Ciphertext-onlyattack): 도청된 암호문만 공격자에게 주어지는 상황

1) International Telecommunications Union-Telecommunication
2) 클라우드 컴퓨팅, 모바일, 차세대 네트워크 등을 포함한 미래네트워크 연구그룹

		• KPA(Known-plaintextattack): 몇 쌍의 평문과 그에 해당하는 암호문이 공격자에게 주어지는 상황 • CPA(Chosen-plaintextattack): 공격자가 선택한 평문에 해당하는 암호문을 얻을 수 있는 상황 • CCA(Chosen-ciphertxtattack): 공격자가 선택한 암호문에 해당하는 평문을 얻을 수 있는 상황
12		• 디바이스에 저장되는 암호화 키에 대한 접근을 차단하고 있는가?
13		• 암호화 방식은 임의의 방식이 아닌 안전하다고 권고 되는 표준 방식을 사용하고 있는가?
14	보안 설정 및 로그 관리	• 초기 디바이스 설정 시, 초기 기본 ID 와 Password를 변경하도록 하고 있는가?
15		• 관리자 인터페이스에 보안 이벤트에 대한 로깅이 이루어지고 있는가?
16		• 디바이스에 적용되고 있는 서비스에 대한 보안설정은 검토되고 있는가?
17		• 디바이스 커널에 임의 코드실행을 방지하기 위한 설정이 되어 있는가?
18		• 디바이스에 대한 패치를 적용하기 전 별도로 이상 유무 테스트를 수행하고 있는가?
19	앱/ 펌웨어 관리	• 디바이스 내 프로그램이 실행 될 때 root와 같은 관리자 권한으로 실행되는 것을 제한하고 있는가?
20		• USB와 같은 외부의 포트를 이용하여 디바이스 내 데이터에 접근 할 수 있는가?
21		• 펌웨어, 어플리케이션 개발 시, 시큐어코딩을 적용하고 있는가?
22		• 앱, 펌웨어에 대한 무결성 검증을 수행하도록 하고 있는가?
23		• 펌웨어, 어플리케이션 개발 후, 취약점 분석을 수행하고 있는가?
24	물리적 보안	• 암호화 연산을 수행하는 디바이스의 경우 부채널 공격에 대한 보안성 검토가 이루어 졌는가? *부채널 공격: 암호알고리즘이 처리하는 시간이나 기타 다른 전자적 특성 등을 고려하여 암호키 값 또는 평문을 알아내는 공격기법을 의미
25		• JTAG, Serial Pin 등 Debugging 을 위한 Pin을 숨기거나, Disable 혹은 특수한 인풋이 들어올 때만 동작하도록 처리되어 있는가?
26	예외 상황 조치 (사고 대응)	• 디바이스에 대한 오작동 발생가능성에 대해 검토하고 있으며, 고장 발생 시 수동으로 디바이스를 제어 할 수 있게 되어 있는가?
27		• A/S 단계에서 테스트 계정 혹은 설정이 외부에 공개되지 않도록 관리되고 있는가?

[표 5-5] IoT 보안성 검토를 위한 디바이스, 펌웨어, 앱 점검 항목
(제조/개발 단계)

No	구분	세부 항목
1	인증 및 권한관리	패스워드 복구, 찾기, 변경 절차 시 안전한 추가 인증을 적용하고 있는가?
2		불필요한 관리자 계정에 대한 주기적인 검토를 수행하는가? (사용기간이 오래된 계정(90일~120일 이상), 탈퇴한 회원 계정 등)
3		패스워드 정책(패스워드 복잡도, 변경 주기 등)을 강제화 하고 있는가?
4		플랫폼의 관리자계정이 각 역할에 맞게 부여되어 있는가?
5		관리자 권한 부여에 대한 주기적인 검토가 이루어지고 있는가?
6	네트워크 보안	사용하지 않는 불필요한(취약한) 서비스 포트가 오픈되어 있는가?
7	통신 암호화	플랫폼, 모바일 단말기와 통신 시 민감한 제어 데이터 혹은 정보를 암호화하여 전송하는가? (SSL/TLS 적용 등을 포함하여)
8	인터페이스 관리	특정 계정의 로그인 3-5회 실패 시 계정 잠금 정책이 존재하는가? (관리자 계정의 로그인 실패의 경우, 담당자에게 별도의 통보가 되도록 설정되어 있는가?)
9		사용되는 API의 취약점에 대한 검토가 이루어 졌는가?
10		개발자에 의해 플랫폼으로 upload되는 앱 또는 펌웨어에 대한 악성코드 감염여부 또는 보안성 검토를 수행하고 있는가?
11		Cloud based web interface 또는 디바이스 web interface 가 있을 시 XSS, SQL injection 등 웹 기반 취약점에 대한 검토가 주기적으로 이루어지고 있는가?
12	보안 설정 및 로그관리	관리자 인터페이스에 보안 이벤트에 대한 로깅이 이루어지고 있는가?
13		일반 사용자의 보안 이벤트 발생 시 관리자 인터페이스에 경고 혹은 공지가 발생해도록 설정되어 있는가?
14		플랫폼 시스템(서버)에서 적용되고 있는 서비스에 대한 보안성 검토가 이루어지고 있는가?
15		관리자 및 사용자의 Session Timeout 설정이 존재하는가?
16	업데이트 관리	업데이트 서버에 대한 설정 및 오픈된 포트, 인터페이스의 보안성 검토가 이루어 졌는가?

No	구분	세부 항목
17	개인정보 보호	연동 규격서에서 정의된 정보만 수집되는가?
18		개인정보가 암호화 및 마스킹 되지 않은 채 노출되는가? 예시〉 A) 고객명 두번째 자리, B) 주민등록번호 뒤 7자리, C) 여권번호 뒤 4자리, D) 휴대 전화번호 가운데 4자리, E) 비밀번호 전체, F) 계좌번호 뒤에서 5자리, G) 카드번호 16자리 중 가운데 8자리와 유효기간 등
19		개인정보가 DB에 암호화되어 저장 되어있는가? Ex)1급(일방향 암호화 적용): 비밀번호, 바이오정보(지문, 얼굴, 홍채 정맥, 음성, 필적 등 개인을 식별할 수 있는 신체적 또는 행동적 특징에 관한 정보로서 그로부터 가공되거나 생성된 정보) 2급: 개인식별번호(주민등록번호, 면허번호, 외국인등록번호), 금융정보(계좌번호, 카드번호), 위치정보, 기기정보(IMEI)
20	표준규격 준수	해당 플랫폼은 표준 규격을 준수하여 관리되고 있는가?
21	사고대응	플랫폼에 대한 침해사고 발생 시, 침해사고 대응절차가 마련되어 있는가?

[표 5-6] IoT 보안성 검토를 위한 플랫폼 점검 항목

No	구분	세부 항목
1	단말기 보안	단말기(모바일)의 경우, 루팅(Rooting) 또는 탈옥(jailbreak)된 단말기를 사용이 제한되고 있는가?
2		단말기에 패턴 또는 암호입력을 통한 잠금 설정이 적용되도록 하고 있는가?
3		단말기에 백신이 설치되어 있으며, 주기적인 점검 및 업데이트를 수행하고 있는가?
4		단말기에 설치된 OS에 대한 패치 및 업데이트를 수행하고 있는가?
5	통신 암호화	모바일 단말기 통신 시 민감한 제어 데이터 혹은 개인정보를 암호화하여 전송하는가? (SSL/TLS 적용 등을 포함하여)
6		연동 규격서가 정의한 정보만 사용하고 있는가?
7	개인정보 관리	개인정보가 DB에 암호화되어 저장 되어있는가? Ex)1급(일방향 암호화 적용): 비밀번호, 바이오정보(지문, 얼굴, 홍채 정맥, 음성, 필적 등 개인을 식별할 수 있는 신체적 또는 행동적 특징에 관한 정보로서 그로부터 가공되거나 생성된 정보) 2급: 개인식별번호(주민등록번호, 면허번호, 외국인등록번호), 금융정보(계좌번호, 카드번호), 위치정보, 기기정보(IMEI)
8	디바이스 보호	IoT 디바이스에 대한 물리적 보호조치를 수행하고 있는가?
9		디바이스 초기 설정 시, 취약한 기본(default)설정을 변경하여 사용하고 있는가?

10	패스워드	패스워드를 특수문자를 포함하여 8자리이상으로 설정하고 있는가?
11	관리	패스워드를 주기적(60일~90일)으로 변경하고 있는가?
12	로그기록 확인	사용자 접속 로그 및 등록된 디바이스 사용기록을 주기적으로 점검하여 이상 유무를 점검하고 있는가?

[표 5-7] IoT 보안성 검토를 위한 사용자(단말기)관련 점검 항목

강준모는 "사물인터넷 환경에서 스마트TV 보안성 검증방안"에서 기존에 발행된 OWASP IoT Top 10등 과 사물인터넷의 특성 및 유형에 따른 점검 항목들을 연구하여 IoT 보안 점검 항목을 제시하였다.

No	구분	세부항목
1	취약점 대책	개발 단계에서 취약점 발생 방지 운영 단계에서 발견된 취약점 해결
2	보안개발	구현 시 보안 프로그램을 실행하여 보안 테스트를 실시(바이러스 감시)
3	서버보안	서버보안(설정정보)을 정기적으로 확인
4	FW기능	연결 IP 주소를 제안 (ACL)
5	서버인증	상호 인증을 통해 부정 접속 방지
6	필터링	신뢰할 수 없는 웹사이트 및 메일 수신 금지
7	IDS/IPS	입출력 데이터 모니터링
8	도스 대책	Dos 공격을 차단하기 위한 대책 실시
9	안티바이러스	바이러스 탐지 및 제거하여 바이러스 감영 방지
10	가상패치	SW 업데이트를 실시할 수 없는 경우 취약점 유입 전면 차단
11	유저인증	사용자 인증을 통해 허가된 사용자만 액세스 가능하도록 구현
12	메시지 인증	메시지 인증을 통해 정보의 위변조 방지
13	암호화 통신	데이터 통신 경로를 암호화
14	데이터 암호화	데이터 자체 암호화를 통해 정보 유출 차단

15	데이터 재사용 금지	데이터의 목적 외 이용 금지
16	화이트리스트 제어	허가된 프로그램만 동작하도록 구성
17	SW 서명	서명된 SW만 동작하도록 구현
18	출하 시 상태 재설정	디바이스 출하 시 초기 상태로 재설정하여 데이터와 출하 후 모든 설정 삭제
19	보안삭제	삭제된 데이터는 복구 불가능하도록 삭제
20	HW 변조	케이스 개봉을 감지하여 내부 정보를 자동으로 삭제 하는 등의 하드웨어 보호기능
21	SW 변조	프로그램과 데이터 구조 난독화 및 패킹 등을 통해 내부 구조와 데이터 보호
22	원격잠금	원격 조작에 의해 디바이스의 기능을 잠그고 제삼자에 의한 부정 이용 방지
23	원격삭제	원격조작에 의해 디바이스 내의 중요 정보를 삭제하고 정보유출 방지
24	로그분석	각종 로그를 분석하여 무단 액세스 감지 및 부정 기록 확인
25	사용자 동의	사용상 주의사항이나 사용자 동의 없는 동작의 실행 방지

[표 5-8] IoT 주요보안 점검 항목 (강준모)

(2) 위협모델링 분석

디지털 보안을 위한 단일한 해결책은 없다. 더 안전해지기 위하여 무엇을 보호할 것인지, 누구로부터 보호할 것인지를 생각해 보아야 된다. 이러한 위협모델링은 개인 차원에서뿐만 아니라 단체 차원에서도 수행할 필요가 있다. 위협모델링은 가능한 모든 취약 위험을 파악하고 추출하는 활동이며 설계단계에서 보안 문제에 대한 체계적인 접근 지원이 가능하다. 1990년대 초반부터 진행되고 있으며 Microsoft 내부 문서인 "The threats to our product"에서 보안위협모델링의 STRIDE 방법론을 소개하고 있다. 또한 Michael Howard, James A. Whittaker은 제품 위협을 사전에 도출하기 위한 방법으로 위협모델링을 사용하였고 각 단계별로 상세하게 그 내용을 소개하였다. Adam Shostack은 시스템 개발 시, 위협을 사전에 도출하여 해결하기 위한 방법으로 위협모델링을 사용하였고 위협모델링에 대한 상세 방법과 효과 등을 설명하였다.

1) 데이터 흐름 다이어그램

데이터 흐름 다이어그램(Data Flow Diagram, DFD)은 Process, Entity, Device, Trust Boundary 등으로 구체적인 데이터 흐름을 표현할 수 있기 때문에 시스템이나 서비스 방식의 보안위협을 파악하는데 도움을 줄 수 있으며 서비스 방식에 대한 파악도 용이하다.

구성요소	기호	설명
Entity	□	사용자 혹은 프로그램
Process	○	데이터를 처리하는 작업
Multiple Process	○	다중 작업
Device	=	저장장치
Data Flow	↷	요소 간 데이터 흐름
Trust Boundary	⌣ (점선)	신뢰경계

[표 5-9] 데이터 흐름 다이어그램 요소

2) STRIDE 분석

Microsoft사의 STRIDE는 시스템 분석 시 고려해야 할 보안속성 6가지에 대해 대응되는 위협들을 식별하는 방법이다. 아래는 STRIDE의 각 속성을 설명하는 것으로 STRIDE를 이용하기 위해서는 이에 대한 정확한 이해가 요구된다.

위협 분류	설명
신분 위장 (Spoofing)	신분을 속이는 위협은 공격자가 다른 사용자인 것처럼 위장하거나, 가짜 서버를 진짜 서버처럼 위장하는 것이다. 사용자 신분을 속이는 위협은 사용자 계정 및 패스워드와 같은 다른 사용자의 인증 정보를 취득하여 사용하는 것이다.
데이터 변조 (Tampering)	악의를 가지고 데이터를 변조하는 것을 말하며, 데이터베이스와 같은 데이터를 변조하거나, 인터넷과 같은 공개된 네트워크를 통과하는 데이터를 변조하는 경우가 있다.
부인 (Repudiation)	상대방이 증명할 방법이 없는 상황에서 자신이 한 조작이나 행위를 부인하는 것이다. 예를 들어, 금지된 조작에 대한 추적 기록을 할 수 없는 시스템에서 금지된 조작을 행하고 이를 부인하는 경우를 들 수 있다.
정보 유출 (Information Disclosure)	정보 유출 위협은 정보의 취득이 허가되지 않은 사람에게 정보가 유출되는 것으로, 접근 권한이 없는 파일을 읽을 수 있거나, 데이터가 컴퓨터간에 전송될 때 중간에 가로채 읽을 수 있는 경우를 들 수 있다.
서비스 거부 (DoS, Denial of Service)	정당한 사용자에 대한 서비스를 못하게 만드는 위협으로, 웹 서버를 일시적으로 사용 불가능하게 만드는 것을 들 수 있다. 시스템이 가용성 및 안정성 측면에서도 이러한 위협에 대응해야 할 필요가 있다.
권한 상승 (Elevation of Privilege)	자신의 권한을 상승시켜 관리자 권한을 획득함으로써, 시스템을 손상시키거나 완전히 파괴하는 것이 가능하게 되는 위협을 말한다. 예를 들어, 공격자가 취약점이 있는 시스템에 실행파일을 복사하는데 성공하고, 다른 사람이 로그인 할 때 그 실행파일이 실행되도록 할 수 있는 상황에서, 관리자가 로그인 하여 그 실행파일이 관리자 권한으로 실행되는 경우를 들 수 있다.

[표 5-10] STRIDE 분석

3. SDL방법론

현재 많은 기업들은 SDL(Security Development Lifecycle) 프로세스를 적용한 안전한 SW 개발을 진행하고 있으며 대표적인 SDL 방법론으로는 MS-SDL, CLASP, Seven- Touchpoint, TSP-Secure 등이 있다.

(1) MS-SDL 방법론

Microsoft사는 보안이 적용된 안전한 SW를 개발하기 위해 자체적으로 만든 MS-SDL방법론을 적용하였으며, SDL이 적용된 SW는 이전 버전에 비해 50% 이상 취약점이 감소되었다고 발표했다. 또한 안전한 SW를 개발하기 위한 기본원리로써 Secure by Design, Secure by Default, Secure in Deployment, Communication을 언급하였다.

Secure by Design 은 SW의 구조 설계 시 위협모델링을 통한 위협을 도출하여 완화방법을 제공하고 제작된 코드의 보안성을 강화하며, 기존에 알려진 취약점을 모니터링하여 제거한다는 내용을 포함한다. Secure by Default는 사용하지 않는 디폴트 기능, 위험을 야기할 수 있는 디폴트 세팅 등에 관한 내용이 포함되며, 최소한의 권한으로 실행하고 위협에 관해서 여러 개의 솔루션을 제공해야 한다는 내용이 포함되어 있다.

Secure in Deployment는 SW 패치에 관련한 도구와 가이드를 생성해서 제공해야 한다는 내용이 포함되어 있다. Communication은 SW 보안 취약점에 관련된 내용과 업데이트 정보를 지속적으로 제공하며, 보안과 관련된 문의사항에 대하여 항상 적극 대응해야 한다는 내용을 포함하고 있다.

MS-SDL은 교육 단계, 요구사항 단계, 설계 단계, 구현 단계, 검증 단계, 릴리즈 단계, 대응의 총 7단계로 구성되어 있다. 각 단계별 보안활동의 적용 수준을 두 가지로 구분하고 있는데, 필수 보안활동의 경우는 반드시 수행해야 하며, 권고 보안활동은 상황에 따라 선택적으로 적용할 수 있는 활동이라 볼 수 있다. 각 단계별 세부 내용은 다음과 같다.

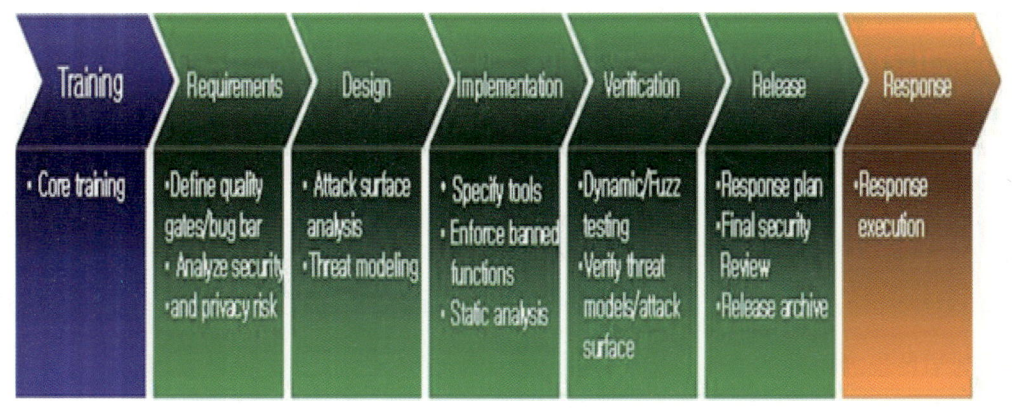

[그림 5-3] MS-SDL

1) 교육 단계

SW 개발과 관련된 팀의 구성원들이 개발 보안과 보안에 관한 동향 등에 대해 매년 1회 교육을 받을 수 있도록 하는 단계이다. 또한 개발팀의 보안교육은 시큐어 설계, 프라이버시, 위협모델링, 보안테스팅, 시큐어코딩 등이 포함되어 있다.

2) 요구사항 단계

신뢰성 있는 SW를 개발하기 위하여 프라이버시 요구사항 및 기본적인 보안 요구사항을 정의하는 단계이다. 요구사항 단계에서 필수로 적용해야 할 항목은 SDL 방법론 적용 여부 결정, 보안책임자 선정, 보안팀 선정, 보안 위험 평가, 보안 계획서 작성, 버그 추적 시스템 정의 등이 포함되어 있다.

3) 설계 단계

SDL 설계 단계는 Home IoT 가전기기의 구현에서부터 릴리즈에 이르기 까지 수행해야 하는 작업에 대한 계획을 수립하는 단계이다. 설계 단계에는 보안 사항 문서화, 위협 모델링을 통한 위협 목록 작성, 안전하지 않은 코딩 패턴 알림, 소스코드의 보안성 검토 수행, 보안이 적용된 인스톨 실행, 보안 설계서 작성, 위협 모델의 검토 및 승인, 위협 모델 품질 보증, 방화벽 정책 준수여부 확인 및 보안 설계서 검토 등이 포함 된다.

4) 구현 단계

SDL 구현 단계는 SW의 보안 및 프라이버시에 관련된 문제점을 사전에 발견하고 해결하기 위해 개발 Best Practice를 수립하고 실행하도록 한다. 구현 단계에는 최신버전의 개발 도구를 사용해야 하며 금지된 API 사용 회피, Excute 허가를 통한 안전한 SQL 사용, 저장된 프로시저에서의 SQL 사용, 안전한 SW 사용을 위한 사용자 정보 식별, 코안 형상관리에 대한 정보 생성, 정책에 대한 정의 및 문서화 등 많은 단계가 포함되어 있다.

5) 검증 단계

검증 단계는 SW의 보안성을 검증하는 단계로써, 코딩단계에서 설정한 보안과 프라이버시가 잘 지켜지고 있는지를 프라이버시 테스팅과 보안 푸쉬, 문서 리뷰를 통해 확인한다.

(2) CLASP 방법론

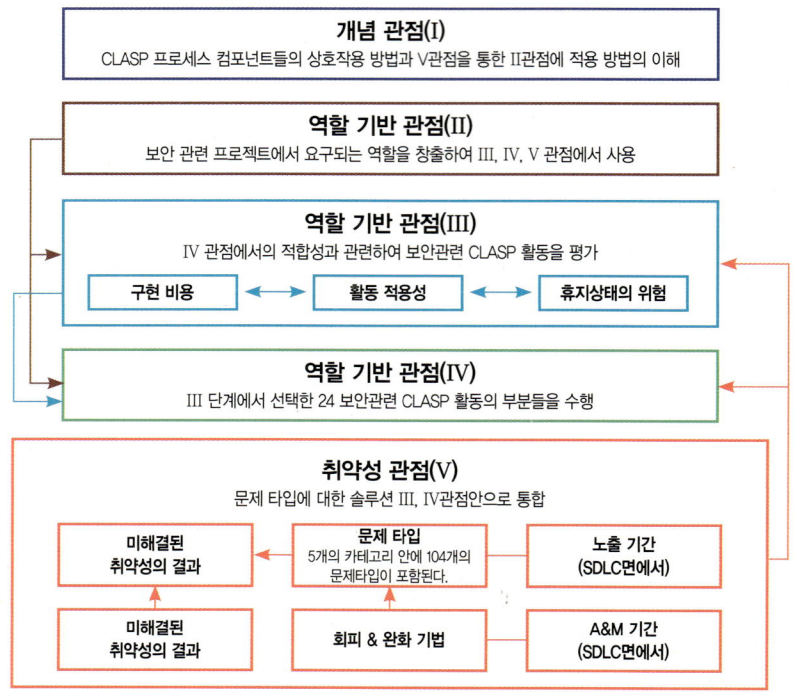

[그림 5-4] CLASP의 6가지 관점

CLASP(Comprehensive, Lightweight Application Security Process) 방법론은 Secure Software사에서 개발하였으며, SW 개발 생명주기의 초기단계에서 보안을 강화하기 위한 목적을 가진 프로세스이다. 활동중심, 역할기반의 프로세스로 구성된 집합체로 시스템이 코드를 작성하기 전에 적절한 애플리케이션 문제점을 명시하고 접근하도록 하기 위한 일련의 기법과 실천 방법들을 제시하고 있다. CLASP는 프로젝트관리자, 보안감사책임자, 개발자, 설계자, 테스트책임자 등 프로젝트 참여자에 대한 보안에 관한 지침을 제공한다. 또한 CLSAP는 프로그램 오류로 인한 취약점 목록을 제공하며, 취약점들을 점검하기 위하여 자동화 툴을 사용하기도 한다.

(3) Seven-Touchpoint 방법론

　Seven-Touchpoint 방법론은 보안 강화를 하기위한 기법으로 실무적으로 검증된 방법 중 하나이다. 이것은 요구사항과 USE CASES, 구조 설계, 테스트 계획, 코드 검증, 테스트 및 결과 도출, 현장과의 피드백 총 7개의 프로세스로 이루어져 있으며 각각의 활동들이 별도로 관리 되어 SW의 보안성을 더욱 강화시킬 수 있다는 포인트를 가지고 있다. 각각의 활동들을 관리해야 하므로 각 터치 포인트에 관하여 개발자에게 더욱 주의 깊은 관리를 하도록 요구한다.

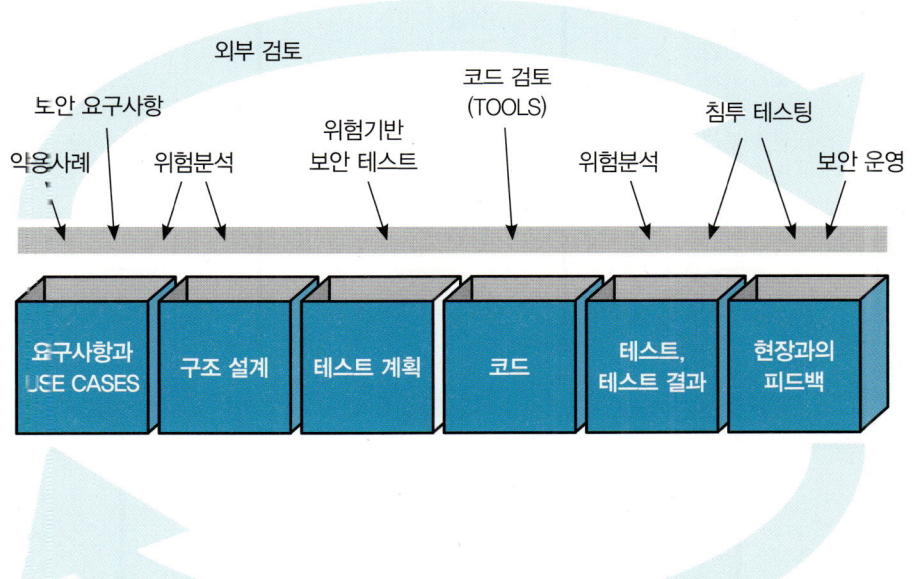

[그림 5-5] Seven-Touchpoint 방법론

(4) TSP-Secure 방법론

TSP-Secure 방법론은 Team Software Process 로써 애플리케이션의 보안을 위한 설계 원칙이며, 보다 안전한 SW 개발을 돕기 위해 설계되었다. TSP-Secure는 PSP(Personal Software Process) 기술 구축과 PSP 팀 구축, 그리고 PSP 팀 작업의 구성으로 이루어져 있다.

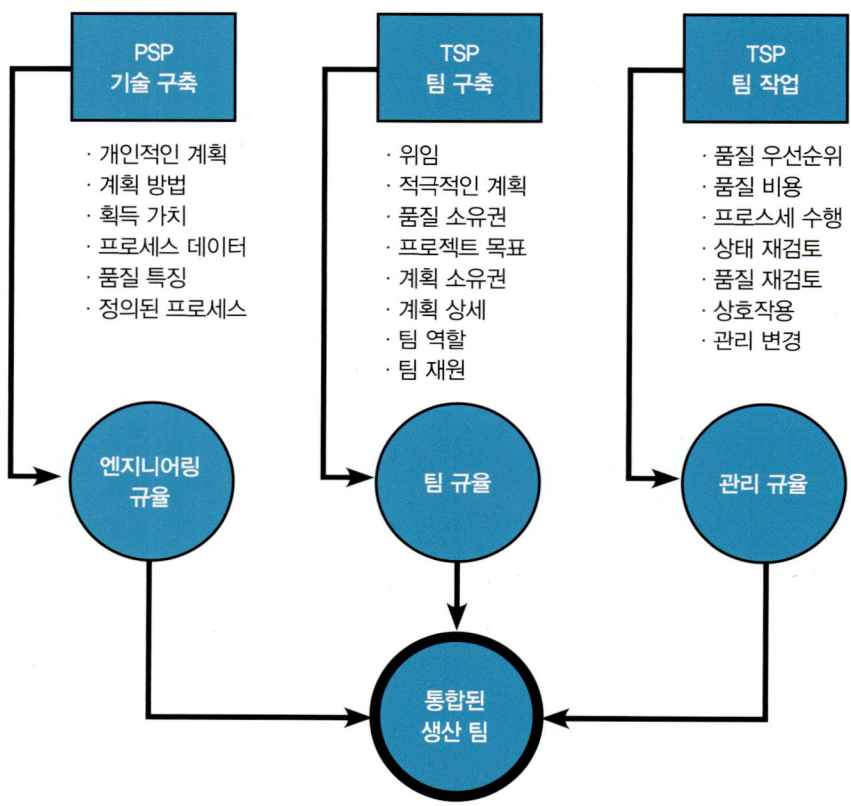

[그림 5-6] TSP-Secure 주요소 및 팀 구축 방법

4. 보안 요구사항 설계

Home IoT 가전기기에 특화된 보안 요구사항을 설계하기 위하여 기존연구에서 분석한 IoT 국내·외 가이드 및 논문을 바탕으로 IoT 보안 요구사항을 재정립한다. 추가적으로 위협모델링 분석을 통하여 Home IoT 가전기기에 특화된 위협과 보안 요구사항을 도출한다.

(1) IoT 가전기기 보안 요구사항 설계

보안 요구사항 항목을 분석하여 IoT 기기의 통합적인 보안 요구사항 7개 항목 43개 세부항목을 도출하였다. 이를 대분류로 살펴보면 "SW보안", "HW보안", "인증", "암호화", "중요정보 노출", "플랫폼 보안", "펌웨어 보안"으로 구성되어 있으며, 각 항목의 세부 내용은 아래와 같다.

대분류	중분류	세부 항목
SW 보안	시큐어코딩	1. 버퍼오버플로우 등의 공격에 취약한 함수 사용 여부 확인
		2. 사용자 입력 값에 대해서 적절한 처리 여부 확인 (외부입력이 직접적인 명령어 실행이 이루어지는 경우)
		3. 스크립트 언어에 중요 정보 노출 여부확인 소스코드에 중요정보 평문 노출 여부 확인
		4. 응용 프로그램 컴파일 시 심볼정보 등의 포함되어 컴파일 되는지 확인
	퍼지 점검	5. 변수에 지정된 버퍼 영역의 제한이 없어 더 많은 데이터의 입력 가능 여부 확인
	히든 모드	6. 히든 모드가 적절한 방법으로 구현되어 있는지 확인 (SW 방식, HW 방식)
HW 보안	접근 인터페이스 차단	7. JTAG, UART, ISP 등 Device와 직접 연결 가능한 인터페이스에 대한 차단 여부 확인
	HW분해 차단	8. 외부 케이스 오픈 시 탐지하여 프로그램 정상동작 제어 여부 확인

인증	사용자인증	9. Default ID 및 Password 사용 여부 확인
		10. 서비스 최초 인증 시 강제 인증 정보 변경 여부 확인
		11. 강력한 패스워드 정책: 일정 횟수 이상의 인증 실패에 대한 제한이 없음 확인
		12. 강력한 패스워드 정책: 길이가 8자 이하 비밀번호 지정 가능 확인
		13. 강력한 패스워드 정책: 일련번호, 주민번호, 아이디 등 추측하기 쉬운 비밀번호 지정 확인
		14. 강력한 패스워드 정책: 이전에 사용했던 비밀번호와 동일한 비밀번호로 변경 가능 확인
		15. 강력한 패스워드 정책: 비밀번호 사용기간에 제한이 없음 확인
		16. 강력한 패스워드 정책: 특수문자, 영문자, 숫자로 이루어지지 않음 확인
		17. 강력한 패스워드 정책: 아이디/비밀번호 외 공인인증서 등 추가 인증수단 미흡 (단, 개인정보 취급자 및 금융 서비스만 해당), Two-Factor인증 확인
	권한 관리	18. 접근에 대한 분리가 필요한 경우 적절한 분리 여부 확인
		19. 사용자 ID 및 Device ID 가 고유하게 사용되며, 그에 따른 인증기능이 구현되어 있는지 확인 (서비스운영 목적1:N, N:1, N:N 방식으로 사용하는 경우 제외)
		20. 원격으로 디바이스에 접근할 경우 관리자 권한의 접근을 제한하고 있는지 확인
	디버깅 인터페이스 인증	21. Device 접근 시 적절한 인증 기능 구현 여부 확인 (JTAG, UART 등) (강력한 패스워드 정책 부여 확인 및Device별인증정보상의, 접속을 위한Access Key구현등)
암호화	암호화강도	22. 중요정보를 암호화 시 사용되는 키 및 알고리즘의 강도확인 (낮은 암호화 알고리즘 사용시Key 없어도 복호화 가능)
	인증정보 암호화	23. 사용자 인증 정보 저장 시 해쉬 저장 여부 확인
	중요파일 암호화	24. 중요정보 암호화 여부 확인
	키 관리	25. 암호화에 사용되는 Key가 적절하게 보호되고 있는지 확인 (Key가 노출된 경우 복호화 가능)
	취약한 대칭키	26. 제품별 암호화 키 동일 여부 확인
	표준 암호화 방식	27. 암호화 방식은 표준 방식을 사용하고 있는지 확인
	부채널 공격방지	28. 암호화 연산 수행 시 잘못된 요청을 하는 경우에도 동일한 연산 시간이 소요 되는지 확인

중요 정보 노출	안전한 전송프로토콜	29. 중요정보 전 송시 검증된 암호화 프로토콜 사용여부 확인
	저장 및 전송데이터보호	30. 중요정보 저장 및 전 송시 적절한 암호화 방식 사용 여부 확인
	중요정보 수집	31. 최소한의 개인정보 수집 여부 확인
		32. 개인정보 비식별화 기술 적용 여부 확인
		33. 사용 완료된 개인정보 삭제 여부 확인
	중요정보 노출	34. Log를 통해 개인정보 및 중요정보 노출 확인
플랫폼 보안	환경설정	35. 초기 플랫폼 설정이 보안에 적절하게 설정되어 있는지 확인 (기본 명령거, 폴더, 파일에 대한 접근 권한)
	불필요한 포트오픈	36. 필요한 포트만 노출되고 사용하고 있는지 확인
	퍼지 점검	37. 오픈된 포트에 대한 퍼지 공격 테스트 확인
	보안패치 미흡	38. 공개된 라이브러리 및 응용프로그램 등 사용 시 현재까지 알려진 취약점 존재 여부 확인
	응용프로그램 무결성검증	39. 주요 응용프로그램 동작 시 위·변조 확인 여부
	보안 업데이트	40. 온라인 보안패치 기능 여부 확인
	로그수집 및 전송	41. 응용 프로그램 실행, 포트 오픈 및 에러에 대한 수집 기능 및 원격 전송 기능 존재 여부 확인
펌웨어 보안	펌웨어 암호화	42. 적절한 암호화를 통해 펌웨어를 보호하고 있는지 확인
	펌웨어 무결성검증	43. 펌웨어 업데이트 진행 시 이미지 및 파일에 대한 적절한 검증 후 업데이트 기능 동작 여부 확인 (이미지 파일 사인 값 검증 등)

[표 5-11] IoT 보안 요구사항

IoT 보안 요구사항의 가이드, 글로벌 IT 컨설팅 기업의 가이드, 논문 등을 분석하여 재정립을 진행하고, 새롭게 도출한 IoT 보안 요구사항이 Home IoT 가전기기의 모든 위협을 수용할 수 있는지에 대한 확인과 검증이 필요하게 된다. 여기서는 MS 위협모델링을 활용하여 Home IoT 가전기기들의 전체 위협에 대하여 검토한다.

(2) 위협모델링 분석

Home IoT 가전기기들의 전체 위협 수용 여부를 확인하기 위해 기업에서 출시되고 있는 대표적인 가전기기 12개를 선정하였고 해당 Home IoT 가전기기는 다음과 같다.

Home IoT 가전기기	설 명
에어컨	외부에서도 전원상태를 확인 및 작동 또는 온도 조절 등의 기능 설정 지원
냉장고	실시간 냉장고 내부 상태 확인 및 냉장고 사용 이력 지원
스마트TV	인터넷에 연결되어 실시간 콘텐츠를 다운로드하여 이용이 가능하며, 뉴스·날씨·이메일 등 확인 가능
스마트 도어락	원격 문 열림/잠김 기능 사용 및 사용 이력 확인 가능
IP 카메라	무선영상 송출을 통한 실시간 스트리밍 및 데이터 임시 저장 기능 지원
Home CCTV	실시간 모니터링, 침입 감지 및 영상을 자동으로 대용량 저장 기능 지원
스마트 밴드	심장박동측정, 수면 측정, 걸음 측정, 건강관리 기능 제공
스마트 의자	자세의 변화, 자세 별 시간, 자세비율에 대한 정보, 착석 시간 등의 정보 제공 기능 지원
스마트 스피커	스피커의 음성인식 기능을 통해, 음악, 생활/정보, 검색, 쇼핑/주문, 금융 등의 기능 지원
Home에너지 저장 시스템	에너지 저장시스템으로 태양광에너지를 배터리 팩에 저장해주는 기능
원격 검침기	LTE 망을 활용한 원격 자동 검침 기능 지원
스마트 보일러	외부에서 보일러 상태 확인 및 온도 조절, 타이머 설정 기능 지원

[표 5-12] 위협모델링 대상 Home IoT 가전기기

Home IoT 가전기기 12개를 대상으로 위협모델링을 진행한 결과, IoT 보안 요구사항 7개 항목, 43개 세부항목 외 추가적인 위협이 도출되었다. 추가로 도출된 위협들을 위협의 특징별 재분류를 진행한 결과, Home IoT 가전기기에 대한 보안 요구사항과는 별도로 4개의 도메인으로 추가 분류되었고, 분류된 도메인 범위에 포함되는 Home IoT 가전기

기는 다음과 같다.

도메인	설명
도메인1 (HomeIoT공통)	에어컨, 냉장고, 스마트TV
도메인2 (보안 & 디지털 영상)	스마트 도어락, IP 카메라, Home CCTV
도메인3 (건강 & 금융)	스마트밴드, 스마트의자, 스마트스피커
도메인4 (에너지)	Home 에너지 저장 시스템, 원격 검침기, 스마트 보일러

[표 5-13] Home IoT 도메인

위협도델링을 통해 도출된 위협에 대해 추가 분류된 도메인별 보안 요구사항은 다음과 같다.

도메인	보안 요구사항	세부 항목
도메인1. (Home IoT 공통)	메모리 보호기법 적용 여부 확인	버퍼오버플로우로 인한 공격을 방지하기 위해 메모리 보호기법 적용여부 확인
	보안 이벤트 관리	사용자의 금전적 손실 및 사생활 침해, 안전에 영향을 미칠 수 있는 가전기기의 경우 보안이벤트 로그를 생성해야 하며 관리, 경고 절차를 구현 했는지에 대한 여부 확인
	네트워크 구간 접근 제어 설정	네트워크 통신을 하는 서비스에 대한 접근 제어 설정을 통해 비인가 접근을 제어 하는지에 대한 여부 확인
	안전한 세션 및 토큰 관리	세션/토큰이 임의의 값으로 생성되며, 쉽게 노출/추측이 가능한지 여부 확인
	네트워크 재생공격 방지 미흡	네트워크를 통해 전송되는 암호화된 데이터를 해독하지 않고 행해지는 공격을 방지하는지에 대한 여부 확인
	중간자 공격 방지 미흡	중요정보를 제 3자가 위변조하는 것을 방지하기 위해 안전한 암호화 통신 채널을 구현하는지에 대한 여부 확인
	IoT시스템 구성간 상호인증 미흡	비 인가된 사용자에 의한 가전기기 제어나 개인정보 등 민감정보 유출을 방지하기 위한 상호인증 수행여부 확인

도메인2. (보안 & 디지털 영상)	데이터 무결성 확보 여부	데이터 무결성을 검증해야 하며 무결성 오류 발생 시 대응방안 구현 여부 확인
	적절한 영상보관 기간 설정	영상보관 기간 설정에 대한 정책 존재 여부 확인
도메인3. (건강 & 금융)	결제 금액 조작	서비스 내 결제 시도 시, 조작한 결제 금액을 통해 결제할 수 있는 취약점 확인 필요
	타 사용자에게 결제 금액 부당 부과	서비스 내 결제 시 인증 및 세션처리 미흡으로 타 사용자에게 결제 금액 부당 부과가 가능한 취약점 확인 필요
	암호화 되지 않은 금융정보	금융정보가 평문으로 통신채널을 통해 송수신 될 경우 공격자가 스니핑을 통해 다른 사용자의 민감한 데이터를 획득 할 수 있는 취약점 확인 필요
	암호화 되지 않은 바이오정보	바이오정보가 평문으로 통신채널을 통해 송수신 될 경우 공격자가 스니핑을 통해 다른 사용자의 민감한 데이터를 획득 할 수 있는 취약점 확인 필요
도메인4. (에너지)	비 허가자의 LTE 데이터 접근 및 사용	USIM 탈취 후 비인가자에 의한 USIM사용 여부 탐지 및 접근제어 설정이 존재하는지 확인 필요

[표 5-14] 도출된 도메인별 보안 요구사항 항목

1) 도메인 1 (Home IoT 공통)

"Home IoT 공통" 도메인의 가전기기 대상은 생활 가전을 대표하는 에어컨, 냉장고, 스마트 TV를 포함한다. 위협모델링 진행 결과, 도출된 위협이 점검 대상 12개 Home IoT 가전기기에 공통으로 포함한다. 아래는 Microsoft사의 위협모델링 도구를 사용하고 Home IoT 가전기기의 기본이 되는 구조를 적용하며, 다른 도메인2, 3, 4에도 공통으로 포함되는 구조이다. 크게 USER, Things를 컨트롤 할 수 있게 해주는 Platform Server, 사용자와 Platform Server를 연결 해주는 IoT Hub Zone 그리고 Things 이렇게 4개 구간으로 나눈다.

위협모델링 도구를 사용하여 도출된 4개 구간의 주요 위협은 보안 이벤트 관리, 네트워크 구간 접근제어, 세션 및 토큰관리, 재생공격, 중간자공격, 상호인증 미흡으로 나타났다. 이러한 위협들과 선행연구 결과물인 43개의 점검 항목을 비교하여 "도메인1"에 대한 새로운 보안 점검 항목을 개발한다.

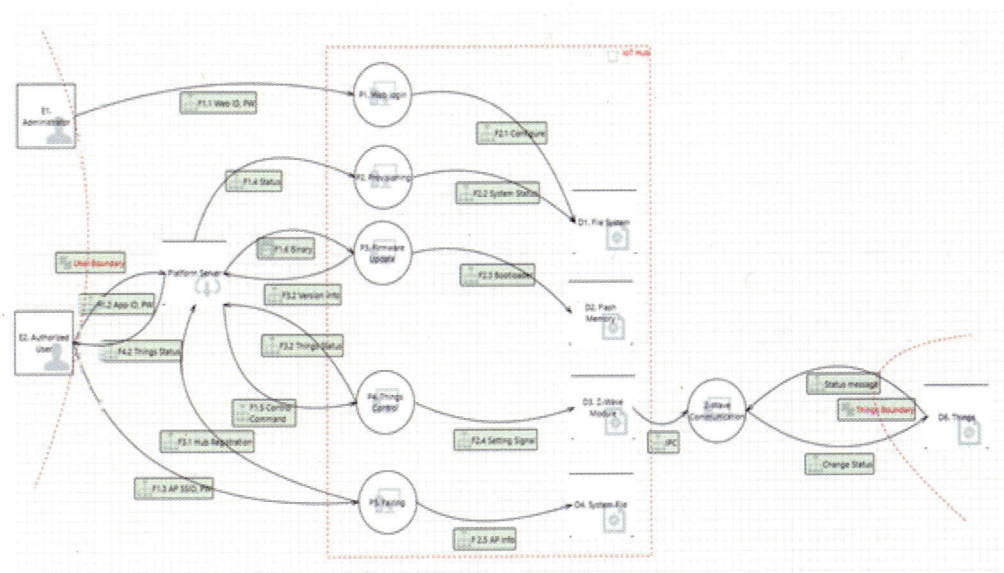

[그림 5-7] 도메인1 데이터 흐름도

2) 도메인2 (보안&디지털영상)

"보안&디지털영상" 도메인의 가전기기 대상은 IP 카메라, Home CCTV, 스마트 도어락이 포함되며 도메인2의 위협모델링 진행 결과 영상과 관련된 시스템이나 기능을 포함하고 있는 Home IoT 가전기기를 대상으로 위협이 도출된다. 앞서 언급한 바와 같이 도메인1 은 가전 IoT의 공통적으로 포함되는 위협모델링이므로, 도메인2에서 도출된 위협들을 추가하면 도메인2의 전체 위협항목이 된다.

USER, Things를 컨트롤 할 수 있게 해주는 Platform Server, 사용자와 Platform Server를 연결 해주는 IoT Hub Zone이 존재하며, 영상과 관련된 IoT Things들과 많이

사용되는 DVR (Digital Video Recording Platform)을 추가한다.

위협모델링 도구를 사용하여 각 구간의 위협을 도출한 결과, 영상정보에 관한 데이터 무결성 위협, 영상보관 기간에 관한 위협이 추가로 도출된다.

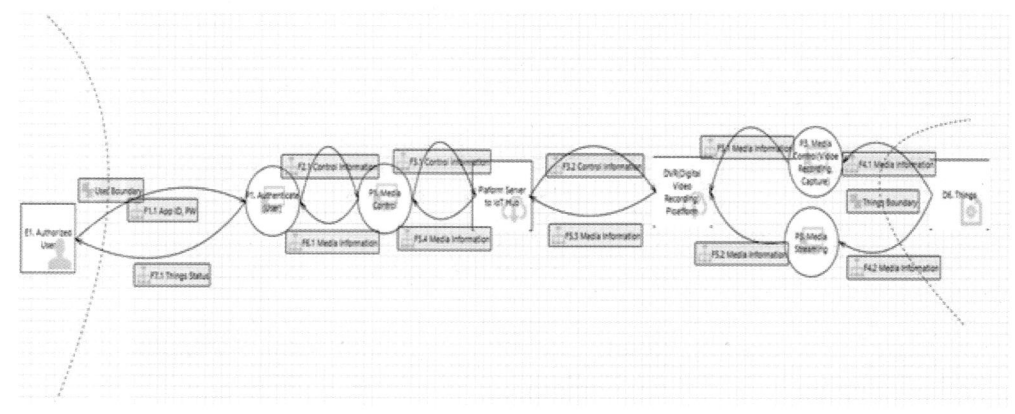

[그림 5-8] 도메인2 데이터 흐름도

3) 도메인3 (건강&금융)

"건강&금융"도메인의 가전기기 대상은 스마트밴드, 스마트의자, 음성 금융거래가 가능한 스마트스피커가 포함되며 도메인3의 위협모델링 진행 결과 중요정보를 전달하고 Hub역할을 수행하는 기능을 Home IoT 가전기기를 대상으로 위협이 도출된다.

USER, Things를 컨트롤 할 수 있게 해주는 Platform Server, 사용자와 Platform Server를 연결 해주는 IoT Hub Zone이 존재하며, 금융결제와 관련되어 IoT Things들과 많이 사용되는 금융권 서버와 연결되는 부분을 추가한다.

위협모델링 도구를 사용하여 각 구간의 위협을 도출한 결과, 주요 위협은 결제와 관련된 조작, 정보노출, 암호화 관련 위협이 있다.

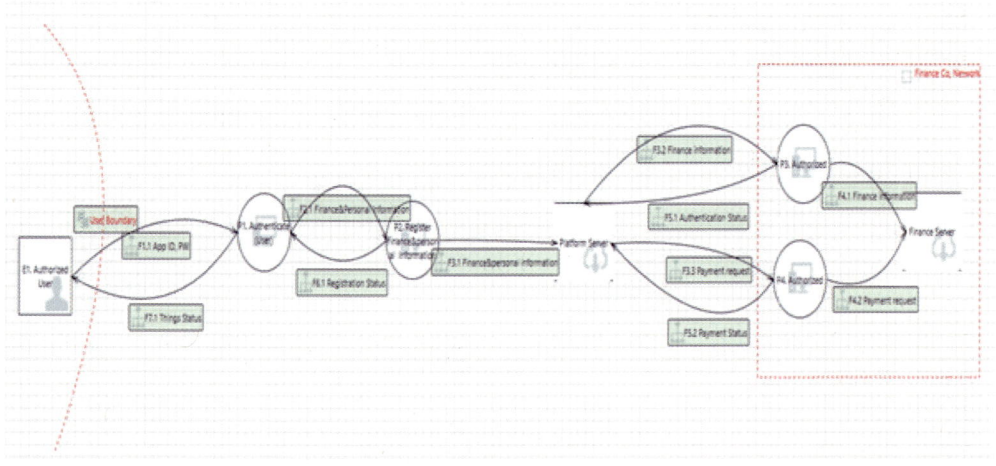

[그림 5-9] 도메인3 데이터 흐름도

4) 도메인4 (에너지)

"에너지" 도메인의 가전기기 대상은 최근 많이 확산되고 있는 Home 에너지 저장 시스템, 원격 검침기, 스마트 보일러가 포함되며, 위협모델링 진행 결과 LTE 통신으로 이루어지는 Home IoT 가전기기를 대상으로 위협이 도출된다.

USER, Things를 컨트롤 할 수 있게 해주는 Platform Server, 사용자와 Platform Server를 연결해주는 IoT Hub Zone이 존재하며, 원격 검침기에 USIM을 사용하여 LTE 망 통신을 하는 구조를 추가한다.

위협모델링 도구를 사용하여 각 구간의 위협을 도출한 결과, 도출된 주요 위협은 비 허가자의 LTE 데이터 접근 및 사용이다.

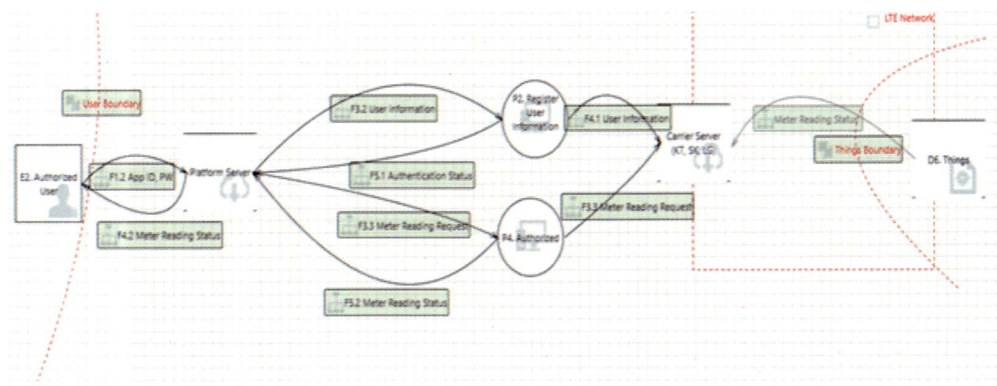

[그림 5-10] 도메인4 데이터 흐름도

5. 프로세스 설계 및 적용

Home IoT 가전기기를 만드는 제조사가 Home IoT SDL 프로세스를 설계하기 위해서는 그에 합당한 목적과 표준 지침을 만들어 전사적으로 적용시켜야 한다. SDL 프로세스 설계 목적으로는 Home IoT 가전기기의 보안 향상을 목표로 개발 프로세스에 보안활동을 추가하여 가전기기를 표준화하는 것이다. 이러한 프로세스를 전사 표준지침으로 만들고 SDL과 관련된 부서에 전파하고 적용시켜야 된다. 여기서는 MS-SDL을 기반으로 세부 프로세스를 설계하고 적용하고, Home IoT 가전을 만드는 제조사가 SDL 프로세스를 설계하고 적용함으로써 가전기기의 보안성을 향상시킬 수 있도록 구체적인 보안활동 프로세스를 제시한다.

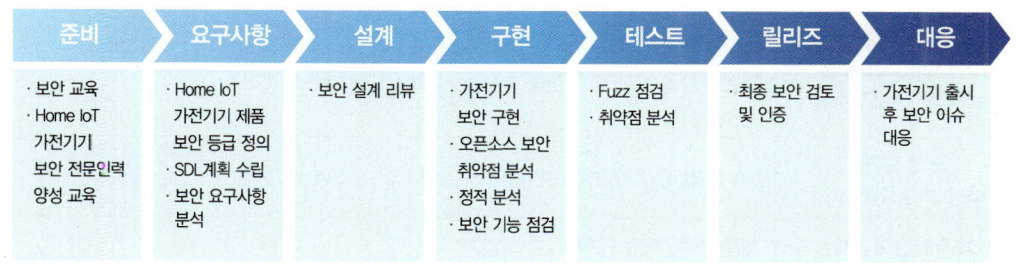

[그림 5-11] Home IoT Security Development Lifecycle 프로세스

(1) 정의

Home IoT SDL 프로세스를 기업에 적용시키기 위해서는 SDL에 관련한 정확한 용어 정의와 관련된 부서의 책임 정의가 정확이 이루어 져야 한다. Home IoT SDL 적용을 위해 필요한 용어와 부서별 책임과 권한을 정리한 테이블이다.

용어	설명
퍼지 점검 (Fuzzy Test)	분석가들이 SW에 존재하는 버그를 효과적으로 찾아낼 수 있는 보안 취약점 발굴 기술 중 하나로 다량의 유효하지 않거나 임의의 무작위 데이터를 시스템(웹, 파일, 네트워크프로토콜, 메모리)에 수행해보고, 메모리누수, 크래시, 기타 보안 이슈가 발생하지 않는지 모니터링하기위해 랜덤, 네거티브 자동화 형식으로 수행되는 점검
취약점 분석 (Vulnerability Assessment)	가전기기의 SW 보안향상을 목적으로 SW에 공격시나리오 및 정형화된 점검항목을 기반으로 프로그래머와 시스템분석가가 참여하여 모의 취약점 분석 테스트를 수행하여 가전기기의 보안취약점을 발견하는 단계
PRD(Product Requirements Description)	가전기기에 탑재되는 SW의 개발 및 구현 가능성을 검토 또는 판단하여, 기능적/비기능적, 공통 및 모델 요구사항에 대해 검토 가능한 수준으로 구체화한 명세서
PRS(Product Requirements Specification)	사업자, 상품기획, 기술 Spec. 형태의 상위 특징들을 SW개발 요구사항으로 세분화하여 정의된 SW 상세요구사항
보안 기능 테스트 케이스(Functional Security Test Case)	SW 보안 요구사항으로 명세된 보안기능 및 보안설계 검토 시 발견된 보안위협요소 완화방안을 제대로 구현하고 있는지 확인하는 테스트케이스
보안 설계 (Security Design)	SW 보안 요구사항을 반영하여 보안이 고려된 SW 설계
제품최고책임자	제품 기획/개발 담당 최고 책임자

[표 5-15] SDL 관련 용어

    SDL 관련 책임과 권한에는 SDL 관련 주요 부서인 "기획부서", "개발부서", "품질관리부서", "검증부서", "최고 책임자", "취약점 분석 수행 주체", "보안부서"를 중심으로 한 책임과 권한을 명시 하고 있다. 각 부서는 해당 책임과 권한에 관하여 숙지하고 업무 수행 시 보안에 관한 부분이 누락되지 않도록 유념해야 된다. 특히 개발부서와 품질관리 부서는 SDL 보안활동의 핵심 역할을 수행함으로 담당자 교육에 만전을 기해야 한다. 상세 책임과 권한은 다음과 같다.

부서	책임과 권한
기획부서	보안 등급 결정에 영향을 미치는 특징과 시나리오들을 도출한다.
개발부서	• 보안 등급 결정에 영향을 미치는 특징과 시나리오들을 도출한다. • 제품 보안 등급을 분류한다. • 결정된 보안 등급 기준으로 SDL 계획서를 작성하고, 협의된 SDL 계획서를 개발 관리 시스템에 등록한다. • SDL 계획 수립 시 취약점 분석 범위 및 일정을 수립하여 취약점 분석 수행 주체에게 전달하고, 취약점 분석 일정을 협의한다. • SW 보안 요구사항을 이해하고, SW 요구명세서에 SW 보안 요구사항을 명세한다. • 요구사항 분석 결과와 보안부서의 검토 결과를 바탕으로 SW 보안 요구사항을 SW 요구명세서에 보완한다. • 보완된 SW 요구명세서를 확정하고, SW 요구명세서에 확정내용을 기록하고, 관련 부서와 커뮤니케이션 한다. • 데이터 흐름도(DFD: Data Flow Diagram)를 작성하여 실제적 보안 위협 요소를 도출하고, 이에 대한 완화 방안을 수립한다. • 보안부서와 논의하여 보안 위협 요소 완화 방안을 최종 결정하고, 이를 바탕으로 SW 보안 요구사항을 보완하여 작성한다. • 보안 구현 가이드를 기반으로 SW 개발 및 자가 검토를 수행한다. • 사용중인 오픈소스에 대한 정보를 수집하고, 오픈소스 보안취약점 분석을 수행한다. • 도출된 오픈소스 보안 취약점에 대하여, 취약점 수정 계획을 수립하고 해당 취약점을 수정하여 반영한다. • 탐지된 보안 정적 분석 취약점을 수정한다. • SW보안 요구사항을 검증할 수 있는 보안 기능 테스트 케이스를 설계하고, 이를 기반으로 보안 기능 테스트를 자가 수행한다. • 탐지된 보안 기능 테스트 취약점, 퍼지 점검, 취약점 분석에서 도출된 취약점에 대한 • 수정 방안을 반영한다. • SW 승인단계 시험 진입 시, SDL 활동 결과서를 작성한다. • 해결되지 않은 잔존 보안 이슈는 미해결 이슈 승인서를 작성하여, 검증부서 합의하에 개발부서 제품 최고 책임자의 승인을 획득해야 한다. • 보안부서와 SDL 활동 검토 완료 후, 보안 검토서를 작성하여 개발 관리 시스템 입력 및 결재를 요청한다. • 결재 완료된 보안 검토서와 필수 제출 문서를 개발 관리 시스템 에 등록한다.
	• 보안 정적 분석 도구와 정정 분석 룰 셋을 바탕으로 보안 정적 분석 자동화 환경을 구축한다. • 구축된 보안 정적 분석환경을 기반으로 주기적으로 보안 정적 분석을 수행한다. • 수행된 보안 정적 분석 결과를 바탕으로 정적 분석 결과서를 작성하고, 주기적으로 개발팀에 보안 정적 분석 결과서를 송부한다. • 개발팀의 보안 정적 분석 취약점 수정 사항을 점검한다. • 개발 조직 내 품질관리부서의 보안 정적 분석 취약점 수정 사항 검토 결과에 따라 취약점 수정 활동을 반복 수행할 수 있다. • 개발부서가 설계한 보안 기능 테스트 케이스를 검토 및 보완한다. • 보안 기능 테스트 케이스를 별도 구역으로 분리하여 관리한다.

품질관리 부서	• 작성된 테스트 케이스를 기반으로 SW개발 단계에서 보안 기능 테스트를 수행한다. • 보안 기능 테스트를 수행한 후, 보안 기능 테스트 결과서를 개발부서로 전달한다. • 보안 기능 테스트 취약점 조치 결과를 바탕으로 기능 충족 여부를 판단한다. • 퍼지 점검 대상을 검토하여 퍼지 점검 범위를 파악하고, 해당되는 퍼지 점검 도구를 검토 및 선정한다. • 선정한 퍼지 점검 도구에 대해 수행조건과 통과기준을 수립한다. • 선정된 도구를 기반으로 퍼지 점검 자동화 환경을 구축한다. • 퍼지 점검 자동화 환경을 기반으로 점검을 수행하고, 개발부서로 결과를 송부한다. • 잔존 보안 이슈 중 해결이 불가한 보안 이슈(미해결 이슈)가 존재하는 경우, 품질 부서장은 미해결 이슈 승인서를 검토 및 합의한다.
검증부서	• 품질부서에서 전달 받은 테스트 케이스 기반으로 SW검증 단계에서 보안 기능 테스트를 실시한다. • 보안 기능 테스트 결과에 대한 SW검증단계 완료 기준 충족 여부를 판단한다. • 보안 검토서를 확인하여 결재를 최종 완료한다.
최고 책임자	• 보안 등급을 검토 및 승인한다. • 잔존 보안 이슈 중 해결이 불가한 보안 이슈(미해결 이슈)가 존재하는 경우, 미해결 이슈 승인서를 검토 및 승인한다.
취약점 분석 수행 주체	• SDL 계획 수립 프로세스에서 취약점 분석 범위 및 일정(시험 차수)을 개발부서와 협의한다. • 취약점 분석 대상에 대한 정보를 수집하고 구조를 파악하여 보안 취약점을 도출하고 분석한다. • 협의된 일정에 따라 SW 검증 단계에서 공격 시나리오 및 점검항목을 바탕으로 취약점 분석을 수행한다. • SW 검증 마지막 시험에서 취약점 분석으로 탐지된 취약점이 잘 수정되었는지 취약점 이행 분석을 수행한다.
보안부서	• 도출된 보안 관련 특징 및 시나리오를 바탕으로 보안 등급을 결정한다. • SDL 계획서를 검토 및 합의하고, 필요 시 SDL 계획서의 재작성을 요청한다. • SW 보안 요구사항을 검토한다. • 보안 요구사항 분석프로세스를 통해 보완된 SW 요구명세서에 대한 확정 여부를 모든 이해관계자(기획부서, 개발부서, 품질부서, 검증부서, 보안부서)의 동의를 통해 결정한다. • '보안 위협 요소 분석 및 완화 방안 결과서'를 통해 개발부서에서 작성한 보안 위협 요소 분석 결과를 검토한다. • 보안 위협 요소 분석 결과를 통해 도출된 완화 방안을 검토한다. • '보안 구현 가이드'를 개발하여 개발부서에게 배포하고, 지속 관리 한다. • 기능 선언 시점에서 오픈소스 보안 취약점 수정 결과를 검토하고 수정된 결과를 재분석하여 보안 취약점 완화 유무를 확인한다. • SDL 활동 결과서를 바탕으로 질의 응답을 통해 SDL 활동 별 보안 활동 수행 결과를 점검한다. • SDL 활동 검토 결과 통과 기준이 충족되면 최종 보안 검토를 완료한다. • SW 보안 정책을 수립 및 관리한다. • SDL 활동을 모니터링한다.

[표 5-16] SDL 관련 책임과 권한

(2) 보안 전문가 양성 교육 프로세스

1) Home IoT 보안 교육

① Home IoT 보안 교육 프로세스

Home IoT 가전기기의 개발 시, 개발자들이 Home IoT 개발 보안에 대한 전문적인 이해를 바탕으로 가전기기의 잠재적 보안 취약점을 제거하기 위한 주요 활동으로써, Home IoT 개발 보안 교육을 실시한다. 보안부서와 개발부서의 협의 하에 교육일정 계획을 수립하고 교육에 활용될 Contents를 개발하여 최고책임자 승인을 득한다. 그 후 보안부서에서 Home IoT 개발과 관련된 임직원들을 대상으로 교육을 실시하는 과정이다. 상세 프로세스는 다음과 같다.

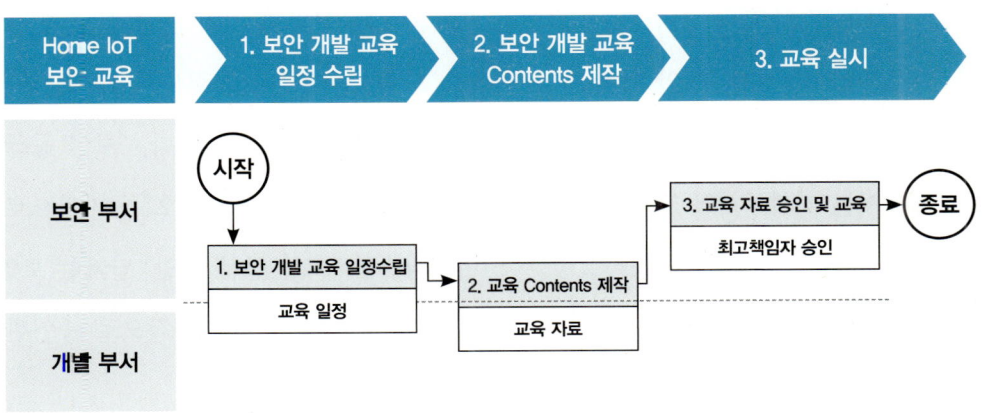

[그림 5-11] Home IoT 보안 교육 설계

② Home IoT 보안 교육 프로세스 별 상세 업무

- 개발 보안 교육 일정 수립: 보안부서와 개발부서 협의 하에 개발과 관련된 임직원들을 대상으로 실시할 개발 보안 교육 일정을 수립한다.

- 교육 Contents 제작: 보안부서와 개발부서는 현재 Home IoT 보안에 관한 리서치를 통하여 현재 보안에 관련된 트렌드를 반영한 교육 Contents를 제작한다.
- 교육자료 승인 및 교육 실시: 보안부서와 개발부서가 제작한 교육 Contents에 관하여 보안부서 최고책임자의 승인을 받아야 하며, 그 후 일정에 맞춰 Home IoT 가전기기 개발에 관련된 임직원들의 교육을 실시한다.

(3) 정의단계 보안활동 프로세스

1) 보안 등급 정의

① 보안 등급 정의 프로세스

보안 등급 정의 시에는 보안 관점에서 검토하여 등급을 결정하고 이를 바탕으로 보안 검증을 위한 SDL의 활동 범위를 결정하며, "IoT의 사물인터넷 기기 등급 분류 및 보안 요구사항"을 참고 한다. "보안 특징 및 시나리오 도출" 단계에서 기획부서와 개발부서간의 논의를 통해 보안 등급 결정에 영향을 미치는 요소들을 도출할 것이다. "보안 등급 결정" 단계에서는 기획부서와 개발부서에서 도출된 "보안 특징 및 시나리오"를 바탕으로 검토하여 보안부서에서 보안 등급을 결정한다. 마지막으로 "보안 등급 승인" 단계는 보안부서에서 결정한 보안 등급을 제품 기획의 최고 책임자가 검토하고 최종적으로 승인한다. 상세 프로세스는 다음과 같다.

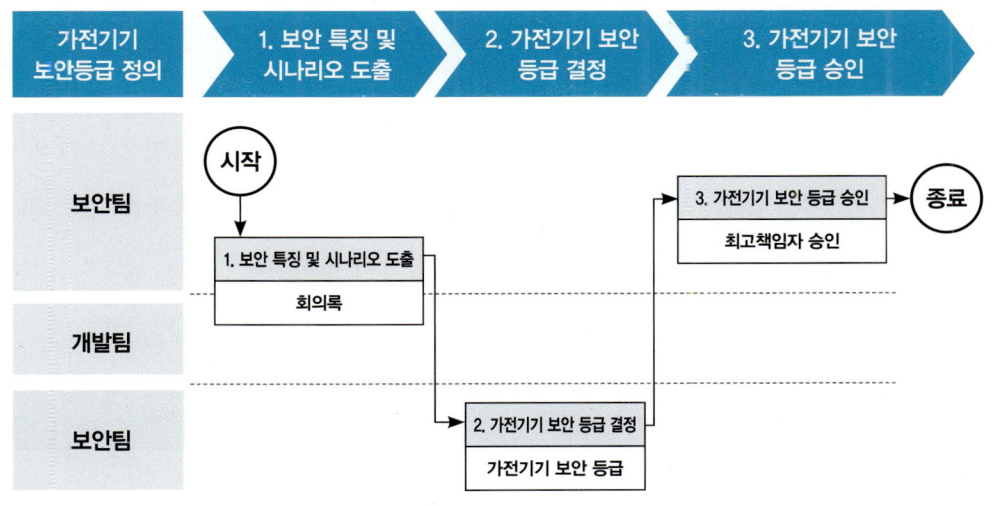

[그림 5-12] 보안 등급 정의 프로세스 설계

② 보안 등급 정의 프로세스 별 상세 업무

기획부서와 개발부서는 보안등급 결정에 영향을 미치는 "보안 특징 및 시나리오"를 도출한다.

■ 보안 등급 결정

가) 보안 등급 검증 대상 여부 판단: A급, B급 기기의 경우 기본 검증 대상으로 지정하고 C급, D급 가전기기는 개발부서와 기획부서의 자체적인 판단 기준에 따라 결정한다.

나) 보안부서는 개발부서와 기획부서에서 도출된 "보안 특징 및 시나리오"를 바탕으로 검토하여 보안등급을 결정한다.

다) 결정된 보안 대상 기기 내에서 선택 가능한 보안 등급을 요구사항 확정, 회의에서 유관 부서와 협의하여 결정한다. 각 보안 대상 기기별로 받아야 할 최소한의 보안

등급이 존재하며, 그 이하 보안 등급은 선택할 수 없다. A 제품은 3 단계, B 제품은 최소한 2 단계, C 제품은 최소한 1 단계를 수행한다.

라) 보안 등급의 정의: 특성(보안 대상 기기 분류 기준)에 따라 기기별로 수행해야 할 SDL 활동의 단계가 다르다. 또한 단계별로 수행해야 할 SDL 활동이 정의되어 있으며 단계가 올라갈수록 수행해야 할 SDL 활동이 많아진다.

보안 대상 제품군	보안 대상 기기별 분류 기준
A	• 네트워크 기능이 존재하는 가전기기 • 중요정보, 개인정보 송·수신(O), 가전기기 내 중요정보, 개인정보 저장(O)
B	• 네트워크 기능이 존재하는 제품 • 중요정보, 개인정보 송·수신(O), 가전기기 내 중요정보, 개인정보 저장(X) • 중요정보, 개인정보 송·수신(X), 가전기기 내 중요정보, 개인정보 저장(O)
C	• 네트워크 기능이 존재하는 제품 • 중요정보, 개인정보 송·수신(X), 가전기기 내 중요정보, 개인정보 저장(X)
D	• 네트워크 기능이 없는 단순 편의 기능 가전기기

[그림 5-13] 보안 대상기기별 분류 기준

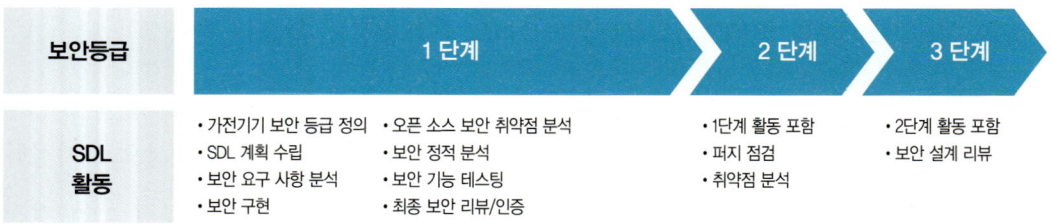

[그림 5-14] 보안 등급별 SDL 활동 정의

- 보안 등급 승인: 개발부서는 보안 등급을 명시해서 개발관리시스템에 등록하고 기획부서 최고 책임자는 보안 등급의 타당성을 검토하고 SDL 활동을 승인한다.

2) SDL 계획 수립

① SDL 계획 수립 프로세스

먼저 "SDL 계획서 작성" 단계에서는 결정된 기기의 보안 등급을 기준으로 개발부서에서 SDL 계획서를 작성한다. "SDL 계획서 협의" 단계에서 보안부서는 작성된 SDL 계획서를 검토하고 협의를 진행한다. "계획서 제출" 단계에서는 최종 협의된 계획서를 개발부서에 발행하도록 한다. 상세 프로세스는 다음과 같다.

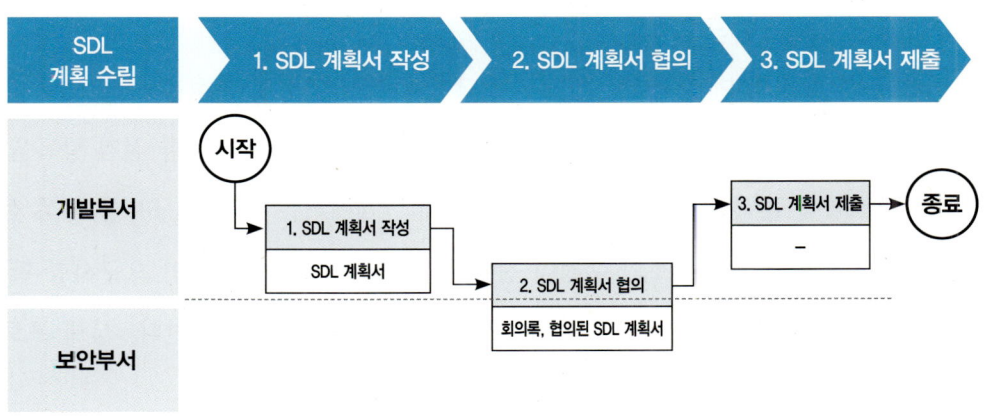

[그림 5-15] SDL 계획 수립 프로세스 설계

② SDL 계획 수립 프로세스 별 상세 업무

- SDL 계획서 작성: 결정된 보안 등급에 따라 개발부서에서는 관련 부서와 협의를 통해 SDL 활동 계획을 수립한다. 개발부서는 협의한 내용으로 SDL 계획서를 작성하여 보안부서에 전달하며 SDL계획서 작성 단계에서 취약점 분석 주체와 분석범위 및 일정을 협의한다.
- SDL 계획서 협의: 보안부서는 보안 등급을 기준으로 SDL 계획서를 검토하여 협의

하고, 만약 협의가 거부될 경우에는 거부 사유를 상세하게 명시한다. 개발부서는 협의된 SDL 계획서를 기반으로 관련부서와 공유하며, 보안부서에서 협의 거부 시에 개발부서는 'SDL 계획서 작성' 활동부터 다시 수행해야 한다.

- SDL 계획서 제출: 개발부서 일정 품질 목표 수립 기한 내에 제품 개발 관리 시스템에 보안부서와 협의한 SDL 계획서를 등록한다.

3) 보안 요구사항 분석

① 보안 요구사항 분석 프로세스

"보안 요구사항 정의"단계에서는 개발부서 담당자에게 질의 및 분석을 통해 보안 요구사항을 확인한다. "보안 요구사항 분석"단계에서는 확인된 보안 요구사항 점검 항목을 기반으로 요구사항을 분석한다. "보안 요구사항 리뷰"단계에서는 보안 요구사항 분석 점검 항목을 기반으로 전체적인 검토와 수정이 진행된다. 마지막 단계로 "보안 요구사항 확정" 단계에서는 개발부서 담당자 등 모든 이해관계자의 동의를 통해 결정한다. 상세 프로세스는 다음과 같다.

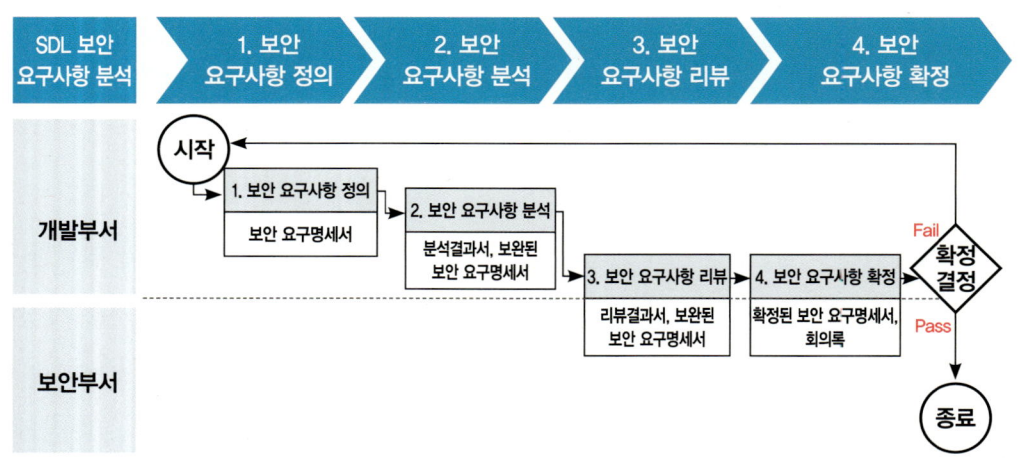

[그림 5-16] 보안 요구사항 분석 프로세스 설계

② 보안 요구사항 분석 프로세스 별 상세 업무
- 보안 요구사항 정의: 개발부서는 유관 부서로부터 요구사항 관련 문서와 보안 정책 문서를 수집하고 이해한다.
- 보안 요구사항 분석: 보안 요구사항분석 항목을 기반으로 요구사항을 분석하며 분석 결과를 바탕으로 보안 요구사항을 요구명세서에 보완한다.
- 보안 요구사항 리뷰: 보안부서는 개발부서에게 전달받은 SW 보안 요구사항을 보안 요구사항 검토 항목을 기반으로 검토한다. 개발부서는 검토 결과를 바탕으로 보안 요구사항을 요구명세서에 보완해 작성한다.
- 보안 요구사항 확정: 보완된 요구명세서에 대해 모든 이해관계자(기획부서, 개발부서, 검증부서, 품질부서, 보안부서)의 동의를 받고 증거를 기록한다. 요구명세서의 확정 동의 거부 정보를 관련부서에 공유한다.

(4) 구현 단계 보안활동 프로세스

1) 보안설계 검토

① 보안설계 검토 프로세스

기존 연구에서 진행한 위협모델링 도구를 사용하여 각 Home IoT 가전기기의 데이터 흐름도를 통해 전체적인 시스템 흐름상에서의 보안 위협 요소를 파악하고 발견된 위협 요소에 대하여 완화 방안을 결정하고 보안 요구사항에 반영한다.

"데이터 흐름도 작성" 단계에서는 전체 시스템의 데이터 흐름을 분석하기 위하여 위협모델링을 활용하여 데이터 흐름도를 작성한다. "보안 위협 요소 분석" 단계에서는 보안 위협 요소를 도출 하고 그에 따른 분석 보고서 및 완화 방안 결과서를 작성한다. "보안 위협 요소 분석 결과 검토" 단계에서는 발행된 결과서를 보안팀으로부터 검토 결과를 회신

받는다. "보안 위협 요소 완화 방안 도출" 단계에서는 발견된 보안 위협 요소에 대한 완화 방안을 도출하고 그에 따른 결과서를 발행한다. "보안 위협 요소 완화 방안 검토" 단계에서는 마찬가지로 보안부서에 의해 검토 받으며 최종 방안을 결정한다. 마지막으로 "보안 요구사항에 완화 방안 반영" 단계에서는 최종 결정된 보안 위협 완화 방안을 보안 요구사항으로 반영한다. 상세 프로세스는 다음과 같다.

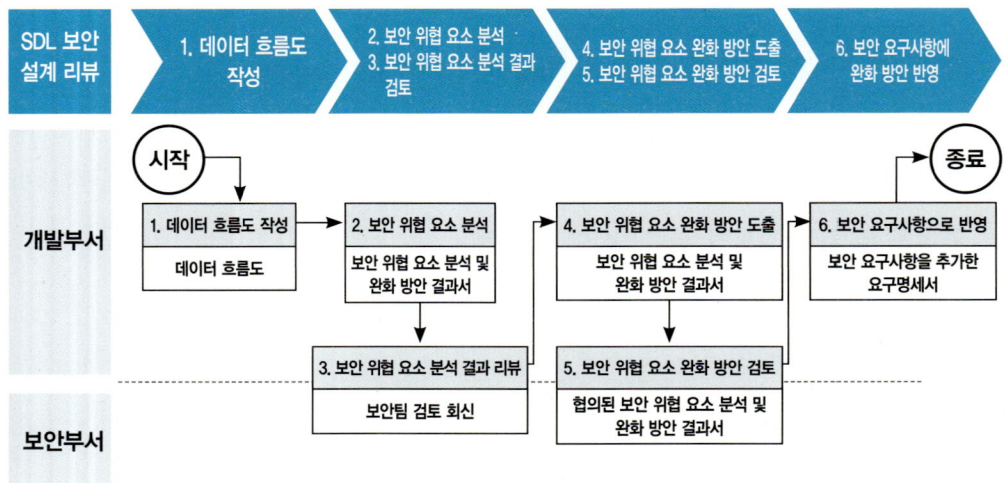

[그림 5-17] 보안설계 검토 프로세스 설계

② 보안설계 검토 프로세스 별 상세 업무

- 데이터 흐름도 작성: 개발부서는 전체 시스템의 데이터 흐름을 분석하기 위한 데이터 흐름도를 작성한다. 데이터 흐름도 작성 시 외부 연결 인터페이스를 통해 전달되는 데이터는 필수적으로 표현해야 하며 위협모델링 도구를 사용하여 작성할 수 있다.

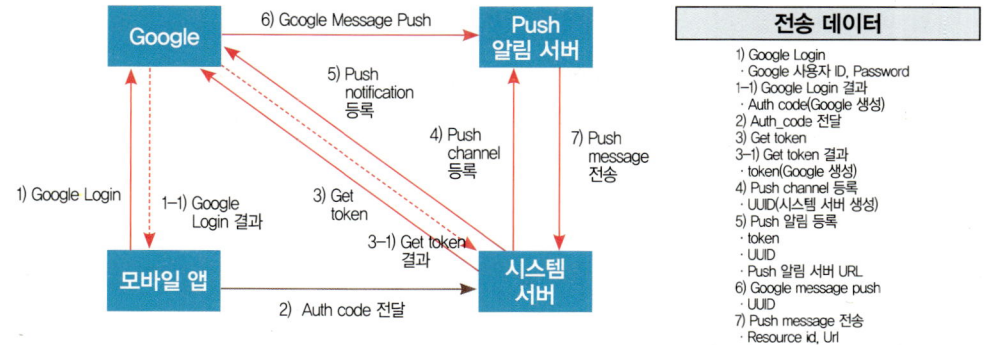

[그림 5-18] SW 설계서 예시

- 보안 위협 요소 분석: 개발부서는 데이터 흐름도를 바탕으로 보안 위협 요소를 도출하며 도출된 보안 위협 요소 중 실제적 보안 위협 요소를 파악하고, 이를 바탕으로 보안 위협 요소 분석 및 완화 방안 결과서를 작성한다. 보안 위협의 분류 및 커뮤니케이션을 위해, STRIDE 분류법의 사용을 권장한다.
- 보안 위협 요소 분석 결과 검토: 보안부서는 개발부서로부터 전달 받은 보안 위협 요소 분석 및 완화 방안 결과서의 보안 위협 요소 분석 결과를 검토하고 개발부서에게 검토결과를 전달한다. 개발부서는 보안부서에서 받은 검토 결과를 바탕으로 보안 위협 요소 분석 활동을 추가하여 수행 할 수 있다.
- 보안 위협 요소 완화 방안 도출: 개발부서는 보안 위협 요소 분석 결과를 바탕으로 보안 위협 요소 완화 방안을 도출하고, 보안 위협 요소 분석 및 완화 방안 결과서를 작성한다.
- 보안 위협 요소 완화 방안 검토: 보안부서는 개발부서에서 작성한 보안 위협 요소 분석 및 완화 방안 결과서를 바탕으로 보안 위협 요소 완화 방안이 보안 위협 요소를 적절하게 고려하였는지 검토한다. 개발부서는 검토 결과를 바탕으로 보안부서와 논의하여 보안 위협 요소 완화 방안을 최종 결정한다.
- 보안 요구사항에 완화 방안 반영: 개발부서는 요구사항 명세서에 최종 결정된 보안

위협 요소 완화 방안을 보안 요구사항으로 반영한다.

2) 보안 구현

① 보안 구현 프로세스

SW 개발자들이 안전한 SW 코딩 규칙을 적용하여 개발한 후 보안 구현 업무 기술서를 통해 실수나 논리적 오류 등으로 인해 발생할 수 있는 SW상의 보안 취약점을 최소화함을 목적으로 한다. "보안 구현 가이드 수립" 단계에서는 보안 구현 가이드를 개발하여 SW개발팀에게 공유하고 지속적으로 관리한다. "구현" 단계에서는 보안 구현 가이드를 기반으로 하여 SW 개발 및 자가 검토를 수행하도록 한다. 상세 프로세스는 다음과 같다.

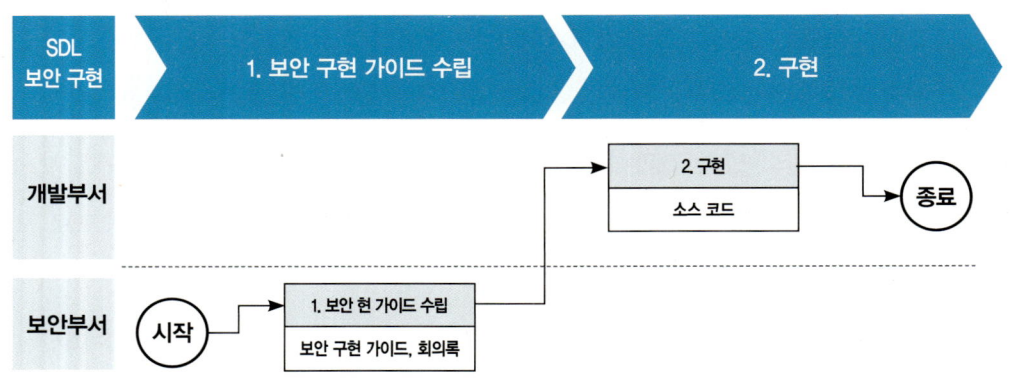

[그림 5-19] 보안 구현 프로세스 설계

보안 구현 가이드에는 시큐어코딩에 관한 내용이 포함되며 미국의 카네기멜런 대학교의 시큐어코딩 가이드를 사용하였다.[3] 카네기멜런 대학교의 시큐어코딩 가이드에는 JAVA, C, C++, Perl 언어 등의 가이드가 포함되어 있으며 JAVA에 대한 가이드 항목이다.

---

3) https://wiki.sei.cmu.edu/confluence/display/c/SEI+CERT+C+Coding+Standard

Sections	Rule	Description
Rule 00	Input Validation and Data Sanitization(IDS)	· Prevent SQL injection · Normalize strings before validating them · Canonicalize path names before validating them
Rule 01	Declarations and Initialization	· Prevent class initialization cycles · Do not reuse public identifiers from the Java Standard Library · Do not modify the collection's elements during an enhanced for statement
Rule 02	Expressions (EXP)	· Do not ignore values returned by methods · Do not use a null in a case where an object is required · Do not use the Object.equals() method to compare two arrays
Rule 03	Numeric Types and Operations(NUM)	· Detect or prevent integer overflow · Do not perform bitwise and arithmetic operations on the same data · Ensure that division and remainder operations do not result in divide-by-zero errors
Rule 04	Characters and Strings (STR)	· Don't form strings containing partial characters from variable-width encodings · Do not assume that a Java char fully represents a Unicode code point · Specify an appropriate locale when comparing locale-dependent data
Rule 05	Object Orientation (OBJ)	· Limit accessibility of fields · Preserve dependencies in subclasses when changing superclasses · Prevent heap pollution
Rule 06	Methods (MET)	· Validate method arguments · Never use assertions to validate method arguments · Do not use deprecated or obsolete classes or methods
Rule 07	Exceptional Behavior (ERR)	· Do not suppress or ignore checked exceptions · Do not allow exceptions to expose sensitive information · Prevent exceptions while logging data
Rule 08	Visibility and Atomicity (VNA)	· Ensure visibility when accessing shared primitive variables · Ensure visibility of shared references to immutable objects · Ensure that compound operations on shared variables are atomic
Rule 09	Locking (LCK)	· Use private final lock objects to synchronize classes that may interact with untrusted code · Do not synchronize on objects that may be reused · Do not synchronize on the class object returned by getClass()
Rule 10	Thread APIs (THI)	· Do not invoke Thread.run() · Do not invoke ThreadGroup methods · Notify all waiting threads rather than a single thread

Rule 11	Thread Pools (TPS)	· Use thread pools to enable graceful degradation of service during traffic bursts · Do not execute interdependent tasks in a bounded thread pool · Ensure that tasks submitted to a thread pool are interruptible
Rule 12	Thread-Safety Miscellaneous (TSM)	· Do not override thread-safe methods with methods that are not thread-safe · Do not let the this reference escape during object construction · Do not use background threads during class initialization
Rule 13	Input Output (FIO)	· Do not operate on files in shared directories · Create files with appropriate access permissions · Detect and handle file-related errors
Rule 14	Serialization (SER)	· Enable serialization compatibility during class evolution · Do not deviate from the proper signatures of serialization methods · Sign then seal objects before sending them outside a trust boundary
Rule 15	Platform Security (SEC)	· Do not allow privileged blocks to leak sensitive information across a trust boundary · Do not allow tainted variables in privileged blocks · Do not base security checks on untrusted sources
Rule 16	Runtime Environment (ENV)	· Do not sign code that perforMicrosoft only unprivileged operations · Place all security-sensitive code in a single JAR and sign and seal it · Do not trust the values of environment variables
Rule 17	Java Native Interface (JNI)	· Define wrappers around native methods · Do not assume object references are constant or unique · Do not use direct pointers to Java objects in JNI code
Rule 49	Miscellaneous (MicrosoftC)	· Do not use an empty infinite loop · Generate strong random numbers · Never hard code sensitive information
Rule 50	Android (DRD)	· Do not act on malicious intents · Restrict access to sensitive activities · Ensure that sensitive data is kept secure

[표 5-17] 시큐어코딩 가이드

② 보안 구현 프로세스 별 상세 업무

- 보안 구현 가이드 수립: 보안부서는 "보안 구현 가이드"를 개발하여 개발자들에게 주기적으로 개정하며 지속 관리한다.

- 구현 : 개발부서에서는 "보안 구현 가이드"를 숙지하여 개발하고 개발 후 소스코드

를 반영하기 전 "보안 구현 가이드"를 기반으로 자가 검토를 수행한다.

3) 오픈소스 보안 취약점 분석

① 오픈소스 보안 취약점 분석 프로세스

Home IoT 가전기기에 내재되어 있는 오픈소스를 분석하여 알려진 보안 취약점을 발견하고 해당 취약점을 제거 또는 완화 하려는 목적이 있다. "사용중인 오픈소스 검토" 단계는 오픈소스를 사용하는 Home IoT SW를 관리하기 위한 목적으로 가전기기에서 사용되는 오픈소스 목록을 검토한다. "오픈소스 보안 취약점 도출 및 수정" 단계에서는 오픈소스 취약점 분석 도구를 통해 사용 중인 오픈소스의 보안 취약점을 도출하고 해당 취약점을 수정하여 반영한다. 마지막으로 "오픈소스 보안 취약점 수정 결과 검토" 단계에서는 보안 취약점 수정 결과를 검토하고 오픈소스 관리 취약점 분석 도구를 통해 수정된 결과를 재분석하여 취약점 완화 유무를 확인하는 것이다.

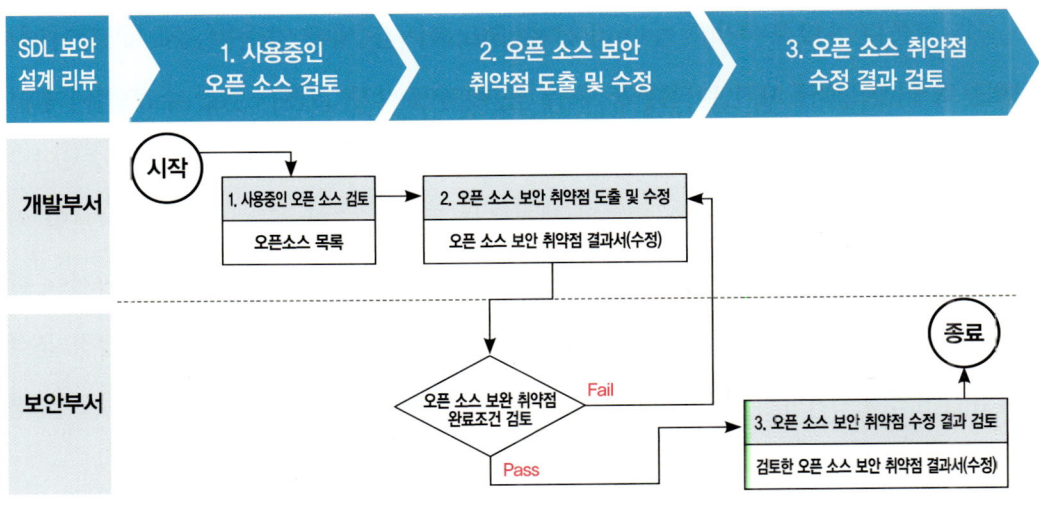

[그림 5-20] 오픈소스 보안 취약점 분석 프로세스 설계

② 오픈소스 보안 취약점 분석 프로세스 별 상세 업무
- 사용중인 오픈소스 검토: 개발부서는 사용 중인 오픈소스의 이름 및 버전에 대한 정보를 수집하여 목록화한다.
- 오픈소스 보안 취약점 도출 및 수정: SW 개발 단계 동안 오픈소스 취약점 분석 도구를 통해 오픈소스의 보안 취약점 도출 및 수정 단계를 반복적으로 수행한다. 사용 중인 오픈소스의 보안 취약점을 도출하며 발견된 오픈소스 보안 취약점에 대하여 취약점 수정 계획을 수립하고 해당 취약점을 수정 반영한다.
- 오픈소스 보안 취약점 수정 결과 검토: 보안부서는 "오픈소스 보안 취약점 수정 최종 결과서"를 기준으로 완화 여부를 확인하고 통과기준에 부합하는지 검토한다.

4) 보안 정적 분석

① 보안 정적 분석 프로세스

자동화된 보안 정적 분석도구를 사용하는 것은 사람이 찾기 어려운 SW 보안 취약점을 검출하고 개발단계에서 취약점을 미연에 제거하며, 이를 통해 안전한 SW 개발을 하는 것이 목적이다. "보안 정적 분석 환경 구축" 단계에서는 가전기기에 적합한 보안 정적 분석 도구를 선정하여 자동화 환경을 구축한다. 정적 분석도구는 앞에서 언급했던 "보안구현가이드"의 시큐어코딩 내용 중 중요한 부분을 자동화로 구현 해놓은 것이다. "보안 정적 분석 수행" 단계에서는 주기적으로 보안 정적 분석을 수행하여 정적 분석 결과서를 발행한다. "보안 정적 분석 취약점 수정" 단계에서는 개발부서에서 탐지된 보안 정적 분석 취약점을 수정한다. 마지막으로 "보안 정적 분석 취약점 수정 검토" 단계에서는 보안 정적 분석 취약점 수정 사항을 검토한다. 상세 프로세스는 다음과 같다.

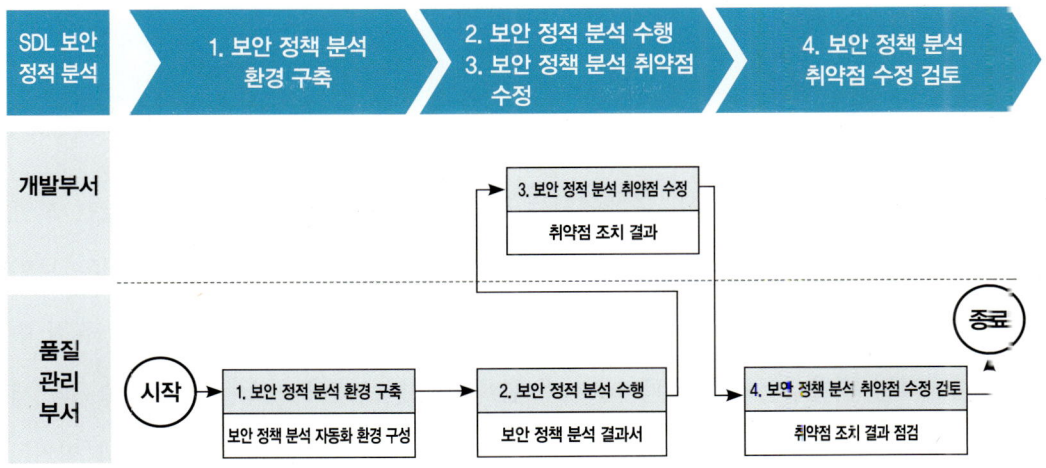

[그림 5-21] 보안 정적 분석 프로세스 설계

② 보안 정적 분석 프로세스 별 상세 업무

- 보안 정적 분석 환경구축: 보안 정적 분석 도구를 선정하고 보안 정적 분석 자동화 환경을 구축한다.
- 보안 정적 분석 수행: 품질관리부서는 구축된 보안 정적 분석환경을 기반으로 주기적으로 보안 정적 분석을 수행한다. 수행된 보안 정적 분석 결과를 바탕으로 정적 분석 결과서를 작성하고 주기적으로 개발부서에게 정적 분석 결과서를 송부한다. 개발부서의 정적분석 취약점 수정 사항을 점검하고, 통과기준 충족 여부를 판단한다.
- 보안 정적 분석 취약점 수정: 개발부서는 탐지된 보안 정적 분석 취약점을 수정한다. 품질관리부서의 취약점 수정 사항 검토 결과에 따라 취약점 수정 활동을 반복 수행할 수 있다.
- 보안 정적 분석 취약점 수정 검토: 개발부서의 정적 분석 취약점 수정 사항을 검토하고 통과기준 충족 여부를 판단한다.

5) 보안 기능 점검

① 보안 기능 점검 프로세스

"보안 기능 점검 케이스 설계" 단계에서는 SW 보안 요구사항을 검증할 수 있는 보안 기능 점검 케이스를 설계한다. "보안 기능 점검 케이스 검토 및 보완" 단계에서는 보안 기능 점검 케이스를 검토 및 보완하여, 전수점검 케이스를 설계한다. "보안 기능 점검 수행" 단계에서는 개발부서와 품질관리부서가 함께 작성한 점검케이스를 기반으로 SW 개발 단계에서 보안 기능 점검을 수행한다. 점검 케이스로는 "정보 노출", "인증과 인가", "세션 관리", "입력 값 검증", "취약한 알고리즘 사용", "펌웨어 업데이트", "시스템 가용성" 등이 있다. "취약점 수정" 단계에서는 개발부서가 탐지된 보안기능 점검 취약점에 대하여 수정 방안을 가전기기에 반영한다. "보안 기능 점검수행" 단계에서는 수정된 점검케이스를 기반으로 보안 기능 점검을 재 실시한다. 마지막으로 "취약점 수정" 단계에서는 탐지된 보안 기능 점검 취약점에 대한 수정방안을 반영한다. 상세 프로세스는 다음과 같다.

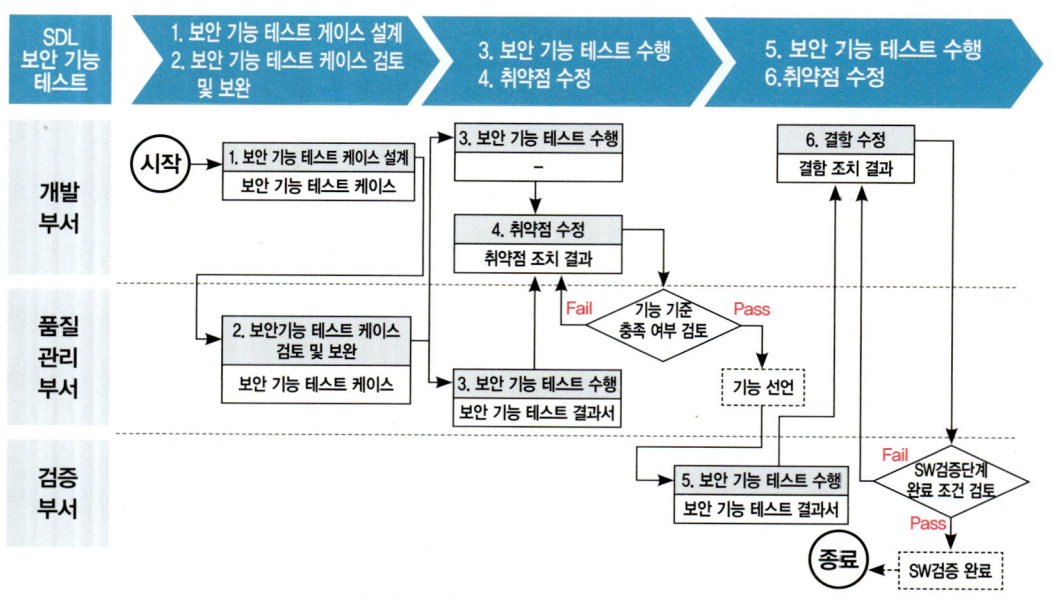

[그림 5-22] 보안 기능점검 프로세스 설계

② 보안 기능 테스트 프로세스 별 상세 업무
- 보안 기능 테스트 케이스 설계: 개발부서는 요구사항 명세서 내 기술된 보안 요구사항을 검토하여 보안 기능 테스트케이스를 설계한다.
- 보안 기능 테스트 케이스 검토 및 보완: 품질관리부서는 개발부서가 설계한 보안 기능 테스트 케이스를 검토 및 보완하여, 전수테스트 케이스를 설계한다. 그리고 최종적으로 보안 기능 테스트케이스를 작성하여 완성한다. 보안 기능 테스트 케이스는 별도 섹션으로 분리 관리되어야 한다.
- 보안 기능 테스트 수행: 개발부서는 완성된 보안 기능 테스트케이스를 이용하여 보안 기능 테스트를 자가 수행하고, 취약점이 탐지되는 경우 취약점에 대한 수정방안을 가전기기에 반영한다. 품질관리부서는 보안 기능 테스트를 수행한 뒤, 보안 기능 테스트 결과서를 작성하여 개발부서에 배포한다.
- 취약점 수정: 개발부서는 보안 취약점에 대한 수정방안을 가전기기에 반영한 뒤 품질관리부서에 보안 기능 테스트를 재요청한다. 품질관리부서는 개발부서의 취약점 조치 결과를 바탕으로 가전기기 기능 충족 여부를 판단한다. 개발부서는 가전기기 기능이 충족될 때까지 보안 기능 테스트 및 취약점 수정 단계를 반복할 수 있다.
- 보안 기능 테스트 수행: 검증부서에서는 보안 기능 테스트를 수행하고, 보안 기능 테스트 결과서를 작성하여 개발부서에 배포한다.
- 취약점 수정: 개발부서는 보안 취약점에 대한 수정방안을 가전기기에 반영한 뒤 검증부서에 보안 기능 테스트를 재요청한다. 검증부서는 개발부서의 취약점 조치 결과를 바탕으로 SW검증단계 완료 기준 충족 여부를 판단한다. 개발부서는 SW검증 단계 완료 기준 충족 시까지 보안 기능 테스트 및 취약점 수정단계를 반복할 수 있다.

(5) 테스트 단계 보안활동 프로세스

1) 퍼지 점검

① 퍼지 점검 프로세스

"퍼지 점검 범위 검토" 단계에서는 점검 대상을 검토하여 수행할 수 있는 퍼지 점검 범위를 산정하고, 퍼지 점검 도구를 검토/선정한다. "퍼지 점검 환경 구축" 단계에서는 선정된 도구를 기반으로 퍼지 점검 자동화 환경을 구축한다. "퍼지 점검 수행" 단계에서는 퍼지 점검 자동화 환경을 통해 점검을 수행한다. 퍼지 점검 항목으로는 "웹페이지", "네트워크 프로토콜 퍼지", "파일 포맷 퍼지"를 포함한다. 마지막으로 "취약점 수정" 단계에서는 개발부서에서 퍼지 점검을 통해 검출된 취약점을 수정하고 취약점 조치 결과서를 발행한다. 상세 프로세스는 다음과 같다.

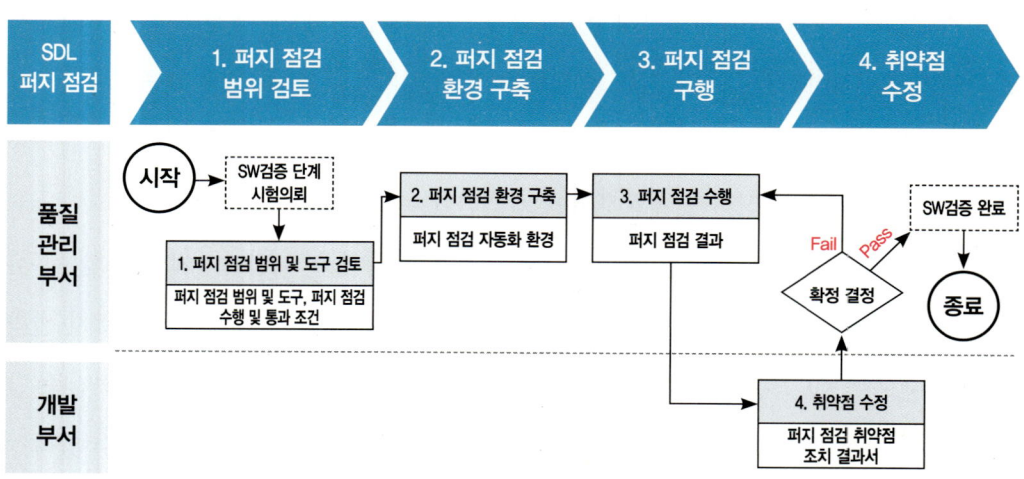

[그림 5-23] 퍼지 점검 프로세스 설계

② 퍼지 점검 프로세스 별 상세 업무

- 퍼지 점검 범위 검토: 점검 대상 가전기기의 특성에 따라 적용할 퍼지 점검의 범위를 검토한다. 선정한 도구 별 수행 조건 및 통과 기준을 수립한다.
- 퍼지 점검 환경 구축: 품질관리부서는 선정된 도구를 기반으로 퍼지 점검 자동화 환경을 구축한다.
- 퍼지 점검 수행: 품질관리부서는 자동화 환경을 통해 퍼지 점검을 수행한다. 퍼지 점검 수행 결과를 작성하여 개발부서에게 전달한다.
- 취약점 수정: 개발부서는 탐지된 취약점을 수정하고, "퍼지 점검 취약점 조치 결과서"를 작성한다. 품질관리부서는 통과 기준에 부합하는지 검토 후 승인한다.

2) 취약점 분석

① 취약점 분석 프로세스

"취약점 분석 계획 수립 및 합의" 단계에서는 개발부서와 취약점 분석 수행주체가 서로 협의 하여 점검 범위와 일정을 산정한다. "취약점 분석 수행" 단계에서는 취약점 분석 대상에 관한 정보를 수집하고 구조를 파악하여 예상 취약점을 도출하고 분석하여 공격 시나리오와 보안 요구사항을 바탕으로 취약점 분석을 수행한다. "취약 코드 수정" 단계에서 해당 개발부서는 전달받은 취약점을 소스코드에 수정 및 반영 한다. 마지막으로 "이행점검" 단계에서는 취약점이 조치된 가전기기에 대하여 취약점이 잘 수정되었는지 확인 검사를 받는다. 상세 프로세스는 다음과 같다.

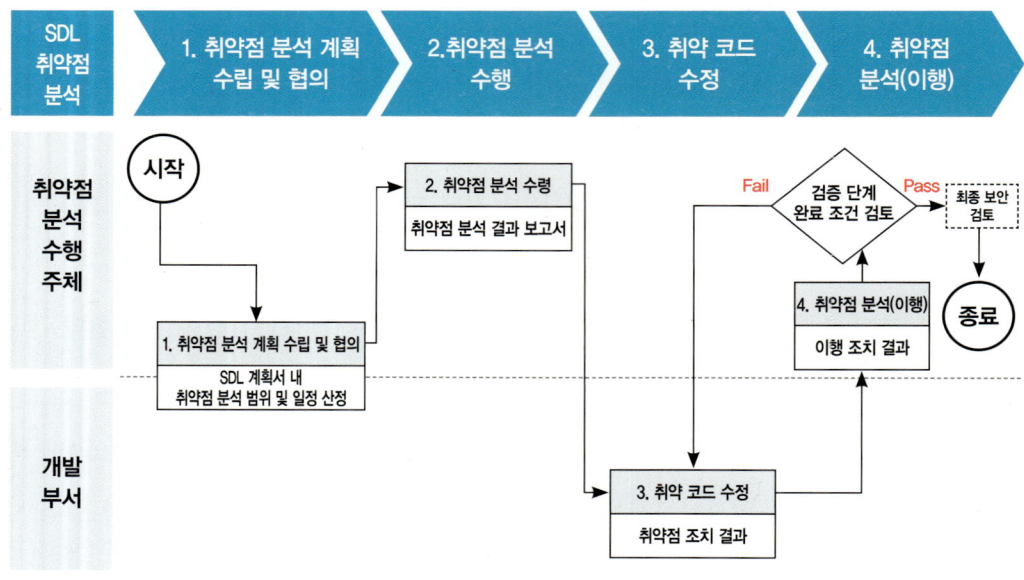

[그림 5-24] 취약점 분석 프로세스 설계

② 취약점 분석 프로세스 별 상세 업무

- 취약점 분석 계획 수립 및 합의: 취약점 분석은 해당 취약점 분석 수행 주체와 가전기기 개발부서와 협의를 통하여 범위와 시간 등을 산정해야 한다.
- 취약점 분석 수행: 취약점 분석 수행 주체는 협의된 취약점 분석 일정 및 범위에 따라 보안 취약점을 탐지한다. 취약점 분석의 취약점 영향도 평가는 3단계(High, Medium, Low)로 구분한다. 취약점 분석의 수행 주체는 취약점 영향도에 따른 수정 조치 가이드를 제안한다.
- 취약점 코드 수정: 개발부서는 탐지된 보안 취약점을 검토하고, 해당 취약점을 완화할 수 있는 방안을 SW에 적용한다. 취약점 코드 수정을 완료하지 못할 경우, 취약점 분석 프로세스의 미해결 이슈 승인 방식을 따른다.
- 취약점 분석(이행): 개발부서는 보안 취약점을 개선하여, 취약점 분석 수행 주체에게 이행 분석을 의뢰한다. 취약점 분석 수행 주체는 탐지된 보안 취약점이 가전기기

에 제대로 수정 및 반영 되었는지 이행 분석을 실시한다. 이행 분석은 최종 가전기기 보안 검토 이전에 완료되어야 한다.

(6) 최종 단계 보안활동 프로세스

1) 최종 보안 검토 프로세스

"SDL 활동 별 결과 검토 요청"단계에서 개발부서는 품질관리부서에게 SDL 활동 결과서 검토를 요청한다. "SDL 활동 별 결과 검토" 단계에서 품질관리부서와 개발부서는 질의 응답을 통해 SDL 활동 별 보안 활동 수행 결과를 검토한다. "잔존 보안 이슈 처리" 단계에서는 보안 활동 수행 결과를 점검하여 통과 기준에 미달하는 경우, 개발부서는 잔존 보안 이슈를 해결해야 한다. "최종 보안 검토 완료" 단계에서 품질관리부서는 SDL 활동 검토 결과 통과 기준이 충족되면 최종 보안 검토를 완료한다. "보안 검토서 작성" 단계에서는 최종 보안 검토 완료 후, 개발부서는 보안 검토서를 작성하고, 보안 검토서 결재를 요청한다. "보안 검토서 승인" 단계에서는 검증부서에서 검토서 결재를 최종적으로 완료한다. 상세 프로세스는 다음과 같다.

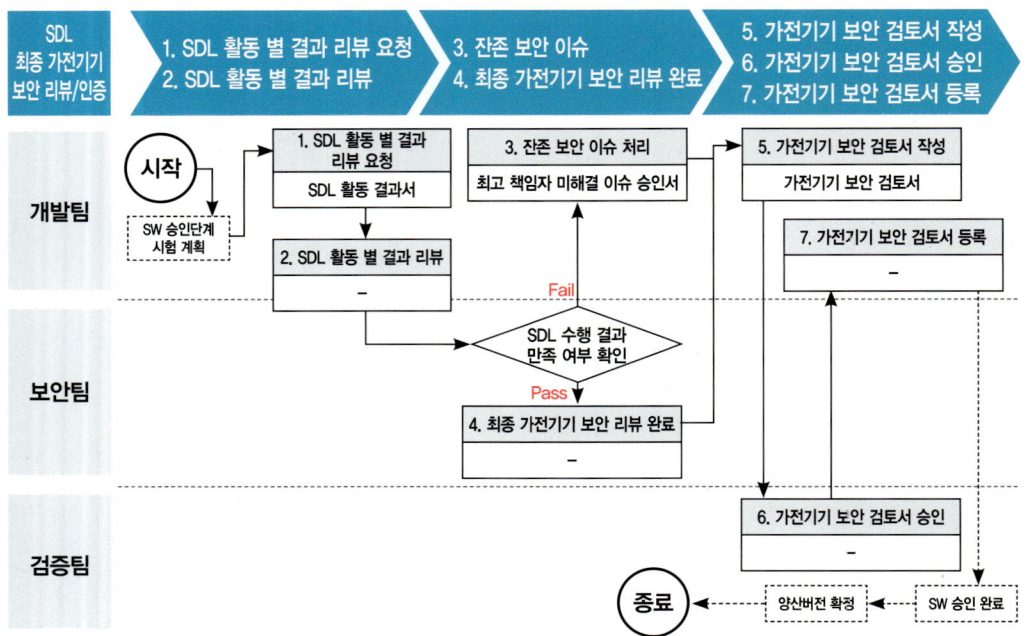

[그림 5-25] 최종 보안 검토 프로세스 설계

2) 최종 보안 검토 프로세스 별 상세 업무

- SDL 활동 별 결과 검토 요청: 개발부서는 품질관리부서에게 SDL 활동 결과서 검토를 요청한다.
- SDL 활동 별 결과 검토: 품질관리부서와 개발부서는 SDL 활동 결과서를 기반으로 질의/응답을 통해 SDL 활동 별 보안활동 수행 결과를 검토한다.
- 잔존 보안 이슈 처리: 가전기기 보안활동 수행 결과 검토 시 통과 기준 미달일 경우, 개발부서는 잔존 보안 이슈를 해결해야 한다. 개발부서는 잔존 보안 이슈를 해결하고, 품질관리부서와 협의하여 수정 사항으로 검토를 진행한다. 잔존 보안 이슈 중 해결이 불가한 보안 이슈가 존재하는 경우, 미해결 보안 이슈의 리스크를 인지하여

리스크가 존재함에도 출시한다는 개발부서 최고 책임자의 승인서가 필요하다. SDL 활동 통과 기준 충족 및 잔존 보안 이슈 처리가 완료될 경우, 개발부서는 품질관리부서로 SDL 활동 검토를 요청하고, 품질관리부서의 검토 결과에 따라 개발부서의 잔존 보안 이슈 처리 활동이 반복될 수 있다.

- 최종 보안 검토 완료: 품질관리부서는 모든 SDL 활동 검토를 수행하여 최종적으로 SDL 활동 별 통과 기준 충족 여부를 확인하고, 최종 보안 검토를 완료한다.
- 보안 검토서 작성: SW 승인 완료 전까지, 개발 관리 시스템 입력을 통해 해당 기기 보안 인증서 결재를 요청한다. 결재 요청 시, SDL 보안 검토서를 첨부하여 내부 지침을 따른다.
- 보안 인증서 승인: 검증부서는 보안 검토서를 확인하여 보안 검토서 결재를 최종 완료한다. 보안 검토서 등록은 개발부서에 의해 결재 완료된 보안 검토서를 개발 관리 시스템에 등록한다.

(7) 대응 단계 프로세스

1) 보안 이슈대응 프로세스

SDL 프로세스가 적용된 Home IoT 가전기기의 보안 이슈가 발생하였을 때 해당 프로세스가 적용되며 보안 이슈가 접수되는 시점부터 보안 이슈 분석, 보안 이슈 해결, 보안 업데이트 버전 승인 순으로 진행된다. 이슈 접수 단계에서는 보안부서에서 접수를 받은 후 취약점 분석 결과 보고서와 보안 구현 가이드를 제작하여 개발부서에게 전달한다. 개발부서는 전달받은 취약점 분석 결과 보고서와 보안 구현 가이드를 바탕으로 보안 이슈를 해결하여 취약점 조치 결과 보고서를 다시 보안팀에 전달하고 보안부서에서는 취약점 조치 결과 보고서를 검토하여 승인한 뒤 개발부서와 협업하여 보안 업데이트를 진행한다. 상세 프로세스는 다음과 같다.

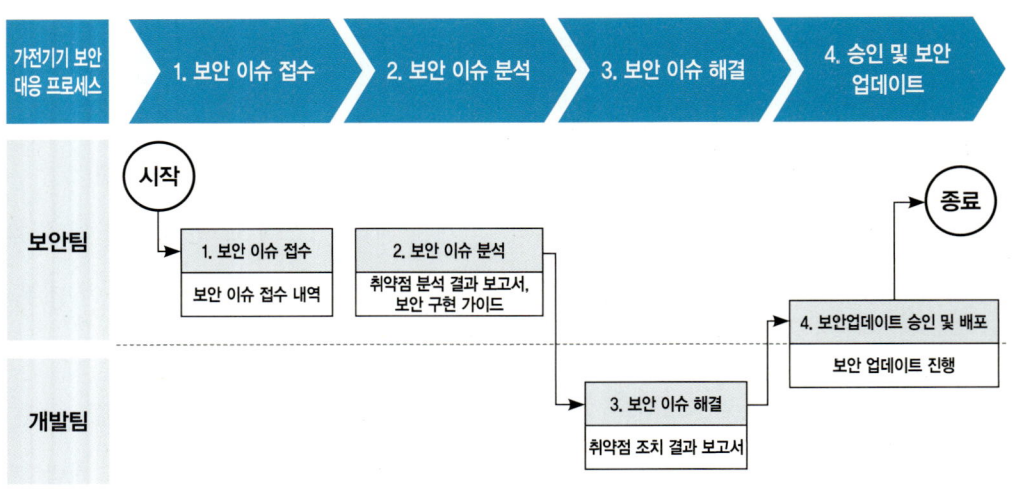

[그림 5-26] 가전기기 보안 대응 프로세스 설계

2) 보안 이슈 대응 프로세스 별 상세 업무

- 보안 이슈 접수: 보안부서에서 Home IoT 보안 가전기기의 보안 이슈를 접수 받는다.
- 보안 이슈 분석: 보안부서는 접수된 보안 이슈 정보를 검토한 뒤 취약점 분석을 진행하여 취약점 분석 보고서와 보안 구현 가이드를 제작한다. 단, 보안 이슈 분석 및 책임추적성 확보를 위해 로그기록을 주기적으로 안전하게 저장·관리해야 한다. 또한 저전력·경량형 하드웨어 사양 및 운영체제가 탑재된 IoT 장치의 경우, 그 특성상 로그기록의 생성·보관이 어려울 수 있으므로, 이런 경우에는 서비스 운영·관리시스템에서 IoT 장치의 상태정보를 주기적으로 안전하게 기록·저장할 수 있어야 한다.

- 보안 이슈 해결: 개발부서는 보안부서에서 전달받은 취약점 분석 보고서와 보안 구현 가이드를 통해 보안 이슈를 해결하고 취약점 조치 결과 보고서를 작성하여 보안부서에게 전달한다.
- 승인 및 보안 업데이트: 보안부서에서는 전달받은 취약점 조치 결과 보고서를 검토하여 승인한 뒤 개발부서와 협업하여 보안 업데이트를 진행한다.

〈참고문헌〉

- 공만식, 채홍준, 유보현 (2016). 사물인터넷(IoT) 기술동향과 전망. 기계저널,32-33.
- 김호원 (2014). 사물인터넷환경에서의 보안/프라이버시 이슈. TTA Journal, Vol153
- IITP (2014). IoT 현황 및 주요이슈. IITP Insight,21-24
- 융합보안산업 (2014). 산업연구원 사물인터넷 시대 안전망, 7-9
- 사물인터넷포럼 (2015). 사물인터넷 게이트웨이 보안 요구사항. 사물인터넷포럼
- 7대 사이버 공격 전망 (2019). 한국인터넷진흥원, 6-7
- IoT 공통보안 원칙 (2016). 한국인터넷진흥원
- IoT 공통보안 가이드 (2016). 한국인터넷진흥원
- 한정진(2015). 사물인터넷(IoT) 보안성 검토를 위한 보안아키텍처 설계와 점검항목 구성. 연세대학교
- 유주상, 최영환, 홍용근 (2014). 사물인터넷을 위한 IETF 표준화 기술 동향. 한국전자통신연구원
- 강준모(2016). 사물인터넷 환경에서 스마트TV 보안성 검증 방안. 숭실대학교
- 사물인터넷포럼 (2015). 사물인터넷 기기 등급 분류 및 보안 요구사항. 사물인터넷포럼
- 행정안전부 (2012). 운영자를 위한 C 시큐어코딩 가이드 3판
- 행정안전부 (2012). 운영자를 위한 Java 시큐어코딩 가이드 3판
- 침해사고 분석 절차 안내서 (2010). 한국인터넷진흥원
- Top Use Case Based on 5 year CAGR. https://www.idc.com/getdoc.jsp?containerId=prAP44660819
- FTC Staff. Internet of Things Privacy & security ina connected world. FTC. 2015
- OWASP (2014). OWASP IoT Top 10 (https://www.owasp.org)
- CoAP (Constrained Application Protocol). https://coap.technology.IETF(Internet Engineering Task Force). http://www.ietf.org.
- MQTT (Message Queuing Telemetry Transport). http://mqtt.org.OASIS (Organization for the Advancement of Structured Information Standards). http://oasis-open.org/)
- oneM2M Specification Release 1. http://www.onem2m.org.
- Security Considerations in the IP-based Internet of Things. http://www.ietf.org
- ITU-T Y.2060.Overview of the Internet of Things. 2012.
- ITU-T Y.2066. Common requirements of the Internet of things. 2014.
- Bing Zhang, Xin-Xin Ma, Zhi-Guang Qin. Security Architecture on the Trusting Internet of Things. 2011.
- R. H. Weber. Internet of Things: new security and privacy challenges. Computer Law and Security Review. vol. 26, pp. 23 - 30. 2010.
- FLAUZAC Oliver, GONZALEZ Carlos, NOLOT Florent. New SecurityArchitecture for IoT Network. 2015.
- Adam Shostack, "Experience Threat Modeling at Microsoft," Microsoft, 2008
- P. Torr, "Demystifying the Threat modeling process," IEEE Security &Private, vol.3,no.5,pp.66-70,Oct.2005
- Adam Shostack, Threat Modeling: Design for Security, John Wiley &Sons, Feb. 2014
- Microsoft STRIDE Chart, https://www.microsoft.com/security/blog/2007/09/11/stride-chart/
- Microsoft Security Development Lifecycle (SDL), http://msdn.microsoft.com/en-us/security/cc448177.aspx.
- CLASP (Comprehensive Lightweight Application Security Process), http://searchsoftwarequality.techtarget.com/searchAppSecurity/downloads/clasp_v20.pdf.
- Gary McGraw, Software Security: Building Security In, P.448, Addison-Wesley Professional, 2006.
- Humphrey, W. S. Managing the Software Process. Reading, MA: Addison-Wesley, 1989.

- The CERT Oracle Secure Coding Standard for Java, https://wiki.sei.cmu.edu/confluence/display/c/SEI+CERT+C+Coding+Standard

제6장. 기술유출방지 보안

1. 개관

(1) 현황

 기존 전통적인 산업에 ICT가 융합된 산업융합 환경이 등장함에 따라 다양한 종류의 단말(기기, 센서 등)에서 많은 양의 정보가 발생하고 있다. 이러한 산업융합 환경에서는 모든 단말이 서로 연결된 초 연결성의 특징을 가지고 있으며, 이와 더불어 단말에서 발생하는 많은 양의 다양한 정보를 가공하여 새로운 가치를 창출하고 정보 기반의 함의를 도출하는 초 지능성의 특징을 지니고 있다(Schwab, 2017).

 산업융합 환경은 사물인터넷(IoT), 클라우드(Cloud), 빅 데이터(Big Data), 모바일(Mobile) 등의 신기술로 대표되는 스마트 기술의 발전으로 인해 빠른 속도로 발전하고 있으며, 더 나아가 산업 간의 경계가 해체되고 새로운 사업 모델이 출현하는 융합 혁신이 활성화 되고 있는 환경이다(김대훈 외, 2018).

 [그림 6-1]과 같이 산업융합 환경에서의 제품(Product)은 기존의 전통적인 제품에 ICT 기능을 내재화하여 스마트 자동차, 스마트 워치 등 새로운 형태와 기능을 보유한 제

품이 만들어지고 산업융합 환경의 생산공정(Process) 전 주기에서는 ICT 기반의 도구를 활용함으로써 기존 공정의 혁신적인 변화를 통해 실시간 생산성 향상 및 비용절감 효과를 거두고 있다. 이러한 산업융합 환경에서 발생하는 새로운 가치와 자산의 안전하고 지속적인 발전을 위해서는 보안(Security)이 필수적인 요소로 자리매김하고 있다.

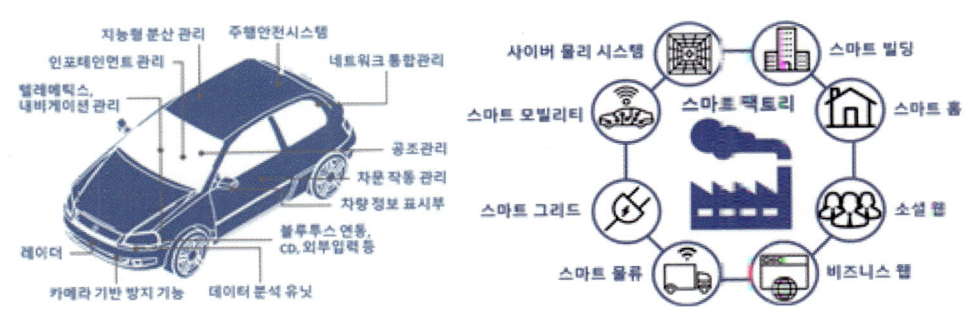

[그림 6-1] 산업융합환경의 제품과 생산공정
출처: KT경제경영연구소, (2012)

산업융합 환경에서 발생하는 보안 위험은 기존 전통적인 산업도 산업 위험과 ICT 환경에서 발성가능한 보안 위험, 산업융합 환경에서 발생가능한 보안위험을 더 하여진 형태로 융복합적으로 발생하고 있으며, 조직 관점에서 기술유출 위협성이 다차원적으로 증가하고 있다.

[그림 6-2] 다차원적 융복합 보안 위험
출처: 장항배, 2018

더욱이 국내 산업시장 또한 이전 기술 추격형 산업에서 반도체, 디스플레이 산업을 선두로 세계 시장을 선도하는 산업으로 발전하여 자리매김하고 있다. 세계적 우위를 선점할 수 있는 핵심기술을 보유하고 있다. 이는 보호해야 되는 기술의 수도 증가할 뿐만 아니라 그 가치도 증가하여, 기술유출 발생 시 경쟁국에게 세계적 우위를 빼앗길 뿐만 아니라 국가차원의 막대한 손실을 초래할 수 있는 위험을 가지고 있다.

[그림 6-3]과 같이 국내에서 유출된 국가핵심기술 조사 자료에 따르면 국내 기술 유출 사고 발생 건수는 연간 30건에 육박하며, 국가핵심기술 또한 2012년부터 지속적으로 유출사고가 발생하고 있다.

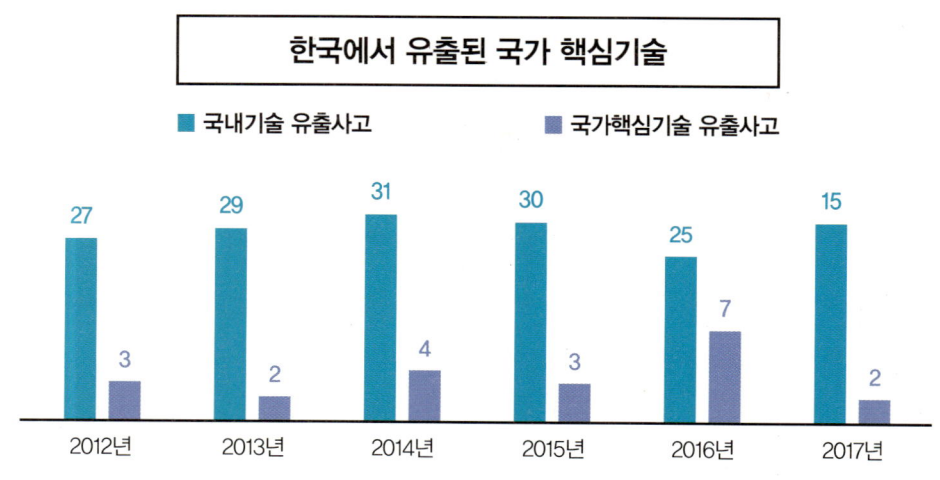

[그림 6-3] 한국에서 유출된 국가핵심기술
출처: 산업통상자원부 (2017년)

국내 기술을 대상으로 지속적으로 발생하는 다차원적 보안사고에 대응하기 위하여 산업통상자원부는 국내외 시장에서 차지하는 기술적·경제적 가치가 높거나 관련 산업의 성장 잠재력이 높아 해외로 유출될 경우에 국가의 안전보장 및 국민경제의 발전에 중대한 악영향을 줄 우려가 있는 산업기술을 국가핵심기술로 명명하고 이를 선정 및 관리하는 등 다양한 보안대책을 설계하여 진행하고 있다.

(2) 한계 및 문제점

지속적으로 발생하는 산업기술 유출 사고에 대응하기 위하여 다양한 보안 대책이 시행되고 있으나, 현재 대부분의 보안 대책은 내부와 외부 사이의 경계선을 보안하는 데에 초점이 맞춰져 있다. 이는 외부로부터 발생하는 보안 위험에 대응하기 위한 보안대책으로 내부로부터 발생하는 보안 위험에 대응하는 데에 한계가 존재한다.

내·외부 경계선을 보안하는 기존의 단편적 보안 방법으로는 인력매수, 저작권 침해, 사회공학적 공격 등 사람에 의해 발생하는 보안위험에 자유로울 수 없으며 발생한 보안 사고에 대응하는 것 또한 어려움을 겪고 있다.

내부로부터 발생하는 보안 위험은 조직 구성원에 의해 발생하는 보안사고가 대부분이며, 이것은 사람에 의해 발생하는 특성으로, 보안사고 발생 자체에 대한 감지가 어려운 문제점이 있다. 실제로 [그림 6-4]와 같이 기술유출 사고감지 시간을 조사한 결과에 따르면, 중소기업의 경우 기술유출 사고감지에 1년 이상에 시간이 들다는 조직이 29.4%에 해당하는 높은 수치를 보임을 알 수 있다.

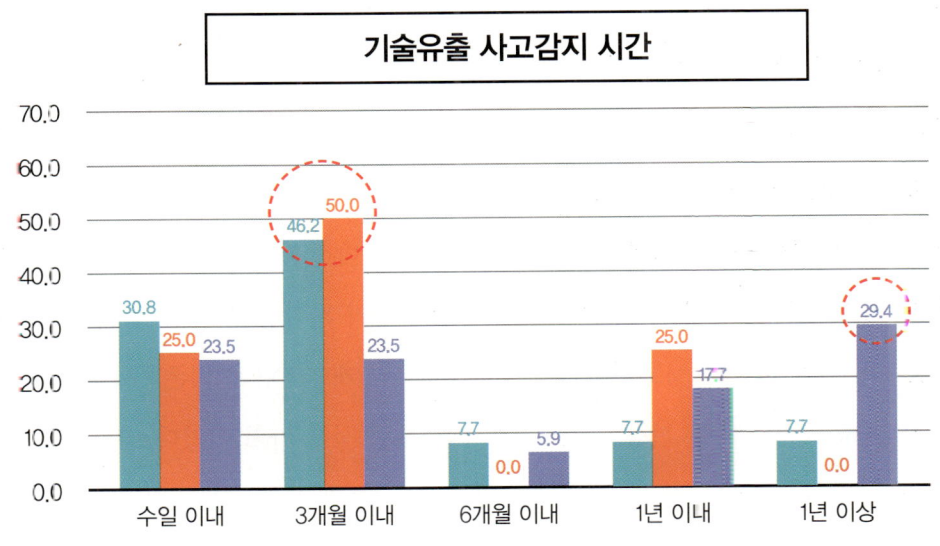

[그림 6-4] 기술유출 사고감지 시간 | 출처: 중소벤처기업부 (2017)

이러한 내부로부터 발생하는 보안 위험의 감지가 어려운 이유는 조직 구성원이 행하는 유출 위험행위를 구분하여 관리하기 어렵기 때문이다. 따라서 조직 구성원이 행하는 행위에 대해 심층적인 분석이 필요하다.

먼저, 기술정보 유출방지를 위해 선제적인 보안대책을 구축하여 관리하기 위해서는 다양한 이론적, 유출 사례 기반 기술유출 행위들을 연결한 시나리오 기반의 탐지를 수행할 필요가 있다.

현재의 기술정보 유출방지를 위한 보안 대책은 시스템 중심의 외부 사이버 공격으로부터의 방어, 보안 시스템 로그 분석을 통한 연관 분석, 온라인 중심의 소수 정보 분석, 기계적인 비정상 업무 행위 추출 등 시스템 기반의 분석이 주를 이루고 있다. 이런 보안대책은 기존의 전통적인 경계기반의 보안 활동으로 외부로부터 발생하는 보안 위험에 대비·대응할 수 있으나 내부자에 의해 발생하는 보안 위험에는 한계점을 보인다.

그러므로 현재와 미래의 융·복합적 보안 위험에 대비하기 위해서는 다차원적 보안 활동을 필요로 한다. 더불어 보안 사고 발생 이후 빠르게 복구 가능한 면역회복력을 지닌 보안대책을 수립해야 한다.

다음으로 경계기반의 제한적 보안대책의 문제로 말미암아 기술정보 유출 사고가 연이어 발생함에 따라 기관 및 기업에서는 정보유출 방지 및 모니터링을 위하여 암호화, DRM(Digital Rights Management), 매체 제어, 유해 사이트 차단, 메일 및 메신저 모니터링 솔루션, 출입통제 시스템, DLP(Data Leakage/Loss Prevention) 등 다양한 보안솔루션을 도입하여 내부정보유출에 대응하고 있다(박장수, 2015). 이러한 보안 솔루션을 통해 시스템에 생성되는 로그 파일은 보안 담당자가 파악할 수 있는 범위를 초과하고, 분석결과에 대한 판단은 정보보호 및 보안 담당자의 개인역량에 의존하고 있어, 효과적인 정보 유출 방지를 위한 기능을 수행하기 어려운 특성을 가지고 있다. 또한, 분석 주체가 시스템이 아닌 조직 구성원으로 인간 행위를 중심으로 유출행위 분석, 사용자 행위 기반의 유출 징후 연관성 분석 등이 필요한 것으로 보인다.

따라서 분석 대상을 조직 구성원의 행위로 하고 보안솔루션에서 발생한 로그를 넘어 업무시스템 전반에 걸친 로그 분석을 통해 유출 징후 연관성 분석, 위험도 분석이 필요하다.

요약하자면 기술보호 관점의 기술유출 위험도를 분석하기 위하여 기술유출 가능성이 높은 사용자 행위정보를 시간적 업무흐름에 따라 재정리하고, 이를 기반으로 유출 가능 시나리오를 설계한다면, 기존의 기술유출 행위에 대한 잘못된 탐지 비율을 최소화하고, 확실히 의험도가 높은 기술유출 행위를 추출할 수 있는 긍정적 효과가 있을 것으로 기대된다. 아울러 이런 접근법은 향후 빅데이터 기반의 기술유출 징후 탐지 연구 수행에 있어 활용가능한 기술유출 학습 데이터 마련이 가능할 것이다.

2. 기술유출

(1) 정의

기술이란 과학적이고 공학적인 지식을 유용한 목적을 가지고 실용적으로 응용한 지식이다. 이 책에서는 기업에서 비즈니스 프로세스 관점에서의 기술로 정의하고자 한다. 기술은 기업의 프로세스와 상품에 내재되어 향후 경쟁우위를 가질 수 있는 무형자산으로서의 가치가 있는 근본적 동인이다. 즉 지식, 제품, 공정, 도구 방법, 시스템 등을 통칭하는 말로 일을 하는 방법, 목표 달성의 수단으로써 활용되는 것을 기술로 정의한다.

기술유출이란 기업의 입장에서 중요자산으로 보호하고 있는 기술상의 정보와 노하우에 대한 유출 및 침해 행위를 뜻하며, 산업기술유출방지법상 기술유출 유형은 다음의 6가지 행위를 의미한다.

산업기술유출방지법상 기술유출 유형
1. 절취·기망·협박 그 밖의 부정한 방법으로 대상기관의 산업기술을 취득하는 행위 또는 그 취득한 산업기술을 사용하거나 공개(비밀을 유지하면서 특정인에게 알리는 것을 포함한다. 이하 같다)하는 행위
2. 제34조의 규정 또는 대상기관과의 계약 등에 따라 산업기술에 대한 비밀유지의무가 있는 자가 부정한 이익을 얻거나 그 대상기관에게 손해를 가할 목적으로 유출하거나 그 유출한 산업기술을 사용 또는 공개하거나 제3자가 사용하게 하는 행위
3. 제1호 또는 제2호의 규정에 해당하는 행위가 개입된 사실을 알고 그 산업기술을 취득·사용 및 공개하거나 산업기술을 취득한 후에 그 산업기술에 대하여 제1호 또는 제2호의 규정에 해당하는 행위가 개입된 사실을 알고 그 산업기술을 사용하거나 공개하는 행위
4. 제1호 또는 제2호의 규정에 해당하는 행위가 개입된 사실을 중대한 과실로 알지 못하고 그 산업기술을 취득·사용 및 공개하거나 산업기술을 취득한 후에 그 산업기술에 대하여 제1호 또는 제2호의 규정에 해당하는 행위가 개입된 사실을 중대한 과실로 알지 못하고 그 산업기술을 사용하거나 공개하는 행위
5. 제11조제1항의 규정에 따른 승인을 얻지 아니하거나 부정한 방법으로 승인을 얻어 국가핵심기술을 수출하는 행위
6. 국가핵심기술을 외국에서 사용하거나 사용되게 할 목적으로 제11조의2제1항 및 제2항에 따른 신고를 하지 아니하거나 거짓이나 그 밖의 부정한 방법으로 신고를 하고서 해외인수·합병등을 하는 행위

6의2. 제34조 또는 대상기관과의 계약 등에 따라 산업기술에 대한 비밀유지의무가 있는 자가 산업기술에 대한 보유 또는 사용 권한이 소멸됨에 따라 대상기관으로부터 산업기술에 관한 문서, 도화(圖畵), 전자기록 등 특수매체기록의 반환이나 산업기술의 삭제를 요구받고도 부정한 이익을 얻거나 그 대상기관에 손해를 가할 목적으로 이를 거부 또는 기피하거나 그 사본을 보유하는 행위

7. 제11조제5항·제7항 및 제11조의2 제3항·제5항에 따른 산업통상자원부장관의 경고를 이행하지 아니하는 행위

[표 6-1] 기술유출 행위 유형
출처: 산업기술의 유출방지 및 보호에 관한 법률

기술유출은 국가, 기업, 기술개발자 등 이해관계자의 시각에 따라 기술의 거래, 기술의 협력 혹은 직업선택의 자유 등과 개념이 혼동되어 있다. 기술유출의 개념을 명확히 정립하기 위해서는 [표 6-2]와 같은 사항들을 우선적으로 파악할 필요가 있다.

기술유출 행위
1. 불법성이 존재하는가?
모든 유출이 불법인 것은 아니며, 정당한 기술의 거래로 인한 기술이전 등은 적법한 것으로 기술유출이라고 할 수 없음
2. 반드시 보호할 가치가 있는가?
퇴직자가 전직 후 비밀유지의무를 명시하지 않은 기술정보를 사용했다고 하더라도 기술유출이라고 보기는 어려움
3. 유출에 대한 정당한 대가가 지급되었는가?
일반적으로 기술유출에 해당하는 경우 당해 기술개발을 위해 소요된 비용과 기술이 시장에서 거래될 경우에 받을 수 있는 대가에 비해서 현저히 저렴한 금액으로 거래되기 마련임
4. 정당한 라이선스로 허여(許與) 절차를 밟았는가?
정당한 절차를 통하지 않고 특허 등을 무단으로 사용하거나 라이선스가 만료 되지 않은 타인의 제품을 모방하여 유사한 제품을 제작하는 것도 기술유출에 해당함
5. 국가의 정책적인 상황이 고려되었는가?
세계 각국은 국가의 안보와 경제적 이익을 사유로 자국 핵심기술의 해외유출을 차단하려는 노력을 강화하고 있음 대한민국의 경우 '산업기술의 유출방지 및 보호에 관한 법률'에 따라 64개의 국가핵심기술을 지정하여 수출을 통제하고 있음

[표 6-2] 기술유출의 요건
출처: 중소기업 기술유출 대응매뉴얼(2007)

(2) 내부자와 준내부자

조직 내부자에 의한 기술유출 위험성 분석과 기술유출 가능성이 높은 기술유출 시나리오를 설계하기 위하여 조직의 내부자가 갖는 의미와 내부정보에 대한 정의를 알아본다.

조직 구성원(내부자)을 알아보기 위해 조직 구성원을 정의하고 있는 자본시장과 금융투자업에 관한 법률(이하 자본시장법이라 한다)을 살펴보자. 해당 법령은 내부자의 주식거래를 규정하는 법령으로 내부자거래의 규제를 위하여 내부자를 규정하고 있다. 자본시장법은 조직 구성원을 회사 내부자와 준내부자로 분류한다. 회사 내부자는 당해 법인, 계열회사, 법인(계열회사)의 임직/대리인, 당해 법인(계열회사)의 주요 주주로 분류되며, 준내부자는 아래 [표 6-3]의 기준에 해당하는 자를 뜻한다.

준내부자 정의
1. 해당 법인에 대하여 법령에 따른 허가/인가/지도/감독, 그 밖의 권한을 가지는 자
2. 당해 법인과 계약을 체결하고 있거나 체결을 교섭하고 있는 자
3. 내부자의 대리인/사용인/종업원
4. 내부자 지위의 연장
자본시장법 제174조 제1항 제1호에서 제5호까지 어느 하나의 자에 해당하지 아니하게 된 날부터 1년이 경과하지 아니한 자를 포함 (자본시장법 제 174조 제1항)

[표 6-3] 준내부자의 정의
출처: 자본시장과 금융투자업에 관한 법률

위와 같이, 조직 구성원을 내부자와 준내부자로 구분하지만 미공개 기밀정보를 자신의 직무와 관련하여 알게 되었을 것을 요건으로 하는 점에서 정보수령자와는 다른 의미를 가지고 있다. 회사 내부자와 준내부자가 직무와 아무런 관련 없이 미공개 중요정보를 알게 된 경우에는 내부자나 준내부자가 아닌 정보수령자로서 규정된다.

정보수령자는 회사 내부자 및 준내부자로부터 미공개중요정보를 전달받은 자이며, 자본시장법 제174조 제1항 제1호부터 제5호까지의 하나에 해당하는 자(1년이 경과하지 아니한 자 포함)로부터 미공개 중요 정보를 받은 자(자본시장법 제174조 제1항 제6호)로 정의된다.

(3) 내부정보

내부정보는 조직 내에서 업무에 의해 발생한 모든 정보를 일컫는 말로 조직 내 기준에 따라 구분되어 관리되어지고 있는 정보를 의미한다. 조직에 따라 내부정보를 분류하고 관리하는 기준은 상이할 수 있으나, 아래의 [표 6-4]와 같이 구분하여 관리되어질 수 있다. [표 6-4]에서 확인할 수 있듯이 정보의 중요도에 따라 관리 등급이 구분되며, 관리 등급에 따라 정보의 접근권한이 구분되어진다.

관리등급	내용
1. 특급기밀 정보	기업의 생존과 직결된 정보로 임원 등 한정된 인원에게만 제한된 정보
2. 1등급 비밀 정보	기업 내부 직원들 중 직원 일부에게만 접근이 제한된 정보
3. 2등급 대외비 정보	기업 내부의 직원들에게만 접근이 제한된 정보
4. 3등급 공개 정보	기업 내·외부에 자유로이 공개된 정보

[표 6-4] 조직 내부정보 관리등급
출처: 우리기업의 영업비밀 등급 분류 가이드(2017)

관리 등급에 따라, 조직에서 관리 되어지는 관리내용 및 방안에 대해서는 조직별로 상이하지만, 관리내용 및 방안 예시는 [표 6-5]와 같다.

구분		특급기밀	1등급 (비밀정보)	2등급 (대외비 정보)	3등급 (공개정보)
제도적 관리	일반 정보와 영업비밀의 구분	영업비밀			일반정보
	누구나 알 수 있도록 영업비밀임을 표시	"특급기밀" 표시	"비밀" 표시	"대외비" 표시	-
	보안관리 전담인력 지정	공통			
	보안 관련 규정의 제정 및 시행	공통			
인적 관리	접근 가능성 있는 자에게 영업비밀 보호의무 부과	해당 영업비밀 정보 취급에 따른 보호의무 부과			-
	정기적인 보안교육 실시	공통			
	영업비밀 해당 여부 및 보호의무 고지	주기적	년 1회	입·퇴사시	-
물리적 관리	별도의 영업비밀 개발 및 보관 장소 지정 및 관리	출입통제 시스템 및 보안시스템 구축 운영			-
		개발·보관 장소 지정 및 관리		-	
	영업비밀 접근·사용 권한 제한	일부 경영자	일부 관리자	사내 직원	-
	분쟁에 대비한 영업비밀관리 증거 확보	상시	주기적	변경 시	-

[표 6-5] 조직 내부정보 관리방안(예시)
출처: 우리기업의 영업비밀 등급 분류 가이드(2017)

3. 사고 사례 및 판례

(1) 사고 사례

기술유출행위 사고 사례는 크게 유출사고 기반 지식과 이론적 지식으로 나누어 분석할 수 있다. 이론적 지식의 경우, 범죄심리학을 기반으로 한 기술유출 행위, 징후에 대한 연구 내용이 주된 내용을 이루고 있다. 그리고 유출사고 기반 지식의 경우, 보안 학문이 응용학문인 특성 상 다양한 사례를 기반으로 한 기술유출행위 및 징후를 확인할 수 있다.

국내외 산업기술유출 주요 사건과 그 결정 판례에 대해 다루고 있는 자료들을 분석한다. 여기서는 기술유출 행위 관점에서 사고·사례를 아래와 같이 분류할 수 있다.

주요 사건
1. 반도체 핵심기술 대만 유출기도 사건(1998년)
① 중요파일(반도체 회로도) 유출
2. TFT-LCD 컬러필터 제조기술의 대만 유출 기도 사건(2004년)
① 기술자료 유출
3. 세파계 항생제 중간체 제조기술의 중국 유출 사건(2004년)
① 이메일을 이용해 유출
4. 스마트폰 제조기술 중국유출 기도사건(2005년)
① 회로도 및 소스코드 등 중요 기술 자료 유출
5. PCS폰 등 제조기술 카자흐스탄 유출 기도사건(2006년)
① 회로도 및 배치도 출력 유출
6. GM대우 자동차 설계도면 및 기술의 러시아 유출 사건(2006년)
① 설계도면 파일, 기술표준 파일 유출

주요 사건

7. 현대자동차 설계도 및 변속기 기술의 중국 유출 사건(2007년)

① 설계도면을 CD에 담아 유출

8. 와이브로 기술 미국 유출기도 사건(2007년)

① 컴퓨터 외장 하드디스크를 통해 유출

② 이메일을 이용해 유출

9. 하이디스 반도체 기술 중국유출 사건(2008년)

① M&A를 가장한 기술유출

② 전산망 통합을 통한 기술유출

③ 중요 기술 자료 유출

10. LNG · LPG 운반선 설계기술의 중국 유출 기도 사건(2008년)

① 외장형 하드디스크에 저장하여 유출

11. 심해원유시추선(드릴쉽) 기술 중국 유출 기도 사건(2008년)

① 자신의 노트북에 저장하여 기술유출

12. 휴대폰 터치스크린 패널 기술의 중국 유출 기도 사건(2009년)

① 설계도 및 공정기술 자료 유출

13. LG에어컨 기술 중국 유출 기도 사건(2009년)

① USB 메모리, 외장 HDD 등을 통해 유출

14. 쌍용자동차 HCU 기술 중국 유출 사건(2009년)

① M&A를 통한 기술유출

15. 양문형 냉장고 기술 중국 유출 기도 사건(2010년)

① 핵심기술 파일 유출

16. 가전부문 핵심기술 중국 유출 기도 사건(2011년)

① 기술자료 출력 유출

17. 이미지 센서 반도체 설계기술의 싱가포르 유출 기도 사건(2012년)

주요 사건
① 회사 서버 불법 접속
② 회로도 및 설계자료 출력 유출
18. 아몰레드(AMOLED) 기술의 이스라엘 유출 사건(2012년)
① 신용카드형 USB를 통해 유출
19. 태양전지 생산장비 제조기술의 중국 유출기도 사건(2012년)
① 중요파일의 암호 해제하여 유출
① 외장하드에 복사하여 유출
20. 현대자동차·한국GM 자동차 엔진 기술의 중국 유출 사건(2014년)
① 이직을 통한 기술유출
21. 포탄기술 미얀마 유출 사건(2014년)
① 정부의 허가 없이 국방기술 유출
22. 중소기업 농기계 핵심기술의 중국 유출 사건(2014년)
① 설계도면 유출
23. 로봇청소기 기술 중국 유출기도 사건(2015년)
① 중요자료 휴대전화 다운로드 유출
① 개인 노트북에 저장하여 유출
24. 현대·기아 자동차 신차 설계도면의 중국 유출 사건(2015년)
① 외부 이메일 및 상용 메신저를 통한 기술유출
25. 자동차 첨단 제조기술 중국 유출 사건(2015년)
① 이직을 통한 기술유출

[표 6-6] 산업기술유출 주요 사건
출처: 한국산업보안연구학회(2015)

주요 산업기술유출 사건에서 유출 행위로 식별되는 내용을 줌소으로 정리해보면, 다양한 사례에서 반복적으로 나타나는 유출 행위를 도출할 수 있다 중도 정보를 담고 있는 중요문서(파일)을 대상으로 한 유출 행위와 관련 업무 내용을 알고 있는 핵심인력을 통한 유출 행위들이 유출사고의 대부분을 차지하고 있다.

특히 총 25건의 기술유출 사고·사례에서 가장 중복적으로 발생하는 유출 행위들은 ① 중요문서(파일)을 대상으로 이메일 유출, 출력 유출, USB 등 외부저장매체를 통한 유출행위와 ②핵심인력을 통한 유출의 경우 이직, 퇴사 이후, M&A등을 통한 유출 행위 등이다.

(2) 주요 판례

주요 판례를 통해 본 기술유출 행위의 특이점을 살펴보면 ① 조직의 사내망에 불법접속을 통한 기술 유출이 이루어진 점과 ② 타인의 계정정보로 불법 접근을 하였다는 점이 기존 다른 사례에서 찾아볼 수 없던 기술유출 행위라 할 수 있다.

다음은 총 24건의 기술유출 판례중 3가지 주요 판례를 통해 본 기술유출 행위를 분석한 내용이다.

주요 판례
1. 대법원 2008.12.24. 선고 2008도9169 판결
자동차회사 직원이 다른 직원의 아이디와 비밀번호로 회사의 전산망에 접속하여 영업비밀인 도면을 자신의 컴퓨터에 전송받았을 때 구 부정경쟁방지 및 영업비밀에 관한 법률 제18조 제2항의 영업비밀취득죄가 기수에 이른다고 한 사례
① 현대자동차 주식회사 사내망 '오토웨이'도면전자출도시스템에 불법접속
② 다른 직원의 아이디와 패스워드로 불법접속
③ 개인 업무용 컴퓨터에 다운로드
2. 서울중앙지방법원 2009.04.23. 선고 2008고합1298 판결
보안서약서와 보안교육을 받고도 영업비밀을 이메일을 통하여 유출한 경우 영업비밀 침해행위에 해당
① 이메일 계정을 통하여 영업비밀을 유출

주요 판례

3. 서울중앙지방법원 2013.09.06. 선고 2013노1416 판결

산업기술보호법상, '부정한 이익을 얻거나 대상기관에 손해를 가할 목적'이 산업기술을 본래의 취지대로 사용하는 것에 대해 한정하는지의 여부 및 산업기술보호법상, '유출'이 산업기술을 사용할 수 있는 상태에 이른 경우로 한정하는지에 대한 여부

① 중요문서의 컴퓨터 파일 반출

② 신기술 정보가 포함된 출력물 반출

[표 6-7] 산업기술유출 주요 판례

4. 기술유출 행위 유형

(1) 개요

1) 특징

기술유출 관련 연구 중 기술유출 사례 분석을 통한 효과적 산업보호 방안에 대해 제언한 연구를 참조하여 세부적으로 기술유출의 경로 및 특징을 5가지로 분류하고 대표적인 기술유출 사례를 심도 있게 분석할 수 있다(조호대, 2012).

기술유출의 경로 및 특징은 아래와 같다.

기술유출 경로 및 특징
1. 핵심인력을 스카우트하는 방식의 인력이동
2. 협력업체의 부품 및 장비 수출 과정 중, 기술 및 노하우가 경쟁업체로 이전
3. 기술을 이전받은 해외의 업체가 다른 기업에게 기술을 무단으로 공여하거나, 제3국의 기업과 라이센스 계약을 체결하는 기술거래
4. 외국기업의 국내 기업 인수를 통한 합법적인 기술 획득 방식을 이용한 인수합병
5. 경쟁업체가 내부인력을 포섭하거나 위장취업 등의 방법으로 불법적 스파이 활동을 전개하는 산업스파이 활동

[표 6-8] 기술유출 경로 및 특징

2) 경로

기술유출 사례를 분석하여 사건 개요도를 도출하며 기존에 알려진 4가지 사건을 중심으로 사건 전개에 대해 도식화 한 사건 개요도를 분석해 본다(국가정보원, 2012).

먼저, 국내 경쟁업체 연구원 포섭 사건은 외국업체가 금전 제공을 대가로 국내 경쟁업체의 연구원을 포섭하여 세계 최고의 수준인 국내 디스플레이 제작 기술을 유출시킨 사건으로, 기업의 내부 직원을 대상으로 한 기술유출과 관련하여 경각심을 제고하고 지속적인 보안 시스템 강화의 필요성을 입증하는 사건이라고 볼 수 있다. 국내 경쟁업체의 연구원 포섭 사건의 개요도는 아래 와 같다.

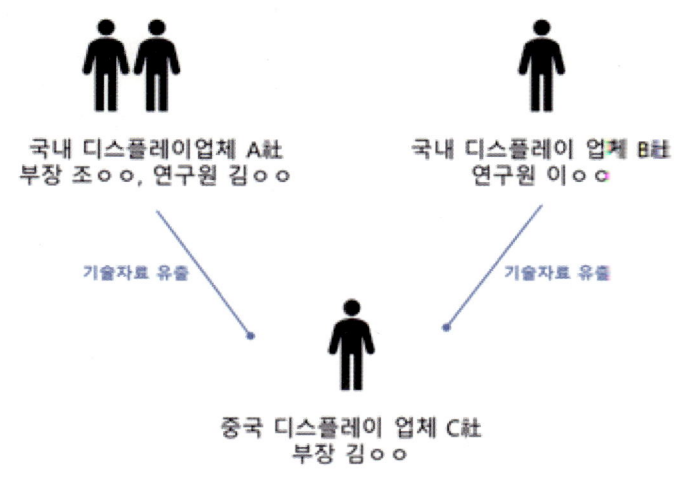

[그림 6-5] 국내 경쟁업체 연구원 포섭 사건 개요도
출처: 국가정보원(2012)

두 번째로, 외국인 연구원 기술 유출 사례가 있다. 중국 출신의 연구원이 국내 가전기술을 해외로 유출하려고 한 사건이 발생하였고, 국내의 A전자 연구소에서 근무하던 중국인 연구원 C모씨는 A전자의 가전제품으로부터 발생하는 소음방지 기술 및 경영전략 등 핵심 영업기밀 자료를 출력하였다. 또한, 이를 디지털카메라로 촬영한 뒤에 노트북에 담아 중국의 최대 기업업체인 H사로 전직하며 해당 자료를 유출하려다가 적발된 건이다.

외국인 연구원 기술유출 사건은 외국인 연구원에 의해 발생한 대표적인 사례로, 기술유출을 사전에 차단하여 국내의 핵심 기밀 자료가 중국으로 유출되어 활용되었을 때에 발생 가능한 기술 격차의 단축 및 막대한 피해를 미리 차단한 경우이다. 외국인 연구원 기술 유출 사건 개요도는 아래 [그림 6-6]과 같다.

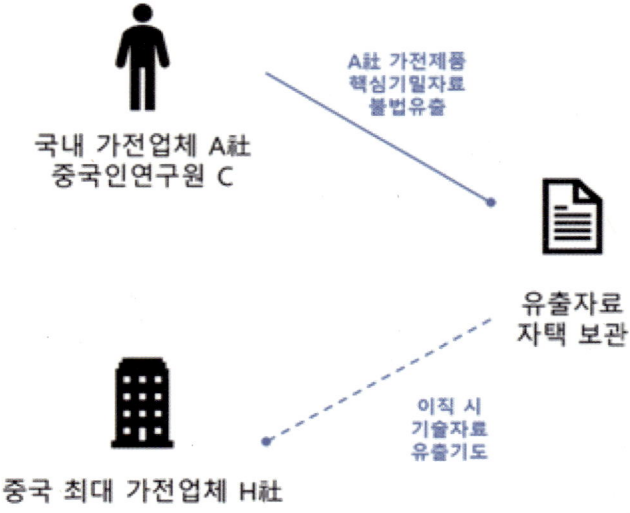

[그림 6-6] 외국인 연구원 기술 유출 사건 개요도
출처: 국가정보원(2012)

세 번째로, 협력업체 직원 기술 유출 사건은 국내 반도체 제조회사 A사에 반도체 장비를 납품하는 협력업체 B사는 A/S 등을 빙자하여 영업비밀 서류를 절취하거나 친분을 이용해 A사의 영업기밀을 빼내는 수법으로 국가핵심기술로 지정된 반도체 핵심기술을 해외로 유출하려다 적발되었다.

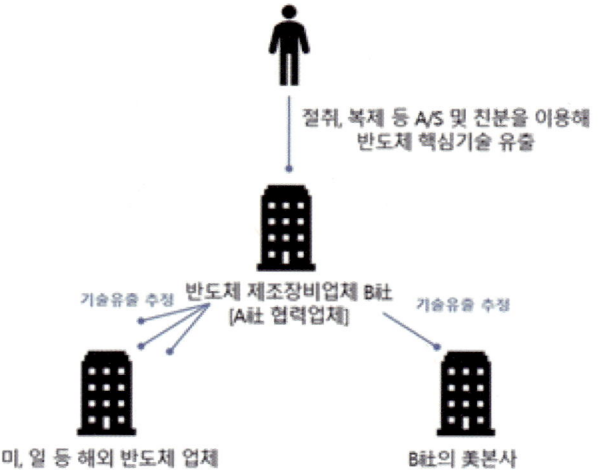

그림 6-7] 협력업체 직원기술 유출 사건 개요도
출처: 국가정보원(2012)

일반적으로 발생하는 전·현직 직원에 의한 기술유출이 아닌, 협력업체의 직원에 의해 이루어져 협력업체에 대한 보안 관리 강화의 필요성을 더욱 부각한 사건이다.

마지막으로, 동종업체 설립 기술 유출 사례는 국가 지원의 R&D 자금 등 수십억 원을 투자해서 개발한 C사의 의약품 원료에 대한 제조기술이 유출된 사건이 발생하였다. 이 사건은 제조시설의 담당인 계약직 직원 이모 씨가 원료를 제조해 수출할 경우에는 수익성이 더욱 높아질 것이라는 판단을 하여 일어난 사건이다. 설비를 담당하는 직원이었던 김모, 최모 씨와 공모하여 공정시설 설계도면 등을 포함한 제조기술의 영업비밀을 불법적으로 유출하고, 이후에 유출한 자료를 이용해 동종업체인 G사를 설립한다. 설립 후에는 중국 등의 해외 업체에 투자자를 모집하다가 적발된 사건이다

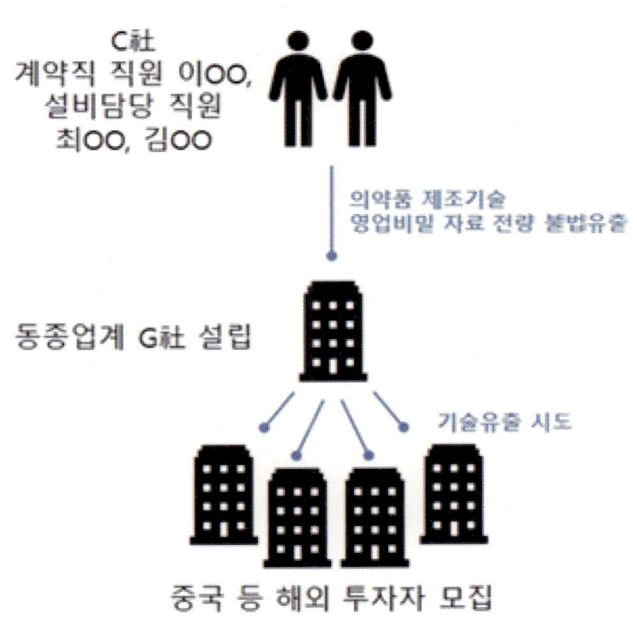

[그림 6-8] 동종업체 설립 유출 사건 개요도
출처: 국가정보원(2012)

3) 기타 연구

먼저, 기술유출의 일반적 형태를 조사하고, 기술유출 방법에 대해 조사 분석을 진행하면(노재철, 2017) 기술유출의 주된 형태를 4가지로 분류할 수 있다.

기술유출 형태
1. 계약 불비(不備)나 계약 관리상 불비에 의한 기술유출
2. 제조나 거래 과정에서 관리상 불비에 의한 기술유출
3. 영업비밀 및 기업 비밀 관리상 불비에 의한 기술유출
4. 인력을 통한 기술유출

[표 6-9] 기술유출 형태
출처: 노재철(2017)

그리고 기술유출 방법에 대해 분류하고, 조사를 통해 빈번하게 발생되는 기술유출 방법의 비율을 확인해보면, 기술유출의 주요방법은 '복사 및 절취'(42.1%)와 '핵심인력의 스카웃 또는 매수'(36.0%) 형태로 가장 높게 나타나고 있으며, 그 뒤로는 휴대용 저장장치(USB, 외장하드 등), E-mail(26.4%), 위장거래, 위·수탁 거래(합작사업, 공동연구 등)(25.2%), 컴퓨터 해킹(11.7%), 관계자 매수(10.7%) 등의 순서로 나타난다.

기업 내부의 관계자와 관련된 항목은 비교적 높은 비율을 보이며 외부관계자와 관련된 항목은 상대적으로 낮은 비율로 나타난다. 아래 표는 기술유출 방법과 응답비율을 정리한 것이다.

항목	응답비율 (복수응답, %)
복사 및 절취	42.1
핵심인력의 스카웃 또는 매수	36.0
휴대용 저장장치(USB, 외장하드 등)	34.0
E-Mail	26.4
위장거래, 위·수탁 거래(합작사업, 공동연구 등)	25.2
컴퓨터 해킹	11.7
관계자 매수	10.7
스마트폰 카메라 등 사진 자료	6.3
시찰 및 견학(외부인에 의한 기술유출)	6.4
기술교류 등	5.7

[표 6-10] 기술유출방법
출처: 한국산업보안연구학회(2015)

    기술유출행위와 관련된 연구결과를 살펴보면 가장 많이 차지하는 기술유출행위 항목은 "비 정상적인 이메일 사용" 항목의 "사외 메일을 통한 내부 직원에게 악의적 메일 발송"과 "의심되는 웹 사이트 접속" 항목의 "취업 사이트 접속"이다.

    그러므로 유출행위가 발생할 수 있는 주요 기술유출 행위를 업무 시간별로 나누어 정리해 보면, 기술유출 가능 행위를 총 8가지 분류로 구분할 수 있다. 분류 기준은 조직 구성원이 사용하는 PC 단말을 기준으로 발생할 수 있는 기술유출 가능 행위를 분류한다. 크게 8개의 행위로 분류되며, 세부 행위는 13개의 행위로 확인된다.

    업무 중 시간에 발생할 수 있는 기술유출 가능 행위를 분류하면, 크게 7개의 항목과 세부항목은 26개 항목으로 분석된다.

기술유출 가능 행위		[1]	[2]	[3]	[4]	[5]	[6]	[7]	[8]	[9]	[10]
운영체제 이상조작	불만 대상 PC에 키로거 설치	O						O	O		
내부시스템 (PC, 서버) 접속	조직 보안 모니터링 시스템 접속			O			O	O	O		
	타 사용자 PC 접속	O									
의심되는 웹사이트 접속	취업 사이트 접속	O	O	O	O	O	O				
중요파일 조작	중요문서(파일) 삭제	O	O	O							
	중요문서(파일) 복사	O	O	O				O		O	
별도 저장 매체조작	중요 파일이 담긴 USB 외부 반출						O	O			
비 정상적인 이메일 사용	사외 메일을 통한 내부 직원에게 악의적 메일 발송					O	O	O	O	O	O
	취업을 위한 이력서 송부	O							O	O	O
	경쟁사 도메인 사용			O		O			O		
회사 시스템 원격접속	개인 PC 접속					O	O				
	가정이 아닌 외부에서 내부 주요 시스템 접속				O			O			
반출기기 활용	근무시간 후 반출기록 작성없이 노트북 임의 반출		O			O					

[표 6-11] 기술유출행위 조사 업무 外(출근-퇴근)

	기술유출 가능 행위	[1]	[2]	[3]	[4]	[5]	[6]	[7]	[8]	[9]	[10]
운영체제 이상 조작	내부 IP 변경		O	O		O		O		O	
	불법 SW 설치	O	O					O		O	
	보안프로그램 강제종료/재설치		O			O					
	운영체제 시간 강제변경		O			O					
	운영체제 재설치		O			O					
	업무 서버 비밀번호 3회 실패					O					
내부시스템 (PC,서버 등) 접속 후 조작	불만 대상 PC 불법 로그인	O		O			O				
	주요 시스템 접속		O			O	O	O			
중요 파일 조작	중요문서(파일) 삭제	O		O						O	
	중요문서(파일)을 USB(CD/DVD)에 (복사)저장	O	O					O			
	중요문서(파일) 암호화 해제		O		O					O	
	중요문서(파일) 파일명 변경		O			O					
	중요문서(파일) 출력(인쇄)		O	O							
	중요문서 Fax 발송			O							
	메신저를 통한 중요파일 전송	O						O	O		O
별도 저장매체 조작	중요파일이 담긴 USB 외부반출	O	O	O	O	O	O	O	O	O	O
	USB에 담긴 중요 파일 암호화 해제 시도		O								O
	스마트폰을 저장장치로 연결			O							

기술유출 가능 행위		[1]	[2]	[3]	[4]	[5]	[6]	[7]	[8]	[9]	[10]
이메일 이상 사용	중요 파일 첨부	O	O	O	O	O	O	O	O	O	O
	다른 사용자PC에서 email 사용	O							O		
	파일 분할 첨부					O			O		
	보안키워드가 들어간 email 발송		O			O					O
의심스런 웹 접속	취업 사이트 접속	O	O	O	O	O	O		O		
	P2P 등 외부 저장공간 접속		O			O		O			
	차단 사이트(비 허가 사이트) 접속 시도					O			O	O	
	외부 메신저 활용(파일전송 등)	O									O
기기반출			O			O					

[표 6-12] 기술유출행위 조사 업무 중

(2) 기술유출 행위

기술유출 사고·사례 기반의 기술유출로 판별 가능한 행위들은 아래와 같다. 도출된 기술유출 행위는 총 25개의 항목으로 구성되어 있으며, 유출 행위별 유출 경로 및 보안 위협의 특성에 따라 6개의 그룹으로 나눌 수 있다.

그룹	기술유출 행위
조직 내 PC단말 조작(설치)를 통한 유출징후	1. 운영체제 설정환경 변경(재설치)
	2. 내부IP주소 변경
	3. 보안프로그램 강제종료
	4. 불법 SW 설치(Key Logger)
중요문서의 조작을 통한 유출징후	5. 중요문서 암호화 해제
	6. 중요문서 워터마크 해제
	7. 중요문서 복사
	8. 중요문서 출력
	9. 중요문서 파일명 변경
	10. 중요문서 확장자 변경
	11. 중요문서 삭제
외부로부터 접속을 통한 유출징후	12. 허가되지 않은 외부에서 내부서버 접속(VPN/FTP)
전자메일을 통한 유출징후	13. 외부(상용) 메신저 사용
	14. 다른 사용자 컴퓨터에서 전자메일 송부
	15. 메일내용 중 중요단어 사용
	16. 중요파일 첨부
	17. 기준크기 이상의 파일전송

	18. 파일을 분할하여 첨부
	19. 외부메일을 통해 내부직원에게 악의적 메일 발송
불법접속을 통한 유출징후	20. 비허가 사이트(정보교환 사이트 등) 접속
	21. 외부 저장공간(사이트) 접속
	22. 외부 취업사이트 접속
저장매체를 통한 유출징후	23. 허가되지 않은 이동형 저장장치(USB/HDD) 연결
	24. 스마트폰을 저장장치로 연결
	25. 기기(노트북/저장장치)임의 반출

[표 6-13] 기술유출 행위 설계

첫째, 조직 내 PC 단말 조작(설치)를 통한 유출징후의 경우 4가지의 기술유출 행위를 구분하는 그룹으로 조직 구성원이 사용하는 PC 단말에서 기술유출을 위해 보안을 위한 운영체제의 설정환경을 변경, 망 우회를 위한 내부 IP주소 변경 등 조직 내 PC단말의 보안 활동을 피하기 위한 조작을 행하는 경우를 말한다.

둘째, 중요문서의 조작을 통한 유출징후의 경우 7가지 기술유출 행위를 구분하고 있으며, 조직 내 중요문서에 대한 조작을 통해 기술유출을 시도하는 행위를 말한다. 중요문서의 DRM등 암호화를 해제하는 경우, 워터마크를 해제하여 외부 유출을 도모하는 경우, 중요문서의 파일명 및 확장자 변경을 통하여 외부 유출 시 탐지를 어렵게 하는 경우 등을 의미한다.

셋째, 외부로부터 접속을 통한 유출징후의 경우 1가지 기술유출 행위를 구분하고 있으며, 허가되지 않은 외부에서 내부서버에 접속하는 경우를 말한다. 세부적으로는 VPN/FTP 등 기존 망을 우회하는 방법을 통하여 기술유출 행위를 시도하는 경우이다.

넷째, 전자메일을 통한 유출징후의 경우 7가지 기술유출 행위를 구분하고 있으며, 허용되지 않은 외부(상용) 메일·메신저를 통해 기술유출을 도모하는 경우, 전자메일의 조직 중요파일을 첨부하여 유출을 시도하는 경우 등이 포함된다.

다섯째, 불법접속을 통한 유출징후의 경우 중요 정보가 유출 및 공유될 수 있는 허가 정보교환 사이트 혹은 웹하드와 같은 외부 저장공간 사이트, 조직의 핵심 인력이 구출될 가능성이 있는 외부 취업사이트 접속 등의 내용을 담고 있다.

마지막으로 저장매체를 통한 유출징후의 경우 조직 내 허가되지 않은 이동형 저장장치 USB/HDD 등 혹은 스마트폰, 기기(노트북, 태블릿 등)를 임의 연결하고 반출하는 행위를 통해 기술유출을 도모하는 경우를 말한다.

위와 같이 도출된 기술유출 행위는 총 25개의 항목에 대해 유출사고 기반 지식을 통해 수집한 유출 사고사례를 분석하여 기술유출 징후의 세부항목을 도출할 수 있다.

기술유출 행위 세부항목
1. 운영체제 설정환경 변경(재설치)
2. 내부IP주소 변경
3. 보안프로그램 강제종료
3-1. 보안솔루션 우회
4. 불법 SW 설치
4-1. 보안해제 소프트웨어 설치
5. 중요문서 암호화 해제
5-1. 중요문서 암호화 해제
5-2. 중요문서 모바일 DRM 해제
6. 중요문서 워터마크 해제
7. 중요문서 복사
8. 중요문서 출력
9. 중요문서 파일명 변경
10. 중요문서 확장자 변경

11. 중요문서 삭제
12. 허가되지 않은 외부에서 내부서버 접속(VPN/FTP)
12-1. VPN을 통해 주요파일 다운로드
12-2. VPN 접속
13. 외부(상용) 메신저 사용
13-1. 조직 내 허가된 메일서버(Outlook) 미사용
13-2. 외부메일 접속을 통한 이직
14. 다른 사용자 컴퓨터에서 전자메일 송부
15. 메일내용 중 중요단어 사용
16. 중요파일 첨부
16-1. 중요파일을 외부메일로 전송
17. 기준크기 이상의 파일전송
18. 파일을 분할하여 첨부
19. 외부메일을 통해 내부직원에게 악의적 메일 발송
20. 비허가 사이트(정보교환 사이트 등) 접속
20-1. 비허가 사이트 접속
21. 외부 저장공간(사이트) 접속
22. 외부 취업사이트 접속
23. 허가되지 않은 이동형 저장장치(USB/HDD) 연결
23-1. 중요파일을 USB로 연결 및 반출
23-2. 중요파일을 HDD로 연결 및 반출
24. 스마트폰을 저장장치로 연결
25. 기기(노트북/저장장치)임의 반출
25-1. 노트북 반출

[표 6-14] 기술유출 행위 세부항목

5. 내부정보 유출방지 기술

(1) 전통적 탐지 방법

내부정보 유출 방지 기술은 2001년에 등장한 기밀정보 유출방지 기술을 그 기반으로 하고 있다. 기밀정보 유출방지 기술이 초기에 외부공격에 대한 방어 중심의 보안의 패러다임을 기반으로 한 것에서 그 이후 내부자에 의한 정보유출 문제가 심각해짐에 따라 이러한 문제 해결에 대한 시장의 요구가 커지는 등 환경이 점차 변화하면서 유출 감시 및 차단을 목적으로 급성장을 거듭하고 있다(이호균, 2006).

기밀정보 유출방지 솔루션으로 DLP, ILD&P(Information Leakage Detection and Prevention), OCC(Outbound Content Compliance), SCM(Secure Content Management), 등이 있다. 가트너에서는 CMF(Content Monitoring and Filtering)를 정의한 바 있는데, 이러한 솔루션은 내부자에 의한 기밀정보 유출 방지 뿐 아니라, 외부로 부터의 공격에 의한 정보유출 방지를 모두 고려한 개념으로 최근에는 이러한 제품과 대비되어 내부자에 의한 기밀정보유출 방지 기능을 제공하는 솔루션으로 DLP가 사용되는 경향을 보이고 있다.

1) 기밀정보 유출방지 솔루션

기존에 가트너 등에서 정의한 기밀정보 유출방지 솔루션을 상세하게 설명하면 다음과 같다.

SCM은 인터넷 응용 프로그램, 웹, 이메일을 통하여 내부망에 유입되는 비정상 콘텐츠에 대해 바이러스를 차단하거나 이와 유사한 스파이웨어 차단, 웹 필터링, 메시징 보안과 같은 4대 보안기능을 포함하는 통합된 콘텐츠 보안 솔루션이다. 특히, 메시징 보안은 이러 채널(이메일, SMS, P2P)을 통해 유포되는 스팸, 성인 콘텐츠를 차단하는 기능뿐 아니라 내부 기밀정보의 유출을 조기에 탐지하고 차단하는 기능을 포함한다.

OCC는 다양한 프로토콜(이메일, IM, P2P, FTP)을 통해 내부로부터 외부로 유출되는 콘텐츠를 감시하고 암호화, 필터링 및 차단 기능을 제공하는 솔루션이다. OCC는 공공기관과 산업체 내부 규정(HIPAA, GLBA, SOX 등)의 위반과 조직 내부의 송수신 정책이나 관행의 위반, 기밀정보 유출, 지적재산권 유출, 성인 콘텐츠 유출 등에 대한 예방기능을 수행한다. OCC는 크게 이메일 필터링, 이메일 암호화, 멀티프로토콜 콘텐츠 필터링, ERM, IM 보안 등 5가지 분야로 나누어진다.

ILD&P는 내부정보의 불법 유출을 최소화하기 위해 제작된 보안 솔루션을 말한다. ILP&P 시장이 성장하게 된 계기는 법적인 측면과 기술적인 측면 모두 존재한다. 법적인 측면에서는 HIPAA, GLBA, SOX, 일본의 개인정보보호법 등이며, 기술적인 측면에서는 인스턴트 메신저, P2P 등의 메시지 교환 프로그램 같은 네트워크 응용 프로그램의 증가에 따라 기밀정보 유출 가능성 확대, 정보 유출사고의 증가 등이다.

CMF는 내부망에 유출입되는 트래픽 패킷을 캡처링하고, 관리를 통하여 언어기반의 내용 분석을 수행함으로서 사전에 정의된 규정이나 정책에 의해 기밀정보의 유출을 탐지하는 기능을 제공한다. CMF는 모니터링과 사전 예방 기능을 제공함으로써 관리자가 취약 프로세스 및 정보 유출 취약지점을 사전에 발견하여 조치를 취하게 할수 있는데 그 의미가 있다.

2) 보안 솔루션의 주요 기능

전통적인 보안 솔루션에서 제공하는 주요 기능 및 기술의 정의를 살펴보자.

접근제어는 정보의 내용과 중요도에 따라 정보를 그룹화하고, 정보에 대한 접근권한을 총체적으로 관리 하는 것으로 시스템 접근제어와 물리적 접근제어 두부분으로 나눌 수 있다. 시스템 접근제어는 중요정보에 대해 직급, 직위 등 접근제어 기능을 제공하는 것으로써 DLP에서는 기업 내 인사관리 DB와 연결하여 역할기반의 접근제어(Rule Based Access Control: RBAC)를 수행하고 있다. 또한 접근제어의 기능 완전성을 위해 가상화 기술을 접목하여 기능을 제공하고 있다. 또한 접근제어의 기능 완전성을 위해 최근에는 가상화 기술을 접목하여 접근이 허락된 인가자만이 방문할 수 있는 가상 저장소에 정보를 저장하는 등 가상화 기술과 접목되어 안전성을 제공하는 기술이 개발되고 있다.

특히 이 가상화 기능을 암호화 기능과 결합하여 적용함으로써 보안성을 한층 강화한 기능을 제공하고 있다. 한편 DLP에서 제공하는 물리적 접근제어 일반적으로 매체제어를 의미하는 것으로 특정 시스템에 대한 USB, CD 등 정보 유출이 가능한 보조기억매체의 접근은 인가된 내부자만이 수행할 수 있도록 하는 것이다.

DLP에서는 암호화 기술을 제공하는데, 이는 내부 정보에 대한 불법침입, 송수신 상의 정보 유출 등을 방지하는 기능을 가진다. 특히 암호화 기술은 주로 접근제어 기술과 결합하여 사용하며, DRM과 유사한 형태여서 자체적 암호화 기능을 제공하기보다는 DRM과 연계하여 상호보완적으로 적용된다.

암호화는 정보보호의 관점에서 볼 때는 안전한 방법이지만, 키의 관리 및 분배 안전성, 키를 분실하였을 때 복구가 불편하다는 점, 효과적으로 암호화된 정보를 검색하기가 힘들다는 문제 등의 단점을 가지고 있다.

내부에서 외부로 반출되는 트래픽, 정보 등에 대하여 일정한 규칙에 따른 검사를 시행한 후 이를 제어하는 기술을 필터링이라 한다. 필터링은 DLP에서 트래픽 제어, 콘텐츠 제어 등으로 분류되는데, 프로토콜 및 서비스에 따라 이용을 제한하는 것을 트래픽 제어라 한다. 트래픽 제어의 예로는 FTP, 메신저, P2P, 웹메일 등의 유출이 가능한 서비스의 이용을 제한하는 것이 있다. 또한 다양한 경로로 외부에 송신되는 정보에 대해 능동적으로 검사를 실시한 후 발송 여부를 판단하고 수행하는 기능을 콘텐츠 제어라고 하는데, 필터링 기술에서의 트래픽 제어는 현재로서는 문제없이 수행되고 있으나 콘텐츠 제어기술은 콘텐츠 별로 중요함의 정도를 판단하는 기준이 각 기업 및 기관의 특성에 따라 상이하여 정확도가 낮다는 단점이 있다.

정보 유출에 대한 분석 및 추적을 위해 내부에서 진행되는 유출의 가능성이 있는 모든 프로세스를 감시하고 이력 관리를 통한 정보 유출을 탐지하는 것을 활동감시라고 한다. 활동감시는 보안정책을 회사 내부의 규정과 법규에 따라 관리하는 것이며, 외부에 송신되는 정보는 아카이빙을 기반으로 하여 모두 로깅되어 사후 분석을 할 때 활용된다.

이러한 기법은 모든 활동에 관련된 정보가 로깅된다는 점에서 내부자들에게 경각심을 줄 수 있는 등의 사전 예방의 효과가 크지만, 정보유출이 발생한 후에 실제 감시 프로세스가 이루어지기 때문에 사전조치가 불가하고, 사후분석을 해야 한다는 것이 단점이며, 사후 분석을 하기 위하여 많은 시간이 소비되고, 시간을 절약하기 위한 자동 분석이 정확도가 떨어진다는 것도 문제점이다.

기존의 보안 대응 방식은 악성코드의 정보에 기반을 두어 탐지하는 방식으로 방화벽, IPS, 백신 등에서 주로 사용하는 시그니처 대응 방식이었으나, 이 방식은 악성코드에 대해 검출 정보(Signature, 또는 IoC: Indicator of Compromise)가 있어야만 탐지가 가능하기 때문에 시그니처가 솔루션에 적용될 때까지는 대응이 불가능하다는 한계가 있다(박상환, 2017).

[표 6-15]는 보안 대응 방식을 공격대상과 공격형태, 대응 방안으로 구분한 표이다.

공격 대상	공격 형태	대응 방안
1. 네트워크·시스템 공격	IP, Port, Packet 위변조, 웹쉘	방화벽, IPS, 웹쉘 탐지
2. 서비스 불가 공격	DoS	Arti D-DoS
3. 사용자 경유 공격	사회공학, 피싱, 랜섬웨어, APT	사용자 교육, 샌드박싱

[표 6-15] 기존의 보안 대응 방식
출처: 이형수(2016)

위와 같은 대응 방식들은 한계점이 존재하며, 이러한 한계를 극복하려는 시도들은 아래 [표 3-16]과 같은 특징을 가지고 있다.

한계점 극복 방안
1. 매번 악성코드가 달라질 때에도 대응할 수 있는 방안이 마련되어야 한다.
2. PC단이 아닌 IP카메라나 복사기 등도 대상으로 최근의 공격이 진행되고 있다.
3. 악성 행위가 발생하더라도 조기에 식별해야 한다.
4. 능동적으로 위협을 찾아내고 대응방안을 마련하는 위협 사냥 (Threat Hunting)을 도입해야 한다.
5. 장기간 축적된 정보 자산과 다양한 경로에서 수집된 최신 위협 정보를 연계하여 복합 분석 할 수 있는 위협정보 플랫폼을 구축해야한다.
6. 보안통제, 위협탐지 및 사고 예방 분야에도 인공지능 기술이 도입되어야한다.
7. 소프트웨어 정의 네트워크(SDN) 클라우드 등 차세대 인프라 구조에 부합하는 변화된 방어체계와 전략이 요구되어야한다.
8. 지금까지 보안과 별개의 문제로 여겨졌던 백업, 복구의 중요성을 재인식 하여야 한다.

[표 6-16] 기존의 보안 대응 방식 한계점 극복방안
출처: 박상환(2017)

(2) 최신 탐지 방법

DLP 솔루션은 기업 내부의 정보가 유출됨에 따라 기업의 경제적 피해가 극각해지는 문제점이 커짐에 따라 해당 문제점에 대한 솔루션에 대한 수요가 커져서 현재 정보보호 분야에서 큰 이슈가 되었다. 이러한 배경에서 DLP는 솔루션의 수요에 신속하게 부응하기 위해 기존의 정보보호 기술을 최대한 활용하는 방식으로 발전했고, 현재 이러한 기술의 융합은 안정화 단계에 들어서게 되었다. 그러나 DLP는 최근에 나타난 솔루션으로 실 운영환경에서 여러 가지 문제점이 제기됨에 따라 최근에는 시장의 이러한 요구를 반영하기 위한 기술 개발이 활발히 진행되고 있다(유승재, 2018).

DLP분야에서 진행되고 있는 4가지의 기술 개발 방향은 다음과 같다.

가상화에서의 정보가 유출되는 기본적인 계기는 내부 시스템에 접근한 불법적인 접근자나 외부의 공격자에 의한 것이므로, 이를 방지하려면 내부 시스템에 대한 네트워크에 대한 불법적인 접근과 물리적으로 불법 접근을 방지하는 것이 필요하다. 이와 같은 불법적 접근을 방지하기 위하여 현재의 DLP 솔루션은 보호하려는 정보를 가상 저장공간에 저장한 후 접근제어와 결합함으로써 불법적인 외부 정보접근을 방지할 수 있는 가상화 기술을 제공한다.

DLP 분야에서의 가상화 기술은 엔드포인트 뿐 아니라 서버에도 적용되고 있다. 특히, 동일한 서버를 이용하는 다른 이용자들은 서버 안 가상화 공간의 중요정보를 이론적으로는 모두 공격이 가능하므로, 최근에는 이러한 문제를 해결할 수 있는 기술의 개발이 이루어지고 있다.

지능화란 DLP에서 가장 이슈가 되는 것으로, 외부에 송신되는 정보의 자동화된 필터링 기술이다. 즉, 외부에 송신되는 정보가 중요한 정보인지 아닌지에 대해 판단하여 중요정보인 경우 이를 차단하며, 중요정보가 아닐 때에는 송신을 허용하는 기술이다.

1) 시그니처 기반과 해쉬 기반 탐지기법

현재의 필터링 기술은 키워드 목록을 기반으로 검출하는 ① 시그니처 기반 탐지기법과 중요정보와의 일치성을 비교하는 ② 해쉬 기반 탐지기법 등으로 나눌 수 있다.

외부에 유출되면 안 되는 정보의 키워드를 시스템에 등록 후, 외부 유출 콘텐츠에 해당 키워드가 존재하는지에 대한 것을 판별하는 것을 시그니처 기반 탐지기법이라 한다. 하지만 이 기법은 해당 문서에 키워드가 있을 경우에 활용을 할 수 있어서 설계 도면 등의 키워드가 포함되지 않은 문서를 보호할 때는 적용할 수 없으며, 문서를 검사할 때에도 중요정보의 키워드가 아닌 문서 자체가 키워드로 탐색되는 등 정확도가 떨어진다는 단점이 있다.

해쉬값을 기반으로 하는 탐지 기법의 경우 외부 유출이 불가한 정보를 관리자가 등록할 때, 해당 정보의 해쉬값을 저장하여 머신러닝을 수행한 후 내부로부터 외부에 송신을 시도하려는 파일을 점검할 때에 해쉬값 계산을 통해 비교해봄으로써 중요정보의 정보 유출 여부를 확인하는 방법이다. 해당 방법은 단순 문서 기반의 정보뿐만 아니라 설계 도면, 레이아웃 등 콘텐츠 기반의 보안을 적용할 수 있다는 것이 최대의 장점이지만, 중요 정보를 위·변조하여 유출을 꾀하는 경우 탐지가 불가하다는 것이 가장 큰 단점이다.

2) SVM 기반과 N-gram 기반 탐지기법

현존하는 유출탐지 방법의 문제점을 해소하기 위해 다양한 유출행위 탐지 기법과 관련된 연구가 활발히 이루어지고 있다. 활발히 연구가 진행되고 있는 기법의 주형으로는 SVM(Support Vector Machine)기반 탐지기법, N-gram 기반 탐지기법 등이 있다.

SVM 기반 탐지 기법의 경우, 문서분류 기법에서 가장 빈번히 사용되는 SVM 기법을 차용한 것이고, N-gram 기반 탐지기법은 해쉬값을 기반으로 비교분석을 수행하는 이동형 해쉬 기법 중 하나이다.

해당 기법의 안전성을 확보하기 위해서는 DLP솔루션을 통해 제공하는 기능 중 중요정보 콘텐츠 필터링을 위해 내부로부터 외부에 송신되는 모든 정보를 점검하는 절차를 거쳐야 한다. 그러나 조직의 모든 외부 유출 콘텐츠를 점검하는 경우 네트워크 가용성 및 성능이 저하되는 큰 문제점을 가지고 있다. 따라서 오늘날 이러한 네트워크 가용성 및 성능을 보장하기 위해 단말에서 중요정보를 점검하는 기술이 활발히 연구·개발되고 있다.

현재의 단말 기반 보안에서는 앞서 언급한 바와 같이 솔루션에 기 등록된 중요정보의 유출을 탐지하지 못하는 실정이다. 그러므로 향후 유출탐지에 대한 인공지능 알고리즘이 개발될 경우 단말에서도 조직 내 중요 정보의 유출 탐지가 수행될 수 있을 것으로 기대된다.

하지만 단말 기준에서 중요정보 유출을 탐지할 경우, 탐지 알고리즘의 규칙에 등록된 중요정보의 내용이 포함될 경우 2차 보안사고로 이어질 가능성이 있다. 따라서 이러한 복합적인 보안 문제점이 대두되고 있으며, 이에 따라 현재 단말 기반에서 수행되는 중요정보 유출탐지 관련 알고리즘의 안전성에 대한 이슈가 지속되고 있다.

포괄성의 경우, 현재 DLP 솔루션을 구동함에 있어 조직 내부에서 발생 가능한 중요정보에 한정하여 유출방지 연구를 주로 다루고 있으나, 최근의 기술개발 트렌드는 조직 내부의 중요 정보 유출이 가능한 다양한 경로를 통하여 발생한 유출 부분까지 점검 하는 것으로 확대되고 있다. 이러한 유출 탐지 내용의 확대는 향후 중요 정보의 유출 탐지를 위한 인공지능 알고리즘이 개발되고 적용된다고 하더라도 중요 정보가 솔루션에 등록되기 이전 유출되거나, 시스템 장애를 유발시켜 필터링 미동작 타 경로를 통한 정보 유출 등의 보안 사고가 발생할 수 있기 때문에 개발의 의미가 있다고 할 수 있다.

최근 활발히 연구・개발이 수행되고 있는 유출점검 기술의 경우 P2P 네트워크 상의 중요정보 유출과 구글, 네이버 등으로 대표되는 외부 검색 엔진 에서의 중요정보 유출 등으로 분류 가능하며, 기존 메타검색 기술 및 네트워크 검색 기술을 활용하고 검색 성능치를 높일 수 있는 방향으로 기술개발이 진행되고 있다.

행위 기반 대응 방식은 이미 보안 솔루션 시장에 등장하였다. 그러나 오탐이 빈번하게 일어나고 보안 위협에 대한 확증을 보장할 수 없어 엄격한 보안 규정이 요구되는 조직에서 화이트 리스트기반으로만 사용 가능한 제약이 존재한다.

이러한 한계를 지닌 기술이지만, 빅데이터 분석 기술, 클라우드 서비스 등의 신기술을 이용하여 다양한 종류의 많은 사용자 이벤트를 수집 및 분석할 수 있게 되면서 데이터 표본 증가에 따른, 분석의 정교화로 오탐율이 감소하고, 머신러닝, 딥러닝 등 기계학습을 통해 많은 양의 유의미한 데이터를 빠르게 가공하여, 이상행위로 식별된 행위들 중 악성 행위를 추출할 수 있는 정확성을 높일 수 있게 됨으로써 다시 떠오르고 있다.

3) 가트너 위협 탐지 기술 제품군

중요정보 유출 위협 탐지 기술의 트렌드를 반영한 기술은 탐지를 수행하는 위치별로 아래 [표 6-17]과 같이 3가지 제품군으로 나뉘고 있다. 가트너에서는 Endpoint의 행위 이벤트를 바라보는 관점과 Network, Endpoint, User에 따라 제품군을 분류한다

이상 탐지 대상 지점	제품군	솔루션	기존대응 제품군
1. Network	NTA (Network Traffic Analytics)	SS8 Niara	IPS
2. Endpoint (Host/App)	EDR (Endpoint Detection and Response)	Ziften Hexis	EPP
3. User Behavior	UEBA (User and Entity Behavior Analytics)	Securonix Light Cyber	SIEM

[표 6-17] 가트너 위협 탐지 기술 제품군
출처: 가트너(2013)

행위 기반 탐지 방식이 동작하는 이상행위의 탐지 패턴은 기본적으로 APT 공격이 따르는 일반적인 해킹 사이클로 구분할 수 있으며, 혹은 킬체인으로써 조사를 대상으로 하는 조직에 따라 차이는 있지만 통상적으로 아래 [그림 6-9]와 같은 단계로 구별된다. 크게 내부 침투, 내부 확산·조사, 중요 정보 획득, 수확 단계로 구별된다. 어떤 형태로 침투를 하던지 악성코드는 킬체인과 유사한 행위의 패턴을 보유하고 있어 사용자 단말 또는 네트워크 상에서 발생하는 모든 이벤트를 수집하여 분석하면 정상행위와 구별되는 이상 행위를 찾아낼 수 있고 이렇게 발견된 이상행위 중 킬체인 사이클과 행위의 패턴이 부합하는 악성 행위를 식별하여, 다음 위협 단계로 넘어가기 전 악성행위를 사전 차단할 수 있다.

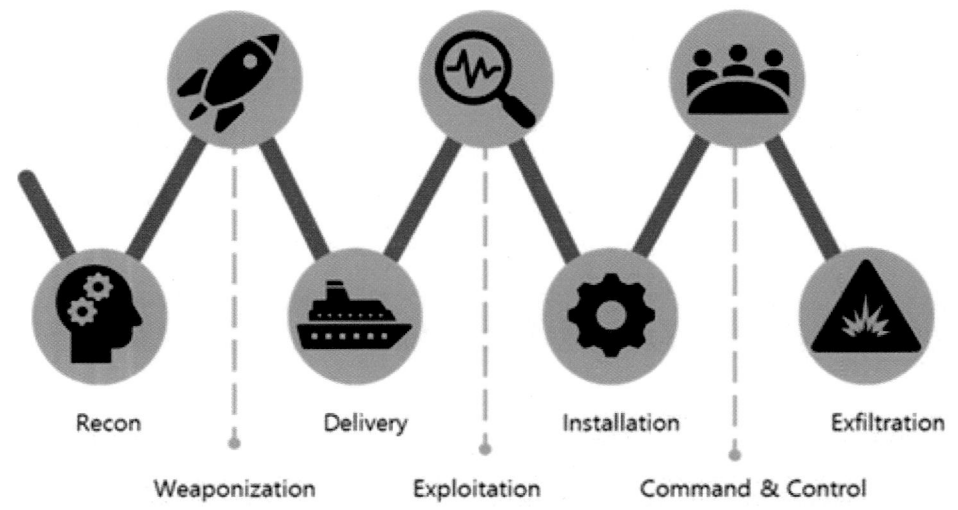

[그림 6-9] 사이버 킬체인(eventtracker, 2017)

즉, 최종 단계 전에만 발견된다면 정보의 유출은 막을 수 있으며 앞 단계에서 탐지하여 차단할수록 그 피해와 대응 규모는 감소하게 된다.

4) 행위 기반 탐지 기술 특징

위에 언급한 내용을 정리하면 아래 [표 6-18]와 같이 3가지 특징이 있다. 이와 같은 행위 기반 탐지 기법을 적용하기 위하여 필수적으로 요구되는 기술적 특징은 그 모니터링·분석 대상 데이터가 사용자의 행위정보이며, 이러한 내용은 곧 탐지 대상과 관련된 모든 행위정보가 솔루션 분석의 대상이 되므로 다양하고 많은 양의 정보를 다루는 기술이 우선적으로 필요하게 된다. 이와 관련된 기술이 클라우드, 빅데이터, 머신러닝, 시각화 기술 등으로 대표될 수 있다. 악성 행위의 식별을 위해서는 사용자 기반의 행위 이벤트 간 유사성을 고려하여야 하고, 이를 기반으로 해킹 행위 사이클에 기반하여 이상 행위를 도출하고, 발견된 악성 행위를 식별하기 위한 정밀 분석기법 적용을 통한 모델이 필요로 한다.

행위 기반 탐지 기술의 특징
1. 행위 기반 모니터링 매일 새로운 악성코드가 계속해서 출몰하는 상황에서 악성코드 Signature 기반으로는 침투를 탐지할 수 없기 때문에 코드가 아닌 행위를 모니터링하여 그 중에서 악성 행위를 찾아낸다.
2. 식별되지 않은 대상 모니터링 기존의 네트워크 침투에서 내부자 경유 공격으로 변화하고 있으며 사용자 보안이 적용되지 않는 단말(서버, IP 전화, IP 프린터, IP 카메라)에 대해서도 침투가 발생하기 때문에 이를 대응하기 위한 감시 대상의 증가가 필연적이다.
3. 침해 조기 탐지를 통한 피해 최소화 어떤 형태로든 침투가 이루어지고 난 것을 가정하고 침해 이벤트를 조기에 탐지하여 대응함으로써 피해를 최소화하는 대응 형태를 갖춘다. 이는 SIEM 등을 통한 유출 방지 식별과 동일한 형태이다.

[표 6-18] 행위 기반 탐지 기술 특징
출처: LG CNS(2016)

또한 이상행위 자체는 높은 오탐율을 동반하는데 이렇게 다양한 이상행위를 모두 보안 담당자가 점검해야 할 사항으로 구분한다면 업무의 과중으로 인한 중요정보 유출이 발생하는 사용자 악성 행위를 놓치게 되는 문제점이 발생한다. 이러한 문제점을 해결하기 위해 다양한 솔루션에서는 인공지능 기법을 적용하여 악성행위를 탐지하고 이에 대한 정밀 모델을 구축 및 적용함으로써 오탐율을 감소시키고, 실제 중요 악성행위를 식별할 수 있도록 하여 보안 담당자의 업무 부담을 줄이고자 하는 것이 가장 큰 이유이다.

이와 같은 인공지능 알고리즘을 거쳐 솔루션에서 악성 행위로 결과내린 것에 대해서는 보안 담당자가 최종 대응 여부 및 대응 방식에 대하여 의사결정을 수행해야 하는데 이를 수행하기 위해 솔루션에서 해당 행위를 악성행위로 식별한 정확한 근거를 상세하게 제시하여단 의사결정에 영향을 줄 수 있다.

이러한 보안 담당자의 업무과중을 줄여줄 수 있는 솔루션을 통하여 소규모 인원이 운용 가능한 기술에 빠르게 판단할 수 있게 시각화 기술을 적용하고 있다. 행위 기반의 탐지 기법을 자세히 살펴볼 경우 분석해야 할 조사 대상이 늘어남에 따라 이전까지 발견되지 않은 종류의 새로운 악성행위가 탐지 가능했다. 그러나, 찾아낸 결과 행위가 무조건 악성 행위에 속한다고 단정지을 수 없다.

이는 발견된 악성 행위가 비즈니스적 예외 사항이거나 새로운 업무 요건으로 추가된 것 일 수 있으며, 또는 사용자가 고의없이 행동한 행위가 탐지되는 등 항상 악성행위로 볼 수 없는 예외 사항이 빈번하게 존재하기 때문이다.

이러한 이유로 인해 행위 기반 탐지 기법에서는 악성 행위를 탐지할 수 있으나, 이에 대한 보안 대응(치료 및 차단)은 자동으로 처리하지 않고 모든 악성행위에 대한 최종 판단과 대응은 반드시 운영자가 판단을 해야하는 특징이 있다.

이러한 이유로 머신러닝을 통해 오탐을 줄이고 필수적인 악성 행위만 식별하거나 시각화를 통해 분석과 대응을 간편하게 하는 기술적인 시도가 함께 이용되고 있다.

위 내용을 정리하면 아래 [표 6-19]과 같이 정리할 수 있으며, 기존의 시그니처 방식과 행위기반 방식의 차이를 확인할 수 있다.

구분	시그니처 방식	행위 기반 방식
주요 제품군	백신, DLP, 방화벽, IPS	행위기반탐지(ERD, NTA), SIEM
탐지 대상	Endpoint, Network 정보	Endpoint, Network 행위
탐지 방식	악성 코드 Signature 비교	이상 행위, 악성 행위 분석
신규 악성 코드	탐지 불가	탐지 가능
악성 행위 탐지	일부 탐지	탐지 가능
우회 시도 대응	우회 가능	행위 우회 불가
대응 방식	자동 치료 가능	자동 치료 불가
운영자 대응	없음	사용자 판단 필수

[표 6-19] 시그니처 방식과 행위 기반 방식의 차이 | 출처: LG CNS(2016)

6. 기술유출 방지 시나리오

(1) 클러스터 군집분석 활용 시스템

이 시스템은 업무 로그에 의한 RNN 기계 학습을 통하여 데이터를 수집하고, 클러스터 군집분석을 활용하여 내부자 위협을 탐지하는 시스템이다(하동욱, 2017). 내부자 위험 행위를 아래 [표 6-20]과 같이 6가지로 한정하여 추출한다.

내부자 위험 행위
1. 사용자 PC 로그온 행위
2. 사용자 PC 로그오프 행위
3. 인터넷 웹 접속 행위
4. 이동 저장매체 대상의 파일 저장 행위
5. 이동 저장매체 연결 행위
6. 이동 저장매체 단절 행위

[표 6-20] 내부자 위험 행위 도출 | 출처: 하동욱(2017)

기계 학습을 통한 행위 유형 도출 방법은 아래 [그림 6-10]과 같다.

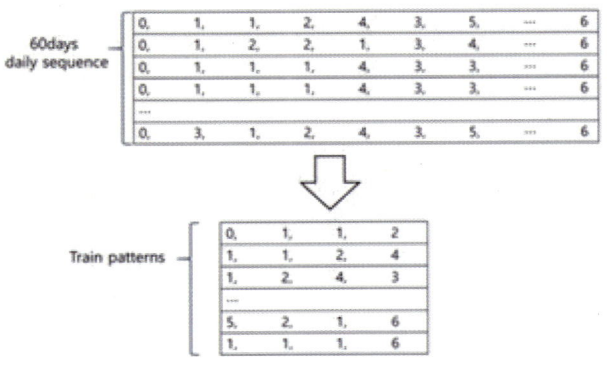

[그림 6-10] 기계 학습을 통한 행위 유형 도출 | 출처: 하동욱(2017)

(2) HMM 모델 탐지 방법

널리 알려진 일련의 순차적 성질을 내포하고 있는 데이터를 다루는 문제에 적용가능한 HMM 모델을 기반으로 비정상 절차에 대한 탐지 방안이다(김현수, 2017).

조직에서 운영중인 보안시스템(메일 보안 시스템, 보안 USB, 문서보안 시스템 등)을 활용하여 18가지 특징을 추출하고 비정상 행위에 대한 정형화를 수행한다.

정의된 시스템 외의 조직 구성원의 활동에 대한 분석은 고려하지 않고 있으며, 보안시스템에만 한정된 행위 분석을 수행하였다. 아래 [그림 6-11]은 정보유출 탐지 처리과정을 나타낸 그림이다.

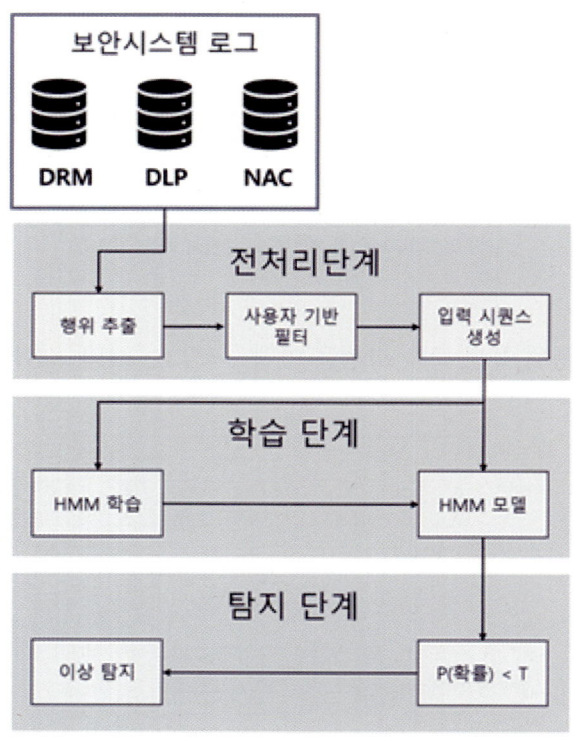

[그림 6-11] 정보유출 탐지 처리과정 | 출처: 하동욱(2017)

(3) Rule 기반의 가상 유출 시나리오 방법

빅데이터를 이용한 보안정책 개선을 제안하였으며, 네트워크 보안, 서버 보안, 응용 보안, PC 보안 시스템 등으로부터 원시데이터를 수집하여, 기하급수적으로 증가하는 대용량 로그를 통합하고 조직 구성원의 행위를 분석하여 클러스터링을 통한 패턴을 군집화함으로써 보안 모니터링에 활용할 수 있는 방안이다(김송영, 2013).

실증 데이터나 기술유출 사례에 대한 직접적인 적용이 아닌 제안자가 설정한 Rule 기반의 가상 유출 시나리오를 설계하고 특징을 분석하였다. 다음 [그림 6-12]는 해당 연구에서 제안한 조직 구성원 행위 분석 절차를 도식화한 그림이다.

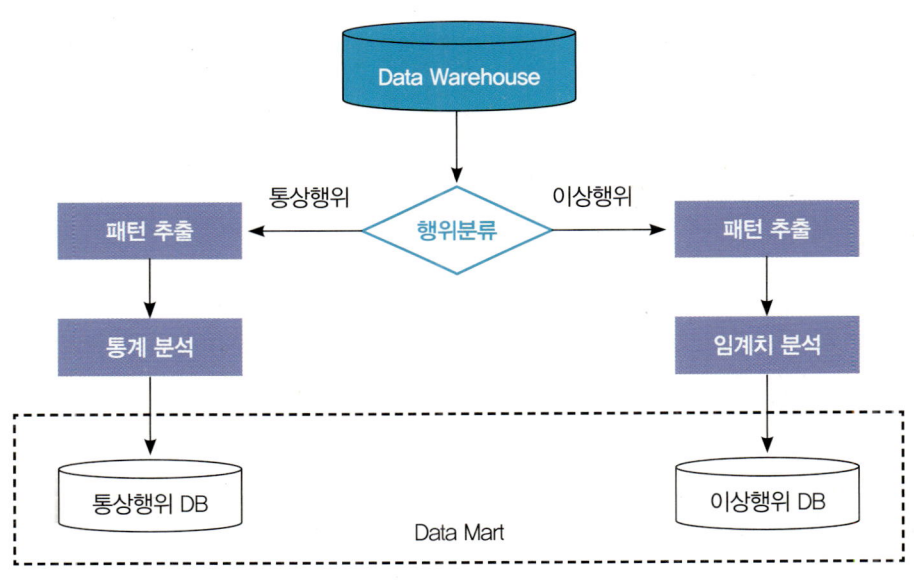

[그림 6-12] 조직구성원 행위 분석 절차 | 출처: 김송영(2013)

기타 연구에서는 실시간 사이버 위협 정보 지능형 분석 및 예측 기술을 제안하였으며, 이를 위해 빅데이터 기반의 사이버 보안 위협 상관관계 지능형 모델링을 수행한 경우도 있다(임창완, 2018). 상관관계 분석을 통하여 1차 적으로 보안 위협들을 정의하고 이를 기반으로 빅데이터 기반의 위협 시나리오를 재구성한다. 이때 베이지언 네트워크(Bayesian Networks), 의사결정 트리(Decision Tree)와 같은 기계학습 기법을 사용하여 과거 발생된 위협 중 현 시점의 위협과 연관된 위협을 찾아 공격 시나리오를 재구성하도록 한다.

(4) 스마트카와 드론관련 보안 위협

스마트카 환경에서 발생가능한 정보보안 예상위협을 분석하며, 위협 분석을 위해 스마트 교통 서비스 환경에서 발생할 수 있는 보안 위협에 대한 예상 시나리오를 도출해 보자.

기존 연구에서는 예상 위협 분석 내용을 기반으로 시나리오를 설계하였으나, 빅데이터 분석 혹은 통계적 검증이 없어 해당 연구 결과의 타당성을 획득하지 못한 한계점을 가지고 있다(이명렬, 2017).

전장에서의 드론을 이용한 보안위협 시나리오를 제안한 연구에서는 다른 선행연구와 다르게 조직에서 발생할 수 있는 보안위협에 대한 시나리오 설계가 아닌 조직이 사이버 공격을 행하기 위한 관점에서 가능한 보안위협 시나리오를 도출한다(박근석, 2018).

보안위협 시나리오 도출 방법은 드론으로 발생할 수 있는 다양한 보안 위협들을 선제적으로 도출하고 그 중 사이버 공격 도구로 실행할 수 있는 보안 위협 방법을 채택하여 시나리오를 설계한다. 그러나 통계적 검증이 없어 해당 연구 결과의 타당성을 획득하지 못한 한계점을 가지고 있다.

다른 연구에서는 보안 사고·사례를 통해 안드로이드 환경에서 발생할 수 있는 보안 위협 시나리오를 도출하였다. 실제 발생한 사례분석을 통해 발생 가능한 보안 위협을 도출하고 이에 대한 보안 위협 시나리오를 설계 및 대응방안을 제시한다. 해당 연구에서는 사례를 기반으로 보안 위협 시나리오를 설계했다는 점과 이를 통해 발생 가능한 보안 위협을 드출했다는 점이 기여도가 있다고 판단된다(박재경, 2018).

(5) 지능형 악성코드의 분석

지능형 악성코드의 분석을 위한 시나리오 기반의 수집 및 모니터링 플랫폼에 대해 구현하며, 악성코드의 행위들을 수집해 이를 기반으로 변형 시나리오를 설계한다. 또한, 이를 자동화 도구로 구현하여 향후 악성코드 관련 정보 데이터의 크기가 커질 때에도 즉각 대응할 수 있고, 지능형 위협에 즉각 대응가능 하도록 악성코드 행위 분석을 수행할 수 있는 도구를 개발함에 있어 기여도가 있다고 판단된다(조호묵, 2016).

빅데이터 로그를 이용한 실시간 예측분석 시스템 설계를 도출한 연구에서는 실시간 및 비실시간 로그 분석을 수행함에 있어 비실시간 분석에 시나리오 분석 기법을 적용하였고, 해킹 및 공격이 지능화되고 장기화되면서 세밀한 공격 시나리오에 대응할 수 있도록 상관분석을 시간단위로 연결하는 시나리오 분석 기법을 적용한다.(이상준, 2015).

또한, 빅데이터 분석 도구 "R"을 이용해 보안 위협 예측 분석을 수행하여 실시간 예측 분석을 수행하며, 도출한 시나리오에 대해 통계적 검증을 수행하고, 구현한 분석 도구의 정합성을 나타내기 위해 IoT 디바이스 장애 예측 분석을 수행하여 사례 연구를 하면 많은 시사점을 도출할 수 있을 것이다.

(6) 금융정보유출 위험 대응 모델

시나리오 기반의 금융정보유출 위험 대응 모델을 설계하며, 이를 위해 시나리오 설계를 다음과 같은 방법으로 진행한다(이익준, 2018).

첫째, PC 중심으로 금융정보가 이동할 수 있는 경로를 확인하고, 각 경로에 대한 보안 환경을 파악하였다. 또한, 이용자의 특정 행위에 대한 정상행위 여부를 판단하기 위해 증권회사의 내부통제 절차를 사례로 적용한다.

둘째, 금융정보유출 위험 예상 경로와 보안 현황 정보를 참조하여 PC에 센서, 즉 EDR(Endpoint Detection & Response)과 같은 기능의 에이전트를 설치하여 금융정보 유출 경로를 악용할 목적으로 특정 프로그램의 실행을 시도하는 행위를 탐지할 수 있는 항목을 정의한다.

이러한 경로를 기반으로 발생한 이상행위 식별은 신뢰 경계(권한 및 승인)를 넘으면 이상행위로 식별하도록 시나리오를 설계하였으며, 이러한 시나리오를 검증하기 위하여 보안 정책 우회 항목을 설정하여 다시 한번 검증을 수행한다.

〈참고문헌〉

- 강흥구, 지승구, 정현철. (2011) 악성코드 그룹 및 변종 관리 시스템 개발. 한국정보처리학회 춘계학술대회 논문집, 879-882.
- 권희준, 김선우, 임을규. (2012) Multi N-gram을 이용한 악성코드 분류 시스템. 보안공학연구논문지, 9(6) 531-532.
- 김경규, 대경호. (2017). FAIR 를 통한 개인정보 유출에 따른 기업의 손해금액 산출에 대한 연구. 정보보호학회논문지, 27(1), 129-145.
- 김대곤, 윤진영. (2013). 복합적 미래예측방법론 분석을 통한 미래재난예측기법 개발. 국립재난안전연구원.
- 김대훈, 강향배, 박용익, 양경란. (2018). 스마트 기술로 만들어 가는 4차 산업혁명. 박영사.
- 김등현, 김강석. (2018). N-gram 을 활용한 DGA-DNS 유사도 분석 및 APT 공격 탐지. 정보보호학회논문지, 28(5), 1141-1151.
- 김현석, 나동규. (2018). 산업 제어 시스템 보안을 위한 패킷 분석 기반 비정상행위 탐지시스템 구현. 한국산학기술학회논문지, 19(4).
- 남기효, 강형석, 길지호, 김성인. (2009). 내부정보 유출방지 (DLP) 기술동향. 정보통신산업진흥원, 주간기술동향, (1413), 1-9.
- 노저철. (2017). 중소기업기술유출 방지를 위한 인적·노무관리상의 문제점과 개선방안. 법학연구, 20(2), 89-128.
- 박상환. (2017). 핀테크에서의 보안 요구사항. 한국통신학회지 (정보와통신), 34(3), 15-22.
- 박장수, 이임영. (2015). 정보보호: 단일 정보유출 시나리오를 이용한 개별 보안솔루션 로그 분석 방법. 정보처리학회논문지. 컴퓨터 및 통신시스템, 4(2), 65-72.
- 백서현, 이동욱, 박민지, 박진희, 정혜욱, 이지형. (2012). LSA를 이용한 문장상호추천과 문장 성향분석을 통한 문서 요약. 한국지능시스템학회 춘계학술대회 학술발표논문집, 22(1), 195-197.
- 엘지씨엔에스. (2016). 차세대 행위 기반 위협 탐지 방식에 관하여
- 원증호, 이한별, 문혜정, 손원. (2017). 텍스트 마이닝 기법을 이용한 경제심리 관련 문서 분류. 한국은행 통계연구자료. 한국은행.
- 이다성, 김재성, 김귀남. (2010). 정보 유출 방지 연구기술 동향. 정보보호학회지, 20(1), 56-65.
- 이운수, 신용태. (2015). 미래 융합환경 기반의 정보보호 직업군 설계. 한국전자거래학회지, 20(1), 201-215.
- 이즌희, 김신령, 김영곤. (2017). 빅데이터 분석을 활용한 스마트 팩토리 이상탐지 및 보안 강화 시스템에 관한 연구. 한국통신학회 학술대회논문집, 347-348.
- 이지원. (2011). 정조조직 사서직 역량 및 직무 유형 분석. 정보관리학회지, 28(3), 47-64.
- 이저호, 손민우, 이상준. (2018). 시나리오 기반의 스마트폰 취약점에 대한 보안방안 연구. 예술인문사회융합멀티미디어논문지, 8, 835-844.
- 이창무. (2011). 산업보안의 개념적 정의에 관한 고찰. 산업보안연구학회지, 2(1), 73-89.
- 이창훈, 하옥현. (2010). 기밀유출방지를 위한 융합보안 관리 체계. 융합보안논문지, 10(4), 61-67.
- 이형수, 박재표. (2016). 저대역 DDoS 공격 대응 시스템. 한국산학기술학회 논문지, 17(10), 732-742.
- 장성우. (2013). 오라클 빅데이터 이야기. 한국오라클.
- 장항배. (2018). 세계 보안 엑스포(SECON) 2018 : 산업기술 및 영업비밀 보호 세미나, 킨텍스 제 1전시장, 3월 14일-16일, 경기도 고양시.
- 중소기업청. (2007). 중소기업 기술유출 대응매뉴얼. 중소기업청
- 조호대. (2012). 기술유출 사례 분석을 통한 효과적 산업보호 방안. 한국경찰학회보, 37, 335-354.
- 최우식, 김성범. (2015). 대칭 조건부 확률과 TF-IDF 기반 텍스트 분류를 위한 N-gram 특질 선택. 대한산업공학회지, 41(4), 381-388.
- 최원규, 홍주형, 전문석. (2016). 행위기반 분석 기술을 이용한 범용적 위협 탐지시스템. 한국정보과학회 학술발표논문집, 847-849.
- 하동욱, 강기태, & 류연승. (2017). 기계학습 기반 내부자위협 탐지기술. 정보보호학회논문지, 27(4), 763-773.
- American Society for Industrial Security(ASIS)., & The Institute of Finance and Management(IOFM). (2013). United Sates

Security Industry (The): Size and Scope, Insights, Trends, and Data. ASIS International.
- Applegate, R. (2010). Job ads, Jobs, and Researchers : Searching for valid Sources. Library & Information Science Research, 32(2), 163-170.
- Bee, O. K., Hie, T. S. (2015). Employers' Emphasis on Technical Skils and Soft Skills in Job Advertisements. The English Teacher, 44(1), 1-12.
- Blei, D. M., Ng, A. Y., Jordan, M. I. (2003). Latent Dirichlet Allocation. Journal of Machine Learning Research, 3(Jan), 993-1002.
- U.S. Department of Homeland Security(DHS). (2008). Information Technology(IT) Security Essential Body of Knowledge. U.S. Department of Homeland Security
- EventTracker. (2017). SIEMphonic and the Cyber Kill Chain
- Fireeye Inc. (2017). 2017 Security Predictions, Technical Report
- Gantz, J., Reinsel, D. (2011). Extracting Value from Chaos. IDC IVIEW.
- Gartner. (2013). Reviews for Endpoint Detection and Response Solutions
- Harper, R. (2012). The Collection and Analysis of Job Advertisements : A Review of Research Methodology. Library and Information Research, 36(112), 29-54.
- Holland, John H. (1999) What is a learning classifier system?. International Workshop on Learning Classifier Systems. Springer, Berlin, Heidelberg.
- Santos, Igor, et al. (2009). N-grams-based File Signatures for Malware Detection. ICEIS 9(2) 317-320.
- Schwab, K. (2017). The Fourth Industrial Revolution. Currency.

7장
제조업 보안

제7장. 제조업 보안

1. 개관

최근 들어 보안 관련 언론매체에서 산업제어시스템 보안사고로 인한 피해사례가 심심치 않게 들려오고 있다. 기업보안을 위해 노력하고 걱정하며 좋은 해결방안을 모색하는 보안 담당자들의 걱정이 이만저만이 아닌 상황이다.

국가 주요 설비에 적용된 시스템은 산업제어시스템 (ICS)이다. 이 산업제어시스템은 산업 설비의 제어를 담당하는 시스템이며, 공장, 발전소 등이 해당된다. 사이버 공격으로 발전소를 마비시켜 전력 공급을 중단할 수 있으며, 우리나라 수출의 대부분을 차지하는 반도체 공장, 자동차 공장 등의 시스템을 마비시켜 산업기밀을 탈취하거나 생산공정을 마비시켜 막대한 피해를 입힐 수 있다.

전 세계적으로 ICS를 노리는 사이버 공격이 엄청나다. ICS 보안 전문 기업 드라고스(Dragos)는 매년 3000개에 달하는 국가 주요 시설이 사이버 공격을 받고 있는 것으로 추정한 바 있다.[1]

---

1) 유성민, ICS 보안의 출발점 'OT 관리' 주요 설비 제어 영역 관리가 중요, The Science Times (2019.03.18.)

[그림 7-1] 보안사고 사례를 통한 OT/ICS 보안위협 증가 추이
출처:Gartner IT Glossary, TTA 표준 산업제어시스템 보안요구사항

시장 조사 전문 기관 마켓스 앤드 마켓스 (Markets and Markets)는 ICS 보안 시장이 2018년부터 2023년까지 연평균 6.5%의 성장률을 보일 것으로 추정했다. 시장 규모는 2018년 132억 달러(약 15.8조 원)에서 2023년에 180.5억 달러(약 21.7조 원)로 증가한다.

(1) OT ICS 정의

운영기술(OT, Operational Technology)은 산업용 장비, 자산, 프로세스 및 이벤트의 직접 모니터링·제어를 통해 변경을 감지하거나 변경하는 하드웨어 및 소프트웨어를 말한다(Gartner IT Glossary).

ㅇ 예 관해 산업제어시스템(ICS, Industrial Control Systems)은 전력, 가스, 원자력,

제조 등의 산업현장을 모니터링하고 제어하는데 사용되는 시스템을 의미한다(TTA 표준 산업제어시스템 보안요구사항).

OT | (Operational Technology)

산업용 장비, 자산, 프로세스 및 이벤트의 직접 모니터링/제어를 통해 변경을 감지 하거나 변경하는 하드웨어 및 소프트웨어

※출처 : Gartner IT Glossary

ICS | (Industrial Control Systems)

전력, 가스, 원자력, 제조 등의 산업현장을 모니터링하고 제어하는데 사용되는 시스템

※출처 : TTA 표준 산업제어시스템 보안요구사항

산업 제조/제어 공장 계층도상의 OT 영역은 ICS영역을 포함하며, 정보기술(IT)영역과는 구분된다. ICS 영역은 집중 원격감시 제어시스템인 SCADA(System Control and Data Acquisition), 분산제어 시스템(DCS, Distribute Control System), 디지털 동작의 전자장치인 PLC(Programmable Logic Controller), IO, Drives, Sensors를 포함한다.

ICS 주요 구성요소로는 PLC, OPC, HMI 등이 있다. PLC(Programmable Logic Controller)는 자동 제어 및 감시에 사용하는 제어 장치이다. DOPC(OLE for Process Control)는 이전 표준 통신 프로토콜에서 최근 OPCUA(Open Platform Communication Unified Architecture)로 용어가 변경되었으며, 최근에는 PLC 및 HMI 등 다양한 ICS 시스템이 OPCUA의 클라이언트와 서버 기능을 가지고 수행한다. HMI(Human-machine Interface)는 PLC를 모니터링하거나 동작을 제어하기 위해서 사용되는 소프트웨어이며 초기는 PLC와 HMI가 서로 종속적이었으나 최근에는 OPCUA

및 표준을 통해서 다양한 PLC를 지원한다. HMI운영시 지원 PLC항목을 확인하는 것이 필수적이다.

구분	PLC	OPC	HMI
역할 및 구성	장비와 연결되어 연산된 결과에 따라 장치를 제어	PLC의 통신을 표준화하여 타 시스템의 연계성 제공	PLC의 상태를 확인하거나 발생 이벤트 등을 확인하여 제어하는 시스템
운영환경 특징	ICS 특징 보유	IT 표준 장비 및 OS에 설치되는 소프트웨어	IT 표준 장비 및 ODS에 설치되는 소프트웨어

[표 7-1] ICS 주요 구성요소
출처: 높아지는 ICS(산업제어시스템) 보안의 중요성-IT보안과 차이점 중심으로-, EQST insight, SK infosec(2020. 9)

이에 반해 OT 영역은 ICS 영역에 제조실행시스템인 MES(Manufacturing Execution System)를 추가한다. IT영역은 ERP가 해당된다. MES 시스템은 1990년대 초 미국의 AMR 컨설팅사에서 주창되었으며, 제조업의 시스템 계층구조를 계획, 실행, 제어의 3개 층으로 구분하고 그중에서 실행의 기능을 MES로 규정하였다.

[그림 7-2] OT 주요 구성요소
출처: 김정수, 스마트팩토리를 위한 ICS/OT보안, 이젠 선택이 아닌 필수!(2019.7.4.)

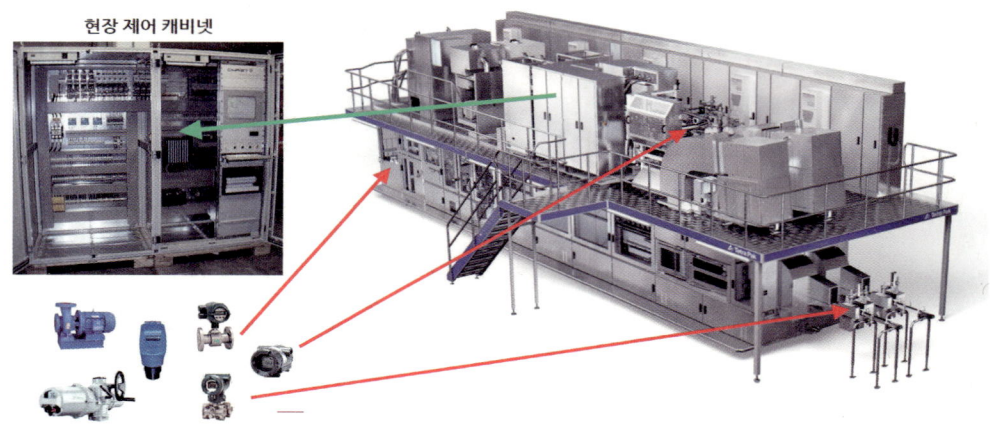

[그림 7-3] OT 플랜트 개요
출처: 김정수, 스마트팩토리를 위한 ICS/OT보안, 이젠 선택이 아닌 필수!(2019.7.4.)

    ICS 보안을 위해서는 OT 영역에 초점을 두어야 한다. ICS의 네트워크 구조를 살펴보면, ICS는 '정보기술 (IT)'과 '운영기술 (OT)'로 구분된다. IT 영역은 일반 사무실의 네트워크와 유사하며 설비가 아닌 일반 사무적 용도를 위해 제공되는 네트워크 공간이다. 그러므로 IT는 ICS에서 보안 관점에서 크게 중요하지 않다고 볼 수도 있다. 이에 반해 OT는 주요 설비의 제어와 관련된 영역이므로 OT는 ICS에서 보안의 가장 중요 요소이다.

    프로그램 가능 로직 제어기 (PLC), 원격단말장치 (RTU) 등이 OT의 중요 요소이다. PLC는 설비의 제어를 담당하는 센서이고, 작업자가 사전에 정해놓은 규칙을 기반으로 설비를 동작하게 한다. RTU는 중앙 통제 센터에 설비의 데이터를 전송하는 센서이다.

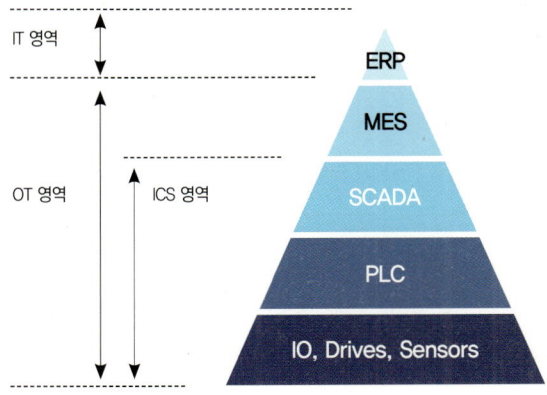

산업 제조 / 제어 공장 계층도

[그림 7-4] 산업 제조/제어 공장 계층도
출처: TTA 표준 산업제어시스템 보안요구사항

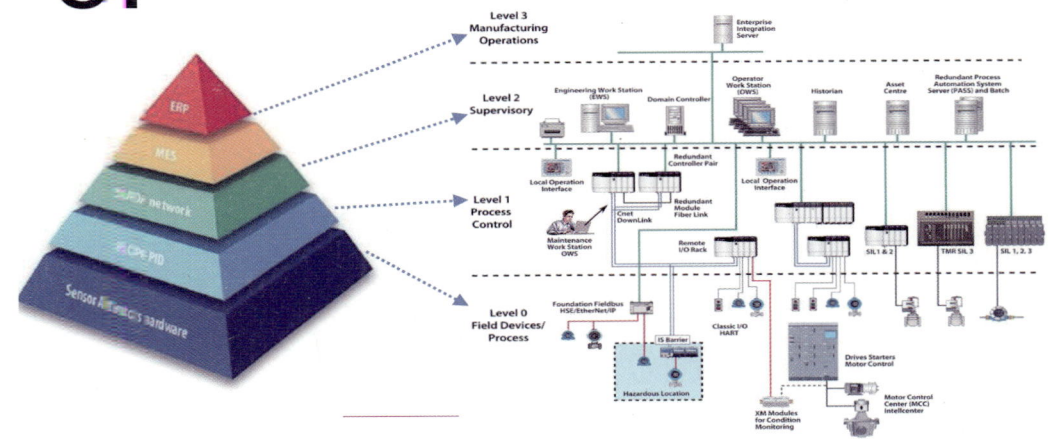

[표 7-5] ICS 기본 계층 구조
출처: 김정수, 스마트팩토리를 위한 ICS/OT보안, 이젠 선택이 아닌 필수!(2019.7.4.)

제7장. 제조업 보안 403

(2) IT시스템과 ICS 차이점

IT와 ICS를 비교해 보면 보안 목적, 보안인식, 패치방법, 보안솔루션, 장비사용기간, 네트워크 프로토콜, 소프트웨어, 안전계측 시스템 및 H/W구축 측면에서 차이점을 파악할 수 있다.

보안 목적면에서 IT는 기밀성(Confidentiality)을 중시하는 반면에 ICS는 가용성(Availability)을 중시한다. IT시스템은 데이터의 무결성을 중요하게 생각하므로 일부 고장 및 장애를 허용한다. 이에 반해 ICS는 근로자의 안전 및 시스템 가용성을 중요하게 생각하므로 운전정지가 허용되지 않는다. IT시스템에서는 사고 발생시 업무 불편 및 지연 등 상대적으로 미미한 경제적 피해가 발생하는데 반하여, ICS에서는 사고발생시 산업현장 운영 중단으로 인한 인명피해 및 대규모 물리적·경제적 피해가 발생할 수 있다.

네트워크 성능측면에서 IT시스템은 전체 성능에 초점을 맞추어서 응답의 신뢰성이 중요하며, 일부 통신 지연을 허용한다. 그러나 ICS에서는 견고성 및 실시간 요구사항을 중시하여 응답시간이 중요하며 통신 지연을 허용하지 않는 경향이 있다.

IT에서는 보안인식이 필수사안인데 비해서 ICS에서는 성능 영향이 우선이다. 패치방법에서는 IT는 정기적 자동 업데이트를 하는 반면에 ICS는 밴더에 의존하면서 수동 업데이트를 선호한다. IT는 보안 솔루션을 IPS, DRM, DLP 등을 활용하는데 ICS는 보안 솔루션 설치가 불가하다. IT에서는 OS를 Win10, Win2012 등 최신 OS를 사용하는데 비해 ICS는 Win NT, XP도 사용하기도 한다. 장비사용기간은 IT는 3~5년이고, ICS는 10~30년이다. 네트워크 프로토콜은 IT의 경우 HTTP 등 범용 프로토콜을 사용하고, ICS는 비공개 제어 전용프로토콜을 사용한다. 소프트웨어 측면에서 IT는 개방형 시스템을 ICS는 폐쇄형 시스템을 선호한다. 안전계측시스템(SIS)는 IT의 경우 없고, ICS는 있다. H/W구축면에서 IT는 네트워크 장비, PC, 서버를 사용하고, ICS는 HMI, PLC 등 제어특호 각 를 사용한다.

구분	IT 시스템	ICS
보안 목적	기밀성 중시	가용성 중시
보안 인식	필수 사안	성능 영향 우선
대치 방법	정기적 자동 업데이트	밴더의존적, 수동 업데이트
보안솔루션	IPS, DRM, DLP 등	설치 불가
OS	Win10, Win2012 등 최신 OS 사용 가능	Win NT, XP도 존재
장비 사용기간	3~5년	10~30년
네트워크 프로토콜	HTTP 등 범용 프로토콜 사용	비공개 제어 전용프로토콜 사용
소프트웨어	개방형 시스템	폐쇄형 시스템
안전계통 시스템(SIS)	없음	있음
H/W 구축	네트워크 장비, PC, 서버	HMI, PLC 등 제어특화 장비

[표 7-2] IT와 ICS비교
출처:높아지는 ICS(산업제어시스템) 보안의 중요성-IT보안과 차이점 중심으로-, EQST insight, SK infosec(2020. 9)

(3) ICS보안 전 고려사항[2]

최종적으로 ICS 보안을 진행하기 위해서는 아래 4가지 사항을 고려해야 한다.

첫 번째는 '자산 파악'이다. 각 공장마다 생산물과 공정이 다르기 때문에 ICS 장비가 다른 것은 물론이고 네트워크 및 시스템 구성도 다를 것이다. 따라서 이를 이해하고 공장의 공정과 해당 운영 장비 및 구성에 대한 분석을 통해 보호 대상 및 방안에 대하여 고려해야 한다. 특히, ICS의 자산 관리가 오랫동안 관습화된 경우가 많아 분석이 어려운 상황이 발생하기도 한다. 이는 자산의 가시성 확보를 위한 솔루션으로 ICS 보안을 언급하는 이

---

2) 높아지는 ICS(=업체제어시스템) 보안의 중요성-IT보안과 차이점 중심으로-, EQST insight, SK infosec(2020. 9)

유이기도 하다.

두 번째는 '자산 분석'이다. 장비 설명서를 통한 분석이 필요하다. 이를 통해 해당 장비의 역할과 사고 발생시 영향력(생산 및 인명 사고 등)을 판단하여 보호 단계 및 대응 방안을 수립할 수 있다. 특히 설명서를 통해 해당 보안 및 복구 기능 등을 사전에 확인한다면, 대응 절차를 수립하는데 큰 도움이 될 것이다. OT 운영 인력은 장애 발생 대응 매뉴얼을 가지고 있는 경우가 많다.

세 번째는 '보안 정책 효율성 검토'이다. ICS표준 보안정책이 실제 운영에 효율적인지 검토해야 한다. 일반적인 예로 패스워드를 일정 횟수 이상 틀려 해당 장비가 잠겨 버린다면, 원활한 시스템 활용이 어려워질 수 있다는 점이다. 한발 더 나아가면 사용자의 아이디/패스워드 이동 인증 방식이 ICS 시스템에 제공될 수 있는가를 검토해야 한다. 첫 번째와 두 번째 고려사항을 통해 실제 보안정책이 장비 별 보안 특성을 포함하는지 검토하고, 수행가능하며 효율성 있는 보안 정책을 만들어야 한다. IT 보안의 경우 보안 정책 준수를 강요할 수 있으나, 각 ICS 시스템의 유기적 관계를 고려한다면, 특정 장비 운영만을 위한 보안 정책을 강요한다고 모든 것이 해결될 수 없다.

네 번째는 'IT/ICS 통합 보안 사고 대응 관리'이다. IT보안 사고 발생시 해당 사고에 대한 대응방안 및 사후 관리를 진행하듯이, ICS 보안에서도 동일하게 사고 대응 방안과 사후 관리를 진행해야 한다. 다만 차이점이 있다면, ICS 사고는 상위 IT보안까지 연결되어 발생할 확률이 높다는 것이다. 실제 사례를 검토해 보면 외부 저장매체 반입, 유지보수 디바이스의 악성코드 감염, 네트워크 취약점을 통한 HMI 서버 공격 등 IT 연결 요소가 원인으로 지목됐다. 그렇기 때문에, ICS에서만 사고대응 및 관리를 진행하는 것이 아니라 복합적인 요소를 전반적으로 살펴볼 수 있어야 한다. 따라서 ICS 보안 전문가라면, IT 보안에 대해서도 숙지하고 있어야 사고 대응의 어려움을 줄일 수 있다. 이는 스마트 팩토리화 진행으로 향후 더욱 필요한 사항이 될 것이다.

2. OT · ICS 보안

(1) 현황

　IT와 OT는 원칙적으로 분리돼 있다. 이는 OT의 보안 때문이다. IT는 직원의 사무 업무를 위해서 외부 네트워크와 연결돼 있어서 쉽게 해킹당할 수 있다. OT는 설비를 동작하는 공간이고 보안상 중요하기 때문에 외부 네트워크와 차단돼 있다. 외부 해킹 공격으로부터 안전한 셈이다. 따라서 상대적으로 해킹 공격에 취약한 IT가 OT와 연결된다면, OT의 보안 수준은 극도로 낮아진다. IT에서 감염된 기기가 OT 영역으로 넘어가 주요 설비를 해킹할 수 있기 때문이다. 실제로 이러한 사건은 이미 많이 발생한 바 있다.

　2014년에 발생한 드래곤플라이(Dragonfly)는 공격을 메일로 IT 영역에 악성코드를 감염시키고 OT 영역으로 전파시킨 공격 수법이다 이 공격으로 미국, 유럽 등의 250개 이상의 ICS가 피해를 입었다. 2017년에는 악성 메일 외에 여러 수법으로 IT 영역의 공격을 시도하는 드래곤플라이 2.0이 등장하여 또 다시 미국, 터키 등 국가가 피해를 입었다.

　OT가 ICS 보안의 중요 요소이며, OT 해킹은 ICS뿐만 아니라 설비 전체에 피해를 크게 줄 수 있는데 해커가 PLC, RTU 등 센서를 조작해서 설비에 피해를 입힐 수 있기 때문이다.
　예를 들자면, 해커는 PLC를 조작해 허용 범위 이상으로 설비를 가동하여 이를 파괴할 수 있다 그리고 해커는 RTU를 조작해 변조된 데이터를 중앙센터에 보내게 하여, 관리자가 운영에 혼란을 불러올 수 있게 한다.

　1993년 미국 애리조나주는 루스벨트 댐 관리의 OT 영역 수분 조절이 해킹된 바 있는

데 해커의 나이가 만12세였다. 1999년에는 미국 워싱턴의 파이프라인 석유 송유관이 폭발해 3명이 사망했다. 사고 조사 결과, 송유관 제어시스템이 해킹당한 것으로 드러났다. 2008년 터키는 석유 압력의 제어시스템이 해킹당해 폭발 사고를 겪었다. 2010년 7월에는 이란의 나탄즈 원자력발전소의 PLC가 해킹 당해 1,000여 대 원심분리기가 파괴된 사건이 있다. 이로 인해 발전소 운영이 1년 동안 중단됐다. 2015년 12월에는 우크라이나 수도 키예프 (Kiev)에 정전이 발생해 22만 5,000여 명이 어둠과 추위 속에서 고통을 겪었다. 2016년 2월 미국국토안전부 (DHS)는 러시아가 키예프의 발전소를 해킹해 이 같은 피해를 준 것으로 분석했다.

OT 보안을 위한 모니터링 체계가 필요하며, OT 영역의 보안 강화가 중요하다. OT 영역을 이해함과 동시에 보안 영역을 제대로 이해하는 전문가가 드물다. OT 영역은 IT 영역보다 더 중요한 설비를 다루기 때문에 특수 목적용 시스템을 사용한다. 예를 들자면 OT 영역의 네트워크 프로토콜은 IT 영역과 달리 제품에 특화된 프로토콜을 사용하므로 인력 육성 및 확보가 중요하다.

OT 영역의 장비 가시화 또한 중요하다. 운영자는 OT 영역의 장비 보안 취약점 현황을 파악해 사이버 공격에 사전 대응할 수 있다. 그뿐만 아니라, 이상 징후도 파악할 수 있는데, 이는 사이버 공격의 피해를 최소화하도록 도울 수 있다.

2019 Global ICS & IIoT Risk Report에서 조사한 OT·ICS 보안 현황은 심각한 수준이다. 40% 사이트가 외부 인터넷과 연결되어 있으며, 53% 사이트가 단종된 OS(XP 등)를 사용하고 있다. 57% 사이트가 방역 솔루션을 미운영하고 있으며, 69% 사이트가 평문 패스워드 사용하고 있다. 특히 84%사이트가 원격 연결(RDP, VNC, SSH)를 사용하고 있는 실정이다.

구분	내용
망 분리(Air Gap)	40% 사이트가 외부 인터넷과 연결
취약 Windows OS	53% 사이트가 단종된 OS(XP 등)를 사용
방역 대응	57% 사이트가 방역 솔루션을 미운영
취약 패스워드	69% 사이트가 평문 패스워드 사용
원격 연결	84% 사이트가 원격 연결(RDP, VNC, SSH)를 사용

[표 7-3] OT · ICS 보안 현황
출처 : 2019 Global ICS & IIoT Risk Report

(2) OT 환경 변화

수동제어에서 스마트 팩토리 등 ICT기술이 결합된 환경으로 변화됨에 따라 ICS 보안 사고 사례가 급증하고 있다.

1) 제조업 환경 변화

수동제어에서 스마트팩토리 등 ICT 기술이 결합된 환경으로 변화하고 있으며 Smart Factory 진화로 인하여 생산량 증가, 품질 향상을 위한 IT기술 적용이 증대되고 있다. FA망이 폐쇄망에서 개방형 네트워크로 바꾸고 있어 IT영역 위협이 제조영역으로 확대되고 있다.

산업 조직들은 운영 기술(OT) 환경에서 IT 기술을 활용하여 경쟁력을 강화하기 위해 신속하게 변모하고 있다. 특히 디지털 혁신을 통하여 상호 연결된 시스템 및 데이터 분석, SCADA, 산업 제어 시스템(ICS), 산업 사물인터넷(IIOT) 및 스마트 센서가 제조 프로세스에 추가되고 있는 실정이다. 늘어난 효율성 및 공유 데이터의 이점과 함께 인프라에 대한 OT 보안 리스크가 급증하고 있다.

실무적으로 초기 디자인 단계에서부터 보안/복원력을 고려하지 않고 OT/ICS 인프라를 구축하여 보안 패치의 어려움에 직면하고 있고, 생산성을 위한 공급망 통합 등으로 인하여 점차적으로 IT와 OT/ICS가 융합 환경으로 연결되고 있어 지속적으로 보안 위협이 예상되는 치명적인 인프라 환경에 직면하고 있다.[3]

2) ICS 보안 사고 증가 추세

2000년부터 발생한 ICS보안 사고를 살펴보면 한국 한국수력원자력, 러시아 천연가스회사, 미국 핵발전소 · 정수장 · 주 배전센터 · 발전소 운영회사, 독일 발전소, 호주 에너지부, 이스라엘 전력청, 이란 핵발전소, 사우디 아라비아 정유가스회사, 이탈리아 정유회사 등을 대상으로 공격이 이루어 졌다.

이 공격으로 Pipeline 통제권, Worm 감염, 정전, SCADA 통제권, 전력망 다운, 시설마비, 업무마비, 설계 및 패스워드 유출, 서비/터미널 감염 등의 심각한 피해가 발생하였다.

피해를 입힌 직접적인 원인은 Trojan, Slammer worm, Cyber Attack, 잘못된 제어명령, 보안설정 취약, Hacking/Virus 등이었다.

---

[3] 김정수, 스마트팩토리를 위한 ICS/OT보안, 이젠 선택이 아닌 필수!(2019.7.4.)

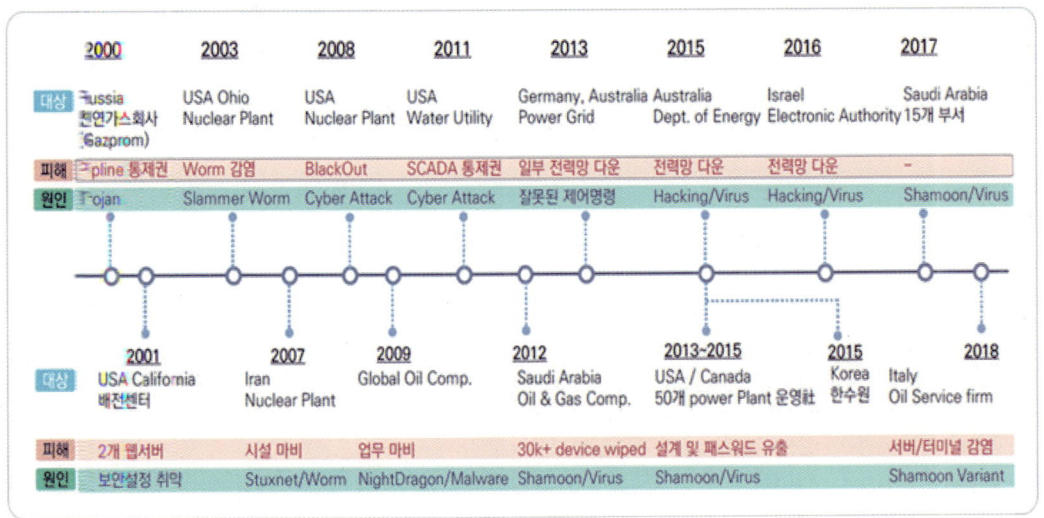

[그림 7-6] ICS 보안 사고
출처: 한국기업보안협의회, OT/ICS 보안기술로 세상을 바꾸는 시큐리티 전략,(2020.9.20)

(3) ICS 보안 사고 사례

1) 스턱스넷

최초의 제어시스템 보안사고이며, 2010년 이란의 핵발전소에 멀웨어(스턱스넷)가 침투하여 원심분리기 1000여대 파괴하였다. 스턱스넷은 지맨스(Siemens)의 특정 PLC(S7-300)에서만 동작하는 악성코드로써 이란의 핵무기 개발을 와해하거나 지연시키기 위해 미국과 이스라엘 정부가 제작했을 것으로 추정된다.

구체적으로 멀웨어가 담긴 USB를 내부 폐쇄망의 컴퓨터 시스템에 연결하여 컴퓨터를 1차적으로 감염시키고, 내부 폐쇄망에 연결되어 있는 주변 컴퓨터 시스템으로 감염을 확산시켰다. 그리고 내부폐쇄망에 연결된 지맨스의 SCADA 시스템을 감염시킨 후에 제어

명령을 변경하여 원심분리기 파괴를 유도하였다. 1단계 내부시스템 침투, 2단계 공격대상 시스템 탐색, 3단계 시스템 파괴의 순서로 공격을 실행하였다.

[그림 7-7] 스턱스넷 보안 사고
출처: 한국기업보안협의회, OT/ICS 보안기술로 세상을 바꾸는 시큐리티 전략.(2020.9.20)

2) 샤문

국가간의 사이버 공격으로 에너지, 가스 등 기반시설을 타겟으로 하였으며, 2012년 사우디아람코가 멀웨어(샤문) 공격으로 컴퓨터 시스템 3만여 개 하드디스크가 파괴당했다. 컴퓨터 시스템의 하드디스크를 깨끗이 지워 데이터를 파괴하는 악성코드인 샤문은 국가전 사례로써 사우디아람코 대상 공격 배후는 이란으로 추정된다. 정의의 검(Cutting Sword of Justice)이라 불리는 단체가 자신의 소행이라고 주장하였다.

침투 1단계에서 Word 매크로를 사용한 악성파일 및 웹링크를 첨부한 피싱메일을 유포하는 방식으로 타켓형 악성파일을 유포하였다. 2단계에서는 내부 네트워크 구조, 계정정보 등 정보를 수집하고 감염을 확산하는 작업을 작동하였다. 마지막으로 시스템 파괴 및 감염확산단계에서 감염된 PC의 데이터를 삭제하고 MBR을 파괴하여 피해를 확산하는 시스템 파괴 및 감염확산 작업을 실행하였다.

[그림 7-8] 샤문 보안 사고
출처: 한국기업보안협의회, OT/ICS 보안기술로 세상을 바꾸는 시큐리티 전략,(2020.9.20)

3) TSMC

반도체 설계 OT보안 사고 사례로써 2018년 대만의 반도체업체 TSMC가 랜섬웨어 (워너크라이 변종)에 감염되어 48시간 공장 가동이 중단되었다.

감염 경로는 유지보수업체 USB를 통해 랜섬웨어(워너크라이 변종)에 감염되었으며, 감염 범위는 외부와 차단된 폐쇄망의 생산용PC 1만대 이상이 감염되었다. 피해 규모는 48시간 공장 가동 중단으로 약 3000억원(연매출 3%) 손해가 발생하였다.

1단계 랜섬웨어 감염단계에서는 USB사용시 별도 바이러스 검사없이 감염된 SW를 설치하고 램섬웨어(워너크라이)를 감염시켜 생산용 PC데이터 암호화 및 무결성을 손상시켰다. 2단계 감염확산에서는 SMB 취약점을 사용하는 이터널블루 취약점을 통해 감염을 확산하였다.

마지막으로 생산공장의 기기 1만대이상을 감염시켜 2일간 공장의 기기를 가동 중단시켰다.

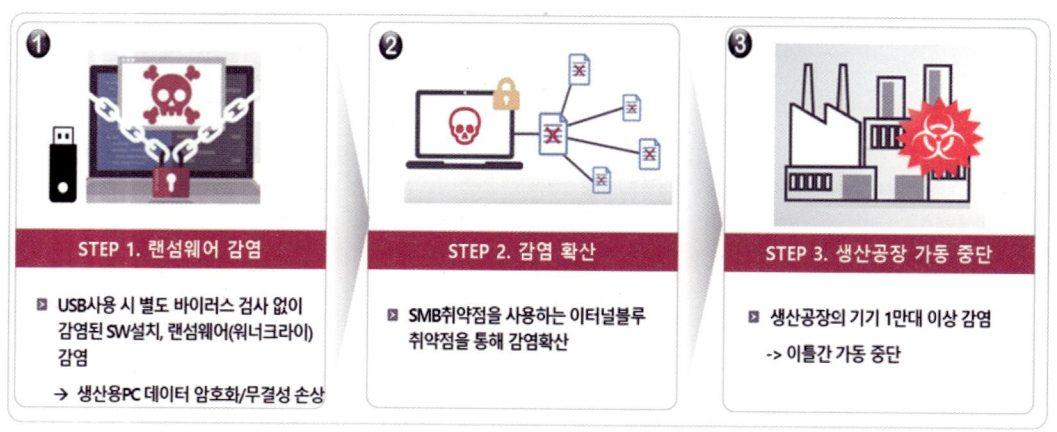

[그림 7-9] TSMC 보안 사고
출처: 한국기업보안협의회, OT/ICS 보안기술로 세상을 바꾸는 시큐리티 전략,(2020.9.20)

4) Norsk Hydro

2019년 3월 18일 발생한 Norsk Hydro는 랜섬웨어(록커고가) 변경을 이용한 파일 암호화를 통하여 서버, PC 등 정보시스템을 공격하였으며 약 4,100만 달러 손실을 발생시켰으며 전 세계 알루미늄 가격을 1.3% 상승시켰다.

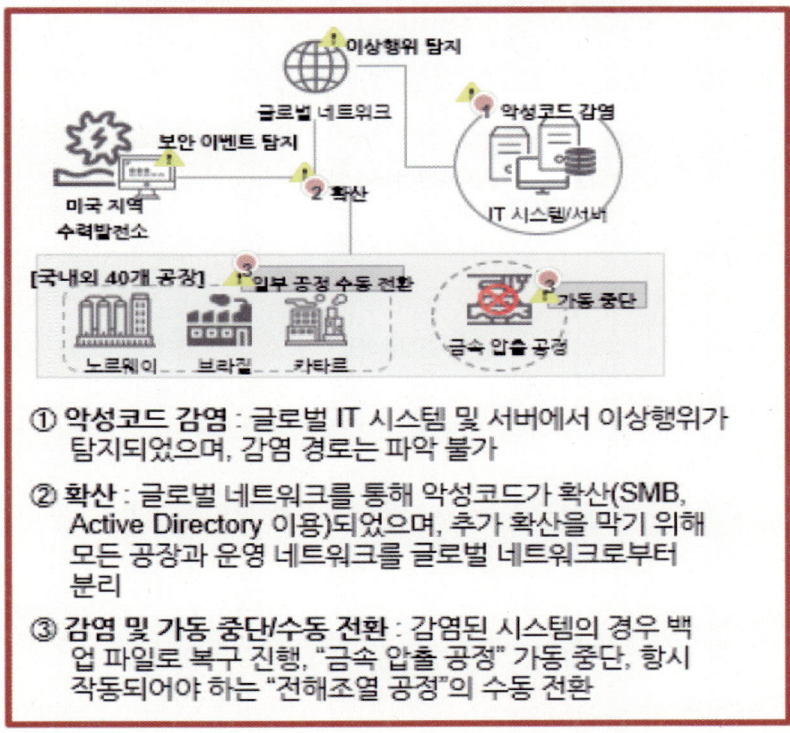

[그림 7-10] Norsk Hydro
출처: 김정수, 스마트팩토리를 위한 ICS/OT보안, 이젠 선택이 아닌 필수!(2019.7.4.)

5) 기타

이외에도 메드트로닉, 영국 블스톨 공항, 정수 폐기시설 등에 랜섬공격이 가해져서 심각한 손실을 당했다.

- 메드트로닉에서 만든 인슐린 펌프에서 취약점 발견돼 (2019.07.01)
- 산업용 IoT 플랫폼 솔루션에서 발견된 7가지 제로데이 취약점 (2019.01.31)
- 영국 브리스틀 공항, 랜섬웨어로 부분적인 차질 생겨 (2018.09.18)
- 올해 상반기, 산업제어 시스템PC 40% 이상 악성코드 감염 (2018.09.12)
- 정수 · 폐기물 처리시설 등 ICS 공격 심화되고 있다 (2018.04.24)
- 혼다도 당하고, 호주도 당하고... 끝나지 않는 워너크라이 랜섬웨어 (2017.06.23)

[그림 7-11] 기타 사고
출처: 김정수, 스마트팩토리를 위한 ICS/OT보안, 이젠 선택이 아닌 필수!(2019.7.4.)

(4) ICS 보안 이슈 및 사고시 영향

IT대비 OT의 보안 투자는 부족하고 불균형 상태를 유지하고 있다. IT의 경우 초기부터 보안에 대한 투자가 많이 이루어지는 반면에 OT의 경우 초기에 상대적으로 보안투자가 이루어지지 않고 있다. 대부분 OT의 경우 백신위주의 보안솔루션을 구축중에 있으며, 설계단계에서 부터 보안을 고려한 투자가 이루어지지 않고 있으며, 생산 차질 우려로 인하여 OT에 보안솔루션을 적용하는 것에 대해서 회의적인 편이다.

[그림 7-12] IT · OT 보안 투자의 불균형
출처: 김정수, 스마트팩토리를 위한 ICS/OT보안, 이젠 선택이 아닌 필수!(2019.7.4.)

그러나 OT 관련 사고 시 간접적인 여파가 아닌 직접적으로 생산환경에 엄청난 손실을 발생시킨다. 생산망 랜섬웨어 감염시 영향을 예상해보면 연 매출 40조인 기업의 경우, 일 평균 매출량 약 1,000억원이 되는데, 만약에 랜섬웨어 감염으로 10일간 생산 차질 시 손실액은 1조원이 발생될 것으로 추정된다.

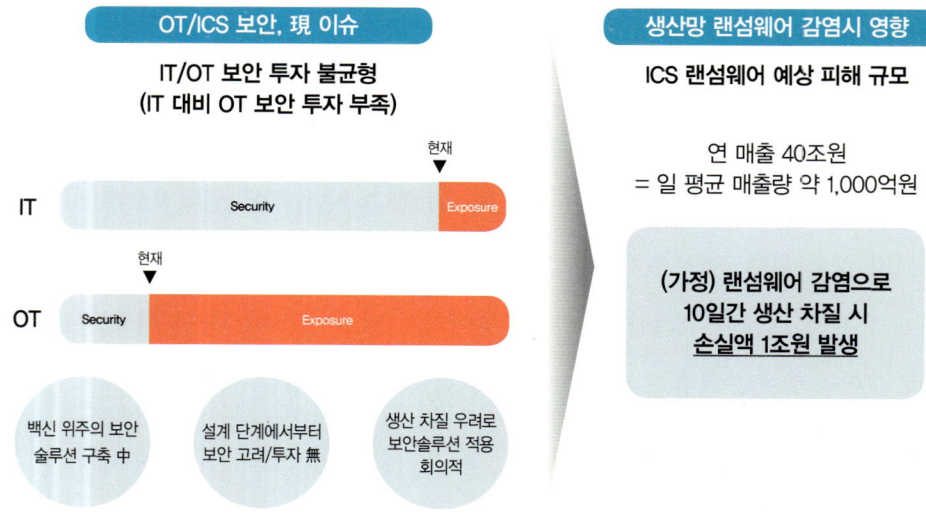

[그림 7-13] 생산망 랜섬웨어 감염시 영향
출처: 한국기업보안협의회, OT/ICS 보안기술로 세상을 바꾸는 시큐리티 전략,(2020.9.20)

3. 제조업 OT환경

(1) 생산과 설비환경

제조업 중 반도체 기업은 생산(반도체 공정)을 담당하는 영역과 전기, 가스 등 설비를 제어하는 영역으로 외형적으로는 구분되어 있다. 그러나 생산공정에서는 생산 영역과 설비 영역이 상시적으로 상호 연결되어 반도체 공정을 수행한다.

[그림 7-14] 생산환경과 설비환경
출처: SK 하이닉스 블로그

생산환경은 생산정보시스템, 생산설비, 필드 디바이스로 구성되어 있고, 설비환경은 제어시스템, 설비장비 및 전용제어 프로토콜로 이루어져 있다. 생산환경과 설비환경은 FA CORE와 설비 CORE를 연결하고 있으며, 생산장비와 설비장비는 시스템으로 연결되어 있다.

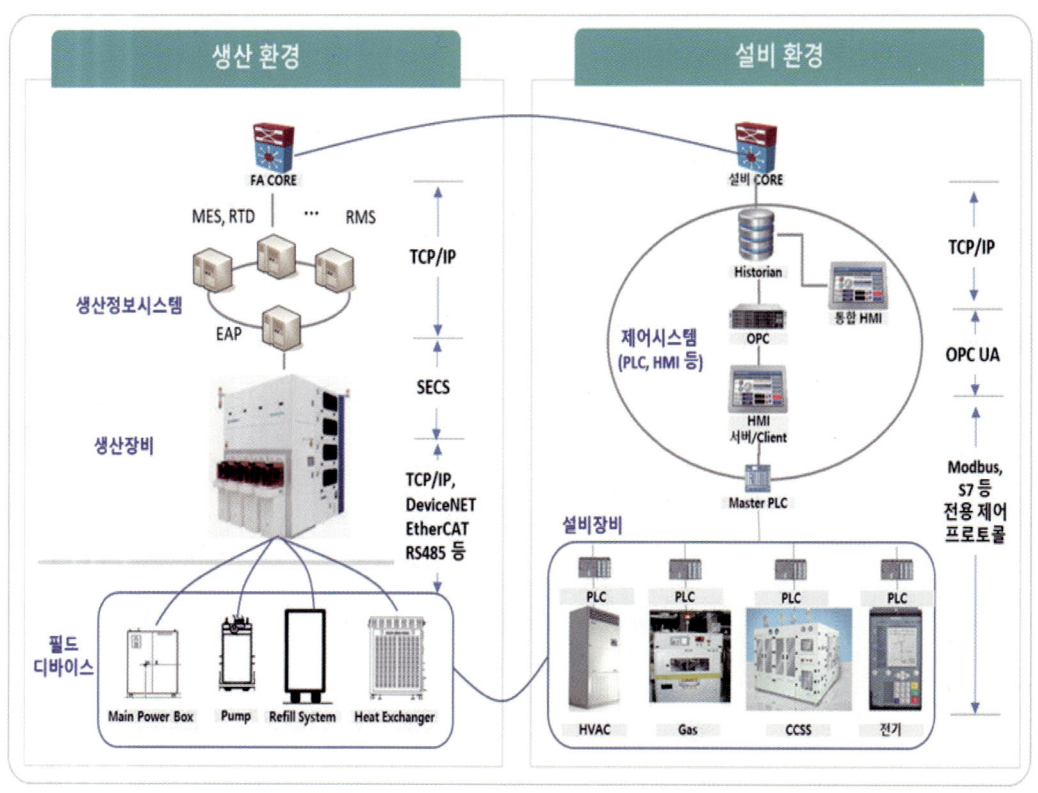

[그림 7-15] 생산환경과 설비환경 연결
출처: 한국기업보안협의회, OT/ICS 보안기술로 세상을 바꾸는 시큐리티 전략,(2020.9.20)

(2) 생산시스템

반도체 생산시스템은 공정별로 반도체를 생산하는 생산장비와 생산을 계획·통제하는 생산정보시스템으로 구성된다. 생산장비는 생산장비, OHT/계측장비로 이루어져 있으며, 생산정보시스템은 생산계획, 생산실행, 생산분석, 품질분석, 장비제어, 장비효율, 공정제어, 물류제어민 시스템 통합 미들웨어로 구성되어 있다. 생산장비와 생산정보시스템은 상호 연결되어 있다.

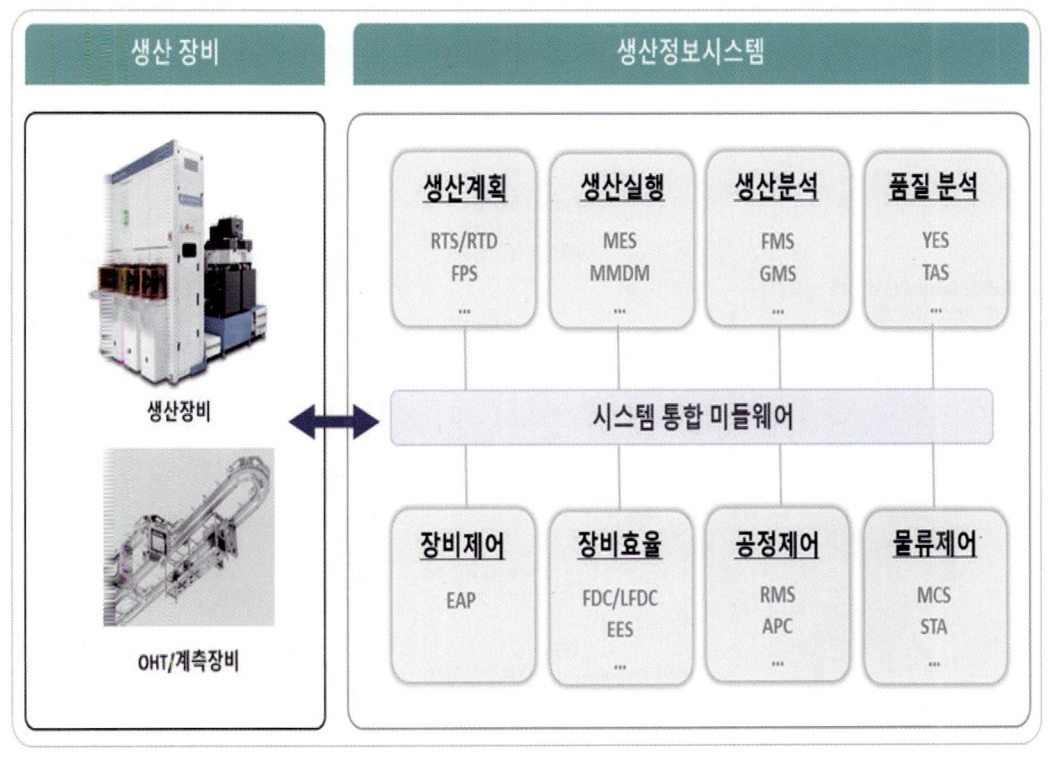

[그림 7-16] 생산정보시스템
출처: 한국기업보안협의회, OT/ICS 보안기술로 세상을 바꾸는 시큐리티 전략,(2020.9.20)

반도체 생산장비는 공정관리를 담당하는 Main PC(CTC)와 각 Chamber(PM)등으로 구성되어 있다. Module Control 본체는 CTC, PMC, TMC 등으로 구성되며, Process Module은 웨이퍼 Process를 진행하기 위한 모듈이고, Chamber는 Process를 진행하는 공간이다. Transfer Moduel은 웨이퍼 반입, 이송 수납 등을 담당하며, EFEM은 Mini Environment, 웨이퍼 반송장치 업무를 수행한다.

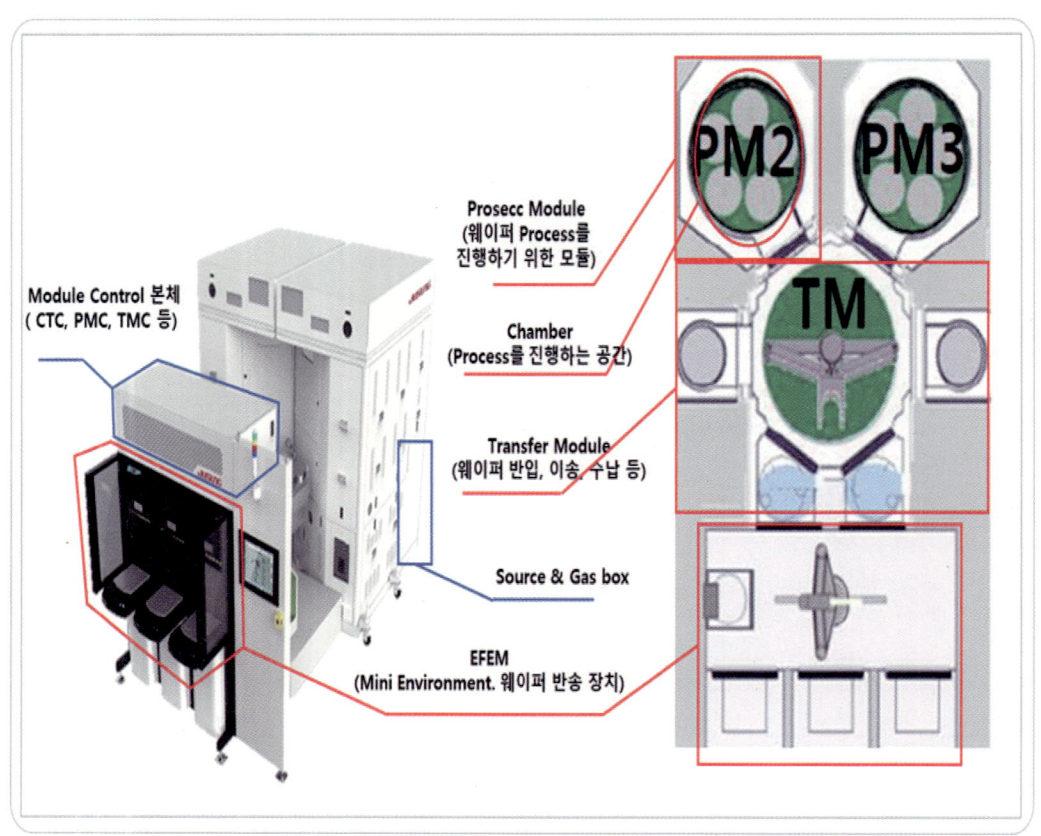

[그림 7-17] 반도체 생산장비
출처: 한국기업보안협의회, OT/ICS 보안기술로 세상을 바꾸는 시큐리티 전략,(2020.9.20)

(3) 설비시스템

설비 장비는 HMI, PLC, OPC, Historian, 필드 디바이스들로 구성된다. 주요 제어 설비중 Historian은 제조 및 생산 현장에서 발생하는 센서 데이터를 저장하는데 사용되는 데이터베이스이고, OPC (OLE for Process Control)는 국제 산업 자동화 표준으로 다양한 시스템의 제어 장치간 통신을 위한 규격이며, PLC(Programmable Logic Controller)는 자동 제어시스템에서 프로그램을 작성하여 로봇 및 모터, 실린더, SOL

등이 순서에 맞게 작동될 수 있도록 하는 장치이다. HMI(Human Machine Interface)는 운영자가 ICS/SCADA 시스템의 컨트롤러를 조작하기 위한 인터페이스이고, EWS(Engineering Work Station)는 ICS 분야의 작업을 염두에 둔 엔지니어 전용 컴퓨터이며, 필드디바이스는 밸브, 센서, I/O, 액츄에이터 등 현장 설비 등으로 구성된다.

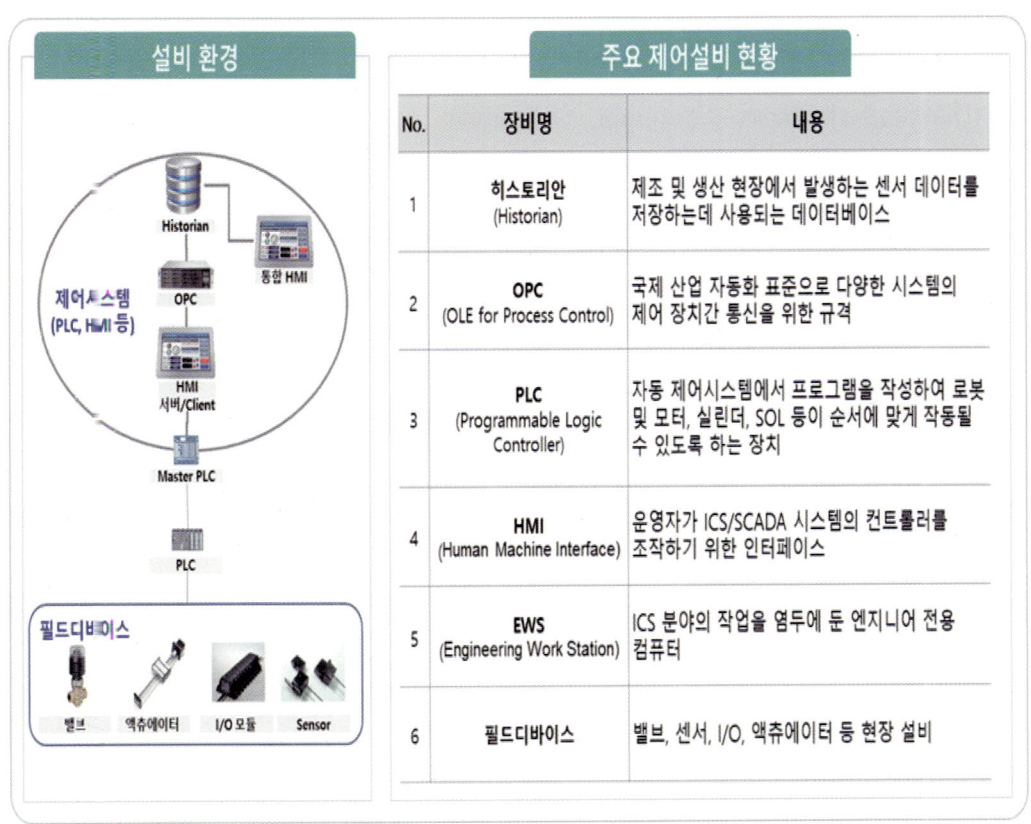

[그림 7-18] 설비시스템

출처: Pascal Ackman, Industrial Cybersecurity - Effiently secure critical Infrastructure Systems, Packt Publishing Ltd., Oct. 2017.

(4) OT · ICS 환경의 보안 적용

각종 산업 환경 및 기업의 특성에 따라 차이는 있겠으나, 기업에서는 공정에 따라 여러개의 FAB을 운영하고 있으며, FAB별 ICS 시스템은 다양한 자동화 시스템과 관련 장비에 사용되는 포괄적인 용어로 PLC(Programmable Logic Controller), HMI(Human Machine Interface), SCADA(Supervisory Control and Data Acquisition), DCS(Distributed Control Systems), SIS(Safety Instrumented Systems) 등과 밸브, 센서, I/O, 액츄에이터 등 현장 설비 등 필드 디바이스으로 구성된다.

PLC(프로그래머블 로직 컨트롤러)는 ICS를 통틀어 가장 핵심이 되는 장비다. 이들은 입력채널을 통해 센서에서 데이터를 획득하고, 출력 채널을 통해 액추에이터를 제어한다. 일반적으로 PLC는 인간의 두뇌와 같은 역할을 하는 마이크로컨트롤러와 입출력 채널의 배열로 구성된다. 입출력 채널은 아날로그나 디지털 또는 네트워크의 노출된 값이 될 수 있는데, 이런 I/O 채널은 PLC 후면에 부착되는 애드온(Add-on) 카드로 제공되며, 다양한 기능과 구현에 맞게 커스터마이징해 사용할 수 있다.

PLC의 프로그래밍은 전용 USB나 장비의 시리얼 인터페이스 또는 장비에 내장되거나 애드온 카드로 제공되는 네트워크 통신 버스를 통해 수행할 수 있다. 공용 네트워크 타입으로는 모드버스(Modbus), 이더넷(Eternet), 컨트롤넷(Controlnet), 프로피넷(Profinet) 등이 있다.

PLC는 단독 장비와 같이 제조 공정의 특정 부분을 제어하는 독립형 장비처럼 구성되거나 수천 개의 I/O 포인트와 수많은 상호 연결 부품이 있는 여러 플랜트에 분산 시스템으로 배치될 수 있다.

HMI(휴먼 머신 인터페이스)는 제어 시스템의 창문과 같다. HMI는 보통 실행중인 프로세스를 시각화해 프로세스값의 검사 및 조작, 정보표시 및 제어 설정값의 현황을 보여준다. 가장 간단한 형태의 HMI는 시리얼 통신이나 이더넷 암호화 프로토콜을 통해 통신하는 터치 지원 독립형 장비다. 보다 고급형의 HMI 시스템은 분산 서버를 사용해 HMI 화면과 데이터를 중복으로 출력할 수 있다.

SCADA(감시 제어 및 데이터 취득)는 흔히 ICS 유형 및 장비의 결합된 시스템을 설명하는데 사용된다. SCADA망은 전체 시스템을 함께 구성하는 모든 장비와 각각의 개별 구성요소로 이뤄진다. SCADA 시스템은 보통 전력망, 수도시설, 파이프 공정라인 및 원격 운영스테이션을 사용하는 기타 제어시스템에 적용되며, 광범위한 지리적 영역에 분산되어 있다.

DCS(분산제어 시스템)은 SCADA와 밀접하게 관련되어 있다. 그러나 사실 DCS와 SCADA는 차이가 거의 없으며, 시간이 지나면서 그 차이마저 무색해 지고 있다. SCADA 시스템은 전통적으로 더 큰 지리적 영역을 다루는 자동화 작업에 사용되었는데, DCS는 하나의 현장에서 이뤄지는 작업들을 처리하는데 주로 사용되었고, SCADA는 개별 빌딩이나 기관에 설치되어 지리적으로 넓게 분산된 형태의 자동화 작업에 사용되었다. DCS는 대개 특정 작업을 수행하는 대규모의 고도로 엔지니어링 된 시스템이다. 주로 수천 개의 I/O, 포인트를 제어할 수 있는 중앙 집중식 감시 장비를 사용하며, 이 시스템은 이중화된 서버 세트에 연결된 중복 네트워크 및 네트워크 인터페이스에서부터 중복 컨트롤러 및 센서에 이르기까지 모든 설치 단계에 적용되는 중복성을 염두에 두고 고안되었으며, 견고한 자동화 플랫폼을 기반으로 설계된다. DCS 시스템은 물 관리 시스템, 제지 및 펄프공장, 제당 공장 등에서 가장 일반적으로 사용된다.

SIS(안전계측 시스템)는 안전 모니터링 전용 시스템이다. SIS는 감시 대상 시스템의 전원을 정상적으로 다운시키고, 하드웨어가 고장난 경우, 미리 정의된 안전모드 상태로 시스템을 유지시킨다. SIS는 보통 감시 시스템이 정상적으로 동작하고 있는지를 점검하도록 시스템을 설정해 사용한다.

이와 같은 많은 시스템들은 ICS 아키텍처로서 만들어 져야 하며, ISA-99의 PERA 모델에서 채택된 ICS 네트워크 구조화를 보여주기 위한 것이 퍼듀 모델이다. 퍼듀 모델은 일반적인 ICS이 모든 주요 구성 요소의 상호 연결과 의존성을 보여주는 산업 표준 참조 모델이라 할 수 있다. 그렇기 때문에 일반적인 최신 ICS 아키텍처의 이해를 돕는 훌륭한 릿스로 많이 활용된다.

퍼듀 모델에서 나누고 있는 ICS 아키텍처는 3개의 영역(엔터프라이즈 영역, 인더스트리얼 비무장 영역, 인더스트리얼 영역)과 6개의 레벨(0레벨 : 프로세스, 1레벨 : 기본 통제, 2레벨 : 구역 감독 통제, 3레벨 : 사이트운영, 4레벨 : 사이트 비즈니스 및 물류, 5레벨, 엔터프라이즈 네트워크)로 나뉘는데, 기업별로 다수의 FAB에서 운영중인 OT/ICS 장비 및 설비는 도입 시기 및 관리범위 설정에 따라 숫자와 규모를 어림잡기 어려울 만큼 많이 자산을 보유하고 있는 반면 각각의 보안 취약점에 대해 대응 가능한 OT · ICS 영역에 대한 보안기준이 없을 뿐더러, 보안적용 사례는 아직까지 많이 미흡한 편이다.

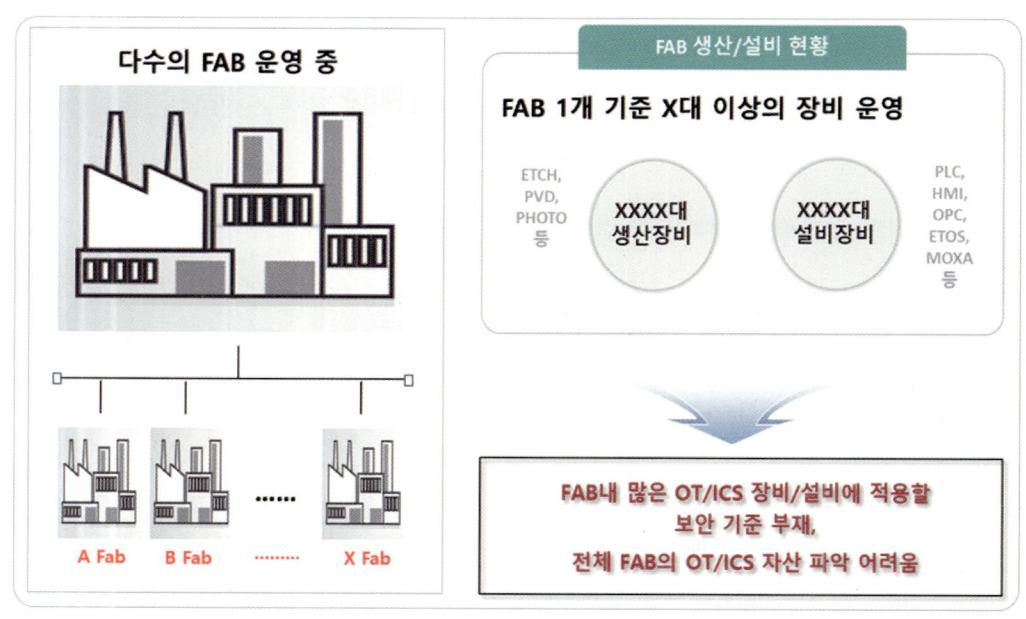

[그림 7-19] 설비시스템

출처: Pascal Ackman, Industrial Cybersecurity - Effiently secure critical Infrastructure Systems, Packt Publishing Ltd., Oct. 2017.

최근 들어, NIST 800-12와 ISA/IEC 62443 등 국제표준에 의한 OT/ICS 보안에 대한 근거가 코안 취약점에 대응할 수 있도록 기업이 관심을 가지고 있고, 반도체장비협회에서도 SEMI-E169와 같은 장비 정보시스템 보안가이드를 제시하는가 하면, 정부기관에서도 스마트 팩토리 중요정보 유출방지 가이드 등 스마트팩토리 보안 표준을 통해 접근통제, 단말 보안 등 IT관점의 간접적인 보안 통제 기준을 제시하고 있으나 직접적인 보안 통제 기준이라고 보기에는 미흡한 부분이 있어 보인다. 각각의 입장에서 제시된 보안 표준을 살펴보면, 멀웨어 방지 측면에서 운영체제에 대한 보안패치와 화이트리스트 멀웨어 방지 등 보안 솔루션 구현에 대해 가이드 하고 있으며, 제조업에서 가장 중요하다고 판단되는 리서피와 장비설계정보에 대한 보안 가이드와 정보 가용성 확보를 위해 인증/패스워드를 활용한 접근통제 방안을 권고하고 있으며, 네트워크 보안 측면에서 보안성이 취약한 FTP 사용 시 주의사항과 함께 불필요한 서비스는 중지하고, 방화벽 강화를 통한 접근통제 정책을 권고 하고 있다.

단말 보안을 위해 비인가된 자의 제어단말 접근을 통제하고, 불법조작이 일어나지 않도록 제어권을 철저히 통제하도록 하는 한편, 언택트 환경 등으로 인해 원격 제어가 필요한 경우에 코안대책을 강구하도록 하고 있으며, USB 포트 등 외부 장치 포트 사용을 제한 또는 외부 장치 포트 사용시 사전에 백신 검사를 통해 악성코드에 의한 침해사고를 예방하도록 하고 있으며, 하드웨어 보안 측면에서 포트와 장비 컴포넌트는 물리적 잠금장치를 하도록 하고 있으며, 사용 만료된 장비는 반드시 디가우징을 통해 폐기하도록 가이드 하고 있다.

시스템 소프트웨어는 최신 버전으로 패치하도록 하는 한편 네트워크 및 외부 장치를 통한 업데이트시에도 무결성 검증 과정을 필수적으로 거치도록 하는 등 시스템 업데이트를 위한 보안대책도 가이드 하고 있다.

산업제어시스템 보안 표준	반도체 보안 표준	스마트팩토리 보안 표준
• NIST 800-82 (ICS 보안 가이드) • ISA/IEC 62443 (IACS 보안)	• SEMI –E169 (반도체 장비협회 장비 정보시스템 보안 가이드)	• 스마트팩토리 중요정보 유출방지 가이드 • 스마트팩토리 최소정보 보안가이드라인

멀웨어 방지	접근통제	네트워크 보안	제어 단말 보안	외부장치 포트 보안	하드웨어 보안	시스템 업데이트
• 멀웨어 방지 솔루션 구현 • 화이트리스트 멀웨어 방지 • 운영체제 보안 패치	• 레서피 보안 • 장비설계정보 보안 • 정보가용성 • 인증/패스워드	• 불필요한 서비스 중지 • FTP 사용제한 • 접근통제 정책 (방화벽 등)	• 비인가된 자의 제어단말 접근 • 제어단말 불법 조작 • 원격 제어단말 사용시 대책	• 외부장치 포트 (USB 포트 등) 사용 제한 • 외부장치 포트 사용시 보안 대책	• 물리적 잠금 (포트, 장비, 컴포넌트) • 저장장치 폐기	• 시스템 SW 업데이트 • 네트워크/외부장치를 통한 업데이트시 보안대책

[그림 7-20] 설비시스템
출처: Pascal Ackman, Industrial Cybersecurity – Effiently secure critical Infrastructure Systems, Packt Publishing Ltd., Oct. 2017.

4. 제조업 OT 분석

(1) 제어 설비/프로토콜 분석

　PLC가 일반화 되기 전, 공장 자동화는 상호 연결된 회로와 타이머, 그리고 릴레이의 조합에 불과했다. 릴레이 시스템은 사전에 정의되어 있었고, 정체되어 있었으며, 유연하지 않았다. 릴레이 기반 시스템은 재구성하는 것이 어려웠고, 기초적인 제어 기능 이상을 수행하려면 많은 공간이 필요했을 것이다. 작업이 복잡할수록 수행하는 데 더 많은 장비가 필요하고 엔지니어링과 유지보수 그리고 변경이 어렵다. 이러한 초기의 시행착오 후에 1975년에 발표된 Modicon 184는 PLC라고 할 수 있는 첫 번째 장비였다. 초기 모델의 프로그래밍은 전용매체와 프로토콜을 통해 통신하는 개인용 컴퓨터와 프로그래밍 소프트웨어에서 수행되었다. PLC의 기능이 점차 발전하면서 프로그래밍 장비와 통신도 발전했다. 통신 프로토콜은 RS-232 직렬 통신 매체를 사용하는 모드버스 프로토콜로 시작했지만, 이어서 RS-485와 장비넷, 프로피버스 그리고 기타 직렬 통신 매체에서 동작하는 자동화 프로토콜이 나왔다.

　1979년에 출시된 모드버스는 그 이후로 사실상의 표준이 되었다. 모드버스는 애플리케이션 계층 게시징 프로토콜이다. OSI 모델의 7계층에 배치되며, 다른 종류의 통신 버스나 통신매치로 연결된 장비간의 클라이언트 및 서버 통신을 제공한다. 모드버스는 신뢰가 입증된 프로토콜이고 구현하기 쉽고, 사용료 없이 사용할 수 있어 가장 널리 사용되는 ICS 프로토콜이다. 그러나, ICS-CERT에 의하면, 제어시스템 소프트웨어 취약점이 많이 공개되어 있고, 다수의 제어 전용 프로토콜어에서 인증로직이 없이 통신함에 따라 보안에 취약한 등 반도체 제어설비에서 발생되는 여러 취약점 중 프로토콜에서 발생되는 취약점이 가장 민감하다.

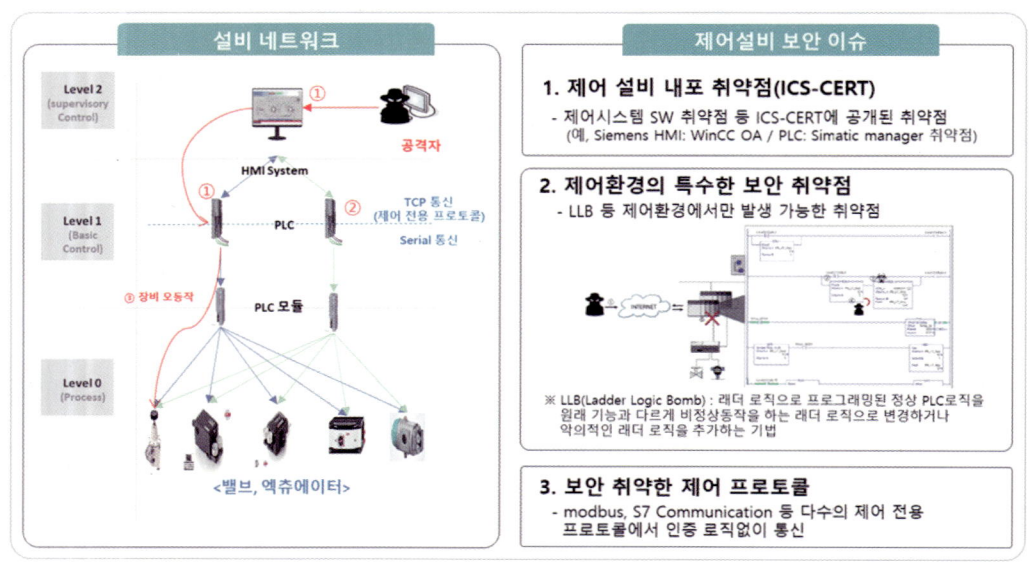

[그림 7-21] 제어설비 및 네트워크 분석
출처: 파스칼 애커먼(김지우/이대근 옮김), 산업제어 시스템 보안, (2019.1.2.)

프로피넷은 IEC 61784-2에 따른 산업 기술 표준이다. 프로피넷은 산업용 이더넷을 통한 데이터 통신에 사용하며, 전달시간이 1ms에 근접한 산업 시스템의 장비로부터 정보를 수집하고, 그 시스템을 제어하기 위해 설계되었다. 표준은 독일 칼스루에에 본사를 둔 PROFIBUS & PROFINET International에 의해 유지되고 지원된다.

프로피넷과 프로피버스를 혼동해서는 안된다. 프로피버스는 독일 교육부가 1989년에 처음 개발하고 추후 지멘스가 채택한 RT 자동화를 위한 필드버스 통신 표준이다.

프로피넷은 이더넷, HART, ISA100, 와이파이는 물론 오래된 장비에서 사용하는 레거시 버스를 지원하기 때문에 기존 시스템을 대체할 필요가 없다. 이로 인해 소유에 대한 비용은 줄지만 레거시 장비와 프로토콜에 대한 지원이 가능하다는 점은 재생 공격과 스니핑, 패킷 조작과 같은 일반적인 IP 공격 및 취약점에 영향을 받기 쉽게 한다.

프로피넷 TCP/IP와 RT 프로토콜은 함께 동작하며, RT 프로토콜과 함께 산업용 이더넷을 기반으로 한다. RT 프로토콜은 네트워크 패킷의 TCP와 IP 계층을 생략해 응답시간을 줄이기 때문에 RT 프로토콜을 라우팅할 수 없는 로컬 네트워크 전용 프로토콜로 만든다. 프로피넷은 연결의 설정이나 진단시에는 TCP/IP 프로토콜을 사용하고, 최종 메시징이 필요할 때는 TCP 및 IP 계층을 건너뛴다. IRT는 이더넷 스택에 대한 확장을 사용하는데, 이에는 특별한 하드웨어의 운영이 필요하다.

프로피넷 프로토콜의 개방성은 많은 장점도 있지만, 패킷 스니핑, 패킷 재생, 조작과 같은 공격에 취약하다. 프로피넷은 모드버스처럼 개방적이며, 암호화되어 있지 않고, 안전하지 않은 프로토콜이며, 로컬 네트워크로의 접근을 이용해 IT의 오래된 공격 경로와 방법으로 공격이 가능하기 때문이다.

ICS-CERT(Industrial Control System Cyber Emergency Response Team)에 의하면, 파일 전송 프로토콜은 일반적으로 프로젝트 파일을 ICS 장비로 전송하거나, 펌웨어를 업로드 하거나, 다운로드 하는데 사용한다. 그러나 취약한 FTP 서버 애플리케이션 코드, 하드코드된 자격 증명, FTP 바운스 공격, FTP 무차별 공격, 패킷 캡쳐, 스푸핑 공격, 포트 갈취 등의 취약한 점이 있다.

1979년 이후 사실상의 제어영역 통신 표준 프로토콜로 사용 중인 Modbus와 중요 제어시스템인 PLC의 점유율 1위인 Siemens의 S7 프로토콜을 분석하면 다음과 같다.

PLC 다킷의 31%를 차지하는 지멘스는 특정 작업에 대한 암호 확인 단계를 추가해 재생과 인증되지 않은 명령어 공격을 방지하려고 노력해 왔으며, 알렉산더 티모린과 스카다 도구 모음에서 다운로드 할 수 있는 두가지 스크립트는 S7 프로젝트 파일 혹은 네트워크 패킷 캡처에서 해시를 추출할 수 있다.

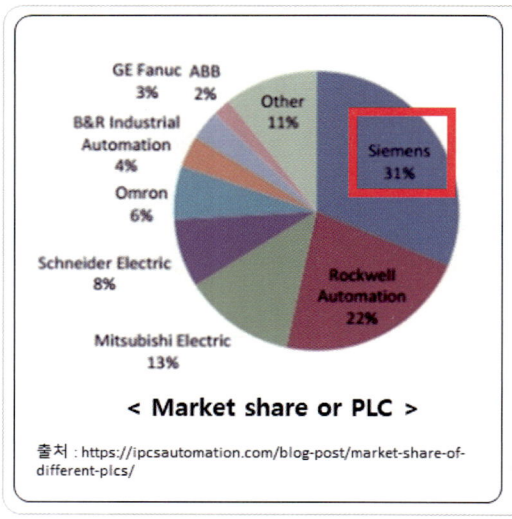 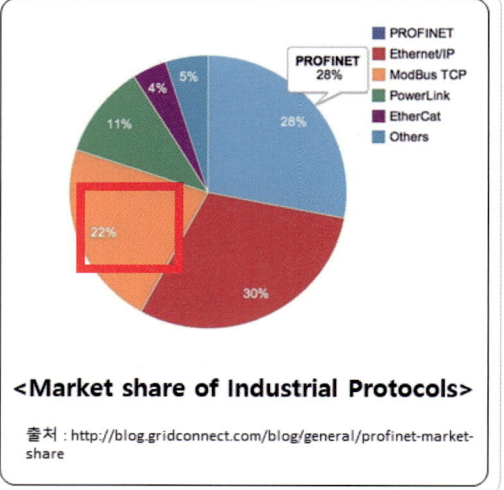

[그림 7-22] PLC S7 프로토콜 분석
출처: PCS Automation.com/Blog, blog.gridconnect.com/Blog

이더넷/IP는 로크웰 오토메이션사가 개발하고 ODVA(OPEN DeviceNet Vendors Association) 및 CNI(ControlNet International)이 관리하고 유지하는 인더스트리얼 네트워크 표준이다. 이더넷/IP는 세 가지 개방형 네트워크 표준의 한 종류인데, 이들은 다른 네트워크 매체를 쓰는 반면, 모두 공통 애플리케이션 계층인 CIP를 사용한다.

이더넷/IP 프로토콜은 개방형 시스템간 상호접속 모델을 따른다. 이 프로토콜은 OSI 모델의 데이터 전송 계층을 사용해 장비 사이의 패킷에 주소를 부여하고 전달한다. 이더넷/IP는 CIP를 구현하기 위해 애플리케이션 계층(세션 계층 이상)을 사용해 그 안의 내용을 TCP나 UDP 데이터 프레임으로 캡슐화 한다. 또한 PLC에서 태그 값을 가져오거나 컴퓨터에서 PLC를 프로그래밍할 때처럼 필요한 경우, CIP 세션을 설정하고 유지한다. 이 CIP 프로토콜은 태그값을 가져오거나 PLC 사용자 애플리케이션 코드를 변경하는 명령어를 보내는 동작을 구현한다.

1) S7 Comm 프로토콜

프로피넷 표준의 일부라고는 할 수 없지만, 플랜트 내 동일 영역 또는 같은 ICS 네트워크에서 자주 사용하는 것이 S7 Comm 프로토콜이다. S7 통신으로 알려진 S7 Comm은 PLC 사이 또는 PLC와 프로그래밍 터미널 사이의 통신을 허용하는 지멘스 전용 프로토콜이다.

PLC의 프로그래밍이나 여러 PLC 간의 통신 또는 SCADA 시스템과 PLC 간의 통신을 지원한다. S7 Comm 프로토콜은 ISO 프로토콜 계열의 연결 전송 프로토콜인 연결지향 전송 프로토콜의 최상단에서 동작한다.

지멘스 PLC에는 S7 Comm 프로토콜을 악용하는 취약점이 있는데, 공격자가 S7 PLC를 원격으로 중지할 수 있다. 이 익스플로잇은 칼리 리눅스 가상 머신에 설치된 최신 익스플로잇 데이터베이스에서 제공된다. 익스플로잇은 지멘스 S7 PLC의 시작이나 중지처럼 인증되지 않은 관리자 명령어를 허용한다. 이 모듈은 메타스플로잇 프레임워크에서 작동하도록 작성되어 있으며, 메타스플로잇은 원격 대상 시스템에 대한 익스플로잇 코드를 개발하고 실행하기 위한 도구다.

S7 Comm 프로토콜은 PLC 세션과 관련된 ISO-TSAP 패킷이 평문으로 전송되어 취약하며, ISO-TSAP 패킷으로 세션이 맺어진 이후 제어 명령 통신 시 HMI와 PLC에서 추가 검증을 하지 않으며, 유효한 ISO-TSAP 패킷을 캡쳐 및 재구성하여 Replay Attack이 가능함에 따라, 해당 공격을 통해 다른 Function 코드를 삽입하거나 또는 지속적으로 Write Function Code를 제어할 경우 다양한 종류의 필드 디바이스에서 오동작을 발생시킬 수 있다.

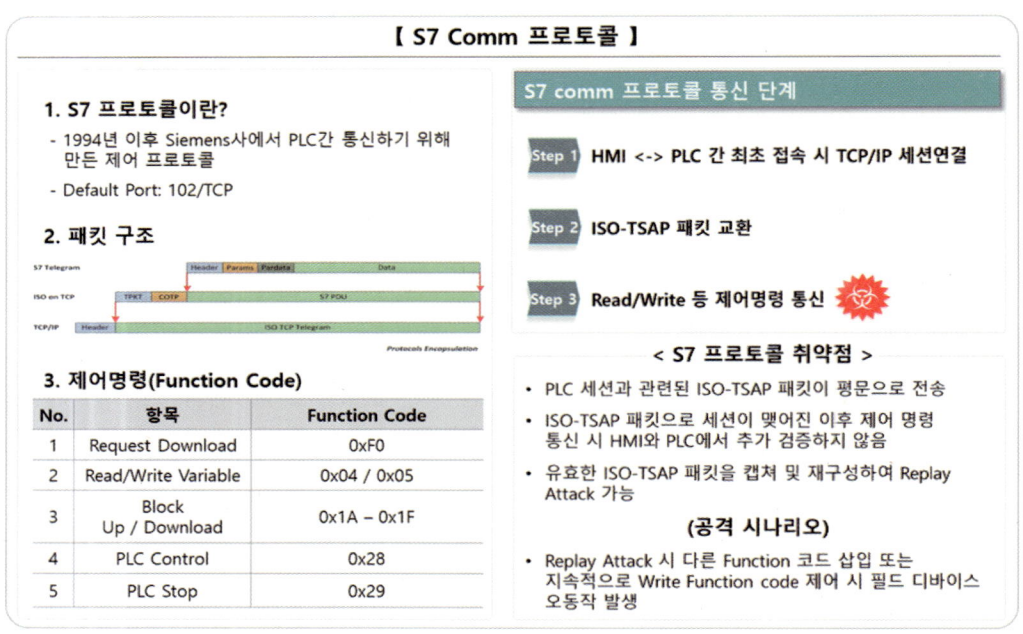

[그림 7-23] S7 Comm 프로토콜 보안 취약점 및 공격 시나리오
출처: Pascal Ackman, Industrial Cybersecurity - Effiently secure critical Infrastructure Systems, Packt Publishing Ltd., Oct. 2017.

2) Modbus 프로토콜

　모드버스는 Modicon(현재 Schneider Electric)에서 PLC간 통신하기 위해 만든 최초의 제어 프로토콜이며, 사실상의 제어 표준 프로토콜로 사용되고 있다. 모드버스는 신뢰가 입증된 프로토콜이고, 구현하기 쉽고, 사용료 없이 사용할 수 있어 가장 널리 사용되는 ICS 프로토콜이다.

　모드버스 프로토콜은 요청 및 응답 모델(Request and reply model)을 기반으로 한다. 모드버스 프로토콜은 데이터 섹션과 기능 코드를 사용한다. 기능 코드는 요청이나 응답된 서비스를 명시하고, 데이터 섹션은 기능에 적용되는 데이터를 공급한다. 기능 코드 및 데이터 섹션은 모드버스 패킷 프레임의 프로토콜 데이터 유닛(PDU)에 명시되어 있다.

모드버스 프로토콜과 사실상 대부분의 산업 프로토콜들은 Master/Slave 기반 프로토콜로서 네트워크상에 연결된 모든 노드들에 대해 요청을 받기 위해 외부에 열려있다는 취약점을 가지고 있고, 프로토콜 설계 자체가 연결만을 목적으로 만들어져 있어, 인증 등 보안기능이 전혀 없어, 악의적인 제어 패킷을 발송하여 PLC 등을 임의로 조작 가능한 취약점이 있다.

프로토콜이 이렇게 취약하게 구현된 이유는 전용 매체에서 느린 속도로 실행하도록 설계되었기 때문이며, 모드버스가 아닌 장비나 프로토콜과 연결되도록 구현되어 있지 않기 때문이다.

【 Modbus 프로토콜 】

1. Modbus 란?
- 1979년 이후 Modicon(현재 Schneider Electric)에서 PLC간 통신하기 위해 만든 최초 제어 프로토콜로 사실상의 제어 표준 프로토콜로 사용
- 현재까지 제어설비 포함 생산장비 내부 통신 등 OT/ICS 영역에서 다양하게 사용 중
- Default Port: 502/TCP

2. 제어명령(Function Code)

No.	항목	Function Code
1	Read Coils	1
2	Write Single Coil	5
3	Write Multiple Coils	15
4	Read Input Register	4
5	Read Holding Registers	3
6	Write Single Register	6
7	Read/Write Multiple Registers	23

Modbus 프로토콜 통신 단계
- Step 1: HMI <-> PLC 간 최초 접속 시 TCP/IP 세션연결
- Step 2: Master / Slave 연결
- Step 3: Read/Write Coil 등 제어명령 통신

< Modbus 프로토콜 취약점 >
- Master/Slave 기반 프로토콜로 네트워크 상에 연결된 모든 노드들에 대해 요청을 받음(단, 요청 정보의 목적지주소에 해당하는 장비만 응답)
- 인증 등 보안 기능이 없음 (프로토콜 설계 자체가 연결만을 목적으로 설계됨)

(공격 시나리오)
- Modbus로 통신 중인 구간에 Master/Slave 연결 후 악의적인 제어 패킷을 발송하여 PLC 등 임의 조작

[그림 7-24] Modbus 프로토콜 보안 취약점 및 공격 시나리오
출처: Pascal Ackman, Industrial Cybersecurity - Effiently secure critical Infrastructure Systems, Packt Publishing Ltd., Oct. 2017.

(2) 생산장비 분석

생산장비는 Main PC와 함께 여러개의 Sub PC로 구성되어 있는 경우가 많다. Main PC는 생산정보 시스템간 통신을 위해 EAP와 SECS 프로토콜을 사용하며, 각 모듈간 통신을 위해 앞서 설명한 Ethernet 과 EtherCAT 등을 사용한다.

아울러 PLC와 필드 디바이스간 통신을 위해 모드버스와 EtherCAT 등을 사용하고 있지만 생산장비 또한 설비장비와 마찬가지로 운영 소프트웨어를 개발할 때 Secure Coding을 적용하지 않는 등 설계 및 구축 과정에서 IT 보안을 고려하지 않고 개발함에 따라 이 또한 취약점을 상당수 보유하고 있다. 앞서 각종 프로토콜의 보안 취약점에 대해 언급한 바와 같은 취약점이 있는 프로토콜을 상당수 사용하고 있는 것도 현실이다.

공격자의 입장에서는 보안에 취약한 프로토콜을 사용하고 생산장비의 고정 정보(레서피 위치) 등을 활용하여 악성코드를 유포하거나 정보유출을 시도할 수 있는 환경임에 따라 이에 대한 보안대책을 강구하고 있으나, 현실적으로 생산장비의 경우 대부분 해외에서 수입하는 장비임에 따라, 기업이 원하는 보안대책을 사전에 완비하는 것은 한국 기업으로서 해결하기 어려운 난제임이 분명하다.

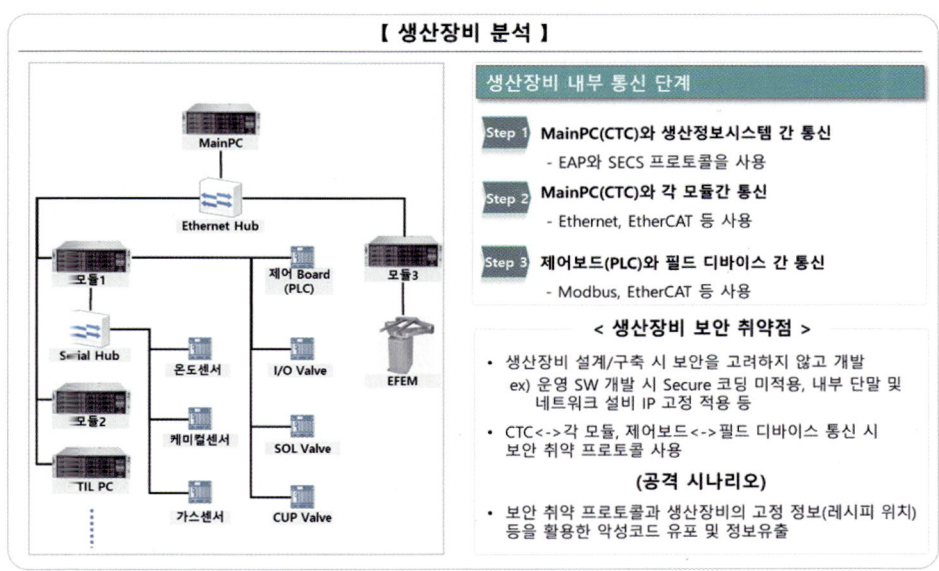

[그림 7-26]생산장비 보안 취약점 및 공격 시나리오
출처: Pascal Ackman, Industrial Cybersecurity – Effiently secure critical Infrastructure Systems, Packt Publishing Ltd., Oct. 2017.

(3) OT Security Standard 수립

생산장비와 제어설비 및 프로토콜들이 가지고 있는 취약점은 뛰어난 공격기술을 활용하지 않더라도 특정기업을 타겟으로 삼아 공격할 경우 비교적 손쉽게 성공할 수 있다고 봐야 한다. 왜냐하면, 이미 매우 오래된 취약점으로서 공격기법이 널리 알려져 있는 반면, OT/ICS 기반시설 및 장비에 대한 보안을 고려하는 경우가 이전까지 없었다는 점이 가장 큰 원인이라고 할 수 있겠다. 더불어 여전히 세상에 취약점은 매일 새롭게 발견되고 있으며, 심지어 제로데이처럼 보고조차 되지 않는 취약점이 세상에 널려있다. 이런 취약점들은 블랙마켓 시장에서 경제적으로 많은 이득을 준다고 인식되고 있을 뿐만 아니라, 공격자는 공격에 사용할 수 있는 취약점을 무제한으로 선택할 수 있으며, 시간에 구애받지 않고 최소 1~2개월에서 부터 최장 약 2년여간 기다림을 위해 많은 시간을 할애하고 있음에 따라 기업들이 어떤 대응을 해야 할지에 대해 고민을 해야 한다.

특히 ICS 환경과 같이 구동 시간이 중요한 네트워크의 시스템들은 취약점이 오랜 시간 패치되지 않은 상태로 남아 있을 가능성이 크다. 실제 숙련된 공격자는 공격 대상의 네트워크를 조사하고 회사 정책, 패치관리, 공급 업체 선호도, 운영체제 선호도 및 기업의 직원 행동을 관찰하고, 실제 공격을 수행하기 전에 공격 대상에 대한 모든 세부 정보를 수집하고 있다. 운이 좋은 공격자는 누군가가 취약한 서비스의 포트를 닫는 것을 잊어버리거나 네트워크 접근이 해제된 틈새를 이용해 공격에 활용하기도 한다. 다른 방법으로 공격 정보를 수집하기 어려운 경우에는 공격 대상을 직접 찾아가는 등과 같이 더 교활한 기술을 사용하기도 한다.

또한, 합리적인 투자를 위해서는 위험 및 위협 식별을 해야 하는데, 예상되는 공격별 리스크를 분석해야 하는데, 사이버 킬 체인을 활용하는 것을 권고한다.

사이버 킬 체인은 각 공격단계에서 피해 대상에게 가해지는 위협의 단계를 설명하며, 모든 단계는 서로 의존적인 성격을 갖고 있기 때문에 연쇄적으로 수행되어야 한다. 또한 이 개념은 체인이 프로세스의 어딘가에서 깨어진다면 프로세스가 중단된다는 것을 의미한다. 킬 체인 이론은 주로 기업 환경에 적용되며, 7단계로 구성된다.

정찰, 무기화, 전달, 익스플로잇, 설치, C&C(Command and Control), 목표 시스템 장악으로써 ICS 망의 경우에는 IT 네트워크 내에서 OT 네트워크가 함께 동작하므로 이런 ICS 망을 성공적으로 공격하는데 필요한 스킬 세트가 일반적인 킬체인과 깔끔하게 맞지는 않는다. 왜냐하면 문제에 접근하는 사고방식과 목표, 단계가 일반 네트워크와 다르기 때문이다.

일반적인 네트워크를 공격하는 경우, 목표는 도메인 컨트롤러 또는 데이터베이스로 침입해 중요한 데이터를 가져오는 것이다. 반면, ICS망의 경우 이런 유형의 IT시스템을 공격하는 것은 최종 목표의 수단일 뿐이다. ICS망의 최종 공격 목표는 종종 IT 네트워크 보다 서브 네트워크에 속해 있으며, 궁극적으로 제어 설비를 통제 불능의 상태로 만드는 것이 해킹의 진정한 목표이기 때문이다.

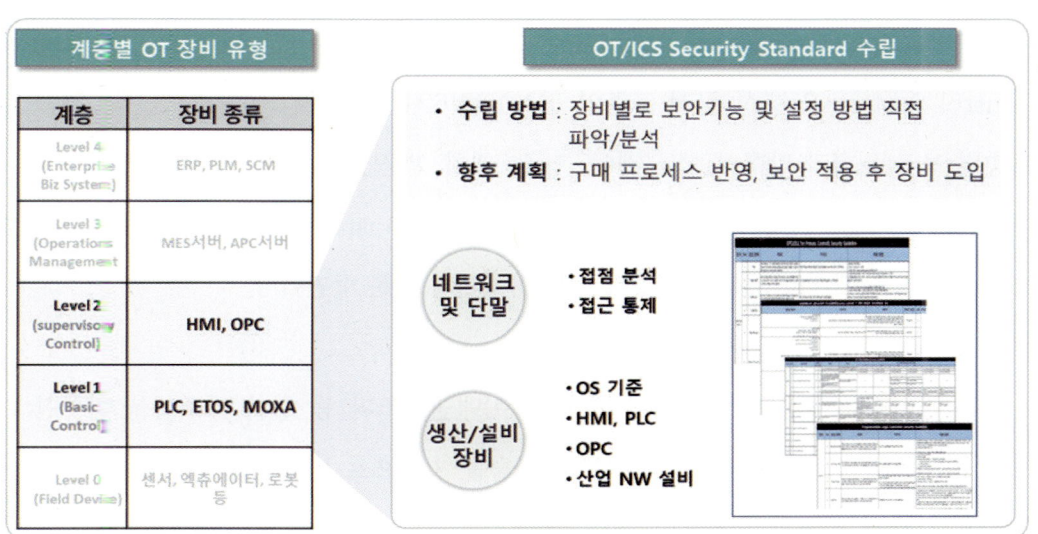

[그림 7-27] 계층별 OT · ICS Security Setandard 수립
출처: Pascal Ackman, Industrial Cybersecurity – Effiently secure critical Infrastructure Systems, Packt Publishing Ltd., Oct. 2017.

5. OT · ICS 보안 전략

운영기술(OT, Operation Technology) 영역 및 산업제어시스템(ICS, Industrial Control System)은 통상 국제 표준인 ISA/IEC 62443 네트워크 참조모델을 기반으로 계층별 보안 위협과 방화벽, 접근제어, 인증, 패치, 백신, 모니터링 등 보호 방안을 제시하지만 전통적인 기반을 가지고 있는 정보기술(IT, Information Technology)의 보안기술과 차별성을 제대로 구분하는 조직 등은 아직까지 드문 형편이다.

SK하이닉스, SK인포섹, LG Display, (주)앤앤에스피 등 첨단 제조업을 비롯한 다양한 회사들이 사용하는 OT 보안솔루션 기술을 기반으로 ICS 심층방어(Defense-in-Depth) 모델을 연구해 본다.

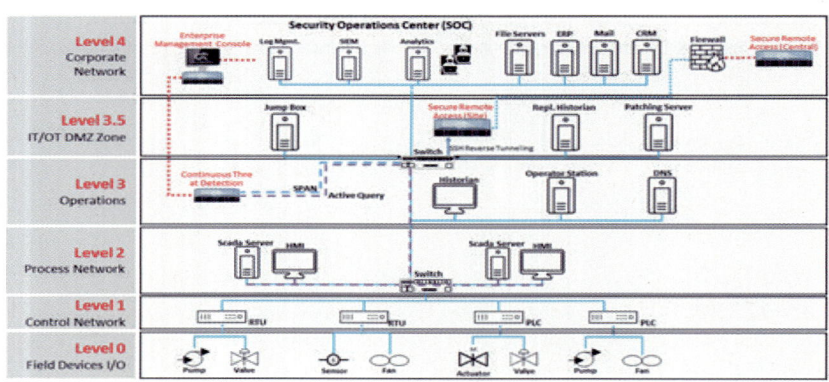

[그림 7-28] 운영기술(OT) 및 산업제어시스템(ICS) Level
출처: 국가보안기술연구소, 산업제어시스템 보안요구사항, 2017. 11.

(1) 로컬 제조망 기반 ICS 네트워크 아키텍처 설계

OT 보안을 위해 ISA/IEC 62443에서는 기업망(IT망)과 ICS망(OT망)을 구분하고 방화벽을 이용하여 IDMZ(Industrial DMZ)를 구성하도록 제시하지만 아직까지 국내 산업계에서는 일반적인 DMZ 영역외에 IDMZ에 대한 개념이 정립되어 있지 않고, 표준화가 되어있지 않음에 따라 쉽사리 신규 투자를 이끌어 내기에는 어려운 현실로서, 대기업에서도 아직 IDMZ를 도입한 사례는 찾아보기 힘든 상황이다.

그러나 IT망과 ICS망의 분리가 어렵다고 해서 방치할 수는 없으므로, 국내 산업제어시스템 보안요구사항에서는 로컬 제어망을 기준으로 ICS 네트워크 아키텍처를 설계하고, 단방향 보안 모델을 적용할 것을 권고한다.

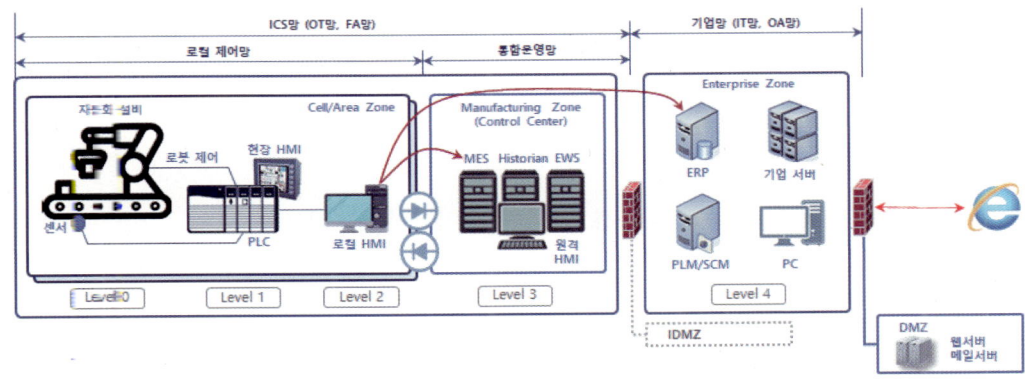

[그림 7-29] ICS 네트워크 보안 참조모델
출처: 국가보안기술연구소, 산업제어시스템 보안요구사항, 2017. 11.

OT 보안의 궁극적 목표는 전체 ICS망을 보호하는 것이 아니라 로컬 제어망을 보호하는데 있다. 로컬 제어망은 현장장치(센서, 액츄에이터)-제어장치(PLC)-운영장치(HMI)가 분리될 수 없는 하나의 운영 범위로 침해사고 발생 시 연결된 다른 네트워크를 단절하더라도 독립적인 생산이 가능해야 한다. 로컬 제어망들이 식별되면 상위의 통합운영망을 식별하고 이와 분리하여 기업망이 식별되어야 한다.

이를 위해, OT/ICS 보안을 시작하는 기업들은 기업 규모에 걸맞는 규모의 OT/ICS 보안컨설팅을 통해 ICS 네트워크 및 자산 구조를 식별하고 보안취약성 분석을 함으로써, Risk를 식별하고, 위협에 대처하기 위한 활동을 계획 및 실행하여야 한다.

(2) 스마트공장의 단방향 전송시스템 적용

기업의 규모에 따라 다르기는 하겠으나, 대표적으로 최근 급격하게 구축되고 있는 스마트공장의 경우 공장의 생산 정보를 본사 MES, ERP, 클라우드 등으로 보내고 발전소의 경우 호기별 운영 정보를 통합운영망으로 보낸다. 그러나, 단방향 자료전송만 필요한 곳에 방화벽을 이용하여 양방향 통신 채널을 제공할 필요는 없다.

단방향 전송시스템은 단순히 UDP를 이용하여 데이터를 일방향 전송하고 이를 위해 서비스 변경이 필요하다고 생각한다. 대표적으로 (주)앤앤에스피사의 단방향 전송시스템은 기본적으로 미들웨어 기능을 제공하고 있어 제어망에서 업무망으로의 서비스를 변경하지 않고 OPC, DB, File 등의 정보를 일방향으로 전송한다. 단방향 전송시스템은 한쪽 회선이 단절되어 제어망을 폐쇄망으로 유지하고 외부 해킹을 차단할 수 있다.

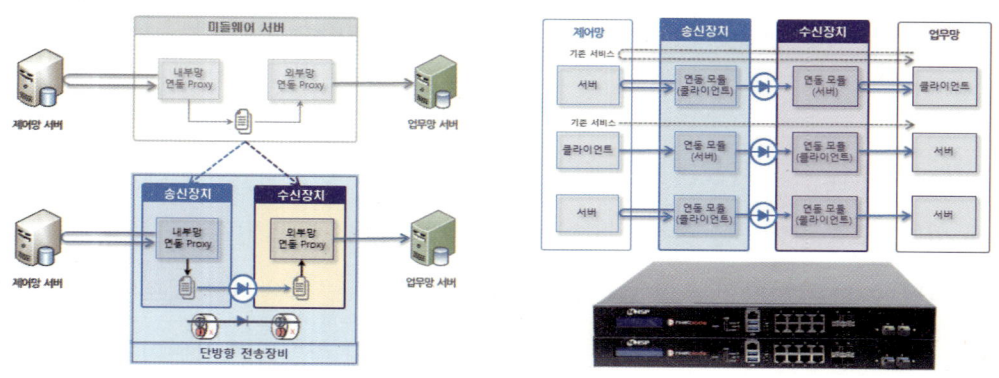

[그림 7-30] 단방향 전송시스템 미들웨어 서비스 구조
출처: 앤앤에스피, 지능형 제조공정 위협 헌팅 및 인텔리전스 서비스

(3) 신뢰도 네트워크 시스템 유지 및 이상징후 탐지

오래된 장비가 포함된 제어망을 방어하기 위해서는 비누 거품이나 유리 버블 안에 레거시 시스템을 옮겨놓은 상황을 가정하고 버블이 붕괴되지 않도록 유지해야 한다. 버블이 붕괴되지 않고 제어망을 신뢰된 상태로 유지하는 것은 쉽지 않지만 대안으로 ICS 네트워크 이상징후 탐지시스템을 통해 제어망이 신뢰된 상태로 유지되는지 모니터링할 수 있다.

ICS 네트워크 이상징후 탐지시스템은 HMI, PLC 등에 대한 제어시스템 자산을 분석하고 TCP/IP뿐만 아니라 이더넷 기반의 산업용 제어프로토콜의 정상적인 통신 특성을 분석하고, 수가 상당히 많은 디바이스와 센서에 대한 모니터링을 효율적으로 하기 위해 인공지능(AI) 기반으로 이상징후를 탐지할수 있도록 하는 것이 좋다.

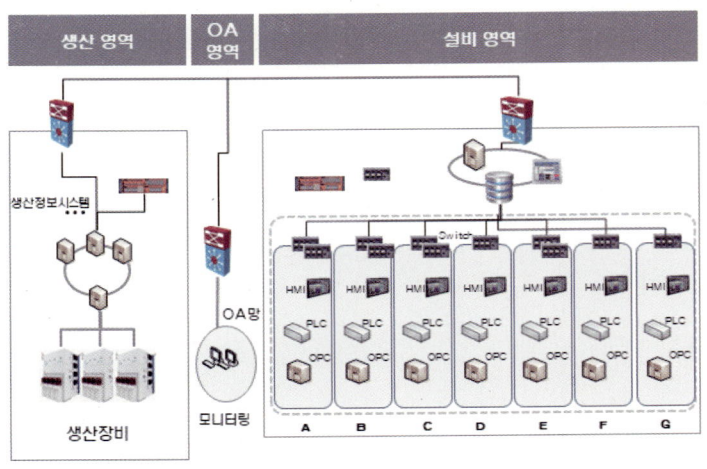

[그림 7-31] OT /ICS 영역별 네트워크 구조
출처: 국가보안기술연구소, 산업제어시스템 보안요구사항, 2017. 11.

(4) 어플리케이션과 사용자에 대한 화이트리스트 적용

OT/ICS 환경은 아주 오래된 장비 및 정보시스템으로 구성되어 있는 경우가 빈번함에 따라, 최신 패치나 업데이트 적용이 어렵고 변경되는 환경이 거의 없는 제어시스템 환경에서는 블랙리스트(시그니처) 기반의 백신보다는 AWL(Application Whitelist)이 효과적이다.

ICS-CERT는 특정 악성코드가 자산의 80%를 침해했을 때 VirusTotal에서의 탐지율은 0%였는데 AWL에서 이를 탐지 및 차단하였음을 보고하고 있다.

AWL 기반 엔드포인트 보안시스템은 사용자와 프로세스에 대한 화이트리스트를 분석하고 인가되지 않은 프로세스 또는 비정상 접속 사용자가 발생할 경우 이를 탐지하고 차단한다.

(5) 자격 증명 관리 및 원격 로그인 차단 또는 제한

제어시스템에 대한 공격 범위를 좁히기 위해 사용되지 않는 기능이나 서비스는 제거하고 시스템 관리자 권한과 분리하여 서비스 권한을 부여하고 관련된 자격증명을 모니터링하고 통제해야 한다. 특히 도난된 자격증명이 원격 로그인으로 사용되는 것을 모니터링하고 차단해야 한다.

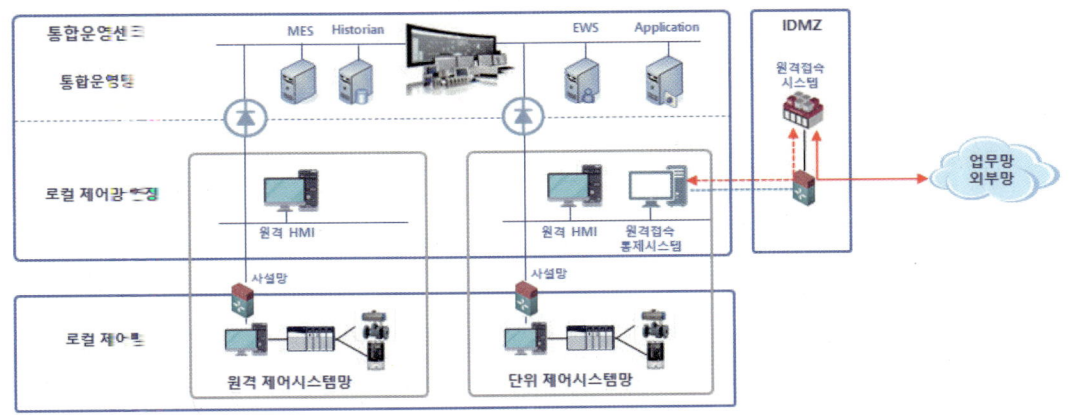

[그림 7-32] 원격 제어와 원격 접속 통제 구조
출처: 국가보안기술연구소, 산업제어시스템 보안요구사항, 2017. 11.

통합운영센터(SOC)에서 로컬 제어망(무인)에 대한 직접 제어가 필요한 경우 로컬 제어망에 대한 원격 접속을 허용하기 보다 로컬 제어망을 통합운영센터 내로 연장하여 구성하는 방법도 있다. 또한 업무망 또는 외부망에서의 원격 접속이 필요한 경우 IDMZ 영역의 원격접속시스템을 통해 접속하도록 해야 하며 이를 위해 앤드포인트 보안 솔루션(EDR : Endpoint Detection & Response)을 통해 원격접속 통제기능을 활용하는 기업들이 상당히 증가하고 있다.

(6) 최신 패치 · 업데이트 적용 및 테스트

대만의 모사에서 발생했던 랜섬웨어 공격은 소프트웨어 업데이트 과정에서 제조사에서 가져온 USB가 악성코드에 감염되어 발생하였다. 작업할 때가 되어 패치/업데이트 파일을 다운로드 받을 것이 아니라 평상 시 제어망 내에 패치관리서버를 두고 무결성이 검증된 최신의 패치/업데이트 파일을 유지하고 작업이 필요한 경우 이를 이용해야 한다.

패치/업데이트는 외부망에서 패치 파일을 수집하고 에어갭(Air-Gap) 환경에서 멀티백신 검사를 수행하며 검증된 패치 파일을 제어망 내 패치관리서버로 전달하여 최신의 패치/업데이트 파일을 유지하도록 한다. 예로부터 금융권에서 사용하고 있는 방식으로서, 너무나 당연한 조치라고 볼수 있지만 OT/ICS 보안환경에서도 사전에 무결성을 검증하는 절차를 반드시 마련해야 한다.

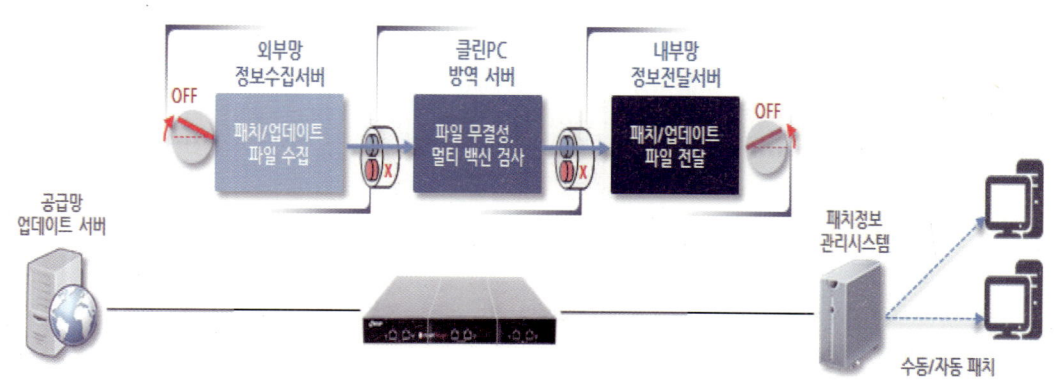

[그림 7-33] 패치/업데이터 파일 전달 구조
출처: 앤앤에스피, 지능형 제조공정 위협 헌팅 및 인텔리전스 서비스

(7) ICS 장비(생산/설비)의 보안 기능 구현 및 장비 보안 강화

최신 ICS 장비(생산/설비)는 기본 보안 기능과 함께 제공되지만 설치의 편리성을 위해 대개 비활성화하거나 최소화하여 설정되는 경우가 많다. ICS 장비(생산/설비)를 분석하여 보안기능이 있는지 확인하고 최대 보안 수준이 되도록 활성화가 필요하며 불필요한 옵션과 기능은 비활성화하고 사용하지 않는 통신 포트는 물리적으로 차단해야 한다.

또한 ICS 장비(생산/설비)의 가용성 보장을 위해 이중화가 필요하며 장비가 단일 네트워크 회선(Port)으로 구성된 경우 이중화된 네트워크로 연결할 수 있도록 네트워크 포트 이중화를 제공하는 솔루션도 최근 각광을 받고 있다.

장비를 공급하는 회사에게 사전에 IT/OT/ICS 보안 Requirement Spec.을 배부하고 공급업체에서 Spec에 적합한 요건을 갖추어 공급할 수 있도록 사전 가이드 및 프로세스를 운영하는 한편, 납품 전 사전 검수를 통해 Requ. Spec이 제대로 갖춰졌는지를 확인하는 과정을 통해 장비 보안을 강화하는 것이 꼭 필요하다.

(8) 원격 모니터링 허용 및 원격 접속 제한

유지보수 차원을 넘어 설비에 대한 예지보전 관리를 위해서는 제조사에서 운영 정보에 대한 원격 모니터링을 통한 분석이 우선적으로 이루어져야 하며 실시간 화면 공유를 통해 긴급 업무를 처리할 수 있다. 원격 접속은 긴급 처리를 위한 가장 마지막 단계에 이루어져야 하며 앞서 설명한 원격 접속과 동일하게 처리되어야 한다.

그러나 이 과정에서 원격모니터링에 대한 계정 및 권한관리가 적절하게 이뤄지지 않으면 이 또한 커다란 취약점 발생으로 연결될 수 있으므로, 반드시 정기적인 계정 및 권한 관리 프로세스 체크를 해야 한다.

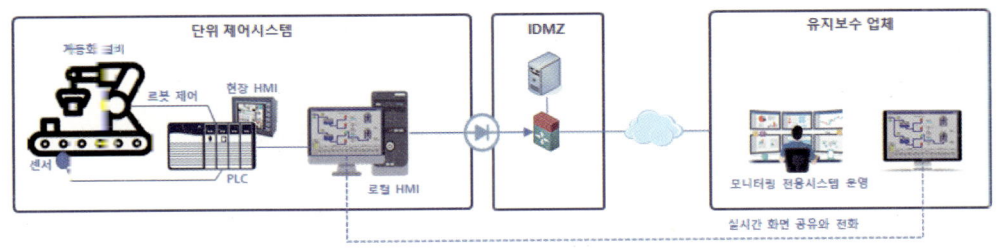

[그림 7-34] 단방향 시스템을 이용한 설비 유지보수 및 예지보전
출처: 앤앤에스피, 지능형 제조공정 위협 헌팅 및 인텔리전스 서비스

(9) ICS 통합 관제 및 대응 체계 구축

최신 위협으로부터 네트워크를 보호하려면 적대적 침투를 적극적으로 모니터링하고 준비된 대응을 신속하게 실행하여야 한다.

기존에 운영하던 IT 통합보안관제 시스템과 더불어 ICS 네트워크 내에서 의심스러운 통신 또는 악성 콘텐츠 트래픽에 대한 모니터링 정보, 제어시스템에서 악성코드 탐지 정보와 도난된 자격 증명의 사용이나 부적절한 접근에 대한 정보, 시스템 및 네트워크 장비 로그 등을 기반으로 ICS 보안 위협을 분석하고 추적할 수 있는 지능형 제조공정 위협 헌팅 시스템을 구축하고, AI를 통해 24시간 365일 관제해 나가는 노력이 필요하다.

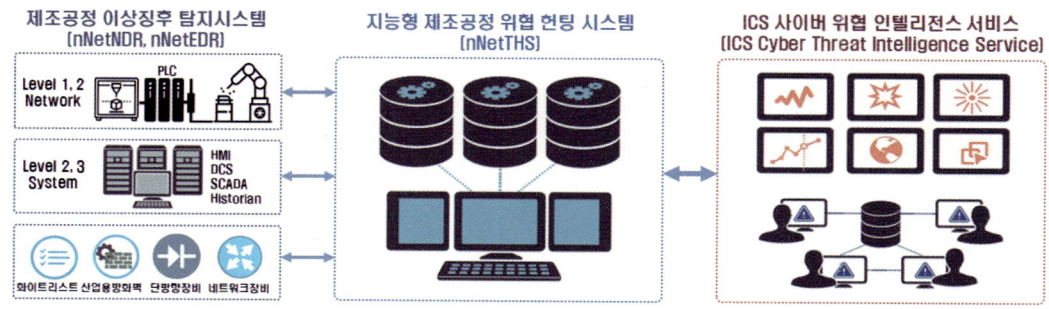

[그림 7-35] 앤앤에스피, 지능형 제조공정 위협 헌팅 및 인텔리전스 서비스
출처: 앤앤에스피, 지능형 제조공정 위협 헌팅 및 인텔리전스 서비스

6. 실무 적용 방안

(1) OT장비 Common/Requirement Spec 프로세스화

이제 우리 기업들은 계층별 OT/ICS 생산 및 설비장비와 프로토콜들의 직접적인 분석을 통해 회사 특성/환경에 걸맞는 OT Security Standard를 정립해야 한다. 장비별로 보안기능 및 설정 방법을 직접 파악 및 분석해야 하며, 구매 프로세스에 OT/ICS 장비들이 기업에 도입되기 전에 Security Requirement Spec.을 장비 제조사에 공통적으로 반영할 수 있도록 해야 하며, 요구 스펙에는 서비스가 종료된 운영체제에 대한 정기적인 패치 및 업데이트가 가능하도록 반드시 반영해야 하며, 소프트웨어는 주요 보안업데이트 사항들이 충돌로 인해 생산이 중단되지 않는지 안전성을 검증해야 한다. 보안이 취약한 프로토콜은 사용하지 않도록 하거나 보안대책을 수립하도록 요구해야 하며, 검수 과정에서 요구하는 보안요건이 충족되었는지를 확인 후 반입이 가능하도록 해야 한다.

안전하고 정확한 가이드를 하기 위해서는 보유하고 있는 생산/설비 장비의 자산 현황과 운영체제의 종류 및 버전별 최신화 현황, 최신 백신 의무 설치 및 서비스 종료시 보안성 유지방안에 대해서도 미리 대책을 수립할 수 있도록 반영해야 한다. 그러기 위해서는 네트워크에서 모든 자산 현황을 식별할 수 있도록 가시성 확보를 해야 하며, 적절한 산업제어 보안 시스템을 갖출 수 있도록 투자를 해야 한다.

전략적으로 수립된 OT장비 보안 점검 기준을 FAB 내 생산/설비 장비 도입/구성 전에 반영하여, 최초 설치 시 OT장비 보안 수준을 향상시키도록 해야 한다.

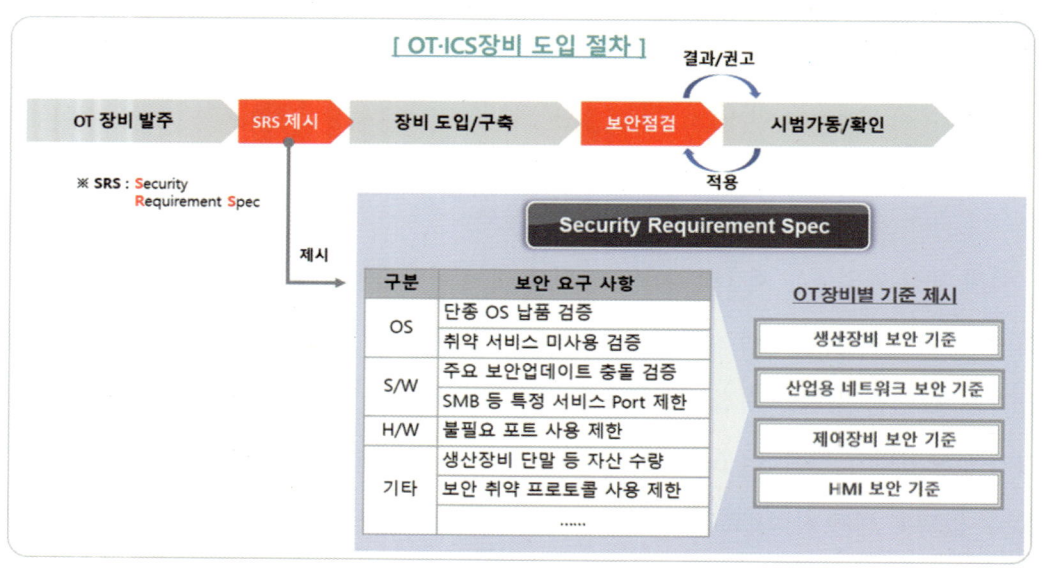

[그림 7-36] OT · ICS 장비 도입 절차
출처: 한국기업보안협의회, OT/ICS 보안기술로 세상을 바꾸는 시큐리티 전략,(2020.9.20)

(2) 신규 FAB 구축 표준 보안모델 수립

신규 FAB 구축 시 보안 요구사항이 반영된 표준 보안 모델을 수립하여야 한다.

스마트 팩토리 특성상, 가동을 중단하는 것은 생산성에 영향을 주고, 결론적으로는 경영 이익을 감소시키는 결과가 되기 때문에 가동 중단 의사결정을 하는 것이 매우 어렵다.

취약한 보안 요소가 주는 위협은 현실적으로 겪는 순간까지 체감하기에 쉽지 않은 것이 사실이다. 기존 FAB을 대상으로 양질의 보안 요건을 갖춘다는 것은 하드웨어의 재가동을 해야 하는 경우가 다반사임에 따라 생산성에 영향을 줄 수 있기 때문에, 오랜 시간을 가지고 다양한 유관 부서와 협의를 통해 평균 6시간의 짧은 시간동안 수많은 취약점을 보강해야 하므로 결코 만만한 일이 아니다.

따라서 신규 FAB 구축 시 최적의 보안 요건이 적용될 수 있도록 설계하는 것이 좋다는 것은 굳이 열거하지 않더라도 알 수 있는 일이다. 하지만, 상당한 보안 투자가 수반되어야 하드르 반드시 상위 관리자는 물론 경영층의 지지를 통해 투자를 받도록 해야 하는 것이 선결과저라고 할 수 있다.

평상시 스립된 OT/ICS 아키텍처를 구현할 수 있도록 ICS 보안위험 관리 프레임워크를 적용해야 하며, 위험평가를 통해 발생 가능한 리스크를 최대한 해소하도록 반영해야 한다. OT/ICS 아키텍처 구현을 위한 가이드는 NIST에서 발행한 800-82 "ICS 보안을 위한 가이드" 문서 및 ISO/IEC 62443을 참고하는 것이 좋다.

ICS 보안 프로그램의 목표는 IDMZ 또는 더 낮은 단계의 인더스트리얼 네트워크에서 요구되는 보안수준을 정의하고, 현재 존재하는 문제점을 식별하며, 보안을 향상시키기 위한 작업들에 대한 전략을 세우는 것이다. 이 보안 프로그램은 안전한 ICS 보안 수준을 구성하고, 향상시키고, 유지하기 위한 작업들의 반복적인 집합으로 구성되어 있다.

견고한 네트워크를 구성해야 하며, 네트워크 분리 및 세분화, 네트워크 장비 이중화 설계, 네트워크 접점 최소화, 일방향 통신 적용, 방화벽 정책 최적화 등의 실행이 필요하다.

악성코드 예방을 위해 화이트리스트 기반의 백신을 설치하고, 감염장비에 의해 재감염 요인이 없도록 면밀하게 조치해야 하며, 서비스가 종료된 운영체제에 대한 신속한 패치 및 업데이트가 이뤄질 수 있도록 생산 및 설비장비 제조사는 물론 백신 제조사에 대해서도 상시 협조체계를 갖추어 두는 것이 좋다.

최종적으로 리스크 예방을 위한 사전 조치 및 점검과 개선을 했음에도 불구하고, 급작스러운 시스템 설정 변경이나, 감염 장비에 대한 알람이 작동하지 않거나, 시스템 관리자 등의 권한 관리가 소홀하거나, 산업제어 보안시스템을 구축한 이후 제대로 운영되는지에 대한 모니터링 또는 이상 징후에 대한 모니터링을 강화하여, 신속하게 대응조치가 될 수 있도록 리질리언스를 확보해야 한다.

OT/ICS 보안 아키텍처에 의한 보안설계 및 네트워크 구성, 이상징후에 대한 모니터링 및 완벽한 운영과 시스템 변경관리 및 권한 관리를 제대로 해 나간다면 그야말로 완벽한 OT/ICS 보안이 되지 않을까 생각한다.

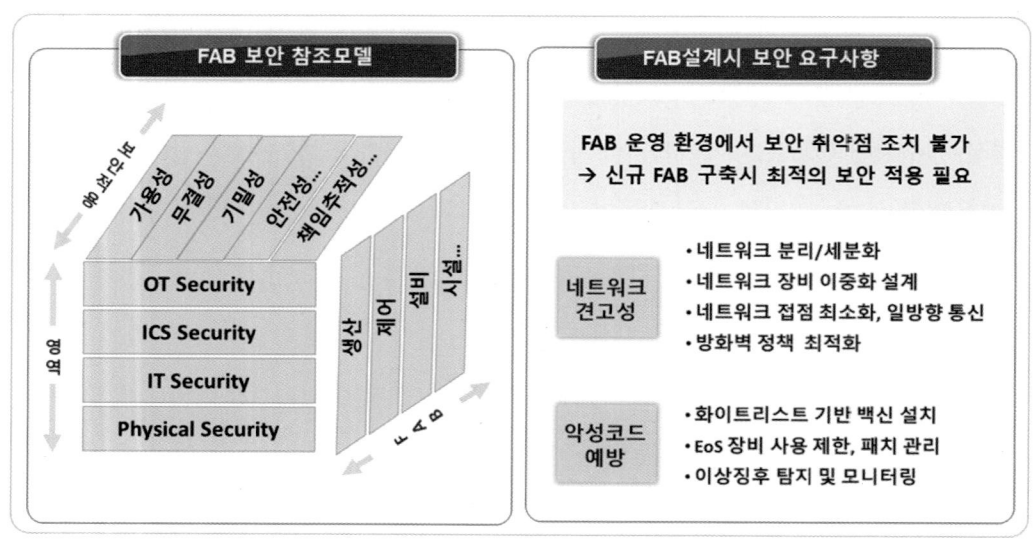

[그림 7-37] FAB 설계시 보안 요구사항
출처: 한국기업보안협의회, OT/ICS 보안기술로 세상을 바꾸는 시큐리티 전략,(2020.9.20)

〈참고문헌〉

- IEC TS 62443-1-1, Industrial communication networks - Network and system security - Part 1-1: Terminology, concepts and models, July 2009.
- 국가보안기술연구소, 산업제어시스템 보안요구사항, 2017. 11.
- ICS-CERT, DHS NCCIC, Recommended Practice: Improving Industrial Control System Cybersecurity with Defense-in-Depth Strategies, Sep. 2016.
- US-CERT, DHS NCCIC, Seven Strategies to Defend Industrial Control System, Jan. 2016.
- US DoE, 21 Steps to Improve Cyber Security of SCADA Networks, 2002.
- Pascal Ackman, Industrial Cybersecurity - Effiently secure critical Infrastructure Systems, Packt Publishing Ltd., Oct. 2017.
- 높아지는 ICS(산업제어시스템) 보안의 중요성-IT보안과 차이점 중심으로-, EQST insight, SK infosec(2020. 9)
- 유성민 ICS 보안의 출발점 'OT 관리' 주요 설비 제어 영역 관리가 중요, The Science Times (2019.03.18.)
- 한국기업보안협의회, OT/ICS 보안기술로 세상을 바꾸는 시큐리티 전략,(2020.9.20)

제8장. 금융 보안

1. 개관

(1) Reg-Tech 배경[1]

2008년 금융위기 이후 금융산업을 둘러싼 규제환경이 빠르게 변화하면서 정부의 규제 관리 책임 및 금융기관의 규제이행 부담이 확대되었다. 불확실한 거시경제 및 금융환경에서 금융규제의 효과적인 준수를 통해 금융기관의 수익성과 효율성을 향상시키는데 기여할 수 있는 Reg-Tech에 대한 니즈가 증가하고 있다.

2008년 금융위기 이후 높은 수준의 자본건전성 유지, 파생상품 투자 제한 등 전 세계적으로 수많은 규제들이 도입되면서 각국 정부의 관리감독 부담이 증가하고 있다. 규제는 바젤 III, 미국의 도드-프랭크법, 유럽시장 인프라 규제(EMIR) 등이 대표적이다. 미국의 도드-프랭크법은 2008년 리만 브라더스 사태로 촉발된 금융위기의 재발을 막기 위

---

[1] IIF(국제금융협회) 레크테크의 개발 및 채택 지원을 위한 의견 수렴 보고서. 영국 금융행위감독청(Financial Conduct Authority)이 IIF 회원들을 대상으로 수행한 레그테크에 대한 개발과 채택 지원을 위한 의견 수렴 보고서임.

IIF(국제금융협회): Institute of International Finance, 전세계 70개국, 500개 회원 보유(상업 및 투자은행, 자산관리회사, 국부펀드, 헤지펀드, 중앙은행, 개발은행 포함)

해 오바마 정부가 제정한 금융개혁법안으로 대공황 이후 최대의 금융개혁이라고 하며 대형 금융회사들에 대한 규제 및 감독 강화, 시스템 리스크 예방대책 마련 및 파생금융상품 규제 강화 등을 주요 내용으로 하고 있다. 유럽시장 인프라규제는 2010년 유럽집행위원회에서 발표한 장외파생상품 규제책, 파생상품 거래를 위한 각종 보고의무 및 자본 규제 등의 내용을 포함하고 있다.

영국정부는 Budget 2015를 통해 영국의 금융행위감독청(FCA, Financial Conduct Authority)주도로 레크테크를 지원하고 활성화하는 방안을 마련하겠다고 발표할 만큼 적극적이었다.

금융기관의 규제 이행 부담과 관련하여 금융기관들은 규제이행을 위해 매년 천문학적 비용을 부담하게 되었고, 국제금융협회(IIF)에 따르면, Deutsche Bank와 UBS는 규제 이행을 위해 2014년 한 해에만 각각 13 유로와 9.5억 달러의 비용을 소모하고 있다. JP모건은 2012년부터 2014년까지 컴플라이언스 업무를 위해 20억달러의 비용을 들여 13,000명의 직원들을 신규 고용하였다.

구분	배경
금융기관	• 글로벌 금융위기 이후 규제 강화와 그에 따른 금융기관의 준수비용 증대 • 규제 당국 기관의 벌금 부과액의 규모와 횟수가 지속적으로 증가
규제당국	• 글로벌 금융위기 이후 수많은 규제 등 다양한 정책의 발표로 각국 정부의 관리감독 부담 증가 • 고빈도의 세분화된 데이터를 광범위하게 수집 및 분석하는 능력확보가 필요 • 점차 실시간 모니터링 방식의 규제 준수가 요청 • 자국 이외에 타국, 타국의 금융기관에도 준수하는지 여부 관리 • 징벌적 과징금을 대폭 강화하고 이를 실제로 집행
핀테크 업체	• 핀테크 시장 확대 및 활성화를 위한 새로운 규제 방식 요구 • 형성성 문제 대두: 현행 규제로 높은 비용을 지불하고 있는 기존 금융기관과 핀테크 기업간의 규제 적용 차이 발생 • 기술혁신 대비 규제 대응속도의 지연: 규제 대응의 신속성과 원칙기반의 규제 설정의 필요성 • 자율 규제시 실효적 조사 곤란: 민간 중심의 자율 규제일 경우 증거자료 여부로 활용하기 위해서 객관적 형태의 자료 보관 필요 • 문제 발생히 사후 조사 등을 위한 자료 확보가 어려울 수 있음

Reg Tech업체	• 해외 IB들과 핀테크 기업 고객을 대상으로 신기술을 이용하여 규제준수 비용과 이행 부담을 낮춰주는 IT 서비스를 제공하는 업체가 다수 등장 • IB들은 컴플라이언스 전문가와 IT인력으로 구성된 별도침을 신설하여 규제에 대응하려고 하고 있으며 Reg-Tech 업체는 이들을 고객으로 함 • 과거의 수동적 규제준수 관점에서 능동적으로 규제에 적응할 경우 이를 통해 금융기관이나 핀테크 기업이 비용을 줄일 수도 있다는 관점 • 방대한 거래 데이터와 자료 등을 혁신적 IT 기술로 분석하고 규제 대응에 활용하고자 하지만 기존 IT 부서나 시스템으로는 곤란한 상황임

[표 8-1] Reg-Tech 배경

(2) 정의 및 주요기술

1) 정의

Reg-Tech는 규제 및 규정 준수 요구 사항을 보다 효과적이고 효율적으로 해결하기 위하여 신기술을 사용하는 것이다. 규제와 기술의 합성어로 빅데이터, 클라우드, 머신러닝 등의 신기술을 이용하여 금융회사의 규제이행 및 당국 기관의 감독을 효율적으로 수행할 수 있는 기술 및 기능을 말한다. 핀테크의 일부 영역으로 금융규제 요구사항에 대해 기존 기능보다 효율적, 효과적으로 대응할 수 있도록 기술에 초점을 맞춘 것이다. 핀테크로부터 파생되었지만, 주요 고객이 개인이 아닌 금융기관이고 대출 등 금융기관의 수익 영역을 잠식하는 것이 아니라 비용 절검에 기여한다는 점에서 차이가 있다.[2]

FCA(영국 금융행위 감독청)에서는 핀테크의 일부 영역으로 금융규제 요구사항에 대해 기존 기능보다 효율적, 효과적으로 대응할 수 있도록 하는 기술에 초점을 맞춘 것으로 기술하고 있다. 기존에도 업무 효율화와 비용감축노력이 있었지만 리크테크는 민첩함(Agility)와 신속함(Speed)측면에서 비교 우위를 가지고 있다. 민첩함은 규제환경의 변

---
[2] Reg-Tech,넌 또 누구니? IIBK경제연구소, BK 경제브리프 411호(2016.8.23.)

화 및 고객의 요구에 기민하게 대응하는 것이고 신속함은 자동화를 통한 빠른 업무 처리 서비스를 제공하는 것이다.

규제 Regulation	Reg-Tech	기술 Technology

핀테크 기술과는 이종산업과의 융합과 최신 IT 기술 활용이란 점에서 공통적인 면이 있다. 차이점을 살펴보면 핀테크의 경우 금융서비스의 편의성 및 보안성 개선을 추구하는 반면, 레크테크의 경우 금융회사 업무처리 비용절감 및 업무 효율성 개선에 주안점을 두는 것이다.

레크테크의 특징은 확장성, 자동화 및 신기술활용이다. 즉, 설계단계부터 고려하여 신규 법규를 유연하게 반영할 수 있고 사람의 작업을 최소화할 수 있으며 머신러닝, 클라우드, 로보틱스 등의 신기술을 활용하는 것이다.

구분	내용
이슈 확장성	신규 이슈 발생시 즉각적으로 적용 가능하여 업무 확장성이 유연한 형태가 가능
시스템 자동화	시스템을 통한 자동화 체계를 구성하여 업무 효율성을 향상시켜 비용 절감 효과가 발생
최신 IT기술	Cloud Computing, Block chain, RPA, AI & Machine Learning, IT Big Data 기반 Predictive Analytics 등과 같은 최식 IT 기술을 접목

[표 8-2] Reg-Tech 특징

2) 주요 기술

① Data Mining & Machine Learning

■ Data Mining

머신러닝 기반의 데이터마이닝 기술을 통해 대량의 비정형데이터를 분석하여 FDS와 내부통제에 활용한다. 기계학습(Machine Learning) 기반의 데이터 마이닝 기술을 통해 대량의 비정형 데이터를 분석하여 의심거래 분석, 내부통제 등에 활용이 가능하다.

대규모로 저장된 데이터 안에서 체계적이고 자동적으로 통계적 규칙(rule)이나 패턴(pattern)을 찾아내는 것이다. 이를 위해서 데이터 마이닝은 통계분석에서 패턴 인식에 이르는 다양한 계량기법을 사용한다.

• 데이터 마이닝 절차

데이터 추출 → 데이터 정제 → 데이터 변경 → 데이터 분석 → 데이터 해석 → 보고서 작성

• 데이터 마이닝 분석 방식

❶ 분류분석

목표 필드의 값을 찾는 모델을 생성하고 과거의 데이터를 입력하여 분류 모델을 생성하고 새로운 데이터에 대하여 분류값을 예측한다.

❷ 군집 분석

데이터를 여러 가지 속성(변수)들을 고려하여 성질이 비슷한 몇 개의 집합으로 구분하는 분석 기업이다. 분류 분석과는 달리 목표 변수를 설정하지 않는다.

❸ 연관규칙

장바구니 분석이라고도 하며 인터넷 쇼핑몰 및 오프라인 매장 등에서 고객이 한번에 구입하는 상품들을 분석하여 함께 판매되는 패턴이 강한 연관된 상품들을 찾는다. 예를 들면, "[A. 데이터마이닝 개론]이라는 도서를 구입한 사람들은 [B. 최신 마케

팅 기술이라는 교재를 함께 구입한다."라는 패턴을 분석할 수 있고 이를 바탕으로 A도서를 구입한 고객에서 B도서의 구입을 추천할 수 있다.

❹ 연속패턴

연관규칙과 유사하다. 연관규칙에 시간 정보를 추가하여 순차적인 구입 패턴을 분석하는 방법이다. 예를 들면, "노트북을 구입한 사람들은 1달 정도 후에 노트북 받침대를 구입한다."라는 패턴을 찾을 수 있다. 이를 바탕으로 노트북을 구입한 고객들에게 노트북 받침대를 추천한다.

- Machine Learning

분석된 데이터를 바탕으로 위험 예측, 실시간 거래 감시 등을 활용한다.

- Robotics

머신러닝, 데이터 전송 및 저장 등 IT Process를 자동화하여 효율성을 향상한다. 기계학습, 데이터 전송 및 저장 등 IT 프로세스 제어를 자동화하여 속도와 효율성을 높이고 사람의 실수를 최소화한다.

- Cloud Computing

실시간 리스크 관리, 위협 분석 등 고성능의 컴퓨팅 파워가 필요한 경우 활용한다. IT 자원에 설정을 통해 접근하고 최소한의 관리만으로 설정을 완료하여 운영환경을 빠르게 구성할 수 있는 언제 어디서든 편리한 네트워크 접근을 지원하는 모델이다.

- 바이오 인증

지문 홍채 등 바이오 인증 기술을 결합해서 개인의 신원을 확인한다.

■ 시각적 분석

분석된 대용량 데이터들을 이해하기 쉽고 효율적으로 시각화하여 탐색 및 리포팅한다.

② Block Chain & 인공지능

■ Block Chain

규제준수 관련 문서 송부, 저장 등에 블록체인을 활용함으로써 추적하여 감사기능을 제고할 수 있다.

금융회사가 블록체인에 규제 보고서를 제출하여 기존 거래 보고를 대체하고 금융당국은 안전하고 정확한 재무감사 추적 등이 가능하다.

■ 인공지능

인간이 가진 지적 능력을 컴퓨터를 통해 구현하는 것이다. 이렇게 컴퓨터가 인간같은 지적 능력을 갖기 위해서는 훈련이 필요한데 이 훈련방법중의 하나이다.

■ 응용프로그램 프로그래밍 인터페이스(API)

금융회사는 Reg-Tech 기업을 위한 API를 개발하여 공유할 수 있으며, 금융당국은 규정 준수 보고서 제출을 위한 API 제공이 가능하다.

(3) 규제 대응 현황

기존 규제 대응 업무 영역인 Security, Compliance 및 Risk는 현재 전통적인 사람이 업무를 처리하는 방식으로 업무를 처리하여 업무효율성 및 고도화된 업무 처리가 어려운 실정이다.

구분	주요 이슈	업무시스템
Security	**금융보안 Compliance 준수를 위한 내부통제점검업무** – 사람에 의한 고전적인 방식의 점검업무 수행으로 업무 효율성 저하 **외부 보안 전문업체를 통한 보안관제 모니터링 업무** – 전통적인 정보보호시스템에 의존한 업무 수행으로 최신 해킹 공격에 대한 즉각적인 대응이 어려움 **내·외부 보안 사고 방지를 위한 정보보호시스템 운영 업무** – 정보보호시스템에 대한 개별운영으로 복합적인 최신 해킹 공격에 미흡	IT인프라 정보보호시스템 내부통제 정보보호시스템 보안관제 모니터링시스템
Compliance	**임직원 공정 업무 모니터링 점검업무** – 단수 조회 기능만 구현된 내부통제 모니터링 시스템으로 이상 행위 분석을 위한 비효율적인 업무수행	내부통제 모니터링 시스템 AML, FDS
Risk	**금융회사 전사 리스크관리를 위한 점검 모니터링 업무** – 사람에 의한 모니터링으로 업무 효율성 저하	ERMS

[표 8-3] 규제 대응 현황

2. 금융 보안 현황

대부분의 금융회사의 경우 전자금융거래를 하기 때문에 개인정보보호법, 신용정보법 이외에도 전자금융거래법의 적용에 맞게 개인신용정보를 보호하여야 한다.

(1) 전자금융거래

1) 정의

전자금융거래법에서는 전자금융거래를 '이용자가 전자금융업무(금융회사 또는 전자금융업자가 전자적 장치를 통하여 금융상품 및 서비스를 제공하는 것)를 비대면의 자동화된 방식으로 이용하는 거래'로 정의하고 있다.

법적으로 "전자금융거래"라 함은 금융회사 또는 전자금융업자가 전자적 장치를 통하여 금융상품 및 서비스를 제공(이하 "전자금융업무"라 한다.)하고, 이용자가 금융회사 또는 전자금융업자의 종사자와 직접 대면하거나 의사소통을 하지 아니하고 자동화된 방식으로 이를 이용하는 거래로 정의된다.

2) 개념 요소

전자금융거래가 성립하기 위해서는 ① 금융회사 또는 전자금융업자가 전자적 장치를 통하여 ② 금융상품 및 서비스를 제공("전자금융업무")하고 이용자가 ③ 비대면의 자동화된 방식으로 이를 이용하여야 한다.

① 전자금융

전자화폐 발행 및 관리, 전자자금이체, 직불전자지급수단의 발행 및 관리, 선불전자지급수단의 발행 및 관리, 전자지급결제대행, 결제대금예치, 전자고지 결제 등의 업무를 행하고자 금융위원회의 허가를 받거나 금융위원회에 등록을 한 사업자(금융회사 제외)를 말한다. 금융업무의 형태는 금융상품 및 금융서비스를 '전자적 장치'를 통하여 제공된다.

금융상품 및 서비스를 전자적 장치를 통하여 제공한다는 것은 이용자가 비대면으로 전자적 장치를 통하여 금융상품 및 서비스에 직접 접근할 수 있게 하는 정도에 이르러야 함을 의미한다. 단순히 전자적 장치를 금융회사 또는 전자금융업자의 업무에 활용하는 것만으로는 전자적 장치를 통한 제공에 해당되지 않는다. 예를 들면, 이용자가 금융회사 종사자와 대면하여 자금이체 지시를 한 경우에 금융회사 종사자가 거래지시 이행을 위하여 전자적 장치를 활용하는 경우, 이를 전자적 장치를 통한 제공이라 할 수 없다.

② 금융상품 및 서비스

전자금융거래법은 '금융기관' 및 '전자금융업자'만을 정의하고 '금융상품 및 서비스' 개념에 대해 별도로 정하고 있지 않다. '금융상품 및 서비스'에 대하여 다음과 같은 견해가 있을 수 있다.

> 협의의 개념 : '금융'의 개념을 중시하여 금융기관 또는 전자금융업자가 자금의 융통과 관계된 상품 또는 서비스를 제공하는 경우에 국한하는 견해
> 광의의 개념 : 금융상품 및 서비스에 대한 정의를 별도로 하지 않은 점을 감안, '금융상품 및 서비스'란 금융기관 또는 전자금융업자가 제공하는 금융 관련 상품 및 서비스 일반을 의미한다고 해석하는 견해

전자금융업무의 범위는 전자금융거래의 대중화, 다양화 및 이용자 보호 등을 고려할 때 광의의 개념으로 보는 것이 타당하다. 따라서 인터넷을 통한 신용정보, 자산보유 또는

거래내역 조회 서비스 제공도 전자금융업무에 해당하게 된다.

접근 매체는 자동화기기, 전화기 및 컴퓨터 등의 전자적 장치를 이용하기 위한 수단이며, 전자적 장치를 통하여 전자금융거래에 이용되는 경우 접근 매체의 효력이 발생된다. 예컨대 이용자가 예금통장(뒷면의 Magnetic Stripe)을 이용하여 자동화 기기에서 출금을 한 경우 예금통장은 접근 매체로 간주된다. 하지만 이용자와 금융회사(또는 전자금융업자) 간 전자금융거래계약이 체결되지 않아 전자적 장치를 통해 거래할 수 없는 예금통장의 경우 접근 매체에 해당하지 않는다(대법원 2010. 5. 27. 선고 2010도2940 판결).

③ 비대면의 자동화된 방식

- 비대면성

금융기관 또는 전자금융업자의 종사자와 직접 대면하거나 의사소통을 하지 아니하는 것이다. 전자금융거래의 준비단계에서는 요구되지 않지만, 거래단계에서는 거래지시단계 및 거래처리 단계에서 모두 필요하다. 따라서 비대면성의 판단은 거래지시의 시점을 기준으로 하여야 하며, 준비단계에서 금융기관 또는 전자금융업자의 종사자와 대면했다는 사실은 전자금융거래의 비대면성 판단에 영향을 미치지 않는다.

- 자동화된 방식

전자금융거래는 이용자가 전자금융업무를 자동화된 방식으로 이용하는 거래를 의미한다. 전자적 장치를 통하여 제공되는 전자금융업무를 금융기관 또는 전자금융업자의 종사자와 대면하거나 의사소통을 하지 아니하고 이용하는 경우, 대체로 자동화된 방식의 이용이 될 것이다. 이러한 '자동성'의 요건도 비대면성 요건과 마찬가지로 전자금융거래의 준비단계에서는 요구되지 아니하며, 거래단계에서는 거래지시단계와 거래 처리단계 전반에 걸쳐 요구된다. 따라서 단일한 거래의 거래지시는 접근 매체를 통하여 자동적으로 이루어진다. 거래의 완결과정에서 인위적인 판단이 개입하는 경우에는 전자금융거래라 할 수 없다.

만약 인터넷을 통한 대출 신청의 경우, 전자적 장치를 통하여 약관 등으로 정한 요건 심사가 자동적으로 이루어져 대출이 실행된다면, '대출'이라는 독립된 거래로서 전자금융거래에 해당하나, 단순히 신청만을 인터넷으로 접수하고 이에 대한 심사가 별도로 이루어진 후에 자금이체의 방법으로 대출이 실행된다고 하여도 이를 전자금융거래라 할 수 없다.

3) 전자금융거래법

금융회사 및 전자금융업자가 전자금융 상품 및 서비스 기획, 전산개발 및 운영, 영업점 및 콜센터 등에서 전자금융업무 수행 시 법적리스크 관리차원에서 사전숙지 및 준수하여야 한다. 전자금융거래법은 거래내용 규제내용과 사업내용 규제 내용을 포함하고 있다.

구분	내용
제1장	총칙
제2장	전자금융거래 당사자의 권리와 의무
제3장	전자금융거래의 안전성 확보 및 이용자 보호 안정성의 확보의무(제21조) 정보보호최고책임자 지정(제21조의 2) 전자금융기반시설의 취약점 분석, 평가(제21조의 3) 전자적 침해행위 등의 금지(제21조의2 4)
제4장	전자금융업의 허가와 등록 및 업무
제5장	전자금융업무의 감독
제6장	보칙
제7장	벌칙

[표 9-1] 전자금융거래법 구성체계

전자금융거래법의 거래내용 규제내용은 전자금융거래의 법률관계 명확화, 전자지급제도의 정립, 및 전자금융거래 안전성 확보와 이용자보호 등을 포함한다.

전자금융거래의 법률관계 명확화	전자지급제도의 정립	전자금융거래 안전성 확보, 이용자보호
용어정의, 적용범위 전자문서 사용 접근매체 발급, 관리 전자금융거래 효력 사고시 손해배상책임 보조업자 지위, 책임	금융회사의 전송의무 거래지시 철회시기 추심이체 출금동의 전자화폐 등 지급효력 전자화폐 등 발행, 환급 전자화폐 선불, 환급 전자채권 양도	오류정정 거래내역확인 금융위원회 안전성 기준 안전한 인증방법 거래정보 제공 제한 약관 명시 설명 분쟁처리절차 마련

전자금융거래법의 사업내용 규제내용은 전자금융업 영위에 대한 진입요건, 전자금융업 검사와 감독 및 전자금융업 건전한 발전 등을 포함한다.

전자금융업 영위에 대한 진입요건	전자금융업 검사, 감독	전자금융업 건전한 발전
전자금융업 업무범위 전자채권관리기관 최소자본금 허가, 등록요건 허가, 등록 결격사유 허가, 등록 신청, 말소	금융위원회 감독 및 검사 보조업자 간접 감독 한국은행 자료제출 요구 등 한국은행 통계 협조 청문, 허가등록 취소 합병, 폐지, 해산시 인가	회계처리(구분계리) 건전경영지도 겸업제한 적기시정조치 가맹점모집, 준수사항 전자화계 명칭 금지

전자금융거래 당사자는 금융기관, 전자금융업자, 전자금융 보조업자, 가맹점과 이용자 등이다. 금융기관은 일반 금융관련법에 의하여 인·허가를 받은 회사이고, 전자 금융업자는 전자금융업무를 영위하기 위해 금융위원회의 허가, 등록 받은 비금융회사 사업자이다.

전자금융 보조업자는 금융회사, 전자금융업자를 위해 전자금융거래를 보조하거나 일부 대행하는 자로 금융위원회가 정하는 자이다. 가맹점은 금융회사, 전자금융업자와 계약에 따라 직불, 선불전자지급수단, 전자화폐거래에 있어서 이용자에게 재화 또는 용역을 제공하는 자이고, 이용자는 전자금융거래계약에 따라 전자금융거래를 이용하는 자이다.

전자금융거래법의 하부 규정으로 금융위원회가 관리하고 있는 전자금융감독규정과 시행령이 있다. 전자금융감독규정은 이용자보호, 가맹점 보호 및 기타내용으로 구성되어 있다.

이용자보호	가맹점 보호	기타
전자금융 사고 배상책임 분쟁방지조치 정보보호 최고책임자(CISO)의 지정과 업무 사고방지를 위한 안전성 기준 준수 등	가맹점에 대한 정산의무 이행 부당계약 금지	탈세 방지 자금세탁방지 등

특히, 금융회사 책임과 관련하여 전자금융거래법과 시행령은 사고에 대한 손해배상책임을 규정하고 있다.

구분	내용	비고
전자 금융 거래법	• 접근매체 위조·변조로 발생한 사고 • 계약체결 또는 거래지시의 전자적 전송, 처리 과정에서 발생한 사고 • 전자금융거래를 위한 전자적 장치 또는 정보통신망 이용촉진 및 정보보호 등에 관한 법률 제2조제1항제1호에 따른 정보통신망에 침입하여 거짓이나 그 밖의 부정한 방법으로 획득한 접근매체의 이용으로 발생한 사고	금융회사 또는 전자금융업자의 책임(제9조)
전자금융 거래법 시행령	• 제3자가 권한없이 이용자의 접근매체를 이용하여 전자금융거래를 할 수 있음을 알았거나 쉽게 알 수 있었음에도 불구하고 접근매체를 누설하거나 노출 또는 방치한 경우	제8조(고의나 중대한 과실의 범위(제8조)

4) 종류별 안전성 기준

전자금융거래법에서 규정한 "금융위원회가 정하는 기준"에 전자금융감독규정 제8조~제37조가 해당하며 구체적인 내용은 ①인력, 조직 및 예산 부문, ②건물, 설비, 전산실 등 시설 부문 ③단말기, 전산 자료, 정보처리시스템 및 정보통신망 등 정보기술 부분, ④ 그 밖의 전자금융업무의 안전성 확보를 위하여 필요한 사항으로 정리된다.

① 인력, 조직 및 예산 부문

정보처리시스템 및 전자금융업무 개발과 운영업무를 담당하는 인력, 조직 및 예산을 통제하고 금융사고 없이(기밀성, 무결성, 가용성 보장 등) 전산시스템을 운용하는 데 필요한 인력, 조직 및 예산 관리 체계를 마련하여야 한다. 특히 정보보호위원회는 정보보호와 관련된 정책, 사업, 징계 등 정보보호와 관련된 중요한 결정을 수행하는 조직이다. 동 위원회의 결과에 대하여 최고경영자는 준수 하여야 함으로 의사 결정에 신중함이 요구되고 있다.

② 시설 부문

자연재해, 인적재해 등의 내·외부 충격으로부터 전산실을 보호하기 위한 대책이 필요하다. 건물에 관한 사항과 주요 정보가 저장되어 있는 전산실에 대한 출입 통제 및 정보처리시스템의 운영 연속성을 보장하기 위하여 부대설비를 운영하여 자연재해, 기술적 재해 등 비상사태 발생에 대비한 예방책을 마련해야 한다.

전원, 공조 등 설비에 관한 사항 및 정보처리시스템에 대한 물리적 보호를 위하여 화재, 수해 등의 재해 발생 시 업무의 연속성을 확보하기 위한 재해복구 시설 구축과 비인가자에 의한 정보처리 시스템의 접근을 방지하기 위한 전산실 보호 대책 마련이 필요하다.

③ 정보기술 부분

단말기 보호 대책으로는 정보처리시스템에 접근할 수 있는 단말기(이하 개인용 컴퓨터 포함)를 제한함으로써 비인가자에 의한 정보 유출 및 악성 코드 감염, 프로그램 변경, 불법 거래 등 방지를 목적으로 하는 단말기 보호 대책을 마련·운영을 하여야 한다.

전산 자료 보호 대책은 금융회사 또는 전자금융업자가 보유하고 있는 고객정보 등 중요정보의 외부유출 및 불법 사용을 방지하고, 정보 파괴 시 신속한 복구가 가능하도록 대책을 수립하며, 사고 발생 시 추적이 용이하도록 정보처리시스템 접속 및 이용자정보 조회 로그 등 정보처리시스템 가동기록을 유지하여야 한다.

정보처리시스템 보호 대책으로는 정보처리시스템이 정상적으로 안전하게 운영되고 장애 발생시 신속하게 복구 및 정상 가동되는데 필요한 대책 수립이 필요하다. 비중요 정보처리 시스템의 지정은 금융회사 및 전자금융업자의 경우 클라우드 컴퓨팅 등을 이용하기 위하여 고유식별정보 및 「신용정보의 이용 및 보호에 관한 법률」에 따른 개인신용정보를 제외한 정보를 처리하는 시스템을 비중요 정보처리시스템으로 지정할 수 있다.

해킹 등 방지대책으로는 인터넷 등 공개된 외부 통신망과 접속되는 내부 정보통신망 및 정보처리시스템을 해킹 등 전자적 침해 행위로부터 보호하기 위하여 침입차단시스템 등 정보보호시스템을 설치하고, 침해행위 발생 즉시 침해 사실을 탐지하여 대응할 수 있도록 대응 체계를 구축해야 한다.

악성 코드 감염 방지대책으로는 악성 코드(Malicious Code)의 경우 컴퓨터에서 사용자의 허락 없이 스스로를 복사하거나 변형한 뒤 정보유출, 시스템 파괴 등의 작업을 수행하여 사용자에게 피해를 주는 프로그램으로 웜, 바이러스, 트로이목마, 스파이웨어, 애드웨어, 루트킷 등이 있다.

　홈페이지 등 공개용 웹서버 관리대책은 공개용 웹서버의 경우 외부 이용자에게 홈페이지 및 업무서비스를 제공하기 위해 운영되므로 내부 서버와 달리 외부로부터 접근이 허용되므로 보안상 취약점을 이용한 해커의 공격에 취약하여 이에 대한 보안 조치가 필요하다.
　IP주소 관리대책은 IP의 경우 외부에서 해킹 시 가장 먼저 필요한 정보이므로 내부 IP는 외부에 노출되지 않도록 하여야 한다. 즉, 외부 접속용 IP는 공인 IP 체계, 내부 IP는 사설 IP 체계를 사용하고 NAT4 (Network Address Translation)기능을 이용하여 IP를 관리를 해야 한다.

　정보기술 부분 내부통제 관련해서는 정보화의 경우 많은 투자비용이 소요되고, 전산화 방향이 금융회사 및 전자금융업자의 경영전략에 부합되지 않을 경우에는 대외 경쟁력을 상실하게 될 뿐만 아니라 기 투자된 비용을 회수하기가 곤란하여 예산 낭비를 초래하므로 이를 방지하기 위해 적절하고 타당한 장·단기 계획을 수립하여 정보화 추진해야 한다.
　정보보호교육에 관련하여 정보보호를 위해 가장 중요한 것은 임직원의 보안인식이므로 보안인식 강화를 위해 매년 임직원에 대한 정보보호 교육계획을 수립하여 시행하는 것이 필요하다.

　정보처리시스템 구축 및 전자금융거래 관련 사업 추진으로는 대규모 IT 사업 추진 시 불필요한 투자 결정 및 과잉 중복투자 방지를 위하여 금융회사 또는 전자금융업자의 장기 발전방향, 금융환경의 변화 등을 반영하여 타당성 검토 및 효과 분석을 실시하고 그 결과를 전산운영위원회의 승인을 받아 IT 사업 추진의 효율성 확보 및 투명성 제고가 필요하다.

정보처리시스템 구축 및 전자금융거래 관련 계약은 정보처리시스템 도입, 구축, 운영 및 전자금융거래 관련 계약 시 명확한 기준 없이 당사자 간에 계약이 체결되는 경우, 불필요한 비용 지출 또는 비용의 과잉지출 등으로 손실이 발생할 수 있으므로 업체선정을 위한 객관적이고 합리적인 기준을 마련하여 계약의 투명성 및 공정성 확보하여야 한다.

정보처리시스템 감리는 정보처리시스템 구축 및 관련 프로젝트 수행에 있어 안전성 및 효율성 향상을 위하여 전산감리 대상, 감리인 자격, 감리절차 등에 대한 실현 가능한 합리적인 자체 기준을 수립하여 이행하여야 한다.

비상대책은 정보처리시스템의 장애, 사고, 재해, 파업 등으로 인한 중단 사태에 대비하여 업무 지속성 확보방안이 마련될 수 있도록 비상대책을 수립하고 이에 대한 정기적인 훈련을 실시해야 한다.

전산원장 통제로는 전산원장의 경우 금융회사의 가장 중요한 정보로 고객 본인의 정상적인 거래 시에만 변경되어야 하나 프로그램 오류, 거래오류, 시스템 장애 등으로 인하여 변경이 불가피한 경우에는 엄격한 통제절차에 의하여 변경이 이루어지도록 하고 사후 철저한 검증 실시해야 한다.

거래사고를 위한 거래통제는 일정 금액 이상의 고액인출, 각종 사고신고, 계좌 일괄조회, 정정거래 등 사고위험도가 높거나 이상 거래의 개연성이 있는 업무에 대해서는 업무 담당자가 단독으로 처리할 경우 사고 위험이 높으므로 책임자가 정보처리시스템에 의하여 실무자가 확인된 결과를 재확인하고 처리해야 한다.

전산프로그램 통제는 전산 업무처리의 근본으로 이에 대한 관리 및 변경은 신중하게 통제되어야 하며 특히, 보유 프로그램 목록 관리, 프로그램 변경 및 접근 통제 실시해야 한다.

배치작업(일괄작업)에 대한 통제는 하나의 프로그램에 의하여 대량 자료가 변경되기 때문에 데이터의 무결성·신뢰성·정확성을 유지하기 위하여 작업처리에 대한 철저한 통제를 실시해야 한다. (일괄작업으로 전산원장을 변경하는 경우에도 규정 제27조 준수 필요하다.)

암호프로그램 및 키 관리 통제로는 암호프로그램과 암호키가 유출될 경우 금융거래에서 가장 중요한 고객정보인 주민번호, 계좌 비밀번호, 일회용비밀번호 등의 유출 사고로 이어질 수 있으므로 일반프로그램보다 더욱 철저히 관리하여야 한다.

(2) 금융회사 보안 실무

1) 개인신용정보 Life-Cycle 관리

금융회사는 안전한 개인(신용)정보 관리를 위해 관리적, 기술적, 물리적 보호조치를 마련하여 적용하고 있다.

관리적 대응방안	개인정보보호 조직 구성 - 개인정보보호 책임자 및 개인정보 보호담당부서 지정 개인정보보호 관련 정책 수립 - 내부관리계획, 개인정보처리방침 등 수립, 운영 개인정보 위탁업체 관리 - 연 2회 주기적 점검을 통한 관리 감독 수행 개인정보보호 교육 관리 - 온라인 및 오프라인 교육 수행

기술적 대응방안	개인정보처리시스템 설계 및 구현 시 기술적 보호조치 – 시큐어코딩, 보안성 검토 수행 개인정보 안전성 확보조치 준수 – 개인정보 암호화, 정보시스템 접근통제 실시 개인정보보호를 위한 보안 솔루션 구축 및 운영 – 침입차단시스템, 암호통신장비 등
물리적 대응방안	개인정보 보관 물리적 장소(전산실, 문서고 등) 출입통제 보조저장매체 반/출입 통제 – DLP, 보안USB 등 운영

또한 개인신용정보는 Life-Cycle별로 관리하고 분석하여 보호를 하고 있다.

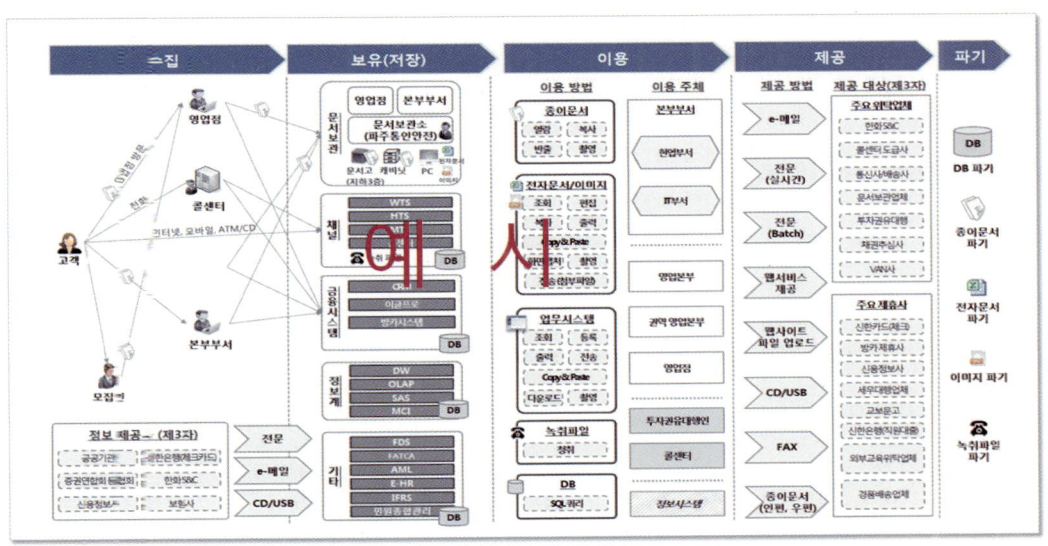

[그림 8-1] 개인신용정보 Life Cycle 분석도
출처: ㅇㅇ투자증권

금융회사에서 관리하는 개인신용정보 Life Cycle 분석도는 다음과 같다.

제8장. 금융 보안 475

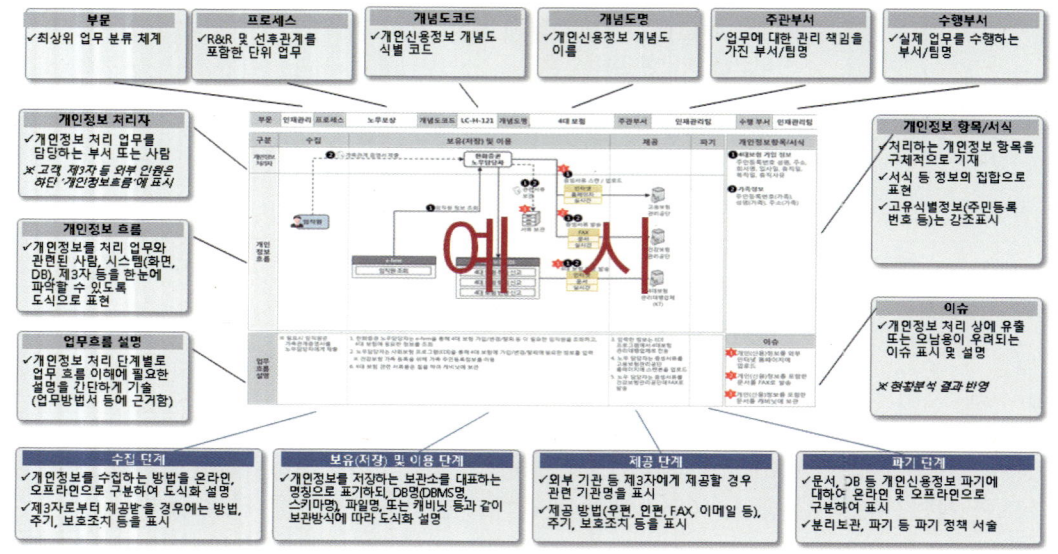

[그림 8-2] 개인신용정보 Life Cycle 분석도
출처: ㅇㅇ투자증권

2) 정보보호 관리체계

① 조직구성

보안점검 및 보안통제, ISMS 관리의 원활한 업무 수행을 위해 금융 정보보호 거버넌스 체계를 기반으로 R&R 및 프로세스를 수립하고, 매년 외부보안 전문업체를 통한 수준 측정 및 개선을 진행하고 있다.

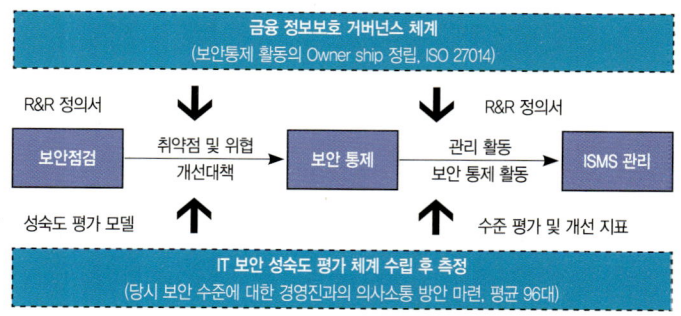

[그림 8-3] 관리적 보안 업무 아키텍처
출처: ㅇㅇ투자증권

금융회사는 정보보호관리체계를 구축하여 체계적으로 정보보호업무를 수행하고 있으며, 정보보호조직과 IT보안운영 조직 간의 상호 견제가 가능한 형태로 구성되어 있다.

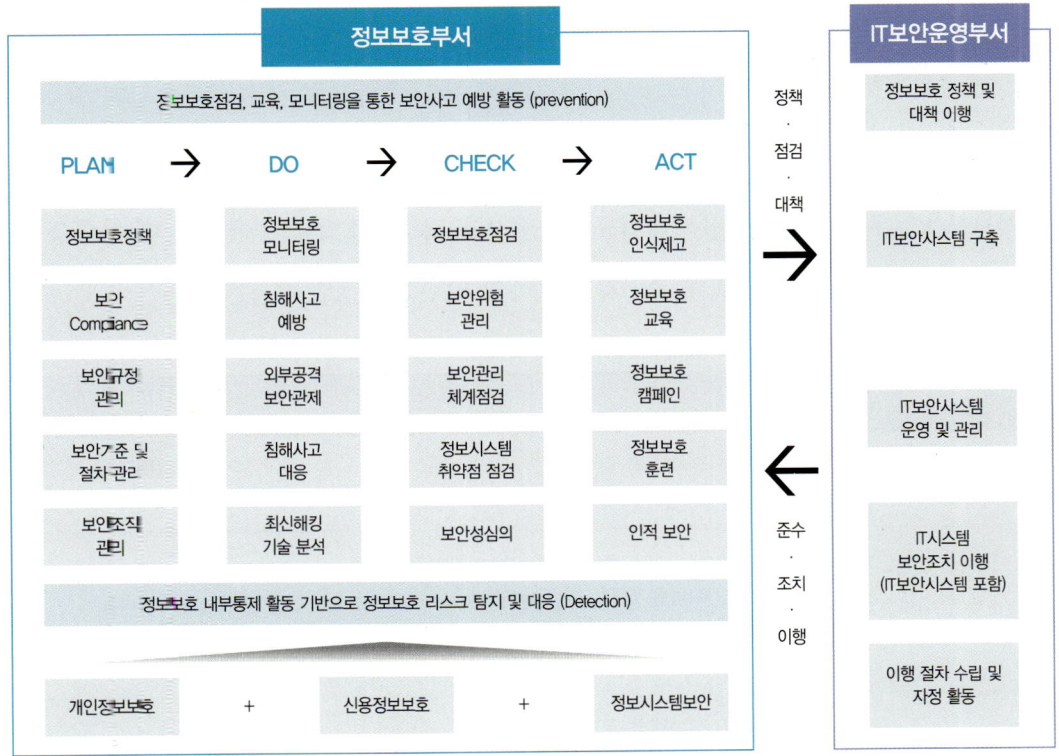

[그림 8-4] 정보보호부서와 보안운영부서
출처: ㅇㅇ투자증권

② 정보보호업무

정보보호업무 관련 법규에는 「금융회사 정보기술 부문 보호업무 이행지침」에서 IT정보보호 업구를 정의하고 있고, 「전자금융감독규정」에서 정보보호 인력에 대한 직무분리 사항을 규정하고 있다.

금융감독원 금융회사 정보기술 부문 보호업무 이행지침	
취약점 분석·평가 및 그 이행 계획 수립 및 시행 내부 정보보호 정책 수립 및 정보보호 관련 규정·지침 제·개정 정보보호 아키텍처 유지관리 모의해킹, 디도스 대응훈련 등 비상대응훈련 계획 수립 및 실시 IT 내부 통제(법규준수 포함) 관리	정보보호 교육 계획 수립 및 교육 실시 전자금융 및 정보기술부문 관련 보안성 검토 전자금융 관련 정보보호 대책 수립 및 시행 침해시도에 대한 실시간 보안 관제 및 통합보안관제시스템 운영 외부 직원 출입 통제 및 노트북, USB 등 반출·입 통제 〈이하 생략〉

정보보호업무에는 전자금융거래법규, 개인(신용)정보보호법규 등에서 정한 사항을 준수하면서 보안사고 예방을 위해 총 6가지 분야의 업무로 구성할 수 있다.

업무구분	주요내용	관련 규정
정보보호 정책 수립	• 정보보호 정책수립 및 운영 • 개인정보내부관리 계획 수립 및 운영	전자금융감독규정, 신용정보보호법
정보보호 내부통제	• 자체 보안성심의및 IT보안 내부통제 점검 • 법정보안 취약점 점검 • 공개용웹서버보안취약점 점검 • 최신 해킹기술 기반 모의해킹 점검	전자금융감독규정
침해사고 대응	• 24 x 365 정보보호 관제체계 운영 • 침해사고 대응 모의훈련	정보통신기반보호법
정보보호시스템 운용관리	• 정보보호 시스템 설계 및 구축 • 정보보호 시스템 정책 관리 및 운영(16종)	전자금융감독규정, 개인정보보호법, 정보통신망법
정보보호 인식제고 활동	• 임직원 및 외부업체 정보보호 교육 실시 • 정보보호 보안침해사고 사례 전파	전자금융 감독규정
개인정보보호 업무	• 개인(신용)정보보호법 상 규제 이행 방안 수립 • 개인정보보호를 위한 관리적, 기술적, 물리적 • 안정성 확보조치에 대한 점검 및 대책 수립	개인정보보호법, 신용정보보호법, 정보통신망법

[표 8-4] 정보보호업무
출처: ∞투자증권

- 정보보호 인력의 인적 규제

    정보기술(IT)을 행하는 정보기술 부문인력과 정보보안 사고를 방지하기 위한 수단을 강구하는 정보보호인력은 분리하도록 전자금융감독규정에서 정하고 있다.

    금융회사는 회사 총 인력대비 5% 이상의 정보기술 인력을 유지하여야 하고, 정보기술 인력대비 5% 이상의 정보보호 인력을 보유하도록 전자금융감독규정은 정하고 있다.

    *정보기술부문 인력은 총 임직원수의 100분의 5 이상, 정보보호인력은 정보기술부문 인력의 100분의 5 이상이 되도록 할 것

- 정보보호위원회와 개인정보보호위원회 제도

    정보보호위원회는 정보보호기술 및 전자금융거래의 안정성에 관한 계획 및 대책 심의 업무를 담당하고, 개인정보보호위원회는 개인정보보호 기술 및 전자금융거래의 안정성에 관한 계획 및 대책 심의업무를 담당한다.

구분	내용
정보보호/보안 (CISO업무)	CISO 정보보호팀
정보보호위원회	정보보호기술 및 전자금융거래의 안정성에 관한 계획 및 대책 심의
개인정보보호위원회	개인정보보호 기술 및 전자금융거래의 안정성에 관한 계획 및 대책 심의
개인정보보호 (CPO 업무)	CPO 컴플라이언스팀
시스템도입 주관 부서 (CIO 업무)	BT지원실 BT기획팀, 개발팀, 운영팀

[표 8-5] 위원회 제도
출처: ㅇㅇ투자증권

- 관리적 보안 내부통제 업무

    관리적 보안내부통제의 목적은 체계적인 보안위험관리를 통해 잠재위험으로 발생할 수 있는 규제 위반 및 보안 사고에 대한 재무적, 비재무적 손실을 최소화하는 것이다. 관리적 보안 내부통제 업무는 보안점검을 통해 위험을 사전에 탐지하고, 이를 기반으로 한 보안통제 활동으로 교정 조치 후 최종적으로 정보보호관리체계(ISMS)를 적용한다. 관리적 보안 내부통제 업무는 체계적인 보안위험 관리를 위해 보안점검, 보안통제, 정보보호관리체계(ISMS) 관리 업무로 구성된다.

업무		정의	효과	수행 전략
탐지활동	보안점검	최신 해킹 기술 및 보안 이슈를 기반 보안 점검	IT 보안취약점 사전조치를 통한 IT보안위험 관리	자동화 취약점 점검솔루션을 통한자체 점검 체계 구축 최신 해킹기술 사고 대응을 위한 전문 기관과협조체계 구축
교정활동	보안통제	보안 점검에서 도출된 위험을 관리하기 위한 통제체계 구축 및 모니터링	도출된 보안 위험 및 활동에 대한 자정 활동	법정 보안점검 활동 결과 및 최신 보안 Compliance를 기준으로모니터링 체계 수립
종합관리	ISMS	종합적인 보안위험 관리 및 인증 유지를 위한 관리	국내 표준 기반으로 종합적인 보안 위험관리 및 규제 준수	보안 점검 및 통제 활동을 기반으로 관리체계 점검 및 개선

[표 8-6] 관리적 보안 내부통제업무
출처: ㅇㅇ투자증권

관리적 내부통제 업무를 수행하는 업무 수행절차는 다음과 같다.

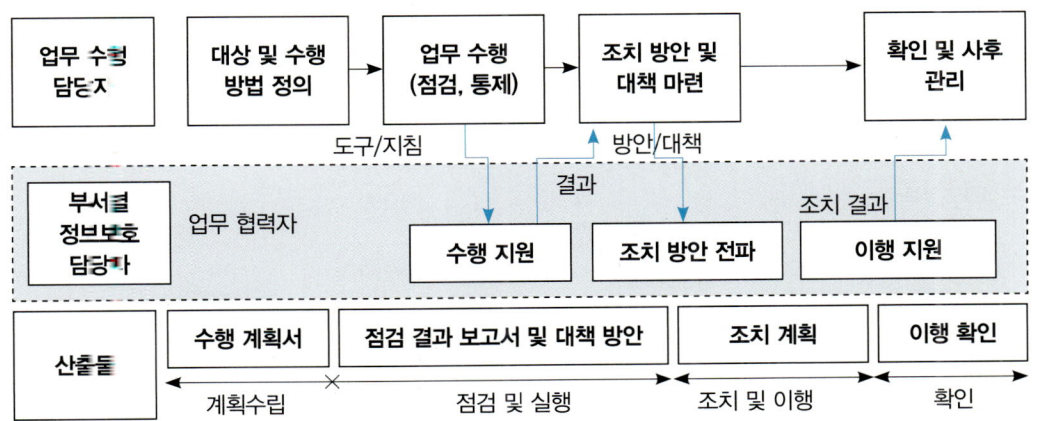

[그림 8-5] 업무 수행 절차
출처: ㅇㅇ투자증권

금융회사의 연중 고정 보안 점검 업무는 7가지 종류가 있으며, 이 이외에도 필요에 따라 이벤트성 점검 업무를 수행하고 있다.

구분	공개용 웹서버 보안 점검	정보 보호 관리체계 점검	전자금융 기반시설 취약점분석평가	IT보안 컴플라이언스 점검	정보 보호 점검의 날	IT외부 주문보안 점검	최신 모의해킹 점검
대상	홈페이지 HTS MTS	홈페이지 HTS MTS	전자금융 기반시설/ 全IT시스템	금융IT 보안 관련 법규 및 제도	전자금융 업무	IT외부 주문업무	내/외부 시스템
내용	기술적 보안	관리적 보안 기술적 보안 물리적 보안	관리적 보안 기술적 보안 물리적 보안	관리적 보안 기술적 보안 물리적 보안	관리적 보안	관리적 보안	최신해킹 기술 사고방지 점검
항목	28개	104개	286개	N/A	37개	13개	N/A
수행방법	외부기관 합동점검	외부기관 합동점검	외부기관 합동점검	외부기관 합동점검	자체점검	자체점검	외부기관 합동점검
수행주기	반기	연간	연간	연간	월간	일간	연간
일정	2월/7월	8월	9월	10월	매월 첫 주	매월 첫 주	10월
관련법규	전자금융 거래법	정보통신망법	전자금융 거래법	전자금융 감독규정	전자금융 감독규정	전자금융 감독규정	N/A

[표 8-7] 연간 보안점검 업무
출처: ㅇㅇ투자증권

금융기관에서 수행하는 정보보호시스템/솔루션 구축 및 운영 업무와 관련한 정보보호 시스템 및 솔루션 구축 현황은 다음과 같다.

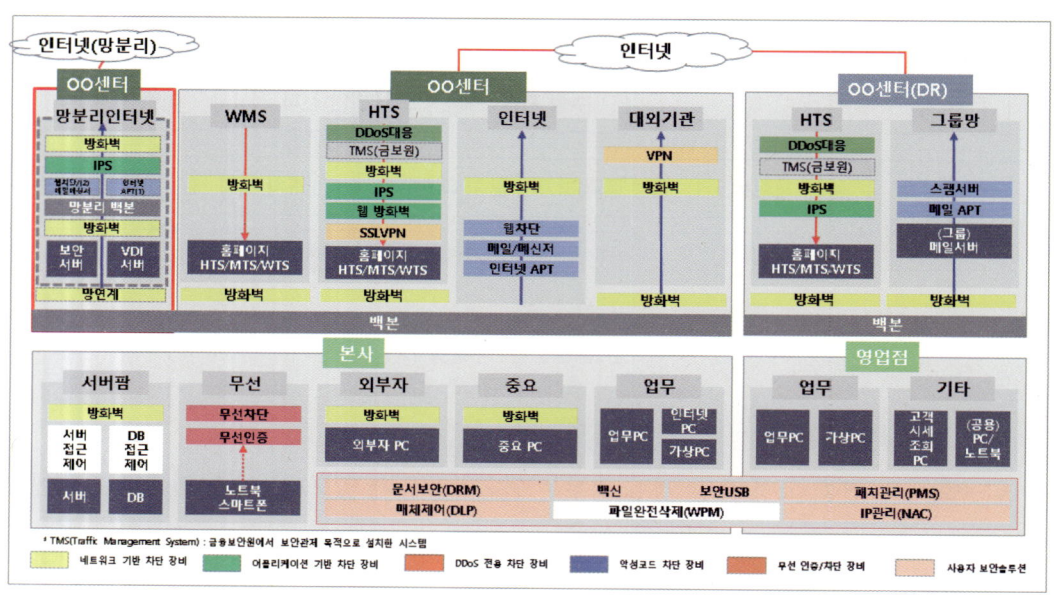

[그림 8-6] 정보보호시스템 및 솔루션 구축 현황
출처: oo투자증권

금융회사에서 수행하고 있는 정보보호시스템은 외부 4종, 내부 11종, 악성코드 대응을 위해 4종을 구축하여 운영하고 있다.

정보보호		솔루션				
외부 보안위협 (DDoS, 취약점 공격)	원격보안관제 (금융보안원, KT, 보안관제업체)	DDoS대응장비	침입차단시스템 (Firewall)	침입방지시스템 (IPS)	웹 응용프로그램 침입차단 (WAF)	
내부 보안위협 (정보유출, 보안정책 위반 등)	내부보안관제 (자체대응)	문서보안(DRM)	매체제어(DLP)	망간 자료전송	보안USB	
		메일/메신저 로깅	유해사이트 차단	무선침입 방지시스템 (WIPS)	가상 사설망 시스템 (VPN)	

	연계 분석 대응	패치관리시스템(PMS)	네트워크 접근통제(NAC)
	중요정보 파일 삭제	파일 완전삭제 솔루션	
악성코드 보안위협	Group 통합관제 (APT공동대응)	APT 대응장비	메일APT 대응장비	스팸 메일 차단시스템	안티바이러스

[표 8-7] 정보보호시스템 현황
출처: ○○투자증권

- 침해사고 대응 및 보안관제 업무

금융회사는 외부 전자적 침해와 내부 정보유출 등 내외부 보안위협의 사전 예방을 위한 관제체계를 24X365로 운영하고 있다.

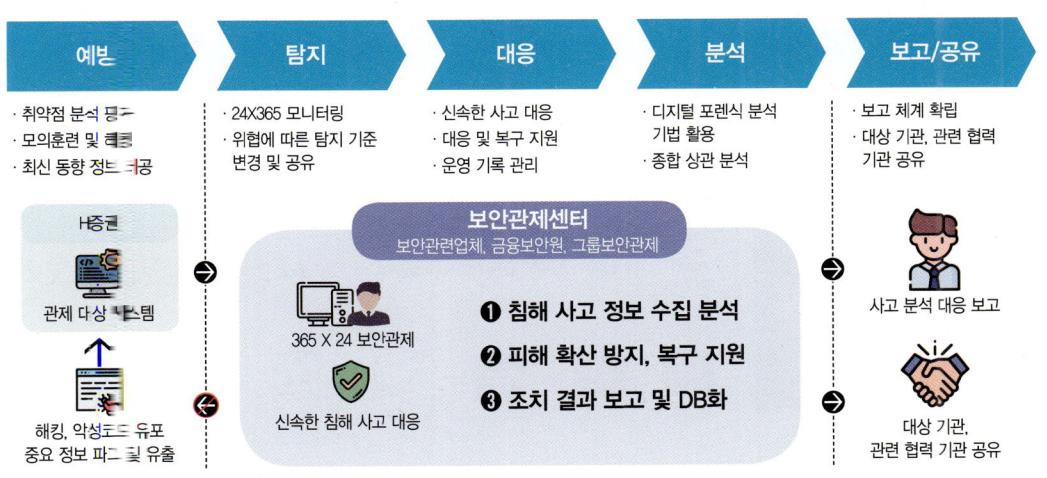

[그림 8-7] 침해사고 대응 및 보안관제 업무
출처: ○○투자증권

금융회사는 침해사고 발생시 위기대응행동매뉴얼 상의 위기관리체계 조직 구성에 따라 침해사고 대응팀을 구성하고, 정보보호관제체계를 수립하여 침해사고 분석 및 대응한다.

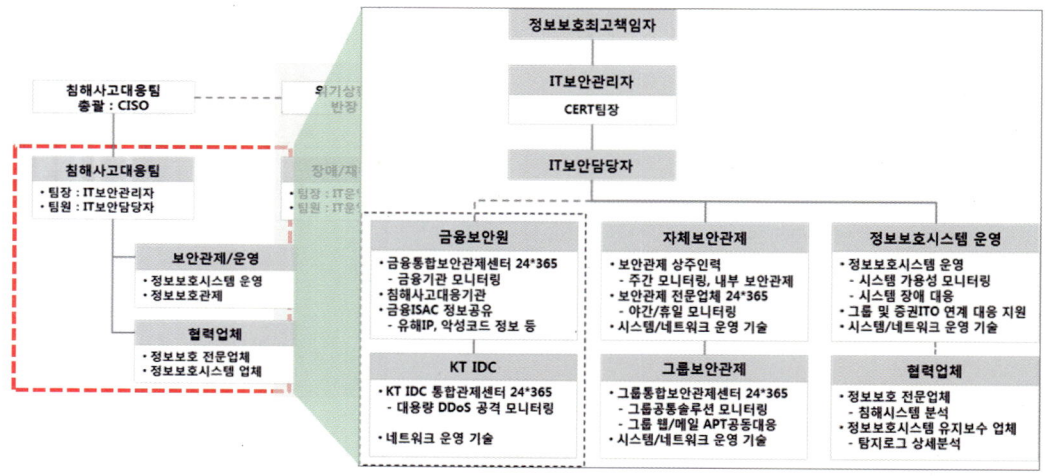

[그림 8-8] 위기관리체계
출처: ○○투자증권

금융회사는 보안관제 전문 업체를 통해 보안 위협관리 및 침해사고 대응에 대한 효율적인 보안대응 체계 수립하고, Hybrid 방식의 (원격+파견 관제) 관제 체계를 구축하여 운영한다.

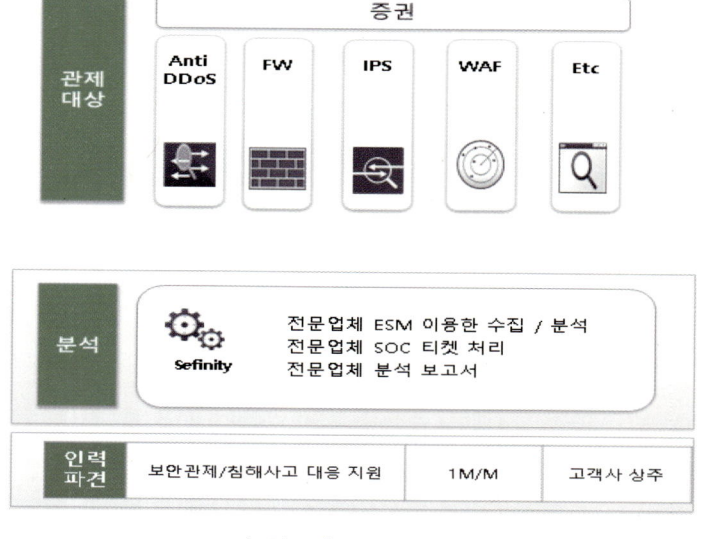

[그림 8-9] Hybrid 관제체계
출처: ○○투자증권

구분	수행내역
침해위협 예방	• 다양한 위협 정보 분석/제공 • 외부자 관점 Open Port 점검
침해 위협 탐지 및 대응	• 24X365 보안 관제 지원 • 보안 장비 이벤트 모니터링 • 침입시도 분석 및 대응 서비스
침해사고 분석.대응	• 24X365 발생시 즉시 지원인력투입 • 원인파악 및 침해경로 분석 (포렌직) • 프로세스 및 절차를 준수한 체계적 대응 • 재발방지 대응책 제시
보안기술지원	• 시스템/서비스 환경에 맞는 시그니처 최적화 • 보안시스템 유지보수 및 기술지원
정보 제공 활동	• 정기보안 동향 및 침해사례 정보 제공 • Zero Day 취약점 등 고급 보안 콘텐츠 정보 제공
인력 파견	• 침입대응 후속 조치 수행 • 내부통제 시나리오 소명 절차 수행 • 내부통제 시나리오 개선

[표 8-8] Hybrid 관제 수행내역
출처: ㅇㅇ투자증권

사고 발생 시 침해위협 탐지분석대응 절차는 다음과 같다.

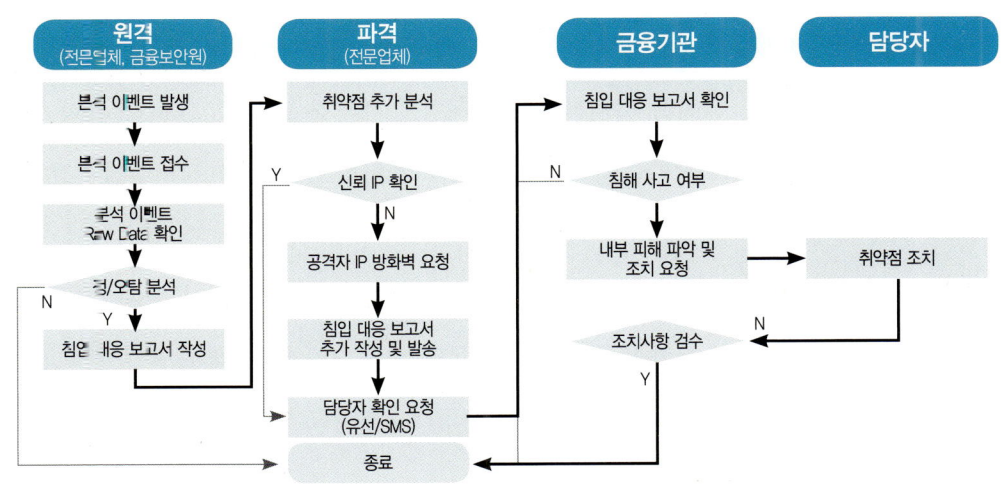

[그림 9-10] 침해 위협 탐지 분석 대응절차
출처: ㅇㅇ투자증권

3. Reg-Tech 적용과 솔루션

(1) Reg-Tech 적용분야

1) 개요

Reg-tech의 혜택을 누릴 수 있는 영역은 위험 데이터 집계 및 관리, 모델링/ 시나리오 분석 및 예측, 실시간 거래감시/보고/차단, 신원확인, 행동 및 조직문화 모니터링(내부통제), 실시간 거래업무(금융시장 거래) 및 규제환경 변화에 대한 인지 및 적용 등이다.

2) 내용

① 위험관리 및 모델링

- 위험 데이터 집계 및 관리

  자본 및 유동성 보고, 스트레스 테스트 등 대부분의 건전성 규정 준수 여부를 평가하는데 필요한 위험 데이터 범위는 광범위해지고 세분화 되었다. 그러나 보안, 정보보호 규정 등의 법적 장애와 데이터 형식의 비호환성으로 데이터를 수집·집계 및 관리하는데 한계가 존재한다.

  Reg-Tech를 이용해서 규제정보, 금융시장의 위험정보, 금융회사의 자본 등 대량의 비정형 데이터를 수집하여 규제이행 업무에 활용 가능한 형태로 분석·제공하고 안전하게 보호하는 것이 가능하다.

- 모델링, 시나리오 분석 및 예측

스트레스 테스트 및 리스크 관리에 필요한 모델링, 시나리오 분석 및 예측은 다양한 거시경제적 변수 및 위험요소가 적용되어야 하나, 현재의 수준은 변수의 범위가 제한적이고 처리시간이 비효율적이다. 머신러닝을 기반으로 대량의 위험데이터를 학습하여 최적화된 테스트 모델 및 시나리오를 생성하고 자동화함으로써 정확한 위험 분석 및 예측이 가능하다.

② 모니터링

- 실시간 거래 감시, 보고, 차단

실시간으로 거래시스템에 의해 대량 생산되는 데이터는 비정형적이고 호환성이 낮아 자금세탁 및 테러자금 조달방지를 위해 데이터를 자동으로 해석하고 차단하는데 한계가 있다. 글로벌 거래 표준시스템과 데이터 표준화가 부재인 상태이다.

머신러닝 기술 기반으로 정상 및 이상거래정보의 특징을 학습시킴으로써 이상거래 탐지를 자동화하고 클라우드 기반의 고성능 컴퓨팅 파워를 통해 실시간 감시할 수 있다.

- 신원확인

금융범죄 방지 규정(AML, ATF, KYC 등)의 이행을 위해 위험성 평가 등을 거래시점에 수행하기 어렵고 기관마다 개별 수행하는데 한계가 존재한다. 지문 및 홍채 검사, 블록체인 신원확인 등과 같은 자동화된 식별솔루션을 사용하여 KYC규정에 따라 개인 및 법인을 식별하는 것이 더 효율적이다. 금융거래의 범죄 이용 가능성을 블록체인과 머신러닝을 통해 추적 및 평가하고, 고위험 고객에 대한 신원정보 등을 클라우드 SaaS(Software as a Service)형태로 공유하여 고객 신원확인을 강화할 수 있다.

- 행동 및 조직 문화 모니터링(내부통제)

    금융기관의 내부 문화 및 행동을 모니터링하고 고객 보호 프로세스를 준수하려면 전자메일 및 통신기록과 같은 대량의 비정형 개인의 행동 데이터를 정성적으로 분석해야 한다. 데이터 마이닝과 머신러닝 기술을 통해 통화기록, 전자메일, 문서 등 비정형 데이터를 분석하고 의미를 파악하여 내부규정 위반 여부 및 범죄 연관성 등의 분석을 자동화할 수 있다.

- 실시간 거래 업무(금융시장 거래)

    금융시장 거래는 참가자가 수익성 판단, 거래 장소 및 거래 상대방 선택 등 거래 영향 평가와 같은 일련의 규제 업무를 수행해야 한다. 이러한 작업을 자동화하면 규정 준수를 보장하고 거래의 속도와 효율성을 높일 수 있다.

- 규제 환경 변화에 대한 인지 및 적용

    금융기관에 적용되는 새로운 규정을 파악하고 그 의미를 해석하여 조직 전체의 책임 단위에 규정 준수 의무를 할당하는 것은 자동화를 통해 효율성을 향상시킬 수 있다. 세계 각국의 법규와 금융회사의 자산현황 및 투기거래의 적법성을 데이터 마이닝 기술을 통해 분석하고 추가 이행사항을 제시할 수 있다.

구분	내용	주체
위험 데이터 집계	바젤 III, BCBS 239 등의 규제에 의거 금융회사가 위험 데이터 집계시 수작업에 의존하던 것을 자동화	금융회사
위험 분석 및 예측	거시 경제 변수의 급격한 변동을 가정하고 금융시스템이 얼마나 안정적일 수 있는지를 테스트	금융회사
지불거래 모니터링 및 보고	실시간으로 불법 또는 의심거래를 모니터링하여 신고 및 차단	금융회사

고객 및 법인 식별	KYC(Know Your Customer) 규제를 준수하기 위해 다양한 정보를 분석하여 고객 및 법인 식별	금융회사
내부통제	전화통화기록, 전자메일 및 전자문서 등 비정형 데이터를 분석하여 금융기관 내부직원의 행동을 모니터링	금융회사
컴플라이언스 준수	지속적으로 변화하는 규제 및 규정을 자동으로 해석하여 컴플라이언스 준수 여부 확인	금융회사 금융당국

[표 8-9] Reg-Tech 적용분야
출처: Reg-Tech 기술의 활용성 검토, 금융보안원 보안연구부 보안기술연구팀(2017.2.21.)

(2) 이슈별 Reg-Tech 솔루션

1) 개요

위험 데이터 집계 및 관리, 모델링, 시나리오 분석 및 예측, 실시간 거래 감시, 보고, 차단, 신원확인, 행동 및 조직문화 모니터링, 실시간 거래 업무(금융시장 거래) 및 규제환경 변화에 대한 인지 및 적용 등에 솔루션이 활용될 수 있다.

2) 내용

① 위험관리 및 모델링

- 위험 데이터 집계 및 관리

  데이터베이스에 cell 단위의 접근제어 기능을 통해 세밀한 데이터 보호가 가능하도록 하는 암호학(개인의 접근권한에 근거하여 특정 정보만 개인에게 제공)을 활용할 수 있다.

  금융기관과 규제기관 간 데이터 공유, 관리, 보안 및 집계 개선을 위한 블록체인이 있다.

대량의 비정형 데이터를 분석하여 필요한 정보를 추출하고 검색 등이 가능하도록 구조화하는 기계학습 및 고급 분석 기술을 사용할 수 있다.

업계 전반에 걸쳐 견고한 표준 데이터 구축을 지원하는 개방형 플랫폼 및 네트워크가 있다.

컴플라이언스 API 기술을 통해 규제 당국의 포털에 안전하게 자동으로 보고되는 온라인 데이터를 활용할 수 있다.

- 모델링, 시나리오 분석 및 예측

지속적으로 새로운 위험 데이터 및 금융시장의 변화를 학습시켜 위험 분석·예측 알고리즘을 최적화시킴으로써 정확한 위험 예측이 가능하도록 하는 기계 학습을 사용할 수 있다.

기계학습, 데이터 전송 및 저장 등 규제이행 프로세스 제어를 자동화하여 속도와 효율성을 높이고 사람의 실수를 최소화할 수 있는 로보틱스를 사용할 수 있다.

데이터의 해석을 향상시키는 최신테이터 시각화 기술 및 고급 데이터 분석을 사용할 수 있다.

② 모니터링

- 실시간 거래 감시, 보고, 차단

기존의 계층화된 거래 시스템 대신 블록체인 기술을 사용할 수 있다.

전문가 등에 의해 분석된 정상거래 및 이상거래의 특징을 학습시켜 이상거래 여부를 자동으로 분석하는 기계학습을 사용할 수 있다.

실시간 감시를 위해 고성늘 컴퓨팅 파워가 필요한 경우 클라우드 컴퓨팅 환경에서

탄력적을 시스템을 구성하여 처리할 수 있다.

- 신원확인

    블록체인은 이미 디지털 신원확인을 위한 매커니즘으로 사용되고 있으며 향후 보안 정보 공유 시스템으로 발전할 수 있다.

    비정형 데이터 처리 및 분석을 위한 데이터 마이닝, 자연 언어처리 및 시각적 분석을 통해 클라이언트 저장 공간에서 관리할 수 있는 운영 솔루션을 사용할 수 있다.

    생체인식, 사회적 검증 또는 신흥시장을 비롯한 새로운 신원확인 수단 제공이 가능하다.

- 행동 및 조직문화 모니터링

    음성, 텍스트 기능과 결합된 비정형 데이터 분석을 통해 커뮤니케이션 감시 기능을 향상시키고, 데이터의 행동 패턴을 인식하고 분석할 수 있다.

- 실시간 거래 업무(금융시장 거래)

    시장 감시를 위한 기계학습 및 예측 분석이 가능하다.

    실시간 수익성 계산, 위험관리, 컴플라이언스 모니터링, 파생상품 거래의 적정성 판단이 가능하다.

- 규제환경 변화에 대한 인지 및 적용

    규제 변화를 인지하는 규제레이더 소프트웨어를 가능하게 하는 인지 컴퓨팅/심층학습기술(딥러닝)을 활용할 수 있다.

(3) Reg-Tech 구현의 장벽과 해결책

1) 개요

규제 및 입법상의 장애, 데이터 표준화 부재, IT 솔루션 적용에 대한 규제 기한, 일부 규제 기관에서 사용하는 구형 보고 포털 및 방법, 의심스러운 거래를 식별하기 위한 분석, 규제 불확실성과 신기술에 대한 신뢰 부족, 광범위하게 보급된 Reg-Tech 솔루션의 부재, Reg-tech 개발에 필요한 규제 전문가 등 부족 및 규제 기관과 금융기관 간의 지식 공유 장벽 등이 존재한다.

2) 내용

① 규제 및 입법상의 장애

개인정보보호 및 데이터 보안 규칙과 같은 IT 및 데이터 규정은 효과적으로 정보를 공유하는데 장애가 될 수 있다.

데이터의 공유 및 사용에 대한 기존의 법적 및 규제적 장애물을 제거하는 것은 규제 당국에게 우선 순위가 되어야 한다.

② 데이터 표준화 부재

데이터 표준화가 부족하거나 주요 보고사항의 개념 정의가 명확하지 않기 때문에 위험 데이터를 자동으로 수집하는데 어려움이 있다.

데이터 표준은 데이터 정의, 표현 형식 등을 명확하게 하여 데이터 공유를 향상시키고 통합을 가능하게 한다.

전세계적으로 규제 당국과 업계가 적절하게 협의하여 데이터와 보고사항에 대한 표준을 만들어야 한다.

③ IT 솔루션 적용에 대한 규제 기한

IT솔루션을 적용, 업데이트하는데 시간이 오래 걸리므로 금융기관은 시스템을 보다 근본적으로 조격하는 대신 기존 인프라를 일부 수정하는데 그치고 있다.

규제 당국이 IT업그레이드를 위한 더 많은 시간적 여유를 주게 되면 기업들은 혁신적인 솔루션을 개발하고 구현하는데 주력할 수 있다.

④ 일부 규제 기관에서 사용하는 구형 보고 포털 및 방법

일부 규제당국은 비공식적인 보고 포털과 방식을 사용하여 비효율성을 유발하고 보고 오류를 야기할 가능성이 높다.

파일 크기 제한 없이 자동화되고 안전한 온라인 데이터 전손 메커니즘을 사용하면 규제기관과 금융기관 모두 보고의 효율성이 크게 높아질 수 있다.

⑤ 의심스러운 거래를 식별하기 위한 분석

자금세탁 방지 및 테러 자금 조달 방비(AML/ATF) 감시는 중앙 집중화로부터 이익을 얻을 것이지만 현재는 기관 단위 기준이다.

규제당국이 의심스러운 거래보고(STR) 고객 정보 및 기타 AML/ATF 관련 기타 정보 공유에 대한 현재의 장애물을 해결해야 한다.

⑥ 규제 불확실성과 신기술에 대한 신뢰 부족

변화하는 규제 환경으로 인해 향후 보고 요구사항에 대한 불확실성이 생겨 금융회사가 특정 컴플라이언스 솔루션을 선택하기 어렵다.

기존 인프라에서 Reg-Tech 또는 모든 소프트웨어 솔루션을 구입 및 구현하는데에는 일반적으로 비용이 많이 소요되므로 기관들은 투자가 장기적으로 이루어지도록 해야 한다.

⑦ 광범위하게 보급된 Reg-Tech 솔루션의 부재

Reg-Tech 시장은 널리 보급된 솔루션이 아직 없는 개발단계이다.

기업들은 회사 자체적으로 제작된 시스템에 의존해 왔기 때문에 시장에서 제공하는 소프트웨어로 변경하려면 조직 내에서 문화적 변화가 필요하다.

규제기관은 Reg-Tech 솔루션에 대한 명확한 가이드라인과 표준을 설정하여야 하고, 업계는 현업을 통해 솔루션을 설계하여야 한다.

⑧ Reg-tech 개발에 필요한 규제 전문가 등 부족

Reg-Tech 솔루션 개발을 위해 기술개발자와 규제 전문가 그룹의 지식 공유가 필요함으로 이해관계자들이 정기적으로 논의하고 잠재 표준을 만들어 갈 수 있는 네트워크가 필요하다.

⑨ 규제 기관과 금융기관 간의 지식 공유 장벽

규제 당국은 규제 아키텍처에 대한 자세한 지식과 솔루션 개발상의 어려움에 대해 기업들이 정보를 공유할 수 있도록 안전한 환경을 조성해야 한다.

(4) 해외 Reg-Tech 솔루션 사례

1) 개요

컴플라이언스, 위험 분석 및 예측, 고객신원관리, 내부통제 및 실시간 거래 감시 등에 대한 솔루션이 활용되고 있다.

2) 내용

① 컴플라이언스

유럽, 미국의 자본운영 및 투자 관련 규제준수 현황을 실시간 감시하여 규제이행 여부 등을 금융회사 또는 감독기관에 리포팅한다.

- FUNDAPPS

  2010년 영국에서 설립된 회사로 세계 각국의 법률 정보들을 독자적인 알고리즘으로 변환한다. 펀드매니저가 자산 포트폴리오 정보를 Fundapps 플랫폼에 업로드하면 포트폴리오 적법성 여부를 자동으로 판단하거나 적법한 투자를 위해서는 어떤 의무를 추가적으로 이행해야 하는지를 자동으로 판단하여 알려주는 서비스를 제공한다.

- Droit

  미국에서 파생상품의 적법성 여부를 자동화된 알고리즘을 통해 실시간으로 판단한다.

- FD-Reporting

  룩셈부르크에 소재하며 유럽의 자본 및 자산운영 관련 규제(FATCA, CRS, Sovency2, MIFID2 등)에 대한 준수 현황을 리포팅한다.

- Silvertch

  2010년 아일랜드에서 설립된 회사로 보험회사와 보험회사의 자산들을 관리·운용하고 있는 자산관리회사간의 정보 공유 플랫폼을 제공하여 Solvency II 이행을 효율화한다. Solvency II는 2016년부터 유럽에서 새롭게 시행된 보험업 적용 회계기준으로 자산과 부채를 원가가 아닌 시가기준으로 평가하게 함으로써 잠재적 리스크에 따른 자본건전성을 즉각적으로 측정할 수 있도록 하는 것이다.

이 플랫폼을 통해 자산관리회사는 보험사의 정보 및 포트폴리오 조정 요구에 신속하게 대응 가능하며, 보험사는 여러 곳에 흩어져 있는 자산 정보를 한 번에 파악이 가능하다. 보험사와 자산관리업자의 자산운용이 Solvency II에 어긋나지 않도록 포트폴리오를 자동으로 조정해 주기도 한다.

- Vizor

아일랜드에서 웹 및 실시간 검증 기술을 기반으로 금융회사의 규제준수 여부를 리포팅하여 금융회사의 자체 점검과 감독기관의 감독 업무를 지원한다.

- Digital Reasoning[3]

금융회사에게 임직원 행위 및 영업모니터링 솔루션을 제공한다.

금융회사 관련 임직원 행동관찰(Conduct Surveillnce), 고객 인사이트(Customer Insights), 음성 관찰(Voice Surveillance) 등 3개의 모니터링 솔루션을 제공한다.

행동 관찰과 음성관찰 모니터링을 통해 임직원 행위 및 영업 모니터일에 활용한다. 행동관찰은 텍스트 및 음성을 포함하는 의사소통 데이터분석을 통해 사전에 위험을 찾아내고 선제적 완화 조치를 수행하며 음성 관찰은 음성 분석특화내용을 활용한다.

특히 AI 즉 Machine Learning과 Natural Language Understanding을 통해 의사 소통을 분석하는데 단순히 rule engine 솔루션과 차별되고, 단순히 몇 개의 지정된 단어가 e-mail 등에 포함되면 적출하는 수준을 넘어서 문장 전체적인 의미와 의사소통 대상 간 관계를 모두 고려하는 특징을 가지고 있다.

---

3) 권홍진, 해외 Reg-Tech 회사 및 솔루션, 준법감시협의회 Reg-Tech의 도입 필요성 및 구현에 대한 연구 발표 자료, 2019. 6

- NEX Regulatory Reporting[4]

영국 Abide Financial이 개발한 감독당국 보고 솔루션이다. NEX Group의 주요 솔루션은 NEX Optimisation의 일부이며 헤지펀드 포트폴리오 관리 등 다양한 기능을 제공하며 BNP Paribas, Jupiter Asset Management를 포함한 280여개 금융회사가 이용중이다.

유럽, 호주, 싱가포르 등 다양한 규제환경에서 보고서비스를 제공하고 있으며, 클라우드 기반의 Reporting Hub를 통해 각종 기능을 제공한다. 금융회사가 Reporting Hub에 데이터를 전송하거나 금융회사 데이터 베이스와 Reporting Hub를 직결하여 분석할 데이터를 적재하고, 데이터 취즉, 검증, 보고의무 해당 여부 판별, 보고 연기 또는 공시 제외 여부 관리, 데이터 발송, 조정 등의 데이터 작업과 보고서 작성을 병행하고 있으며, Reporting Hub와 금융회사 DAB가 직결될 경우 데이터가 실시간 전송되어 중간 데이터 처리작업 및 각종 감독기관 보고가 자동으로 수행된다. 또한 GUI를 통해 리포팅 관련 통계를 간편하게 확인할 수 있도록 하고 있다.

특히 NEX Regulatory Reporting은 서비스가 클라우드 기반으로 이루어진 점이 강점이다. London Stock Exchange Group의 UnaVista 등은 완전한 클라우드 기반이 아니고, EMIR 도입으로 금리스왑, 외환, 지분증권 등 모든 파생상품의 매매내역이 거래저장소에 저장되어야 하는데, NEX Regulatory Reporting은 거래저장소를 Amazon Web Services를 활용하여 클라우드에 설치하는 장점이 있으며 IT유지, 보수, 개선 등의 작업을 Amazon Web Services에 위탁함으로써 운영 안정성, 신규 하드웨어 도입 등에 대한 대응력과 보안성을 제고하고 있다.

- ComplyAdvantage[5]

2014년부터 자체 실시간 AML 데이터베이스를 기반으로 솔루션을 제공하고 있다.

---

[4] 권흥진, 해외 Reg-Tech 회사 및 솔루션, 준법감시협의회 Reg-Tech의 도입 필요성 및 구현에 대한 연구 발표 자료, 2019. 6
[5] 권흥진, 해외 Reg-Tech 회사 및 솔루션, 준법감시협의회 Reg-Tech의 도입 필요성 및 구현에 대한 연구 발표 자료, 2019. 6

국내외 제재 · 감시목록, 정치적 노출인물, 부정적인 미디어(adverse media)정보를 실시간 수집하여 AML 데이터베이스를 구축하고 업데이트한다. AML 데이터베이스를 바탕으로 계좌개성(onbording)시 고객 스크리닝 및 고객 정보 변동 시 알림, 실시간 거래 스크리닝 및 제한, 의심행위 실시간 · 자동 식별, 조사, 대응 서비스를 제공한다.

AML데이터베이스는 200개 이상의 국가에서 10,000개 이상의 출처를 실시간 모니터링하며, 국제기구 및 주요국의 제재 · 감시목록과 인터폴 및 각국 경찰 수배 · 제재목록, 각국 정부 · 규제 당국 등의 제재 · 감시목록을 실시간 수집한다.

200개 이상 국가의 정치적 노출인물과 인맥, 가족관계 등에 대해 웹 크롤링과 머신러닝을 활용하여 수집하는데 프로그램을 통해 수집된 정보는 AML 리스크 판단 전문가들의 이차적인 분류를 거쳐 데이터베이스에 등재되고, 부정적인 미디어는 신문, 온라인 뉴스 등 전통적인 데이터 소스뿐만 아니라 블로그, 웹페이지 등 비전통적인 데이터소스로 부터도 수집한다.

AML 데이터베이스를 기반으로 ① 계좌개설시 고객 스크리닝 및 고객 정보 변동시 알림, ② 실시간 거래 스크리닝 및 제한, ③ 의심행위 실시간 · 자동 식별 조사, 대응 서비스 등과 같은 솔루션을 제공한다.

❶ 계좌 개설시 스크린

제재 · 감시목록, PEP 등 스크리닝 하고자 하는 리스크 유형을 선택한다.
스크리닝을 원하는 고객 정보를 입력한다.
검색 결과 검토 후 추가 정보가 필요하다고 판단될 경우 부정적인 미디어 정보 등을 활용하여 조사한다.
고객 정보 변동시 API 또는 이메일을 통해 알림 서비스를 제공한다.

❷ 실시간 거래 스크리닝 및 제한

제재 · 감시목록, PEP등 스크리닝 하고자 하는 리스크 유형을 선택한다. 각각의 리스크 유형 및 정도에 따라 거래를 스크리닝/제한하는 Rule 엔진을 설정한다.

❸ 의심행위 실시간 · 자동 식별, 조사, 대응 서비스

실시간 거래 스크리닝 및 제한 서비스와 유사하게 작동하며, 거래 기록에 대해 AML 리스크 분석하고 사후 관리할 수 있도록 하는 서비스를 제공한다.

❹ 고객사에 API 제공

내부 IT시스템에 자사 AML DB 및 솔루션을 보다 쉽게 적용하게 한다.

❺ AML DB검색시 퍼지 검색(fuzzy search)기능 제공

AML 위험 요인을 식별하지 못하는 위음성 가능성과 수작업이 요구되는 위양성 결과를 동시에 감소시키고 인터넷 검색, 개별 검색 엔진이 아닌 광범위한 데이터 소스를 실시간 크롤링하는 형태로 부정적인 정보 DB가 비교적 넓은 편이다.

- ClauseMatch[6]

기업의 기록 유지와 조합, 수정, 보관 관련 솔루션을 제공하는데, Barclays Accelerator프로그램과 Accenture Fintech Innovation Lab에서 각각 2014년, 2016년에 졸업을 하고 Barclays 등 여러 금융회사에서 사용되고 있으며 FCA에서도 지원 솔루션 후보군으로 포함되어 있다.

ClauseMatch 솔루션의 기능은 ① 기업들이 파일, 이메일, 서류를 단일 플랫폼에서 조합하고 수정, ② 기업들이 그들의 기록에 만들어지 모든 변화에 대한 Audit Trail을 유지하는데 지원 등이다.

---

[6] 권홍진, 해외 Reg-Tech 회사 및 솔루션, 준법감시협의회 Reg-Tech의 도입 필요성 및 구현에 대한 연구 발표 자료, 2019. 6

Clausematch의 장점은 규제변화 관리프로세스를 자동화하고, Workflow를 구조화하고 운영 효율성을 증대하며, 포괄적인 Audit Trail유지를 통해 책임감, 투명성, 정부서류 검토에 대한 준비성, 내부통제와 적용 가능 규제와의 연관성 등을 강화할 수 있다는 점이다.

② 위험 분석 및 예측

금융시장정보, 자산 및 투자정보 등을 분석하여 위험 예측 및 자본 건전성 평가를 위한 스트레스 테스팅 시나리오를 설계한다.

- AlgoDynamix

영국회사로 글로벌 금융시장에서의 중요 사건 탐지 및 가격 변동 예측을 통한 위험을 분석한다.

- Corlytics

미국회사로 2009년 이후 미국 금융회사들의 규제 위반에 따른 벌금 DB를 구축 및 활용하여 금융회사의 금융 규제위반에 따른 위험분석 및 대책을 제공한다.

- OSIS

네덜란드회사로 신용 위험 분석, 자본의 건전성 검토 및 스트레스 테스팅 시나리오를 설계한다.

③ 고객 신원관리

KYC, AML 등을 위한 고객 개인정보 관리 및 신원확인과 개인정보이용 동의서 작성 및 관리서비스를 제공한다.

- Trulio

    캐나다 회사로 개인정보(여권, 휴대폰 번호, 공과금 납부 기록 등) 수집·분석 기반의 실시간 신원 확인 및 인증을 통해 AML 및 ATF 등에 위배되는지를 판단한다.

- KYC Exchange Net

    스위스회사로 금융권의 KYC 등을 위해 안전한 통신 표준 플랫폼을 개발한다.

- Trunomi

    미국회사로 안전한 개인정보 이용 동의서 작성 · 관리 솔루션을 제공한다.

④ 내부통제

내부 조원의 이메일 등을 분석·감시하여 내부규정 및 법규위반 여부를 검토한다.

- Behavox

    영국회사로 내부통제를 위해 직원의 행위를 감시하고 위험 수준을 점수화한다.

- Checkrecipient

    영국회사로 이메일 데이터를 분석하여 잘못된 수신자로의 이메일 전송 등 비정상적인 이메일 송·수신을 자동 탐지한다.

⑤ 실시간 거래 감시

실시간 거래 감시를 통해 투자규제 준수여부를 확인하거나 블록체인 기반 금융서비스에서 이상금융거래를 추적 및 식별한다.

- Alto

    룩셈부르크회사로 투자거래 감시를 통해 IUCITS 및 ALFMD 등의 투자규제 준수 여부를 확인한다.

- Checkrecipient

    영국회사로 이메일 데이터를 분석하여 잘못된 수신자로의 이메일 전송 등 비정상적인 이메일 송·수신을 자동 탐지한다.

구분	내용
Droit	파생상품의 적법성 여부를 자동화된 알고리즘을 통해 실시간으로 판단
Fundapps	포트폴리오의 적법성 및 투자 타당성을 자동화 알고리즘과 산업 전문가의 의견을 종합하여 알려줌
Vizor	약 30개 국가에서 정부와 회사 양쪽을 고객으로 삼고 적법성 여부를 모니터링
Silverfinch	보험사와 이들의 자산을 운용하는 자산관리회사 간의 정보를 공유하여 자산 건전성을 유지하고 신속한 대응이 가능하도록 함
Trulioo	개인 정보 DB를 통해 금융거래 당사자의 신원을 파악하여 해당 거래가 자금세탁방지, 테러자금조달방지 등에 위배되는지 여부를 판단
Corlytic	글로벌 금융거래에 관련된 벌금 정보를 기업, 규제 당국 등에 제공하며 관련 사례와 트랜드 분석을 통해 예상 손실 등을 추정
Redowl	e-mail 정보 등을 통해 사내 불법행위 모니터링
Cloudpassage	서버로그 등을 통해 규제 위반행위 모니터링
CoreSecurity	비인가 직원이 규제를 위반하여 중요서버 등에 접근하는지 여부를 모니터링
EiQ Networks	서버, 애플리케이션 정보 등을 통해 규제 위반행위 모니터링
HyTrust	클라우드 환경에서 비인가 접근 등 규제 위반행위 모니터링
Onapsis	자원관리 솔류션과 연계하여 규제 준수여부 점검·관리를 자동화
LogRhythm	각종 로그데이터 등을 통해 규제 위반행위 모니터링
Datiphy	회사의 자산, DB정보 등을 통해 규제 위반행위 모니터링

Lumeta	네트워크 정보를 통해 비인가 접속 등 네트워크 관련 규제위반 행위 모니터링
Cloud Paxak	애플리케이션 개발·운영과정에서의 보안준수 여부를 점검(Cloud 기반 서비스)
Druva	규정 준수여부 확인 등이 용이하도록 사내 각종 Data를 시각화하여 제공
CloudCover	데이터 사용 및 접속기록 등을 통해 회사의 규제준수 등 보안수준을 수치화·시각화하여 제공
Skyhigh	DLP, e-mail 정보 등을 통해 클라우드 내 규제 우반행위 모니터링
EverCompliant	온라인 쇼핑 등에서 고객 거래를 분석하여 거래세택이나 불법 컨텐츠 제공 등을 모니터링
TrackBill	법률정보 검색 및 법 개정 사항을 실시간 알림(Legislative Tracking)
FiscalNote	법률정보 검색, 신설 규제의 국회통과 가능성 등을 분석
Logicgate	법률이나 규제 개정사항을 회사 환경에 맞게 사내 배포 및 관리
Sky	블록체인에서 규제 위반행위 등을 모니터링
Elliptic	비트코인에서 불법행위 모니터링 및 증거기록·관리
Chainalysis	블록체인에서 자금세탁 등을 모니터링
Corlytics	고유의 규제분석 기술을 통해 규제 미준수 위험이나 손실규모 등 정보를 제공
Rsam	체크리스트 점검 등을 통해 수집한 정보를 분석하여 기업의 리스크나 위험요소 등의 정보를 제공
NetGuardians Ascent Technologies	규제 변경사항을 즉시 인지하고 준수할 수 있도록 체크리스크, 맞춤형 보고서 등 필요한 정보를 제공
Confirmation.com	회계 감사시 필요한 각종 보고서를 자동으로 생성하여 전달
AQMetrics	규제에 따라 작성해야 하는 각종 보고서를 자동으로 생성
Certent	재무 관련 리포트를 자동으로 생성하고 관련 규제 변경시 샘플 보고서를 제공
Global Debt Registry	투자자에게 투자대상의 자산현황 등 보고서를 자동으로 리포팅
Gevernance.io	자산현황, 비즈니스 프로세스 등 투자관련 시각화된 리포트 제공
INTIX	금융데이터의 흐름과 통계를 분석하여 자동으로 관련 내용 리포팅
Pila Systems	자산관리자와 중개인 간의 각종 보고서를 자동으로 생성하여 전달
AgeCheq	모바일앱이나 게임 등이 온라인 아동 개인정보보호법에 위배되지 않게 개발되도록 관련 API를 제공

ComplyGlobal	세무, 금융, IT 등의 각종 컴플라이언스 업무를 한눈에 확인하고 관리할 수 있도록 대시보드 형태로 제공
Continuity Control	금융 규제 관련 정보 및 분석보고서를 제공하고 미 준수사항에 대해 경고(전문가와의 실시간 채팅 기능도 제공)
Convercent	회사의 규제를 직원들이 이해·준수하기 쉽도록 자동화하여 전달하고 관리하는 사내 컴플라이언스 통합툴
Flexeye	엑셀 등 각종 스프레드시트를 모바일앱으로 자동으로 변경(컴플라이언스 관리 업무 등의 편의성 제고)
Gan Integrity	컴플라이언스 관련 시스템, 문서, 데이터 등을 통합하여 하나의 플랫폼으로 운영 관리하도록 지원
Jewel Paymentech	온라인 미켓플레이스에서 불법적인 판매자를 인공지능 기법으로 이용하여 모니터링
Oversight Systems	회사의 경비지출을 하나의 플랫폼으로 통합하여 불법적인 자금사용을 감시
Simpliance	노동법 준수를 위한 법령정보와 관련 체크리스트 등을 수시로 업데이트 하여 제공

[표 8-10] 해외 Reg-Tech 솔루션 사례
출처: Reg-Tech 기술의 활용성 검토, 금융보안원 보안연구부 보안기술연구팀(2017.2.21.)

(5) 국내 준법감시 영역별 Reg-Tech 적용 영역

국내 준법감시 영역에 Reg-Tech를 적용할 경우 가능한 영역을 나열해 보면 다음과 같다.

1) 공통 부문

업무영역	대상업무	적용예시 및 관련기술
내부통제기준 및 준법감시인제도	내부통제기준의 제/개정	복잡하고 전문적인 내부통제 기준을 검색 가능하고, 금융회사내 부문(부서), 직무(역할)에 맞게 편집 가능한 전자문서(handbook)형태로 배포
		전자문서, 모바일 앱 형태
임직원 금융투자 상품매매	임직원 매매준수사항 모니터링	계좌개설신고, 매매내역 등을 바탕으로 준수사항 위반여부 적출 자동화 임직원 계좌 입출금 내역 및 임직원 계좌간 입출금 내역 모니터링(입출금, 이체 패턴 분석)
		그래프 데이터 베이스 활용
임직원의 업무관련 대외활동	대외활동 모니터링 (SNS활동, 강연, 기고, 기타 언론접촉)	웹 크롤링을 활용한 소셜네트워크 검색과 허위/과장/미심사필 광고 등에 대한 모니터링 등 결합 가능
		웹 크롤링, 웹 스크레이핑 기술
재산상 이익의 제공 및 수령	거래 상대방에 대한 금전, 물품, 편익 제공 모니터링	법인카드 이용 내역 분석
		이용목적, 내용, 상대방 정보패턴 분석
자금세탁 방지제도	CDD, CTR, STR, KYC, RBA	데이터 분석.예측 플랫폼 기반 분석 –Smurfing 패턴 추출, 아웃라이어 검출 –시나리오별 Risk측정
		머신러닝(딥러닝)–패턴분석 및 예측 룰엔진–정적 패턴 분석 CEP–실시간 패턴 분석 그래프 데이터베이스–상관관계 분석
이해상충 관리 및 정보차단벽	금융투자업자–투자자, 투자자–투자자간, 이해상충방지	이해상충 발생가능성 모니터링, 이해상충 여부 판단을 위해 이메일, 메신저, 회의록을 모니터링
		음성인식(Speech to Text), 텍스트 마이닝(머신러닝)

[표 8-11] 영역별 Reg-Tech 적용 검토
출처: 김흥대, 기술관점의 Reg-Tech 분석과 도입방안, 준법감시협의회 Reg-Tech의 도입 필요성 및 구현에 대한 연구 발표 자료, 2019. 6

2) 투자매매 및 중개부문

업무영역	대상업무	적용예시 및 관련기술
주문집행 및 관리	주분대리인 지정제도 관리 주문대리인의 수탁기록(주문기록) 관리	주문대리인 지정계좌의 불공정거래 혐의 여부 점검 - 주문대리인 지정계좌간 주문 패턴 분석 문서, 전화, 전자적 방법에 의한 수탁내용 기록관리 -메신저 등 기록을 자동으로 주문표 작성과 연동할 수 있는 앱 제공
	주문수탁시 준수사항 점검(신의성실, 최선집행의무, 불건전영업 행위 금지) 선행매매 금지 및 금지 예외조건 차입 공매도 관리 주문착오 방지	주문발생시 주문기록 증빙기록 자동조회 -주문-통화 등 주문기록 존재여부 확인 전형적인 거래패턴(목적, 규모, 경험 등)을 벗어난 이상매매 적출 -머신러닝을 통한 패턴분석 불건전 영업행위 모니터링을 위한 주문간 상관관계분석(고객 전화번호-주문기록-동일 주문대리인에 의한 주문간 상관관계 분석, 동일종목의 매수도 집중분석으로 자기계산, 제3자 등에 의한 이익) - 회전율, 수수료 수익 등을 기준으로 한 거래간 상관분석 불공정 거래 유형(거래소 시감규정)사항에 대한 감시 - 시세, 주문/체결 데이터 간 상관관계 분석 주문착오방지를 위한 실시간 필터링 시스템 -계좌별 평균 주문금액, 주문간 시간간격 등 감시 파생상품시장 미결제 약정수량 보유한도 및 호가수량 제한 모니터링, 주문착오 방지 -메모리 기반 데이터(주문) 필터링
		CEP 엔지 그래프 DBMS-데이터간 상관관계 분석 메모리 기반 데이터 분석-대용량 데이터 필터링 머신러닝-계좌별/지점별 주문 이상 패턴 분석

[표 8-12] 영역별 Reg-Tech 적용 검토
출처: 김흥재, 기술관점의 Reg-Tech 분석과 도입방안, 준법감시협의회 Reg-Tech의 도입 필요성 및 구현에 대한 연구 발표 자료, 2019. 6

3) Reg-Tech 체계 수립 로드맵

단계별로 Reg-Tech 체계 수립 로드맵을 작성해 보면, 1단계는 기존 시스템 및 데이터를 분석한 수 2단계에 최신 IT 기술을 이용하여 시스템을 구축하고 최종적으로 3단계에 Cloud based Reg-Tech Portal System을 구축할 수 있을 것이다.

구분	1단계	2단계	3단계
목표	기존 시스템 및 데이터 분석	신기술기반 차세대 시스템 구축	Cloud 기반 통합 Portal 시스템 구축
수행 방안	현재 구축된 시스템에 대한 분석을 통해 차세대 시스템 이관을 위한 요건 정의 모니터일 정보를 분석하여 차세대 시스템에서 요구하는 정보 수집 및 분류 금융당국에서 추진하는 Reg-Tech 정책 과제 모니터링	기존 Big-Data 분석 시스템과 연동하여 Predictive Analytics 기반 통합 보안관제체계 구축 기존 FDS 시스템에 AL& Machine Learning 기반의 분석 엔진 구축후 학습 시행 ERMS 기능 업무 중 단순 반복 작업 및 공통업무에 RPA 적용	다양한 Reg-Tech 시스템을 통합하여 Portal 시스템 구축 Porta 시스템을 통해 Risk를 자동으로 종합 분석후 시각화 기술을 통해 다양한 화면 구현 Coud Service를 통해 유연한 확장성 및 효율적인 시스템 환경 구축
관련 기술	Data Gathering Data/Text Mining Business Analysisi	AL & Machine Learnng PBA Predictive Analytics	Priavte Cloud Service 시각화 기술 Portal Service

[표 8-13] Reg-Tech 체계 수립 로드맵
출처: 김흥재, 기술관점의 Reg-Tech 분석과 도입방안, 준법감시협의회 Reg-Tech의 도입 필요성 및 구현에 대한 연구 발표 자료, 2019. 6

〈참고 문헌〉

- IF(국제금융협회) 레크태크의 개발 및 채택 지원을 위한 의견 수렴 보고서
- 이시연, Reg-Tech 활용 필요성 및 국내 현황, 준법감시협의회 Reg-Tech의 도입 필요성 및 구현에 대한 연구 발표 자료, 2019. 6
- 권홍진, 해외 Reg-Tech 회사 및 솔루션, 준법감시협의회 Reg-Tech의 도입 필요성 및 구현에 대한 연구 발표 자료, 2019. 6
- 이시연, Reg-Tech 도입을 위한 제언, 준법감시협의회 Reg-Tech의 도입 필요성 및 구현에 대한 연구 발표 자료, 2019. 6
- 김흥재, 기술관점의 Reg-Tech 분석과 도입방안, 준법감시협의회 Reg-Tech의 도입 필요성 및 구현에 대한 연구 발표 자료, 2019. 6
- 이시연, 권홍진,김흥재, Reg-Tech의 도입 필요성 및 구현에 대한 연구, 준법감시협의회, 2019. 6
- 이시연, Reg-Tech의 개념과 발전방향, 준법감시협의회, 2018.4
- Reg-Tech 기술의 활용성 검토, 금융보안원 보안연구부 보안기술연구팀, 2017.2.21.
- Reg-Tech,넌 또 누구니? IIBK경제연구소, BK 경제브리프 411호(2016.8.23.)

보안컨설팅과 보안실무

초판 1쇄 인쇄	2021년 4월 5일
초판 1쇄 발행	2021년 4월 16일

저 자	박종철, 윤석진, 김재수
발행인	김갑용
발행처	진한엠앤비
주 소	서울시 서대문구 독립문로 14길 66 205호(냉천동 260)
전 화	02) 364 - 8491
팩 스	02) 319 - 3537
홈페이지주소	http://www.jinhanbook.co.kr
등록번호	제25100-2016-000019호 (등록일자 : 1993년 05월 25일)

ⓒ2021 jinhan M&B INC, Printed in Korea

편집	이규헌
인쇄·제본	경성문화사

ISBN	979-11-290-2082-6 (93500) 정 가 33,000원

이 책에 담긴 내용의 무단 전재 및 복제 행위를 금합니다.
잘못 만들어진 책자는 구입처에서 교환해 드립니다.